Aerodynamics

Aerodynamics
Aerodynamics

항공역학

| 윤선주 지음 |

BM (주)도서출판 **성안당**

머리말 ------------------------------- PREFACE

항공역학은 공기 중을 비행하는 비행체가 갖는 공기역학적인 특성과 비행역학적인 성능에 관한 전문지식을 다루는 학문으로서 공학 분야에서도 상당히 수준이 높은 지식이 요구된다.

이 책은 항공기에 관해 배우고자 하는 학생들이 항공에 관한 전문지식을 얻기 위해 필요한 공기역학적인 원리와 비행성능에 대한 내용을 서술하고 있다. 이 책의 기본적인 목적은 항공의 기본 지식을 쌓는 데 있겠지만, 우선 국가항공 자격을 취득하는 데도 밑거름이 되는 자료를 수록하고자 하였다.

이 책의 내용을 보면 비교적 복잡한 수식이 많다고 생각이 들겠지만, 이들의 수식은 국가자격시험에 출제되었던 결과 식을 유도할 수 있도록 정리하였다. 이에 모든 수식을 다 공부하기보다는 결과 식에 대한 부분을 먼저 공부하고 그 다음 필요한 경우에 그 수식을 유도해 보는 것이 옳다고 보여 진다. 그리고 연습문제는 가능한 계산문제를 선정하고 풀이와 해답을 제시하여 공학적인 이해를 돕도록 하였다.

- 제1장에서는 지구를 둘러싸고 있는 대기의 특성을 다루었지만, 특히 공학의 가장 기본이 되는 단위에 대해 명확하게 정리를 한 관계로 단위에 대해 더 이상 어려움을 갖지 않으리라고 본다.
- 제2장은 공기기초역학의 내용으로서 유체역학의 기초를 다시 정리할 수 있다.
- 제3장과 제4장은 공기역학적인 특성을 서술한 것이다.
- 제5장과 제6장은 일반 및 특수 비행 성능으로서 비행 성능에 대한 내용이 들어 있다.
- 제7장은 항공기의 안정과 조종 특성을 수록하고, 기본적인 조종방법에 대한 공학적인 해석을 시도한 관계로 조종의 기본지식이 되리라 본다.
- 제8장과 제9장에서는 프로펠러 추진이론과 헬리콥터의 비행원리를 다루고 있다.

이 책은 비록 다른 과목에 비해 이해하기가 어렵게 느껴지겠지만 항공기술자가 갖추어야 할 교육내용이기 때문에 열심히 공부하면 알찬 지식이 되리라고 보며, 앞으로 우리나라의 항공산업에 종사하게 될 젊은 학생들에게 많은 도움이 되기를 바란다.

저자 씀

차례

CHAPTER **01** 대 기

CONTENTS

CHAPTER 02 공기 기초 역학

CHAPTER 03 양력 · 항력

CONTENTS

CHAPTER 04 날개 이론

CHAPTER 05 일반 비행 성능

CONTENTS

CHAPTER 06 특수 비행 성능

CHAPTER **07** 안정 · 조종

CONTENTS

CHAPTER 08 프로펠러 추진이론

CHAPTER 09 헬리콥터 비행원리

CHAPTER

01

대 기

항공역학을 공부하기 위해서는 먼저 지구 주위를 감싸고 있는 대기의 구성 형태와 대기를 채우고 있는 공기에 대한 정확한 이해가 필요하다. 한편, 대기 중을 비행하는 항공기 성능은 대기의 물리적 특성에 따라 달라지며, 대기의 물리적 특성은 수시로 여러 조건에 따라 변화하기 때문에 항공기 성능 기준을 정하거나 비교를 하기 위한 표준대기의 특성을 이해할 필요가 있다.

이 단원에서는 항공역학을 공부하기 위한 기본지식과 공기를 구성하는 기체분자의 특성 및 대기와 관련된 내용을 다루고자 하지만, 그에 앞서 공학에서 가장 중요한 차원과 단위를 정리함으로써 물리적인 의미를 보다 용이하게 이해하도록 하고자 한다.

Section 01 → 차원 · 단위

1 차 원

물리적 현상이라 함은 공간 내에 존재하는 물질이 시간의 경과와 공간의 위치에 따라 변화하는 현상을 말한다. 그러므로 물리적 현상을 다루려면 물질이 주어진 시간에 얼마만큼 변화했는가를 나타내기 위한 물질의 양이라든가 변위라든가 시간 등의 특징을 규정하는 기본량이 필요하다. 이 기본량을 차원(dimension)이라 하며, 물질의 양을 규정하는 차원을 질량(mass : M), 변위의 특징을 규정하는 차원을 길이(length : L), 시간의 특징을 규정하는 차원을 시간(time : T)이라 하고, 다른 모든 물리량은 3개의 양을 조합하여 표시할 수 있다. 서로 독립된 3개의 차원을 기본차원(primary dimension)이라 하고, 기본차원으로부터 유도되는 차원을 유도차원 또는 복합차원(secondary dimension, dependent dimension)이라 한다.

항공역학은 물리적인 현상인 유동 이외에 압력, 밀도, 점도 등과 같은 유체 자체가 갖는 분자 특성을 대표하는 유체 물성(fluid properties)을 다루어야 한다. 이들 물성은 온도(temperature)의 영향을 많이 받으므로, 온도를 기본차원에 포함시켜 4개의 차원을 하나의

독립된 기본차원으로 취급하고, 다른 모든 물리량들을 이 기본차원으로부터 유도하는 것이 편리하다.

다음과 같은 Newton의 운동법칙을 생각하여 본다.

$$F = ma \tag{1.1}$$

위 식의 왼쪽과 오른쪽 항은 모두 힘의 차원을 가지므로 식 1.1은 차원동차이다. 그러므로 힘 F는 다음과 같은 차원을 가져야 한다.

$$[\mathrm{F}] = [\mathrm{MLT}^{-2}]$$

즉, 물리량이 동일할 때에는 그들의 차원도 동일하다. 이러한 물리적인 원리를 Fourier 차원 동차성의 원리라 하고 다음과 같이 표현할 수 있으며, 차원이 동일하지 않을 때에는 비교의 대상이 되지 못한다.

$$A = B$$
$$[\mathrm{A}] = [\mathrm{B}]$$

다시 말해, 차원이 다르면 그 물리량끼리는 비교의 대상이 되지 못한다.

2 단 위

물리량을 정량적으로 표현하기 위하여 차원에 대해 여러 가지 단위(unit)를 사용한다. 기본 차원에 대응하는 단위를 기본단위, 유도차원에 대응하는 단위를 유도단위라 한다. 표 1.1에 단위 접두어와 그 기호를 소개한다.

‖표 1.1 단위 접두어와 기호‖

승 수	접두어	기 호	승 수	접두어	기 호
10^{12}	tera	T	10^{-2}	centi	c
10^9	giga	G	10^{-3}	milli	m
10^6	mega	M	10^{-6}	micro	μ
10^3	kilo	k	10^{-9}	nano	n
10^2	hecto	h	10^{-12}	pico	p
10^1	deka	da	10^{-15}	femto	f
10^{-1}	deci	d	10^{-18}	atto	a

① 미터 절대단위계

미터 절대단위계는 물리 단위계라고도 하며 질량, 길이, 시간, 온도를 기본차원으로 하여, 질량 차원 [M]의 단위 kg, 길이 차원 [L]의 단위 m, 시간 차원 [T]의 단위 s(second), 온도 차원 [θ]의 단위 K(Kelvin)를 사용하는 단위계이다. 미터 절대단위계에서 힘의 단위는 유도단위로서 N을 사용하고, Newton이라 부른다. 1N은 1kg의 질량체가 $1\mathrm{m/s}^2$의 가속도를 얻는 데 필요한 힘으로 정의하고 식 1.1에 의하여 다음과 같은 관계를 갖는다.

$$1\mathrm{N} = 1\mathrm{kg} \times 1\mathrm{m/s}^2$$

따라서 N을 힘(무게)으로 사용하는 경우에는 미터 절대단위계를 사용하는 경우이다.

특히 SI단위계는 모든 나라, 모든 분야에서 공통된 단위를 사용하는 것이 바람직하다는 취지에서 1960년 국제 도량형률 총회에서 제창한 국제단위계(International System of Units)로서 이는 미터 절대단위계를 기본으로 하고 있다고 보면 된다.

② 미터 공학단위계

일명 중력단위계라 말한다. 미터 절대단위계와 달리 질량 대신에 힘, 길이, 시간, 온도를 기본차원으로 한다. 힘의 차원 [F]의 단위 kg, 길이 차원 [L]의 단위 m, 시간 차원 [T]의 단위 s(second), 온도 차원 [θ]의 단위 K(Kelvin)를 사용하나, 힘의 단위로서 Newton을 사용하지 않고, 지구표면에 놓여 있는 1kg의 질량체를 지구가 잡아 다니는 힘을 힘의 단위로 사용하는 것만이 다르다. 미터 공학단위계에서는 1kg의 질량체를 지구가 잡아 다니는 힘을 1kg의 무게라 정의하고 $1\mathrm{kg_f}$, 또는 $1\mathrm{kg_{중}}$으로 표기하여 힘의 단위로 사용한다. $m[\mathrm{kg}]$의 질량에 작용하는 지구중력은 다음과 같이 주어진다.

$$W = mg \tag{1.2}$$

만일 1kg의 질량이 지구표면에 놓여 있으면, 지구 중력가속도의 크기가 $g = 9.806\,\mathrm{m/s}^2$이므로 지구가 잡아 다니는 힘, 즉 무게를 $1\mathrm{kg_f}$라고 하여 다음과 같이 표현할 수 있다.

$$1\mathrm{kg_f} = 1\mathrm{kg} \times 9.806\mathrm{m/s}^2 = 9.806\,\mathrm{N} \tag{1.3}$$

한편, 매우 주의하여야 할 사항으로서, kg을 질량으로 사용하지 않고 힘(무게)으로 사용하는 경우는 미터 공학단위계를 사용하는 경우이다. 따라서 "kg이 질량을 나타낼 때는 절대단위, kg이 힘(무게, 중량)을 나타낼 때는 공학단위이며, 이를 혼동하지 않게 하기 위해서 힘(무게, 중량)인 경우를 $\mathrm{kg_f}$ 또는 $\mathrm{kg_{중}}$으로 나타내기도 한다."는 사실을 명심하여야 한다.

③ 영국 절대단위계

영국 절대단위계는 질량 단위 lb_m(pound mass), 길이의 단위 ft(feet), 시간 단위 s(second), 온도 단위 °F(Fahrenheit), 혹은 °R(Rankine)을 기본단위로 하는 단위계로서, $1lb_m$의 질량체가 $1ft/s^2$의 가속도를 갖는 경우에 1pdl(poundal)의 힘을 갖는다고 보는 것이다.

$$1pdl = 1lb_m \times 1ft/s^2$$

따라서 pdl을 힘(무게)으로 사용하는 경우는 영국 절대단위계를 사용하는 경우이다.

④ 영국 공학단위계

영국 공학단위계는 기본차원으로서 질량 대신 힘을 사용하여, 힘의 단위 lb(pound), 길이의 단위 ft, 시간 단위 s, 온도 단위 °F(Fahrenheit) 혹은 °R을 사용한다. 이 경우 질량의 단위는 유도단위로서 slug를 사용한다.

Newton의 운동법칙

$$m = \frac{F}{a}$$

에 의하여 질량차원은

$$[M] = \frac{[F]}{[a]} = \left[\frac{FT^2}{L} \right]$$

이므로, 1slug는 1lb의 힘을 가하여 $1ft/s^2$의 가속도를 얻을 수 있는 관성질량으로 정의한다.

$$1lb = 1slug \cdot ft/s^2$$

지구중력가속도는 $g = 32.174\,ft/s^2$이므로 질량 $1lb_m$을 지구가 잡아 다니는 힘(무게)은 32.174lb이다.

$$1lb = 1lb_m \times 32.1742\,ft/s^2$$

따라서

$$1slug = 32.174\,lb_m$$

이다. 즉 lb을 힘(무게)으로 사용하는 경우는 영국 공학단위계를 사용하는 경우이다.

예제 1.1 >>> 단위 구분(Ⅰ)

기름 밀도가 $\rho = 4,000\text{kg/m}^3$이다. 이 단위는 절대단위와 공학단위 중에 어느 것에 해당하는가?

풀이 ┃ 유체역학의 밀도 정의에 의하여

$$\rho = \frac{\text{질량}}{\text{체적}} = \frac{4,000\text{kg}}{1\text{m}^3} \quad : \text{단위체적(기본체적 : 1m}^3\text{) 당의 질량}$$

따라서 kg이 질량을 나타내므로 절대단위에 해당한다.

예제 1.2 >>> 단위 구분(Ⅱ)

기름 비중량이 $\gamma = 4,000\text{kg/m}^3$이다. 이 단위는 절대단위와 공학단위 중에 어느 것에 해당하는가?

풀이 ┃ 유체역학의 비중량 정의에 의하여

$$\gamma = \frac{\text{중량}}{\text{체적}} = \frac{4,000\text{kg}}{1\text{m}^3} \quad : \text{단위체적(기본체적 : 1m}^3\text{) 당의 중량}$$

따라서 kg이 중량을 나타내므로 공학단위에 해당한다. 이 단위가 공학단위라는 것을 확실하게 표현하기 위해서는 비중량을 다음과 같이 서술하는 것이 바람직하다.

$$\gamma = 4,000\text{kg}_\text{f}/\text{m}^3 = 4,000\text{kg}_\text{중}/\text{m}^3 \quad : \text{공학단위}$$

예제 1.3 >>> 물의 밀도 및 비중량

물의 밀도와 비중량을 절대단위와 공학단위로 표시하면 어떻게 표현할 수 있는가?

풀이 ┃ ① 절대단위로서 물의 밀도와 비중량

$$\rho = 1,000\,\text{kg/m}^3 \quad : \text{절대단위}$$
$$\gamma = 9,800\,\text{N/m}^3 = 9,800\,\text{kg/m}^2 \cdot \text{s}^2 \quad : \text{절대단위}$$

이때, kg은 질량(mass)을 나타낸다.

② 공학단위로서 물의 밀도와 비중량

$$\rho = 102.04\,\text{kg} \cdot \text{s}^2/\text{m}^4 \quad : \text{공학단위}$$
$$\gamma = 1,000\,\text{kg/m}^3 \qquad\quad : \text{공학단위}$$

이때, kg은 무게(weight)를 나타낸다. 따라서 혼동을 피하기 위해 다음과 같이 표현한다.

$$\rho = 102.04\,\text{kg}_\text{f} \cdot \text{s}^2/\text{m}^4 \quad : \text{공학단위}$$
$$\gamma = 1,000\,\text{kg}_\text{f}/\text{m}^3 \qquad\quad : \text{공학단위}$$

■3 단위 환산

항공 분야에서는 주로 영국단위계를 사용하고 있으나 우리나라의 단위체계는 미터단위계를 사용한다. 이러한 현실에서는 영국단위계와 미터단위계의 환산이 자유로워야 하며, 미터단위계에서도 절대단위와 공학단위를 수시로 환산하여야 할 필요성이 요구되고 있다. 이에 기본단위를 익힌 후, 단위 환산 방법을 확실히 이해할 필요가 있다.

① 기본단위

절대단위계에서의 힘에 대한 기본단위로는 다음과 같이 주어진다.

$$1\,\text{Newton} = 1\text{kg} \times 1\,\text{m/s}^2$$
$$1\,\text{dyne} = 1\text{g} \times 1\text{cm/s}^2$$

그러므로

$$1\,\text{Newton} = 10^5 \text{dyne}$$

이때, 중량과의 관계는 식 1.2로부터 다음과 같이 주어진다.

$$1\text{kg}_f = 1\text{kg} \times 9.8\text{m/s}^2 = 9.8\text{N} \tag{1.4}$$

특히 식 1.4는 절대단위와 공학단위와 관계를 맺어주는 매우 중요한 식이다.
일(에너지)에 대한 기본단위는

$$1\,\text{Joule} = 1\,\text{Newton} \times 1\text{m}$$
$$1\,\text{erg} = 1\,\text{dyne} \times 1\text{cm}$$

그러므로

$$1\,\text{Joule} = 10^7 \text{erg}$$

이다.
공학단위와의 관계는 다음 식으로 맺을 수가 있다.

$$1\text{kg}_f \cdot \text{m} = 9.8\text{N} \cdot \text{m} = 9.8\text{J}$$
$$1\text{kcal} = 427\text{kg}_f \cdot \text{m} \tag{1.5}$$

일률(동력)에 대한 기본단위로는

$$1\,\text{Watt} = 1\,\text{Joule/s}$$

을 들 수 있다.

한편, 일률을 나타내는 마력(Horse Power : HP, Pferdestärke : PS)의 관계는 다음과 같다.

$$1\text{HP} = 0.746\text{kW} = 550\text{lb} \cdot \text{ft/s} \tag{1.6}$$

$$1\text{PS} = 0.735\text{kW} = 75\text{kg}_f \cdot \text{m/s} \tag{1.7}$$

이때, 주의할 사항은 영국단위계에서는 식 1.6만을 사용하고, 미터단위계에서는 식 1.7만을 사용하며, 두 식을 서로 상호간에 환산하여 사용할 수는 없다. 다만, 우리가 HP의 단위에 너무 익숙해 있기 때문에 PS 대신에 HP 표기를 허용한다. 이 경우에

$$1\text{HP} = 0.735\text{kW} = 75\text{kg}_f \cdot \text{m/s}$$

로 환산하여야만 된다.

온도의 기본단위인 절대온도(absolute temperature)로는 섭씨(Anders Celsius : 1701~1744)의 눈금으로 나타내는 K(Kelvin)과 화씨(Daniel Farenheit : 1686~1736)의 눈금으로 나타내는 °R(Rankine)을 사용한다.

$$T[\text{K}] = t_C + 273.15$$
$$T[°\text{R}] = t_F + 459.67$$

그리고 섭씨와 화씨의 환산식으로는 다음 식을 사용한다.

$$t_C = \frac{5}{9}(t_F - 32)$$
$$t_F = \frac{9}{5}t_C + 32 \tag{1.8}$$

② 단위 환산법

미터단위계와 영국단위계의 관계를 환산하거나 절대단위계와 공학단위계의 관계를 환산할 때에는 다음과 같은 간단한 수학적인 처리로 해결할 수가 있다.

$$A = B$$
$$\frac{A}{B} = 1, \ \frac{B}{A} = 1$$
$$\left(\frac{A}{B}\right)^n = 1, \ \left(\frac{B}{A}\right)^n = 1$$

그리고 임의의 식에 1을 곱하여도 그 값의 변화가 없다는 사실로부터 단위 환산을 간단하게 할 수 있다.

$$1\mathrm{kg_f} = 9.8\mathrm{kg} \cdot \mathrm{m/s}^2$$

$$\frac{1\mathrm{kg_f}}{9.8\mathrm{kg} \cdot \mathrm{m/s}^2} = 1, \quad \frac{9.8\mathrm{kg} \cdot \mathrm{m/s}^2}{1\mathrm{kg_f}} = 1$$

$$\left(\frac{1\mathrm{kg_f}}{9.8\mathrm{kg} \cdot \mathrm{m/s}^2}\right)^n = 1, \quad \left(\frac{9.8\mathrm{kg} \cdot \mathrm{m/s}^2}{1\mathrm{kg_f}}\right)^n = 1 \tag{1.9}$$

한편,

$$1\mathrm{lb} = 0.4536\mathrm{kg_f}$$

$$\frac{1\mathrm{lb}}{0.4536\mathrm{kg_f}} = 1, \quad \frac{0.4536\mathrm{kg_f}}{1\mathrm{lb}} = 1$$

$$\left(\frac{1\mathrm{lb}}{0.4536\mathrm{kg_f}}\right)^n = 1, \quad \left(\frac{0.4536\mathrm{kg_f}}{1\mathrm{lb}}\right)^n = 1 \tag{1.10}$$

여기에서 식 1.9는 절대단위와 공학단위를 환산하는 매개변수 1을 보여주며, 식 1.10은 무게에 대한 미터단위계와 영국단위계를 환산하는 매개변수 1을 보여주고 있다. 즉, 어떠한 단위로 된 식에 매개변수 1을 곱함으로써 식에 영향을 주지 않는 상태에서 요구되는 단위로 바꿀 수가 있다.

특히, 다음과 같은 미터단위계와 영국단위계 사이의 환산 식을 염두에 둔다면 거의 대부분의 단위 환산은 매우 용이할 것이다.

$$1\mathrm{lb} = 0.4536\mathrm{kg_f}$$

$$1\mathrm{ft} = 0.3048\mathrm{m}$$

$$1\mathrm{mile} = 1.609\mathrm{km} = 5{,}280\mathrm{ft} \tag{1.11}$$

$$1\mathrm{GL} = 0.003785\mathrm{m}^3$$

$$1\mathrm{knot} = 0.514\mathrm{m/s}$$

$$1\mathrm{BTU} = 0.252\mathrm{kcal} \tag{1.12}$$

다음 예제를 통하여 단위 환산에 관한 구체적인 이해를 해보자.

예제 1.4 >>> 물의 밀도와 비중량 환산

절대단위계에서 물의 밀도가 $\rho_w = 1,000 \text{kg}/\text{m}^3$이며, 비중량이 $\gamma_w = 9,800 \text{N}/\text{m}^3$이다. 공학단위계에서는 이들 값이 어떻게 표시되는가?

풀이 ① 물의 밀도 : $\rho_w = 1,000\,\text{kg}/\text{m}^3 \times \left(\dfrac{1\text{kg}_\text{f}}{9.8\text{kg}\cdot\text{m}/\text{s}^2}\right)^{=1}$

$= 102.04\,\text{kg}_\text{f}\cdot\text{s}^2/\text{m}^4$

② 물의 비중량 : $\gamma = 9,800\,\text{N}/\text{m}^3 \times \left(\dfrac{1\text{kg}_\text{f}}{9.8\text{N}}\right)^{=1}$

$= 1,000\,\text{kg}_\text{f}/\text{m}^3$

예제 1.5 >>> 영국 공학단위계 환산(Ⅰ)

영국 공학단위계에서 $1\text{knot} = 0.514\text{m}/\text{s}$가 되는 이유를 살펴보자.

풀이 여기서, 1NM(nautical mile)은 1해리로서 법정 마일(statute mile)인 1mile과는 다르다. 즉,

$1\,\text{mile} = 1.609\text{km}$

$1\,\text{NM} = 1.852\text{km}$

따라서

$$1\text{knot} = 1.852\text{km}/\text{h} \times \left(\frac{1,000\text{m}}{1\text{km}}\right)^{=1} \times \left(\frac{1\text{h}}{3,600\text{s}}\right)^{=1} = 0.514\text{m}/\text{s}$$

예제 1.6 >>> 영국 공학단위계 환산(Ⅱ)

어느 기름의 비중량과 밀도가 각각 $\gamma = 8,225\text{N}/\text{m}^3$, $\rho = 838\text{kg}/\text{m}^3$이다. 이들의 값을 영국 공학단위계로 환산하면 각각 얼마인가?

풀이 ① 비중량 : $\gamma = 8,225\,\text{N}/\text{m}^3 \times \left(\dfrac{1\text{kg}_\text{f}}{9.8\text{N}}\right)^{=1} \times \left(\dfrac{1\text{lb}}{0.4536\text{kg}_\text{f}}\right)^{=1} \times \left\{\left(\dfrac{0.3048\text{m}}{1\text{ft}}\right)^3\right\}^{=1}$

$= \dfrac{8,225 \times 1 \times 1 \times 0.3048^3}{9.8 \times 0.4536 \times 1^3}\left[\dfrac{\text{lb}}{\text{ft}^3}\right]$

$= 52.394\,\text{lb}/\text{ft}^3$

② 밀도 : $\rho = 838\,\text{kg}/\text{m}^3 \times \left(\dfrac{1\text{kg}_\text{f}}{9.8\text{kg}\cdot\text{m}/\text{s}^2}\right)^{=1} \times \left(\dfrac{1\text{lb}}{0.4536\text{kg}_\text{f}}\right)^{=1} \times \left\{\left(\dfrac{0.3048\text{m}}{1\text{ft}}\right)^4\right\}^{=1}$

$= \dfrac{838 \times 1 \times 1 \times 0.3048^4}{9.8 \times 0.4536 \times 1}\left[\dfrac{\text{lb}\cdot\text{s}^2}{\text{ft}^4}\right]$

$= 1.627\,\text{lb}\cdot\text{s}^2/\text{ft}^4$

예제 1.7 >>> 미터 절대단위계 환산

어느 물체의 비중량과 밀도가 영국 공학단위계로 각각 $54\,\mathrm{lb/ft^3}$, $1.678\,\mathrm{slug/ft^3}$이다. 이를 미터 절대단위계로 환산하면 얼마인가?

풀이 ① 비중량 : $\gamma = 54\,\mathrm{lb/ft^3} \times \left(\dfrac{0.4536\mathrm{kg_f}}{1\mathrm{lb}}\right)^{=1} \times \left(\dfrac{9.8\mathrm{N}}{1\mathrm{kg_f}}\right)^{=1} \times \left\{\left(\dfrac{1\mathrm{ft}}{0.3048\mathrm{m}}\right)^3\right\}^{=1}$

$$= \frac{54 \times 0.4536 \times 9.8 \times 1^3}{1 \times 1 \times 0.3048^3}\left[\frac{\mathrm{N}}{\mathrm{m}^3}\right]$$

$$= 8{,}477.1\,\mathrm{N/m^3}$$

② 밀도 : $\rho = 1.678\,\mathrm{slug/ft^3} \times \left(\dfrac{1\mathrm{lb}}{1\mathrm{slug \cdot ft/s^2}}\right)^{=1} \times \left(\dfrac{0.4536\mathrm{kg_f}}{1\mathrm{lb}}\right)^{=1}$

$$\times \left(\frac{9.8\mathrm{kg \cdot m/s^2}}{1\mathrm{kg_f}}\right)^{=1} \times \left\{\left(\frac{1\mathrm{ft}}{0.3048\mathrm{m}}\right)^4\right\}^{=1}$$

$$= \frac{1.678 \times 1 \times 0.4536 \times 9.8 \times 1^4}{1 \times 1 \times 1 \times 0.3048^4}\left[\frac{\mathrm{kg}}{\mathrm{m}^3}\right]$$

$$= 864.2\,\mathrm{kg/m^3}$$

예제 1.8 >>> 출력 단위

자동차의 출력이 $100\mathrm{kW}$이다. 이 출력이 영국단위계와 미터단위계에서는 각각 몇 HP로 표시되는가?

풀이 영국단위계 : $P = 100\,\mathrm{kW} \times \left(\dfrac{1\mathrm{HP}}{0.746\mathrm{kW}}\right)^{=1} = 134.05\,\mathrm{HP}$

미터단위계 : $P = 100\,\mathrm{kW} \times \left(\dfrac{1\mathrm{PS}}{0.735\mathrm{kW}}\right)^{=1} = 136.05\,\mathrm{PS}$

이 값이 미터단위계에서도 136.05HP로 쓰이기도 한다.

예제 1.9 >>> 소비 전력 단위

어느 가정의 월별 소비전력이 $300\mathrm{kWh}$이다. 이를 에너지 단위인 kcal로 환산하면 얼마인가?

풀이 $E = 300\mathrm{kWh} \times \left(\dfrac{3{,}600\mathrm{s}}{1\mathrm{h}}\right)^{=1} \times \left(\dfrac{1{,}000\mathrm{W}}{1\mathrm{kW}}\right)^{=1} \times \left(\dfrac{1\mathrm{J/s}}{1\mathrm{W}}\right)^{=1}$

$$\times \left(\frac{1\mathrm{N \cdot m}}{1\mathrm{J}}\right)^{=1} \times \left(\frac{1\mathrm{kg_f}}{9.8\mathrm{N}}\right)^{=1} \times \left(\frac{1\mathrm{kcal}}{427\mathrm{kg_f \cdot m}}\right)^{=1}$$

$$= \frac{300 \times 3{,}600 \times 1{,}000}{9.8 \times 427}\,\mathrm{kcal}$$

$$= 2.58 \times 10^5\,\mathrm{kcal}$$

이 에너지는 성인의 하루 소모 열량이 약 $2{,}500\mathrm{kcal}$이라 할 때 성인이 약 100일 동안 소모하는 에너지와 거의 비슷하다.

Section 02 ─ 대기 구성

지구를 둘러싸고 있는 기체를 총칭하여 대기(atmosphere)라고 한다. 이 대기는 고도에 따라 물리적인 조성과 특성이 달라지나 이산화탄소와 기타 미량의 성분을 제외한 대기의 주성분인 질소, 산소, 아르곤 등은 지표면에서 고도 80km까지 거의 일정한 비율로 분포되어 있다. 그리고 미량의 기체는 네온 등의 기체로서 모두 합쳐도 부피비가 0.01%를 초과하지 않는다.

1 대기 조성

해면고도(sea level)에서 대기를 구성하고 있는 기체를 체적비로 살펴보면 다음과 같다.
  ① 질소(nitrogen) : 78.08%
  ② 산소(oxygen) : 20.95%
  ③ 아르곤(argon) : 0.93%
  ④ 이산화탄소(carbon dioxide) : 0.03%
  ⑤ 수소(hydrogen) : 0.00005%

수증기의 함유비율은 지표면 부근에서는 0~5% 정도이나 장소와 계절에 따라 큰 차이가 있으며 대체로 열대지방에서는 4~5% 정도이고 온대지방에서는 1% 내외이다.

2 표준 대기 조건

대기의 기상 조건은 수시로 변하며 동일 지역에서도 시간 차이에 따라 대기 조건이 달라지기 때문에 안전한 항공기 운항을 위하여 기준이 되는 표준대기(standard atmosphere)를 설정하지 않으면 안 된다.

일반적으로 사용하는 자료는 ICAO(International Civil Aviation Organization)에서 설정한 국제표준대기(International Standard Atmosphere ; ISA)가 이용된다.

① 압 력

$$p_0 = 1\,\text{atm} = 760\,\text{mmHg}\,(10.332\,\text{mAq})$$
$$= 10,332.3\,\text{kg}_f/\text{m}^2 = 1,013.25\,\text{mb}\,(\text{hPa}) = 101,325\,\text{Pa}$$
$$= 29.92\,\text{inHg} = 2,116.2\,\text{lb}/\text{ft}^2$$

이때, $1\,\text{bar} = 10^5\,\text{N}/\text{m}^2$, $1\,\text{Pa} = 1\,\text{N}/\text{m}^2$을 나타낸다. 또한,

$$1,013\text{mb} = 1.013\text{bar} = 1.013 \times 10^5\,\text{N/m}^2$$
$$= 1.013 \times 10^5\text{Pa} = 1.013 \times 10^3\text{hPa}$$
$$= 1,013\text{hPa}$$

그러므로 기상청에서 사용하는 mb의 단위와 hPa의 단위는 같은 값을 갖는다.

② 밀 도

$$\rho_0 = 1.225\,\text{kg/m}^3 = 0.125\,\text{kg}_f \cdot \text{s}^2/\text{m}^4$$
$$= 0.002378\,\text{slug/ft}^3$$

③ 온 도

$$T_0 = 15°\text{C} = 273.15° + 15 = 288.15\,\text{K}$$
$$= 59°\text{F} = 459.67° + 59 = 518.67°\text{R}$$

④ 음 속

$$a_0 = 340.429\,\text{m/s} = 1,116.44\,\text{ft/s}$$

⑤ 중력가속도

$$g_0 = 9.806\,\text{m/s}^2 = 32.1742\,\text{ft/s}^2$$

3 대기 분류

지구를 둘러싸고 있는 대기(atmosphere)는 그림 1.1과 같이 크게 5개의 권역으로 구분한다.
  ① 대류권(troposphere) : 약 11km까지
  ② 성층권(stratosphere) : 약 11~50km
  ③ 중간권(mesosphere) : 약 50~80km
  ④ 열권(thermosphere) : 약 80~600km
  ⑤ 외기권(exosphere) : 약 600~1,200km

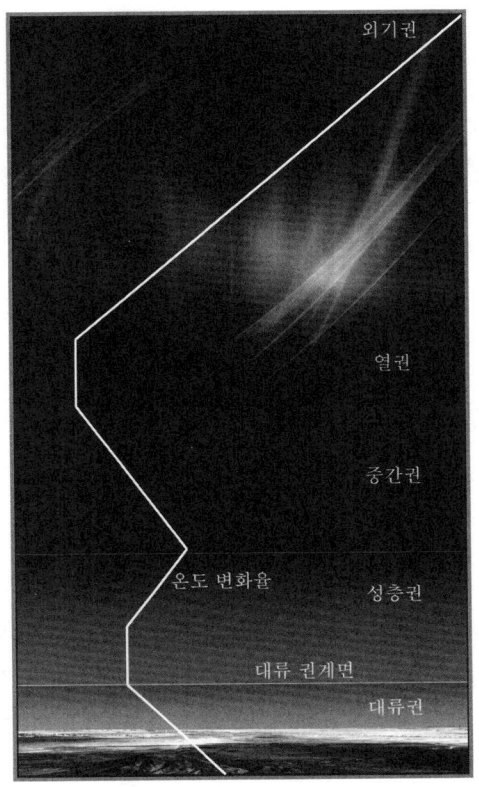

┃그림 1.1 대기 구분┃

지구를 둘러싸고 있는 대기는 고도에 따라 온도가 변화하는 변온구간(gradient region)과 온도가 거의 변화하지 않는 등온구간(isothermal region)이 반복적으로 존재하며, 대체로 몇 개의 기체층으로 구분할 수 있다. 이들은 지구 표면으로부터 고도가 높아지는 방향으로 대류권, 성층권, 중간권, 열권, 외기권으로 구분된다. 그리고 상부 성층권 이상을 광화학 반응이 일어나는 화학권(chemosphere)이라고 부르며, 때로는 약 90km 이하를 동질권(hemosphere), 약 90km 이상을 이질권(heterosphere)이라고 부른다. 대기는 전체 질량의 99%가 지표면으로부터 40km 이내에 집중되어 있다. 그리고 지표면 근처를 중성권(neutrosphere)이라 하여 전자밀도가 매우 작아 전기적으로 중성이 형성되는 영역이 존재하므로 인간이 안전하게 살 수 있는 환경이 형성되어 있다.

① 대류권

대류권(troposphere)은 지표면에서 약 11km(36,000ft)까지 고도로 보지만, 적도 지방에서는 16~17km, 극 지방에서는 8~10km 정도의 고도에 이르고 있다. 대부분의 구름이 이 층에만 존재한다. 이는 고도에 따라 기온이 감소하는 음(−)의 온도구배(temperature gradient)가 형성되어 공기부력에 의한 대기의 순환이 일어나기 때문이다.

② 성층권

성층권(stratosphere)은 대류권 바로 위에 있는 층으로서 그 고도는 약 50km (164,000ft)에 이르며, 25km (82,000ft)의 고도까지는 온도가 일정하고 그 이상의 고도에서는 온도가 중간권에 이를 때까지 증가한다. 그 이유는 고도 약 30km에 오존층(ozonosphere)이 있어 자외선을 흡수하기 때문이다. 특히, 대류권과 성층권 사이를 대류권계면(tropopause)이라 부르고 성층권의 윗면을 성층권계면(stratopause)이라고 일컫는다. 대류권계면에는 제트기류(jet stream)가 흐른다.

③ 중간권

성층권 위를 중간권(mesosphere)이라 하고 이 권역에서는 다시 고도에 따라 온도가 감소하며, 그 고도는 약 80km에 이른다.

④ 열 권

중간권 위쪽은 열권(thermosphere)으로서 고도 80~600km 사이에 존재한다. 열권에는 태양이 방출하는 자외선에 의하여 대기가 전리되어 자유전자의 밀도가 커지는 층이 있는데, 이 층을 전리층(ionosphere)이라 하며 전파를 흡수하거나 반사하는 작용을 하여 무선통신에 영향을 미친다. 극 지방에서 발생하는 극광(aurora)이나 유성(meteor, shooting star)이 밝은 빛의 꼬리를 남기는 것도 주로 이 열권에서 일어난다.

    ① D층 : 50~90km 사이(장파)
    ② E층 : 90~160km 사이(저주파)
    ③ F층 : 160~600km 사이(고주파)

⑤ 외기권

열권 위쪽에는 외기권(exosphere)이 있으며 대체로 고도 약 600km로부터 시작된다. 공기의 농도가 매우 엷기 때문에 운동하는 공기 분자가 서로 충돌할 확률이 매우 적어 분자들이 궤적을 그리며 운동하고 있다. 이 중에는 속도가 빨라 지구 중력을 벗어나 우주로 이탈하는 경우도 있다.

Section 03 — 대기 특성

1 기체 운동 이론

공기의 압력 증가는 일정한 공간에서 공기 분자의 수가 증가하여 생기는 경우와 분자의 증가가 없는 상태에서 분자의 운동 속도가 증가함으로써 생기는 2가지 경우가 있다.

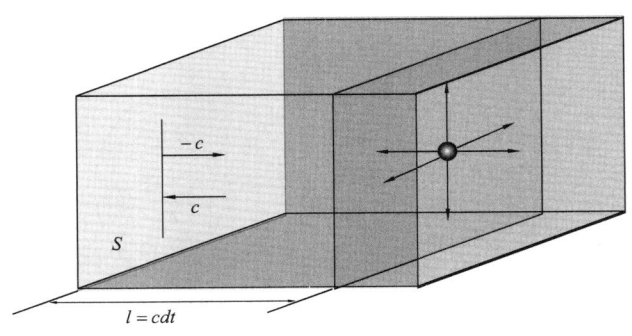

┃그림 1.2 공기 분자 운동 ┃

분자 수의 증가는 기체 밀도의 증가를 의미하고, 분자 운동 속도의 증가는 공기 온도의 증가를 의미한다. 공기 분자의 운동이론에 대한 방정식은 공기의 압력과 밀도, 분자의 운동 속도에 대해 운동량 이론을 적용함으로써 구할 수가 있다.

그림 1.2에서 공기 분자를 완전탄성체로 가정하고, 그 운동 속도를 c 라 하며 진행 방향과 수직한 벽면 S에 부딪친 뒤에 반대 방향으로 튀어 나왔다고 가정하면, 공기 분자 하나가 벽면에 가해 준 운동량은 다음과 같다.

운동량 법칙 : $Fdt = mdV$
$$Fdt = m\{c-(-c)\} = 2mc$$

여기서, m 은 공기 분자 하나의 질량이다.

벽면 S면에 부딪치는 공기 분자의 수를 N이라고 하면, 시간 dt 동안에 S면에 가해주는 운동량은

$$Fdt = 2mc \times N$$

가 된다.

그림 1.2와 같이 폐쇄된 공간에 들어 있는 공기 분자들 중에서 벽면 S면을 향해 움직이는 평균 분자 수는 3축 운동 방향에서 한 축의 한쪽 방향으로 움직이는 공기 분자 수이므로

$$N = \frac{1}{6} \times \frac{\rho l S}{m}, \ l = cdt$$

이때, l 은 시간 dt 동안에 벽면 S에 도달할 수 있는 공기 분자의 최대 거리이다.
그러므로 벽면 S에 가해지는 힘은 시간에 관계없이 다음 식으로 주어진다.

$$F = \frac{2mc N}{dt} = \frac{1}{3} \rho c^2 S$$

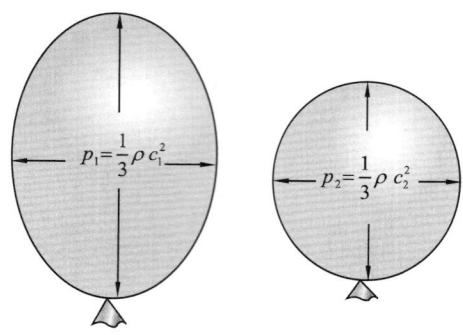

┃그림 1.3 공기 내부 압력┃

벽면에 작용하는 압력은 $p = F/S$로 주어지므로 다음 식을 구할 수 있다.

$$p = \frac{1}{3}\rho c^2 \tag{1.13}$$

그림 1.3과 같이 풍선 속의 공기의 양이 변화하지 않더라도 온도에 의해 공기 입자의 운동 속도가 달라지면 풍선 속의 압력이 달라지므로 풍선이 온도에 따라 팽창되거나 수축된다.

▌2 기체 상태 방정식

기체 상태방정식은 기체의 압력, 체적, 온도의 관계로서 다음 식으로 주어진다.

$$pv = RT \tag{1.14}$$

여기서, p : 절대압력(absolute pressure)
v : 비체적(specific volume)
R : 기체상수(gas constant)
T : 절대온도(absolute temperature)

비체적은 다음과 같이 정의된다.

$$v = \frac{1}{\rho}$$
$$\frac{p}{\rho} = RT \tag{1.15}$$

이때 공기의 기체상수는 아래와 같이 주어진다.

$$R_a = 29.27\,\mathrm{kg_f \cdot m/kg \cdot K} = 287\,\mathrm{N \cdot m/kg \cdot K}$$
$$= 287\,\mathrm{J/kg \cdot K} = 0.287\,\mathrm{kJ/kg \cdot K}$$

공학단위계에서 비체적을 다음과 같이 정의하는 경우가 있다.

$$v = \frac{1}{\rho g} = \frac{1}{\gamma}$$

따라서 기체 상태방정식은 다음과 같이 표현된다.

$$\frac{p}{\rho} = gRT$$

이때에 공기의 기체상수는 아래와 같이 주어진다.

$$R_a = 29.27 \, \text{m/K}, \quad R_a = 53.3 \, \text{ft/}°\text{R}$$

3 기체 전파 속도

유체 속에서 어떠한 교란으로 발생되는 압력파는 강체(剛體)처럼 무한한 속도를 갖는 것이 아니고 유한한 속도로 전파된다. 유체 내에서의 압력파의 전파속도(음속)는 체적탄성계수와 밀접한 관계가 있다.

유체 내에서 교란에 의하여 생긴 압력파의 전파속도(음속)는 다음과 같이 서술된다. 이 식의 유도과정은 심화학습에서 다루기로 한다.

$$a = \sqrt{\frac{E}{\rho}} = \sqrt{\frac{\kappa p}{\rho}} = \sqrt{\kappa RT} \tag{1.16}$$

여기서, E는 체적탄성계수, κ는 공기의 비열비, 그리고 R은 공기의 기체상수로서 앞에서 제시한 값과 동일하다.

여기서, 완전기체에 대한 음파의 전파속도는 절대온도 T만의 함수임을 알 수 있다.

Mach 수는 음속 a에 대한 물체의 운동속도 V와의 비로 다음과 같이 정의된다.

$$M = \frac{V}{a} \tag{1.17}$$

그리고 Mach 수에 따라 유체의 유동속도는 다음과 같이 분류한다.

    $M < 1$: 아음속(subsonic velocity)

    $M = 1$: 음속(sonic velocity)

    $M > 1$: 초음속(supersonic velocity)

예제 1.10 >>> **매체 속의 음속**

15℃의 사염화탄소의 체적탄성계수가 $1.1 \times 10^9 \, \text{N}/\text{m}^2$ 이고 밀도가 $1,600 \, \text{kg}/\text{m}^3$ 이다. 이 매체 속의 음속은 얼마인가?

풀이 ▌ $a = \sqrt{\dfrac{E}{\rho}} = \sqrt{\dfrac{1.1 \times 10^9}{1,600}} = 829 \, \text{m}/\text{s}$

예제 1.11 >>> **해면고도에서의 음속**

온도 15℃인 해면고도에서의 음속은 얼마인가? (단, 공기의 비열비 $\kappa = 1.4$ 이고 기체상수 $R = 287 \, \text{N} \cdot \text{m}/\text{kg} \cdot \text{K}$)

풀이 ▌ 식 1.16에 대입하면

$$a = \sqrt{\kappa R T} = \sqrt{1.4 \times 287 \times (273.15 + 15)} = 340.26 \, \text{m}/\text{s}$$

예제 1.12 >>> **항공기 마하수**

온도 −55℃인 성층권을 속도 $760 \, \text{km}/\text{h}$ 로 비행하는 항공기의 Mach 수는 얼마인가? (단, 공기의 비열비 $\kappa = 1.4$ 이고, 기체상수 $R = 287 \, \text{J}/\text{kg} \cdot \text{K}$)

풀이 ▌ 식 1.16에 대입하면

$$a = \sqrt{\kappa R T} = \sqrt{1.4 \times 287 \times (273.15 - 55)} = 296.1 \, \text{m}/\text{s}$$

따라서 Mach 수는

$$M = \frac{V}{a} = \frac{760 \text{km}/\text{h} \times \left(\dfrac{1\text{m}/\text{s}}{3.6\text{km}/\text{h}} \right)^{=1}}{296.1 \text{m}/\text{s}} = 0.71$$

4 대류권의 대기 특성

대류권에서는 해면고도로부터 온도가 선형적으로 감소하여, 대류권과 성층권 사이에 있는 권계면(tropopause)에서 온도는 $-56.5\,°\text{C}(-69.7\,°\text{F})$까지 이른다고 본다. 중력가속도의 값이 일정하다고 가정하면 대류권에서의 표준대기 특성이 결정된다. 권계면의 고도는 일반적으로 중위도 지방에서 약 $11\text{km}\,(36,000\,\text{ft})$로 설정된다.

① 온 도

대류권에서는 고도에 따른 온도의 변화가 직선적으로 감소한다고 가정하므로 다음과 같이 쓸 수 있다.

$$T = T_0 - \lambda h \tag{1.18}$$

여기서, h 는 고도를 나타내고, λ 는 기온 감소율(lapse rate)을 나타내며, 미터단위계와 영국단위계에서 각각 다음과 같은 실험식을 사용한다.

$$T\,[°C] = 15°C - 0.0065h\,[m]$$
$$T\,[°F] = 59°F - 0.003566h\,[ft]$$

이때, °C 대신에 K를 사용할 경우에는 해면고도에서 표준대기온도 15°C를 288.15 K로 대체하고, °F 대신에 °R을 사용할 경우에는 59 °F 대신에 518.67 °R로 대체하기만 하면 된다.

② 압 력

대류권에서 압력의 변화는 다음 식으로 표현할 수 있다. 이 식의 유도과정은 심화학습에서 다루기로 한다.

$$p = p_0 \times \left(\frac{T}{T_0}\right)^{5.25} \tag{1.19}$$

여기서 p, T는 대류권 상의 임의 고도의 압력과 절대온도이며, p_0, T_0는 해면고도에서의 압력과 절대온도를 나타낸다.

③ 밀 도

대류권에서의 밀도의 변화는 다음 식으로 표시할 수 있다. 이 식의 유도과정은 심화학습에서 다루기로 한다.

$$\rho = \rho_0 \times \left(\frac{T}{T_0}\right)^{4.25} \tag{1.20}$$

여기서, ρ는 대류권 상의 임의 고도의 밀도이며, ρ_0는 해면고도에서의 밀도를 나타낸다. 결론적으로 대류권에서는 온도와 압력 및 밀도 모두가 고도가 높아짐에 따라 감소하게 된다.

예제 1.13 >>> 고도 특성

높이가 $8,888\text{m}$인 에베레스트산 정상에서의 온도를 구하고, 해면고도에서의 공기 밀도를 100%로 보고, 산 정상에서의 밀도를 계산하라. (단, 해면고도의 온도 $t_0 = 15\text{°C}$, 기온감소율 $\lambda = 0.0065\text{°C/m}$)

풀이 ① 온도 : $T = T_0 - \lambda h = 15\text{°C} - 0.0065\text{°C/m} \times 8,888\text{m} = -42.8\text{°C}$

② 밀도 : $\rho = \rho_0 \times \left(\dfrac{T}{T_0}\right)^{4.25}$

$$\rho = \rho_0 \times \left(\frac{T_0 - \lambda h}{T_0}\right)^{4.25} = 100\% \times \left(\frac{288.15 - 0.0065 \times 8,888}{288.15}\right)^{4.25}$$
$$= 38.63\%$$

예제 1.14 >>> 대류권 특성

고도 $8,000\text{m}$에서의 온도, 압력, 밀도를 계산하라. (단, 해면고도에서의 $p_0 = 101,325\text{N/m}^2$, $\rho_0 = 1.225\text{kg/m}^3$, $T_0 = 288.15\text{K}$, $R = 287.05\,\text{N}\cdot\text{m/kg}\cdot\text{K}$, 기온감소율 $\lambda = 0.0065\text{K/m}$)

풀이 ① 온도 : $T = T_0 - \lambda h = 288.15 - 0.0065\text{K/m} \times 8,000\text{m} = 236.15\text{K}$

② 압력 : $p = p_0 \times \left(\dfrac{236.15}{288.15}\right)^{5.25} = 101,325\text{N/m}^2 \times 0.35 = 35,464\,\text{N/m}^2$

③ 밀도 : $\rho = \dfrac{p}{RT} = \dfrac{35,464\text{N/m}^2}{287.05\text{N}\cdot\text{m/kg}\cdot\text{K} \times 236.15\text{K}} = 0.52\text{kg/m}^3$

Section 04 — 고 도

항공역학에서 다루는 고도의 정의는 여러 가지가 있지만 그 중에서도 가장 기본적인 고도가 기하학적 고도(geometric altitude : h)로서, 이 고도는 해면고도로부터 실제 길이 차원에서 측정된 고도를 의미한다. 이 고도를 진고도(true altitude)라고도 한다.

항공기 경우에는 항공기의 현재 비행위치로부터 해당 지면(ground level)까지의 고도를 절대고도(absolute altitude)라고 일컫기도 한다. 그리고 항공기가 지상에 착륙하는 과정에서는 전파고도(무선고도 : radio altitude)를 사용하기도 한다.

한편, 인공위성의 궤도비행이나 우주비행에 사용되는 절대고도(absolute altitude : h_a)는 지구 중심으로부터의 고도로서 다음 식으로 표현된다. 여기서, R은 지구의 반지름이다.

$$h_a = R + h$$

지구의 중력가속도(local acceleration of gravity : g)는 지구 중심으로부터의 거리에 따라 달라진다. 해면고도에서의 중력가속도를 g_0라고 하면 해면고도에서의 중력은 Newton의 만유인력법칙에 의해 다음과 같이 표현할 수 있다.

$$W_0 = mg_0 = G\frac{mM}{R^2}, \quad g_0 = \frac{GM}{R^2}$$

여기서, G는 만유인력상수이며, M은 지구 질량이다. 그리고 지구 상공의 임의의 기하학적 고도에서의 중력은 다음과 같다.

$$W = mg = G\frac{mM}{(R+h)^2}, \quad g = \frac{GM}{(R+h)^2}$$

고도가 변화함에 따른 단위질량이 갖는 위치에너지는 중력가속도가 변화하므로 다음과 같이 나타낼 수 있다.

$$E_P = gdh$$

이때, 이 위치에너지가 중력가속도가 변화하지 않는다고 가정하였을 때의 위치에너지와 같아지는 고도를 지구위치고도(geopotential altitude : H)라고 정의하며 다음과 같이 표현한다.

$$E_P = g_0 dH$$

따라서 지구위치고도는 다음과 같이 고도 변화에 따라 중력가속도가 일정하다고 가정할 때의 고도라고 할 수 있다.

$$g_0 dH = gdh$$

즉,

$$H = \frac{1}{g_0}\int gdh$$

$$H = \frac{1}{g_0}\int gdh = \int \frac{R^2}{(R+h)^2}dh$$

이 식을 적분하면 지구위치고도는 다음과 같이 표현할 수 있으며, 고도에 따른 값을 표 1.2에 나타냈다.

$$H = \frac{Rh}{R+h}$$

|표 1.2 지구위치고도|

기하학적고도 [m]	지구위치고도 [m]	중력가속도 [m/s²]	압력 [N/m²]	밀도 [kg/m³]	온도 [°C]
0	0.00	9.8061	101,325	1.2250	15.00
1,000	999.84	9.8029	89,806	1.1108	8.50
2,000	1,999.37	9.7998	79,378	1.0050	2.00
3,000	2,998.58	9.7967	69,960	0.9072	−4.50
4,000	3,997.48	9.7936	61,474	0.8169	−11.00
5,000	4,996.07	9.7905	53,846	0.7337	−17.50
6,000	5,994.34	9.7874	47,008	0.6573	−24.00
7,000	6,992.30	9.7843	35,445	0.5871	−30.50
8,000	7,989.94	9.7813	30,602	0.5229	−37.00
9,000	8,987.28	9.7782	26,311	0.4642	−43.50
10,000	9,984.29	9.7751	22,523	0.4107	−50.00

그 밖에 대기의 압력, 밀도 및 온도를 측정하여 고도를 결정하는 압력고도, 밀도고도 및 온도고도가 사용되기도 하며, 소형 항공기의 경우는 주로 압력 고도로 비행 고도를 결정한다. 이들 고도는 각각 식 1.18, 1.19, 1.20으로부터 유도할 수 있다.

① **온도 고도** : $h_t [\text{m}] = 153.85(15 - t \,[°\text{C}])$

② **압력 고도** : $h_p [\text{m}] = 44,332 \left\{ 1 - \left(\dfrac{p}{p_0} \right)^{0.19026} \right\}$

③ **밀도 고도** : $h_d [\text{m}] = 44,332 \left\{ 1 - \left(\dfrac{\rho}{\rho_0} \right)^{0.2349} \right\}$

여기에서 밀도고도는 항공 분야에서 특정한 날씨 조건에서 항공기의 항공역학적인 성능을 검토하는 데 사용되거나 항공기 기관의 출력에 대한 공기 밀도의 영향을 고려하는 데 사용된다. 특히 공기의 밀도는 대기 온도가 올라가면 감소하고 습도가 커지면 증가하는 특성이 있기 때문에 대기 온도에 따른 압력고도를 보정하여 밀도고도를 정의하기도 한다.

심화학습

1 기체 전파속도

유체 내에서 교란에 의하여 생긴 압력파의 전파속도(음속)는 연속 방정식과 운동량 방정식으로부터 구할 수가 있다.

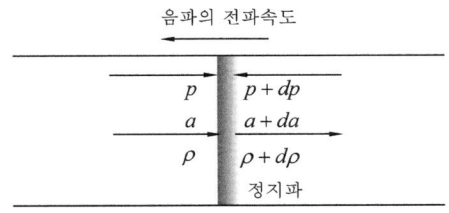

음파의 전파속도

p	$p + dp$
a	$a + da$
ρ	$\rho + d\rho$

정지파

┃심화 그림 1.1 음파의 전파속도 ┃

심화 그림 1.1과 같이 단면적 A인 관로 속을 음파가 오른쪽에서 왼쪽으로 전파된다고 보자. 해석을 용이하게 하기 위해 음파가 정지해 있고 상대적으로 공기가 음속으로 흘러들어 온다고 보면 공기 유동의 방향은 왼쪽에서 오른쪽으로 향한다.

이때, 압력 p, 밀도 ρ인 공기가 속도 a로 흘러들어 오다가 음파를 통과함에 따라 각각의 변수가 $p + dp$, $\rho + d\rho$, $a + da$로 변화되었다면, 연속 방정식에 의해 다음과 같이 나타낼 수 있다.

$$\rho a A = (\rho + d\rho)(a + da)A$$

이 방정식을 정리하면 다음과 같다.

$$\rho da + a d\rho = 0$$

다음으로 운동량 방정식을 적용하면 다음과 같다.

$$\sum F = Q\rho(V_2 - V_1)$$
$$pA - (p + dp)A = \rho a A \{(a + da) - a\}$$

이 식을 정리하면 다음과 같다. 단, $d\rho da \to 0$이라고 보고, 이 값은 무시한다.

$$dp = -\rho a da$$

위 식들을 정리하고 ρda을 소거하면 다음 식을 구할 수 있다.

$$a^2 = \frac{dp}{d\rho}$$

따라서 음파가 정상 상태에서 전파되는 속도는 $a = \sqrt{dp/d\rho}$ 로 주어진다. 이 속도가 매체 속에서 전파되는 음파의 전파속도, 즉 음속(acoustic velocity : a)이 되는 것이다.

$$a = \sqrt{\frac{dp}{d\rho}}$$

여기서, 체적탄성계수 $E = dp/(d\rho/\rho)$를 도입하여 위 방정식을 다시 쓰면 다음과 같다.

$$a = \sqrt{\frac{E}{\rho}}$$

이 방정식은 기체뿐만 아니라 액체와 고체에도 적용되는 음파의 전파속도를 나타낸다. 그리고 음파의 전파속도는 아주 빠르므로 이러한 파동의 전파과정은 단열과정으로 볼 수 있다. 따라서 단열과정의 공기의 특성은 다음과 같이 주어진다.

$$\frac{p}{\rho^{\kappa}} = \mathrm{const}$$

이 식을 미분하면 다음과 같다.

$$\frac{dp}{d\rho} = \mathrm{const}\,\kappa\rho^{\kappa-1} = \frac{p}{\rho^{\kappa}}\kappa\rho^{\kappa-1} = \frac{\kappa p}{\rho}$$

이 값을 식 1.16에 대입하면 다음과 같다.

$$a = \sqrt{\frac{\kappa p}{\rho}}$$

그리고 완전기체에 대한 기체 상태방정식 $p/\rho = RT$를 대입하면 다음과 같다.

$$a = \sqrt{\kappa RT}$$

여기서, 완전기체에 대한 음파의 전파속도는 절대온도 T만의 함수임을 알 수 있다.

2 대류권의 대기 특성

① 온 도

대류권에서는 고도에 따른 온도의 변화가 직선적으로 감소한다고 가정하므로 다음과 같이 쓸 수 있다.

$$\frac{dT}{dh} = -\lambda$$

이 식을 적분하면 다음 식을 구할 수 있다.

$$T = T_0 - \lambda h$$

여기서, h 는 고도를 나타내고, λ 는 기온 감소율(lapse rate)을 나타낸다.

② 압 력

대류권에서 압력의 변화는 유체 정역학의 기초 식으로부터 다음 식으로 표시할 수 있으며, 음(−)의 부호를 첨가한 것은 고도가 높아짐에 따라 압력이 감소한다는 의미이다.

$$p = -\gamma h$$
$$\frac{dp}{dh} = -\rho g$$

기체의 상태방정식으로부터

$$\rho = \frac{p}{RT}$$

따라서

$$\frac{dp}{p} = -\frac{gdh}{RT}$$

그리고

$$\frac{dT}{dh} = -\lambda, \quad dh = -\frac{dT}{\lambda}$$

그러므로

$$\frac{dp}{p} = \frac{g}{\lambda R} \frac{dT}{T}$$

적분하면

$$[\ln p]^{p}_{p_0} = \left[\frac{g}{\lambda R} \ln T \right]^{T}_{T_0}$$

$$\frac{p}{p_0} = \left(\frac{T}{T_0} \right)^{\frac{g}{\lambda R}}$$

이때 위 식의 지수 값은 다음과 같이 구할 수가 있다.

$$\frac{g}{\lambda R} = \frac{9.8 \text{m/s}^2}{0.0065 \text{K/m} \times 287 \text{N} \cdot \text{m/kg} \cdot \text{K}} = 5.25$$

$$p = p_0 \times \left(\frac{T}{T_0}\right)^{5.25}$$

그리고 온도비 $\theta = T/T_0$, 압력비 $\delta = p/p_0$, 밀도비 $\sigma = \rho/\rho_0$를 도입하면 다음의 관계를 구할 수 있다.

$$\delta = \theta^{5.25}$$

③ 밀 도

대류권에서의 밀도의 변화는 해면고도와 임의고도에서의 기체 상태방정식

$$\frac{p}{\rho} = gRT, \quad \frac{p_0}{\rho_0} = gRT_0$$

로부터

$$\frac{p/\rho}{p_0/\rho_0} = \frac{T}{T_0}$$

$$\frac{\rho}{\rho_0} = \left(\frac{p}{p_0}\right)\left(\frac{T}{T_0}\right)^{-1} = \left(\frac{T}{T_0}\right)^{\frac{g}{\lambda R} - 1}$$

$$\rho = \rho_0 \times \left(\frac{T}{T_0}\right)^{4.25}$$

이므로 다음의 관계를 갖는다.

$$\sigma = \theta^{4.25}$$

결론적으로 대류권에서는 온도와 압력 및 밀도 모두가 고도가 높아짐에 따라 감소하게 된다. 참고로, 성층권에서는 고도가 높아짐에 따라 온도는 일정하고, 압력과 밀도는 감소하게 된다.

연습문제

1.1 절대단위에서 $1\text{Pa} = 1\text{N/m}^2$을 나타낸다. 이때, 1kPa을 공학단위로 환산하면 얼마인가?

풀이 $1\text{kPa} = 1{,}000\text{Pa} \times \left(\dfrac{1\text{N/m}^2}{1\text{Pa}}\right)^{=1} \times \left(\dfrac{1\text{kg}_f}{9.8\text{N}}\right)^{=1}$

$\qquad = \dfrac{1{,}000 \times 1 \times 1}{1 \times 9.8}\text{kg}_f/\text{m}^2 = 102.04\text{kg/m}^2$

답 $102.04\,\text{kg}_f/\text{m}^2$

1.2 1kW를 미터 공학단위계에서 힘과 길이 및 시간의 단위로 환산하여라.

풀이 $1\text{kW} = 1{,}000\text{W} \times \left(\dfrac{1\text{J/s}}{1\text{W}}\right)^{=1} \times \left(\dfrac{1\text{N} \cdot \text{m}}{1\text{J}}\right)^{=1} \times \left(\dfrac{1\text{kg}_f}{9.8\text{N}}\right)^{=1}$

$\qquad = \dfrac{1{,}000 \times 1 \times 1 \times 1}{1 \times 1 \times 9.8}\text{kg}_f \cdot \text{m/s} = 102.04\text{kg}_f \cdot \text{m/s}$

답 $102.04\,\text{kg}_f \cdot \text{m/s}$

1.3 영국 공학단위계에서의 열량의 단위로 BTU을 사용한다. 1BTU는 몇 $\text{kg}_f \cdot \text{m}$의 에너지를 나타내는가?

풀이 $1\text{BTU} = 1\text{BTU} \times \left(\dfrac{0.252\text{kcal}}{1\text{BTU}}\right)^{=1} \times \left(\dfrac{427\text{kg}_f \cdot \text{m}}{1\text{kcal}}\right)^{=1}$

$\qquad = \dfrac{1 \times 0.252 \times 427}{1 \times 1}\text{kg}_f \cdot \text{m} = 107.6\text{kg}_f \cdot \text{m}$

답 $107.6\text{kg}_f \cdot \text{m}$

1.4 $1\mu\text{m}$는 몇 inch인가?

풀이 $1\mu\text{m} = 1\mu\text{m} \times \left(\dfrac{10^{-6}\text{m}}{1\mu\text{m}}\right)^{=1} \times \left(\dfrac{1\text{ft}}{0.3048\text{m}}\right)^{=1} \times \left(\dfrac{12\text{inch}}{1\text{ft}}\right)^{=1}$

$\qquad = \dfrac{1 \times 10^{-6} \times 1 \times 12}{1 \times 0.3048 \times 1}\text{inch} = 0.00004\text{inch}$

답 0.00004inch

1.5 물의 밀도가 $\rho_w = 1{,}000\text{kg/m}^3$이다. 힘의 단위인 Newton을 포함하는 절대단위로 표현하면 얼마인가?

풀이 $\rho_w = 1{,}000\text{kg/m}^3 \times \left(\dfrac{1\text{N}}{1\text{kg} \cdot \text{m/s}^2}\right)^{=1} = 1{,}000\text{N} \cdot \text{s}^2/\text{m}^4$

답 $\rho_w = 1{,}000\,\text{N} \cdot \text{s}^2/\text{m}^4$

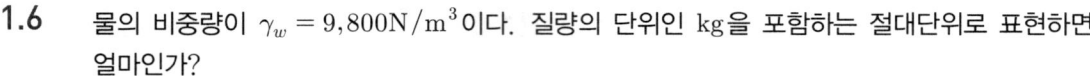

1.6 물의 비중량이 $\gamma_w = 9,800 \mathrm{N/m^3}$ 이다. 질량의 단위인 kg을 포함하는 절대단위로 표현하면 얼마인가?

풀이 $\gamma_w = 9,800 \mathrm{N/m^3} \times \left(\dfrac{1\mathrm{kg} \cdot \mathrm{m/s^2}}{1\mathrm{N}} \right)^{=1} = 9,800 \, \mathrm{kg/m^2 \cdot s^2}$

답 $\gamma_w = 9,800 \, \mathrm{kg/m^2 \cdot s^2}$

1.7 1knot는 몇 km/h이며 20knot로 항해하는 고깃배의 속도를 환산하면 몇 km/h인가?

풀이 $1\mathrm{knot} = 1\mathrm{knot} \times \left(\dfrac{1\mathrm{NM/h}}{1\mathrm{knot}} \right)^{=1} \times \left(\dfrac{1.852\mathrm{km}}{1\mathrm{NM}} \right)^{=1} = 1.852 \, \mathrm{km/h}$

$20\mathrm{knot} = 20\mathrm{knot} \times \left(\dfrac{1.852\mathrm{km/h}}{1\mathrm{knot}} \right)^{=1} = 37.04 \, \mathrm{km/h}$

답 $37.04 \, \mathrm{km/h}$

1.8 50GL의 연료의 부피는 1드럼이다. 1드럼의 연료의 부피는 몇 $\mathrm{m^3}$인가?

풀이 $1\text{드럼} = 1\text{드럼} \times \left(\dfrac{50\mathrm{GL}}{1\text{드럼}} \right)^{=1} \times \left(\dfrac{0.003785\mathrm{m^3}}{1\mathrm{GL}} \right)^{=1} = 0.189 \, \mathrm{m^3}$

답 $1\text{드럼} = 0.189 \, \mathrm{m^3}$

1.9 1oz(ounce)는 일반적으로 1/16 lb로 기억하는 것이 바람직하다. 1oz는 몇 $\mathrm{kg_f}$인가?

풀이 $1\mathrm{oz} = 1\mathrm{oz} \times \left(\dfrac{1/16 \, \mathrm{lb}}{1\mathrm{oz}} \right)^{=1} \times \left(\dfrac{0.4536\mathrm{kg_f}}{1\mathrm{lb}} \right)^{=1} = 0.02835 \, \mathrm{kg_f}$

답 $1\mathrm{oz} = 0.02835 \, \mathrm{kg_f}$

1.10 1pint(파인트)는 액량(액체의 부피)의 단위로서 미국에서는 0.473L, 영국에서는 0.568L를 나타내며, 1pint를 액량oz(fluid ounce)로 나타내면 미국에서는 16액량oz, 영국에서는 20액량oz를 나타낸다. 1액량oz는 미국과 영국에서 각각 몇 cc인가? (단, $1\mathrm{L} = 1,000\mathrm{cc}$)

풀이 • 미국 : $1\text{액량oz} = 1\text{액량oz} \times \left(\dfrac{1\mathrm{pint}}{16\text{액량oz}} \right)^{=1} \times \left(\dfrac{0.473\mathrm{L}}{1\mathrm{pint}} \right)^{=1} \times \left(\dfrac{1,000\mathrm{cc}}{1\mathrm{L}} \right)^{=1}$

$= \dfrac{1 \times 1 \times 0.473 \times 1,000}{16 \times 1 \times 1} \mathrm{cc} = 29.56 \, \mathrm{cc}$

• 영국 : $1\text{액량oz} = 1\text{액량oz} \times \left(\dfrac{1\mathrm{pint}}{20\text{액량oz}} \right)^{=1} \times \left(\dfrac{0.568\mathrm{L}}{1\mathrm{pint}} \right)^{=1} \times \left(\dfrac{1,000\mathrm{cc}}{1\mathrm{L}} \right)^{=1}$

$= \dfrac{1 \times 1 \times 0.568 \times 1,000}{20 \times 1 \times 1} \mathrm{cc} = 28.4 \, \mathrm{cc}$

답 미국 : 29.56cc, 영국 : 28.4cc

CHAPTER

02

공기 기초 역학

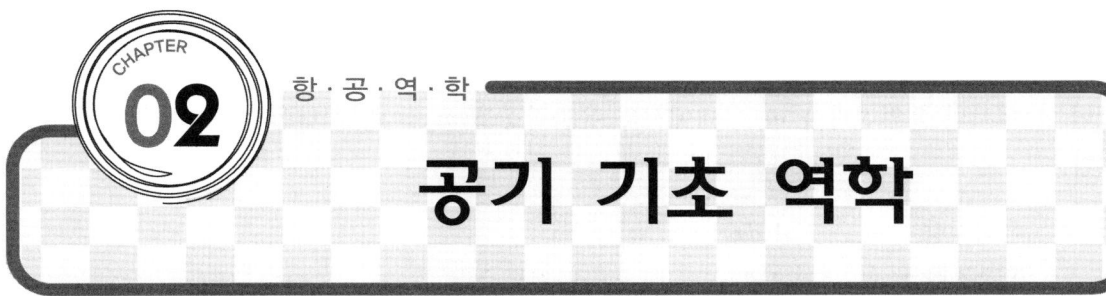

CHAPTER **02**

항·공·역·학

공기 기초 역학

이 단원에서는 항공역학의 기초가 되는 유체 기본 방정식과 비 점성 유체로서의 이상 유동, 그리고 점성 유동 및 압축성 유동에 관해 살펴보고자 한다. 다만 이들의 이론이 너무 방대하므로 항공역학과 관련시킬 수 있는 부분만을 다루고자 한다. 또한 이들의 유동에 대한 기본 개념만을 설명하고자 한다.

Section **01** ── 유체 기본 방정식

1 연속 방정식

연속 방정식(continuity equation)은 질량보존의 법칙으로 설명할 수가 있다. 유체유동에서 관로에 따라 흐르는 유체 질량은 어느 단면에서나 동일하다는 질량보존의 법칙에 따른다는 것이다. 즉, 특정한 영역을 설정하고 그 영역 내에서 유체의 질량이 생성되거나 소멸되지 않는다면 그 영역의 경계면에서의 유입질량과 유출질량이 동일하다는 것이다. 이것을 연속의 법칙(principle of continuity)이라고도 한다.

그림 2.1과 같이 단면이 일정하지 않은 관 내의 유체유동에서 단면 A_1, A_2 사이에 축적되는 유체나 소멸되는 유체가 없다고 보면 유입질량과 유출질량은 동일하다.

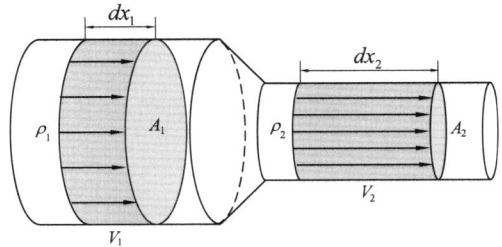

‖그림 2.1 연속 법칙‖

관로에서의 면적과 미소길이를 곱하면 체적이 되고, 체적에 밀도를 곱하면 질량이 되므로 단면 A_1에서의 유입질량을 m_1, A_2에서의 유출질량을 m_2라 하면 다음과 같이 정리할 수가 있다.

유입질량 : $m_1 = \rho_1 A_1 dx_1$

유출질량 : $m_2 = \rho_2 A_2 dx_2$

질량보존의 법칙에 의하여 $m_1 = m_2$이므로

$$\rho_1 A_1 dx_1 = \rho_2 A_2 dx_2$$

가 된다. 이때, 단위 시간에 흘러간 질량은 다음과 같다.

$$\frac{\rho_1 A_1 dx_1}{dt} = \frac{\rho_2 A_2 dx_2}{dt}$$

그리고 미소길이(거리)를 시간으로 나누면 속도가 되므로, $dx_1/dt = V_1$, $dx_2/dt = V_2$로 놓을 수 있다.

$$\rho_1 A_1 V_1 = \rho_2 A_2 V_2$$

또는, 질량보존의 법칙에 의해 일반적으로 다음과 같이 표현한다.

$$\rho A V = \mathrm{const}$$

위 식은 유체가 흐르는 관로에서 특정한 단면을 단위시간에 통과하는 질량을 나타내므로 이를 질량유량(mass flow rate : $\dot{m}$)이라고 한다.

$$\dot{m} = \rho A V \ [\mathrm{kg/s}] \tag{2.1}$$

그리고 비압축성 유체에서는 밀도가 일정하므로 다음과 같이 표현할 수도 있다.

$$A V = \mathrm{const}$$

이 값은 유체가 흐르는 관로에서 특정한 단면을 단위시간에 통과하는 체적을 나타내므로 이를 유량(flow rate : Q)이라고 한다.

$$Q = A V \ [\mathrm{m^3/s}] \tag{2.2}$$

그리고 단위시간에 통과하는 질량에 중력가속도를 곱하면 단위시간에 통과하는 중량이 되므로 식 2.1은 다음 식과 같이 쓸 수 있으며 이를 중량유량(weight flow rate : $\dot{W}$)이라 한다.

$$\dot{W} = \gamma A V \; [\text{kg}_{\text{f}}/\text{s}] \tag{2.3}$$

식 2.1, 2.2 및 2.3은 각각 단위시간에 임의의 단면을 통과하는 유체의 질량, 체적 및 중량을 의미하는 1차원 유동의 연속방정식들이다.

예제 2.1 >>> 유속 계산(I)

안지름이 0.2m인 관로를 절대압력 $1.5 \times 10^5 \text{N}/\text{m}^2$, 온도 20℃인 공기가 1.2kg/s로 흘러가고 있다. 그리고 공기의 기체상수 $R = 287$ N·m/kg·K이다. 이때 관내 유동을 등속도유동으로 간주하여 유속을 구하여라.

풀이 | 공기의 밀도를 구하면

$$\rho = \frac{p}{RT}$$
$$= \frac{1.5 \times 100{,}000}{287 \times (273 + 20)} = 1.784 \text{kg}/\text{m}^3$$

주어진 질량유량은 $\dot{m} = 1.2$kg/s 이므로

$$V = \frac{\dot{m}}{\rho A} = \frac{\dot{m}}{\rho \pi r^2}$$
$$= \frac{1.2}{1.784 \times \pi \times 0.1^2} = 21.41 \text{m}/\text{s}$$

예제 2.2 >>> 유속 계산(II)

관로 유동에서 안지름이 0.16m인 곳에서 물의 유속이 20m/s 이다. 안지름이 0.3m인 곳에서의 유속은 얼마인가? (단, 유동은 비압축성 유동으로 간주한다.)

풀이 | 비압축성 유동이므로 ρ는 일정하다.

$$A_1 V_1 = A_2 V_2$$
$$V_2 = V_1 \times \frac{A_1}{A_2}$$
$$= 20 \times \frac{\frac{\pi}{4} \times 0.16^2}{\frac{\pi}{4} \times 0.3^2} = 5.69 \text{m}/\text{s}$$
$$V_2 = 5.69 \text{m}/\text{s}$$

2 Bernoulli 방정식

1 비압축성 Bernoulli 방정식

비압축성 Bernoulli 방정식은 에너지 보존 법칙의 일종이라고 볼 수 있다. 특히 역학적 에너지 보존 법칙으로서 역학적 에너지인 압력에너지(유동에너지), 운동에너지 및 위치에너지의 합은 항상 일정하다는 개념이 Bernoulli 방정식이다.

실린더 면적 : S

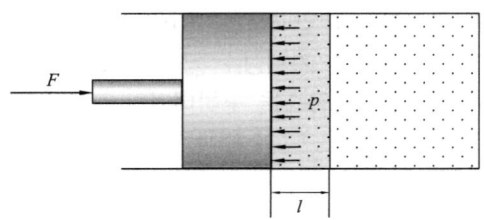

┃그림 2.2 압력에너지┃

먼저, 압력에너지(유동에너지)는 그림 2.2와 같이 압력 p가 벽면 A에 작용하여 발생하는 힘 $F = pA$가 거리 s만큼 이동함으로써 나타나는 에너지이다. 따라서 다음과 같이 나타낼 수 있다.

$$E_f = pAs$$

운동에너지는 Newton운동 제2법칙으로부터

$$F = ma = m\frac{dV}{dt} = m\frac{ds}{dt}\frac{dV}{ds} = mV\frac{dV}{ds}$$

따라서

$$Fds = mVdV$$

이를 적분하면

$$E_k = Fs = \int Fds = \int mVdV = m \cdot \frac{1}{2}V^2$$

즉, 운동에너지는 다음과 같이 표현할 수 있다.

$$E_k = \frac{1}{2}mV^2$$

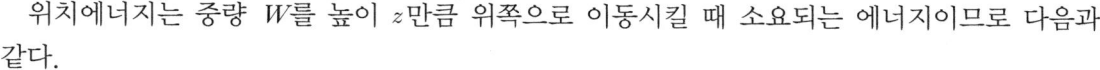

위치에너지는 중량 W를 높이 z만큼 위쪽으로 이동시킬 때 소요되는 에너지이므로 다음과 같다.

$$E_p = Wz = mgz$$

따라서 이와 같은 압력에너지(유동에너지), 운동에너지 및 위치에너지를 함께 표현하면 다음과 같다.

$$E_f = pAs, \quad E_k = \frac{1}{2}mV^2, \quad E_p = mgz$$

이때, 질량은 $m = \rho As$ 로 주어지므로 단위질량당의 에너지들로서 위 식들을 표현할 수 있다.

① 단위질량당의 압력에너지 : $e_f = \dfrac{pAs}{\rho As} = \dfrac{p}{\rho}$

② 단위질량당의 운동에너지 : $e_k = \dfrac{\frac{1}{2}mV^2}{m} = \dfrac{V^2}{2}$

③ 단위질량당의 위치에너지 : $e_p = \dfrac{mgz}{m} = gz$

그리고 단위질량당의 에너지 보존 법칙에 의해

$$e_f + e_k + e_p = \text{const}$$

이므로 다음 식을 구할 수 있다.

$$\frac{p}{\rho} + \frac{V^2}{2} + gz = \text{const} \, [\text{N} \cdot \text{m/kg}] \tag{2.4}$$

따라서 단위질량 당의 역학적 에너지 보존 법칙이 Bernoulli 방정식이 된다는 사실을 알 수 있다.

Bernoulli 방정식을 한 유선상에 있는 임의의 두 점에 대하여 적용하면

$$\frac{p_1}{\rho} + \frac{V_1^2}{2} + gz_1 = \frac{p_2}{\rho} + \frac{V_2^2}{2} + gz_2$$

와 같이 표시된다.

식 2.4의 각 항에 밀도를 곱하면 Bernoulli 방정식은 다음과 같이 표시된다.

$$p + \frac{1}{2}\rho V^2 + \rho gz = \mathrm{const}\,[\mathrm{N} \cdot \mathrm{m/m^3}] \qquad (2.5)$$

식 2.5는 단위체적당의 역학적 에너지 보존법칙이며 이러한 Bernoulli 방정식은 기체유동을 해석할 경우 사용하면 편리하다. 왜냐하면 기체에서는 위치에너지 ρgz의 항이 다른 에너지 항 p나 $\rho V^2/2$에 비하여 무시할 정도로 작아 이 항을 삭제할 수 있기 때문이다.

한 유선상에 있는 임의의 두 점에 대하여 적용하면 다음과 같이 표시된다.

$$p_1 + \frac{1}{2}\rho {V_1}^2 = p_2 + \frac{1}{2}\rho {V_2}^2$$

수력학에서는 식 2.5의 각 항을 유체의 비중량으로 나누어 얻는 다음과 같은 형의 Bernoulli 방정식을 사용하는 것이 편리하다.

$$\frac{p}{\gamma} + \frac{V^2}{2g} + z = \mathrm{const}\,[\mathrm{N} \cdot \mathrm{m/N}] \qquad (2.6)$$

식 2.6은 단위중량당의 역학적 에너지 보존법칙이며, 각 항은 단위중량당의 유체가 갖는 압력에너지, 위치에너지, 운동에너지를 의미한다. 따라서 이 식의 각 항은 액주의 높이[m]로 나타낼 수 있다. 이러한 이유에서 수력학에서 널리 사용되고 있으며, 특히 이 경우에는 액주의 높이를 수두(head)라고 한다.

즉, 다음과 같이 정의한다.

① $\dfrac{p}{\gamma}$: 압력수두(pressure head)

② $\dfrac{V^2}{2g}$: 속도수두(velocity head)

③ z : 위치수두(potential head)

그림 2.3에서 유선상의 임의의 3점에 Bernoulli 방정식을 적용하면 다음과 같이 표시된다.

$$\frac{p_1}{\gamma} + \frac{{V_1}^2}{2g} + z_1 = \frac{p_2}{\gamma} + \frac{{V_2}^2}{2g} + z_2 = \frac{p_3}{\gamma} + \frac{{V_3}^2}{2g} + z_3$$

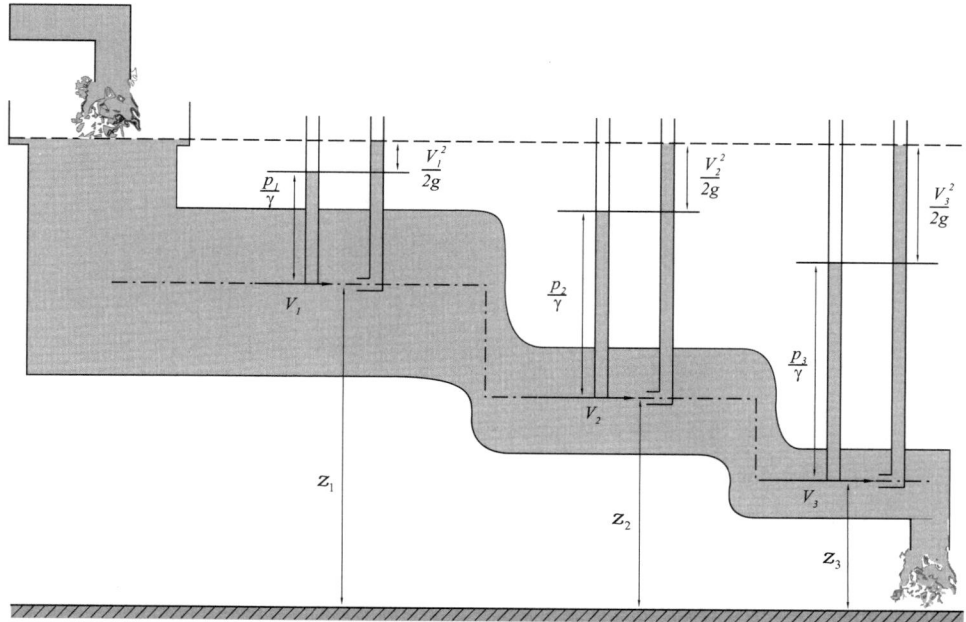

┃그림 2.3 수두┃

예제 2.3 ⟫⟫ **압력 계산**

물이 흐르는 관로에서 기준 수평면에서 2m의 높이에 있는 관로 단면의 안지름이
30cm이고, 관로가 점점 확대되어 8m 높이에서 안지름이 40cm가 된다고 할 때, 그 단
면에서의 압력을 구하라. (단, 안지름이 30cm의 단면에서는 $14.7N/cm^2$의 압력이 작
용한다고 한다. 그리고 유량은 매초 400L이고 마찰손실은 일체 없는 것으로 한다. 물
의 비중량은 $9,800\,N/m^3$이다.)

풀이┃ Bernoulli의 정리를 적용하기 위하여 각각의 단면적과 유속을 구하면

$$A_1 = \frac{\pi}{4}d^2 = \frac{\pi}{4} \times 0.3^2 = 0.0707m^2$$

$$A_2 = \frac{\pi}{4}d^2 = \frac{\pi}{4} \times 0.4^2 = 0.1256m^2$$

그리고 $1m^3 = 1,000L$이므로

$$V_1 = \frac{Q}{A_1} = \frac{0.4}{0.0707} = 5.66m/s$$

$$V_2 = \frac{Q}{A_2} = \frac{0.4}{0.1256} = 3.18m/s$$

또 $z_1 = 2m$, $z_2 = 8m$, $p_1 = 14.7N/cm^2 = 147,000N/m^2$이므로

$$\frac{V_1^2}{2g} + \frac{p_1}{\gamma} + z_1 = \frac{V_2^2}{2g} + \frac{p_2}{\gamma} + z_2$$

$$p_2 = \gamma\left(\frac{V_1^2 - V_2^2}{2g} + \frac{p_1}{\gamma} + z_1 - z_2\right)$$

위의 값을 대입하면

$$p_2 = 9,800 \times \left(\frac{5.66^2 - 3.18^2}{2 \times 9.8} + \frac{147,000}{9,800} + 2 - 8\right) = 9.916\text{N/cm}^2$$

예제 2.4 >>> **정압 감소**

수평 관로로 공기를 수송하고 있다. 관의 단면적이 0.68m^2에서 0.18m^2로 감소하는 축소관이다. 손실이 없는 것으로 할 때, 비중량이 12.1N/m^3인 공기가 6.66N/s의 중량유량으로 흐른다면, 정압의 감소는 얼마인가?

풀이 ┃ 연속 방정식으로부터

$$Q = \frac{\dot{W}}{\gamma} = \frac{6.66}{12.1} = 0.55\text{m}^3/\text{s}$$

$$V_1 = \frac{Q}{A_1} = \frac{0.55}{0.68} = 0.81\text{m/s}$$

$$V_2 = \frac{Q}{A_2} = \frac{0.55}{0.18} = 3.06\text{m/s}$$

관로가 수평으로 설치되어 있으므로 $z_1 = z_2$, 따라서 Bernoulli방정식을 적용하면

$$\frac{p_1}{\gamma} + \frac{V_1^2}{2g} = \frac{p_2}{\gamma} + \frac{V_2^2}{2g}$$

$$\frac{p_1 - p_2}{\gamma} = \frac{V_2^2 - V_1^2}{2g} = \frac{3.06^2 - 0.81^2}{2 \times 9.8} = 0.44\text{m}$$

$$\therefore\ p_1 - p_2 = 0.44\text{m} \times 12.1\text{N/m}^3 = 5.32\text{N/m}^2 = 5.32\text{Pa}$$

② 정압 · 동압 · 전압

공기의 흐름 속에 놓인 물체에 작용하는 압력의 종류로는 정압(static pressure), 동압(dynamic pressure) 및 전압(total pressure)을 들 수 있다. 정압은 순수한 압력에너지에 의한 압력이고, 동압은 운동에너지에 의한 압력을 말하며, 전압은 정압과 동압의 합으로서 전체에너지에 의한 압력으로 볼 수 있다.

그림 2.4는 속도 V의 유동 속에 설치된 피토 · 정압관(pitot static tube)을 보여주고 있다. 그림 2.4에서 점 1에 있는 유체입자의 속도는 V이지만, 점 2에 있는 유체입자는 관로의 끝이 막혀 있는 관계로 속도가 0이다.

따라서 속도가 0인 점 2와 같은 점을 정체점(stagnation point)이라고 한다.

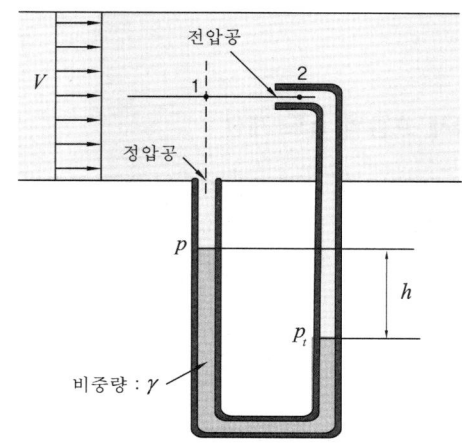

┃그림 2.4 피토 · 정압관 ┃

그림 2.4의 점 1과 점 2는 동일 수평면 사이에 위치하므로 위치에너지가 동일하기 때문에 이를 무시할 수 있다. 점 1에 있는 유체 입자는 그 위치에서의 압력에너지인 정압과 속도 V 에 의한 운동에너지인 동압을 받고 있다. 그러나 점 2에 있는 유체 입자는 속도가 0이므로 정체점으로서 그 위치에서의 압력에너지인 정압과 운동에너지가 압력에너지로 바뀐 동압의 합인 전압을 받고 있는 상태로 이는 전체 에너지가 압력으로 나타나는 것이다(즉, 속도가 0인 점의 압력을 전압이라 한다).

즉, 점 1과 점 2 사이에 Bernoulli 방정식을 적용하면 다음과 같다.

$$p + \frac{1}{2}\rho V^2 = p_t \tag{2.7}$$

여기서, p를 정압이라 하고, $q = \frac{1}{2}\rho V^2$를 동압이라 하며, p_t를 전압 또는 피토압(pitot pressure)이라고 한다.

그림 2.4에서 전압공(전압 구멍)에서 측정된 전압과 정압공(정압 구멍)에서 측정된 정압의 차이는 동압으로서 그림 2.4에서의 액주계의 액주 차이 h에 의해 다음과 같이 표현될 수 있다.

$$p_t - p = \frac{1}{2}\rho V^2 = \gamma h$$

따라서 유체의 속도는 다음 식으로 구할 수가 있다.

$$V = \sqrt{\frac{2(p_t - p)}{\rho}} = \sqrt{\frac{2\gamma h}{\rho}}$$

이 식에서 γ는 액주계에 들어 있는 액체의 비중량이며, ρ는 흐르고 있는 유체의 밀도를 나타낸다.

예제 2.5 $\ggg$ **유체 흐름의 속도 계산**

공기 중을 비행하는 항공기에 피토·정압관을 설치하였다. 그리고 피토·정압관에 액주계를 연결하였더니 액주계의 수은주 차이가 $4\,mm$였다. 수은의 비중이 13.6이고 공기의 밀도가 $0.125\,kg_f \cdot s^2/m^4$이라면 이 항공기의 비행 속도는 얼마인가?

풀이 $\quad V = \sqrt{\dfrac{2\gamma_{Hg}h}{\rho_{air}}} = \sqrt{\dfrac{2 \times 13.6 \times 1,000\,kg_f/m^3 \times 0.004m}{0.125kg_f \cdot s^2/m^4}}$

$\qquad = 29.5\,m/s$

---

③ 압축성 Bernoulli 방정식

유체역학에서 유체가 일정한 유선을 따라 흐르는 경우, Newton의 운동방정식을 적용하면 다음과 같은 Euler의 운동방정식을 구할 수가 있다.

$$\frac{dp}{\rho} + VdV + gdz = 0 \tag{2.8}$$

유선에 따른 Euler의 운동방정식을 적분하면 매우 중요하고 응용범위가 넓은 방정식을 얻을 수 있는데, 이 방정식이 다른 관점에서 Bernoulli 방정식이다.

Euler의 운동방정식에서 밀도가 일정하다는 조건에서 적분을 하게 되면 이미 에너지 방정식으로부터 유도한 비압축성 Bernoulli 방정식이 된다.

그러나 밀도가 압력에 따라 달라지는 특성조건, 즉 $\rho = \rho(p)$의 관계로서 열역학적인 단열과정(adiabatic process)이란 특성조건을 적용하여 적분을 하면 다음과 같은 압축성 Bernoulli 방정식을 구할 수가 있다. 이 식의 유도과정은 심화학습에서 다루도록 한다.

$$\frac{\kappa}{\kappa - 1}\frac{p}{\rho} + \frac{V^2}{2} + gz = \text{const} \tag{2.9}$$

한 유선 상에 있는 임의의 두 점에 대해서는 다음과 같이 표시된다.

$$\frac{\kappa}{\kappa - 1}\frac{p_1}{\rho_1} + \frac{V_1^2}{2} + gz_1 = \frac{\kappa}{\kappa - 1}\frac{p_2}{\rho_2} + \frac{V_2^2}{2} + gz_2$$

이러한 압축성 Bernoulli 방정식은 원래의 공기 특성인 압축성을 고려해야만 하는 공기유동에 적용하는 방정식이다. 예를 들어 초음속으로 비행하는 항공기 특성을 해석할 경우에 압축성 Bernoulli 방정식을 적용하지 않고, 비압축성 Bernoulli 방정식을 적용하여 해석하면 약 25% 이상의 오차가 발생하여 그 결과를 믿을 수가 없게 된다. 따라서 $M < 0.2$ 이하의 아음속에서는 비압축성 Bernoulli 방정식을 적용하지만 그 이상의 속도인 천음속과 초음속에서는 당연히 압축성 Bernoulli 방정식을 이용하여 해석을 하여야 한다.

예제 2.6 >>> **압축성을 고려한 속도 계산**

공기 중을 비행하는 물체의 속도를 정확히 구하기 위하여 압축성을 고려한다면 그 속도는 어떻게 표현되는가? (단, 비행과정은 열역학적인 단열과정이라고 본다.)

풀이 ▌ 압축성을 고려하기 위하여 압축성 Bernoulli 방정식을 적용하되, 위치에너지를 무시하면 다음과 같다.

$$\frac{\kappa}{\kappa-1}\frac{p}{\rho}+\frac{V^2}{2}=\frac{\kappa}{\kappa-1}\frac{p_t}{\rho_t}$$

이때, 첨자 t는 정체점(stagnation point)의 조건을 나타낸다.
위 식을 속도에 대하여 정리하면

$$V^2 = \frac{2\kappa}{\kappa-1}\frac{p}{\rho}\left\{\left(\frac{p_t}{\rho_t}\right)\left(\frac{\rho}{p}\right)-1\right\} = \frac{2\kappa}{\kappa-1}\frac{p}{\rho}\left\{\left(\frac{p_t}{p}\right)\left(\frac{\rho}{\rho_t}\right)-1\right\}$$

가 된다. 열역학적인 단열과정일 때는 다음 관계가 성립한다.

$$\frac{p}{\rho^\kappa}=\frac{p_t}{\rho_t^\kappa}=\mathrm{const}$$

$$\frac{\rho}{\rho_t}=\left(\frac{p_t}{p}\right)^{-1/\kappa}$$

그러므로

$$\left(\frac{p_t}{p}\right)\left(\frac{\rho}{\rho_t}\right)=\left(\frac{p_t}{p}\right)\left(\frac{p_t}{p}\right)^{-1/\kappa}=\left(\frac{p_t}{p}\right)^{(\kappa-1)/\kappa}$$

따라서 위 식을 속도 관계에 적용하면 다음 식을 구할 수 있다.

$$V^2 = \frac{2\kappa}{\kappa-1}\frac{p}{\rho}\left\{\left(\frac{p_t}{p}\right)^{(\kappa-1)/\kappa}-1\right\}$$

$$V^2 = \frac{2\kappa}{\kappa-1}\frac{p}{\rho}\left\{\left(\frac{p_t-p}{p}+1\right)^{(\kappa-1)/\kappa}-1\right\}$$

즉, 액주계의 액주차인 p_t-p를 측정하고 압력과 밀도가 결정되면 압축성을 고려한 속도를 구할 수가 있다.

3 운동량 법칙

질량 m, 속도 V인 물체에 힘 F가 작용하고 있을 때, 질량과 속도의 곱 mV을 그 물체의 운동량(momentum) 또는 선형 운동량(linear momentum)이라 한다. Newton의 운동 제2법칙은 이 운동량과 힘과의 관계를 나타내는 것이다. 물체가 가지는 운동량의 시간에 대한 변화율은 이 물체에 작용한 외력과 같고 그 변화는 힘의 방향으로 나타난다. 즉, 질량 m인 물체에 시간 dt 동안에 힘 F 가 작용하여 속도가 dV만큼 변화하였다고 하면 다음과 같은 식을 구할 수 있다.

$$F = ma = m\frac{dV}{dt}$$

운동량의 원리는 "운동량의 시간적 변화율은 그 물체에 작용한 힘과 같다."라고 정의된다. 위 식으로부터 다음 식을 구할 수 있다.

$$Fdt = mdV \tag{2.10}$$

여기서, Fdt를 역적(impulse) 또는 충격량이라 하고, mdV을 운동량의 변화라 한다. Newton의 운동 제2법칙을 변형하여 다음 식을 구할 수가 있다.

$$F = m\frac{dV}{dt} \approx m\frac{\Delta V}{\Delta t} = m\frac{V_2 - V_1}{t_2 - t_1}$$

$$F = m\frac{V_2 - V_1}{t_2 - t_1} \tag{2.11}$$

식 2.11은 태권도 선수가 돌멩이를 파괴할 때 적용할 수 있는 식이기도 하다. 선수 주먹의 질량과 움직이는 속도가 한정되어 있을지라도, 돌멩이에 타격을 가하는 시간이 매우 작다고 한다면 엄청난 힘을 발생시킬 수 있다는 이론이다.

운동량 법칙을 연속적으로 흐르는 유체에 대하여 적용해보자. 우선 유체를 비압축성, 정상류로 생각한다. 흐르는 유체에 있어서 미소 시간 dt 동안에 임의 위치의 단면적을 통과하는 유체의 질량은 $m = \rho Q dt$ 이다. 따라서 다음과 같은 식을 구할 수가 있다.

$$F = \rho Q dt \cdot \frac{dV}{dt} = \rho Q dV$$

$$\rho Q dV \approx \rho Q \Delta V = \rho Q(V_2 - V_1)$$

$$F = \rho Q(V_2 - V_1) \tag{2.12}$$

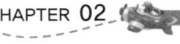

식 2.12로 표시되는 법칙을 유체역학의 운동량 법칙(principle of momentum)이라 한다. Bernoulli 방정식은 정상류에서 평균 유속이나 압력 등의 상호관계를 나타내지만, 운동량 법칙은 특정한 방향으로 유체에 의해 발생하는 힘과 그 방향으로의 속도 변화 관계를 나타내고 있다.

제트 기관 항공기의 경우에 운동량 법칙을 이용하여 추력을 구하면 다음과 같다.

$$T = \frac{\dot{W}_{air}}{g}(V_{exit} - V)$$

여기에서 $\dot{W}_{air}$ 는 기관 흡입구로 흘러 들어오는 공기 중량유량이며, V_{exit} 는 배기노즐에서 분사되는 배기가스의 분사속도이고, V 는 항공기 비행속도이다.

Section 02 ─ 이상 유동

순환 특성을 이해하기 위해서는 먼저 곡선경로에 따라 흐르는 비자전 유동(irrotational flow)과 자전 유동(rotational flow)의 특성을 살펴보고, 이에 따른 순환(circulation)의 정의를 이해할 필요성이 있다. 여기서 비자전·비점성 유동(irrotational-inviscid flow)을 이상 유동(potential flow)이라고 한다.

1 비자전 유동과 자전 유동

유체가 어떤 경로를 흘러갈 때에 이를 미시적으로 살펴보면 그림 2.5(a)와 같이 유체입자가 자전하지 않으면서 흘러가는 경우와 2.5(b)와 같이 자전하면서 흘러가는 경우로 나누어 볼 수 있다.

유체입자들이 자전하면서 흘러가는 경우는 유체가 흘러가는 운동에너지 이외에 자전하면서 나타나는 운동에너지의 손실을 고려하지 않을 수가 없다. 실제로 손실되는 운동에너지가 상당히 크기 때문에 이러한 경우에는 유동에 대한 Bernoulli 방정식을 적용할 수 없게 되며 그 해석이 어려워진다. 이러한 유동을 자전 유동이라고 한다.

유체입자가 자전하지 않는 경우는 운동에너지의 손실이 없어 Bernoulli 방정식을 적용할 수 있는 이상적인 유동이 되기 때문에 이를 비자전 유동이라고 하며, 이러한 유동이 비점성 유동의 특성을 갖는 경우를 가정하여 이상 유동이라고 정의하고 있다. 특히 유체입자가 자전하지 않으면서 원운동을 하는 그림 2.5(a)의 경우를 비자전 와동 유동(irrotational vortex flow), 또는 자유 와동 유동(free vortex flow)이라 한다. 유체입자가 자전하면서 원운동을 하는 그림 2.5(b)의 경우는 자전 와동 유동(rotational vortex flow), 또는 강제 와동 유동(forced vortex flow)의 한 유형이라고 볼 수 있다.

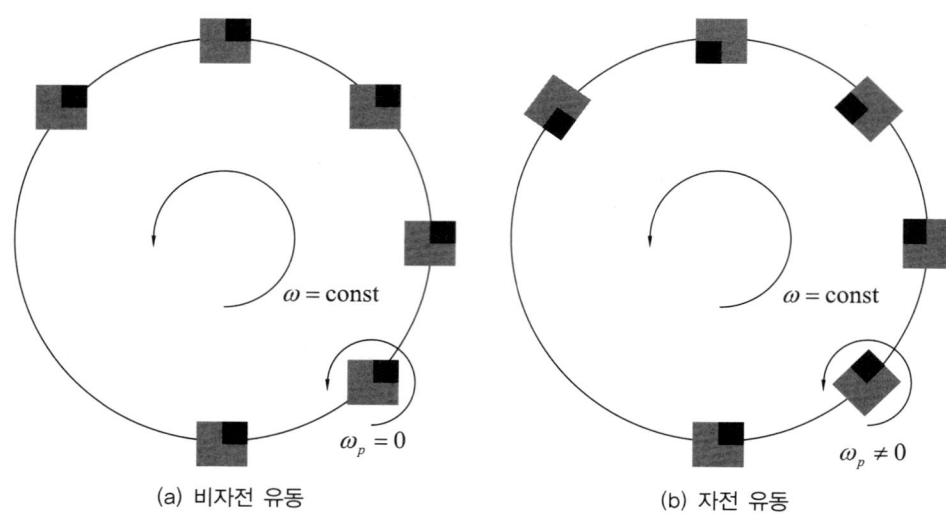

(a) 비자전 유동   (b) 자전 유동

┃그림 2.5 비자전 유동 및 자전 유동┃

2 자유 와동 유동

자유 와동 유동은 비자전 와동 유동으로서 유동 속에 포함된 유체입자가 자전하지 않기 때문에 유동 현상 이외에 에너지 손실이 없다고 가정함으로써 Bernoulli 방정식을 적용할 수 있다.

자유 와동 유동을 이론적으로 해석하면 다음과 같은 특성을 가지고 있다. 이 식의 유도과정은 심화학습에서 다루기로 한다.

$$Vr = \text{const}, \quad V = \frac{\text{const}}{r} \tag{2.13}$$

식 2.13에 의하면 곡선경로의 유동에서 유동 속도는 회전 중심으로부터의 반지름에 반비례함을 알 수 있다.

특히 회오리바람, 토네이도 또는 용오름(waterspout) 등의 바깥쪽 회전유동이 이러한 자유와동 유동의 특성을 갖는다. 그러나 실제 회오리바람의 경우에는 중심에서의 속도가 무한한 것이 아니므로 이론적인 경우와는 약간 다르다. 다시 말해 회오리바람의 경우에는 중심에서 좀 떨어진 부분은 자유 와동 유동이라고 볼 수 있으며 중심 부근은 강제 와동 유동으로 볼 수 있다. 그리고 자유 와동 유동의 특성이 중심 가까이까지 형성되면 강력한 토네이도나 바다 표면에서의 용오름이 형성된다고 볼 수 있다.

❸ 순 환

순환(circulation : Γ)은 와동의 세기(strength of vortex)를 정의하는 물리량으로서 일반적으로 자유 와동 유동의 세기를 나타낸다.

자유 와동 유동에 대한 순환의 값은 다음과 같이 주어진다.

$$\Gamma = 2\pi Vr \tag{2.14}$$

여기에서 V는 자유 와동 유동의 원주속도(접선속도)이며 r은 중심으로부터 떨어진 반지름을 나타낸다. 이 순환 개념은 심화과정에서 정리한다.

따라서 자유 와동 유동의 순환은 원주길이($2\pi r$)에 원주속도(V)를 곱한 값이며, 특히 자유 와동 유동의 특성이 $Vr = \text{const}$이므로 와동 중심으로부터의 반지름에 따른 곡선경로에 상관없이 순환은 일정한 값을 갖는다는 사실은 매우 중요하다.

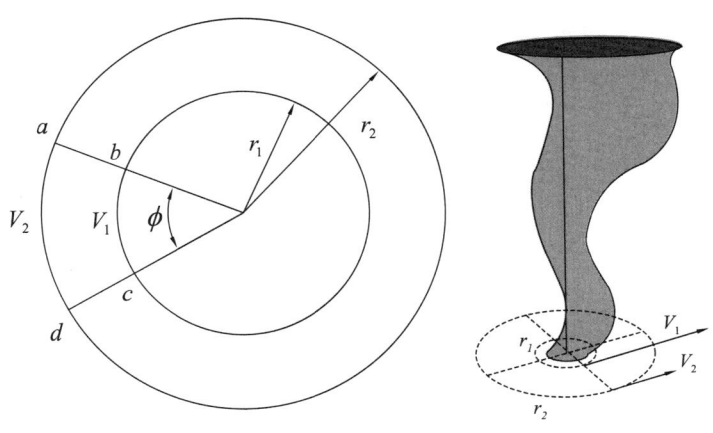

┃그림 2.6 순환의 특성┃

그림 2.6은 자유 와동 유동의 한 형태를 보여 주며 그 특성은 다음과 같이 정리할 수 있다.

① 자유 와동 유동의 순환＝원주길이($2\pi r$)×원주속도(V)

② 자유 와동 유동에서는 중심으로부터의 반지름에 따른 곡선경로에 상관없이 순환은 일정한 값을 갖는다.

③ 자유 와동 유동의 중심을 포함하지 않는 곡선경로에 대한 순환의 값은 0이다.

즉, 경로 abcda의 폐곡선에 대한 순환의 값은 다음과 같다.

$$\Gamma_{abcd} = \Gamma_{ab} + \Gamma_{bc} + \Gamma_{cd} + \Gamma_{da}$$

$$= 0 + 2\pi V_1 r_1 \times \frac{\phi}{360} + 0 - 2\pi V_2 r_2 \times \frac{\phi}{360}$$

$$V_1 r_1 = V_2 r_2 = \text{const}$$

$$\Gamma_{abcd} = 0$$

④ 하나의 자유 와동 유동의 중심을 포함하는 여러 개 와동이 존재한다면, 와동 전체의 순환은 각각의 와동에 대한 순환의 대수합과 같다.

예제 2.7 >>> **순환 값**

자유 와동 유동의 중심에서 5m 떨어진 점에서의 접선속도가 50m/s 이다. 순환의 크기는 얼마이며 중심으로부터 1m 떨어진 점의 속도는 얼마인가?

풀이 ▌ 자유 와동의 순환은

$$\Gamma = 2\pi v r$$

이므로

$$\Gamma = 2\pi \times 50 \times 5 = 1,570.8 \mathrm{m^2/s}$$

이며, 중심으로부터 1m 떨어진 점의 속도는

$$v = \frac{\Gamma}{2\pi r} = \frac{1,570.8}{2 \times \pi \times 1} = 250 \mathrm{m/s}$$

이다.

Section 03 ── 점성 유동

점성 유동은 유체가 유체입자 사이뿐만 아니라 유체입자와 고체 벽면과의 마찰력을 갖는 유동으로서 실제유동에 해당한다. 점성 유동의 대표적인 개념이 경계층(boundary layer)의 개념이며 이 개념은 1904년에 독일의 Ludwig Prandtl에 의해서 다루어지기 시작하였다. 경계층의 개념은 비교적 작은 점성을 가지고 있는 유체에 있어서 유체 내부 마찰의 영향은 고체를 둘러싸고 있는 유체 경계의 아주 좁은 영역에서만 나타나고, 이 영역의 바깥쪽의 유동은 자유흐름(free stream)으로서 유체의 점성을 무시할 수 있는 이상 유동(potential flow)으로 볼 수 있다는 개념이다. 즉, Plandtl은 점성 유동에 있어서도 점성의 영향을 받는 좁은 경계층을 벗어나면 점성을 무시할 수 있기 때문에 경계층 밖의 영역에서는 점성 유체의 유동이라 하더라도 이상 유체 유동으로 간주하여, 유동의 영역을 두 부분으로 나누어 다루어야 된다는 것이 그의 이론이다.

경계층의 형성은 유체 유동의 속도가 고체 벽면에서 0이 되었다가 벽면으로부터 거리가 멀어짐에 따라 자유흐름의 속도와 거의 일치되는 영역까지 이루어진다고 보며, 이러한 경계층은 유동의 형태에 따라 층류경계층(laminar boundary layer)과 난류경계층(turbulent boundary layer)으로 구분한다.

Reynolds는 유체 흐름의 형태를 결정하는 데 그림 2.7과 같이 도관에 흐르는 물속에 몇 가 닥의 물감을 분출시켜 물감이 확산되는 Reynolds 수의 값에 따른 유체 흐름 형태를 결정하였 다. 즉, 유체입자가 서로 혼합되지 않는 경우를 층류, 물감이 확산되고 유체입자가 서로 혼합 되어지는 경우를 난류라고 했다.

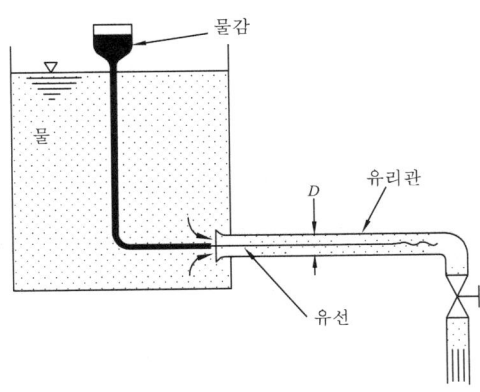

┃그림 2.7 Reynolds 실험장치┃

유체 도관 내의 물의 흐름에 대한 실험에서 Reynolds는 특정한 값에서 흐름이 층류에서 난류로 바뀌는 것을 알았으며 이 값이 Reynolds 수라고 정의했다. 이 실험에서 Reynolds 수 에 포함된 길이는 다음과 같이 도관의 지름 d를 사용했다.

$$R_N = \frac{\rho V d}{\mu} \tag{2.15}$$

이후의 실험에서는 비교적 정확하게 난류가 완전히 층류가 되는 하임계 Reynolds 수 [lower critical Reynolds number : $(R_N)_{lc}$]가 2,000~2,320 정도라고 밝혀졌으며, 층류가 완전히 난류로 바뀌는 상임계 Reynolds 수[upper critical Reynolds number : $(R_N)_{uc}$]는 약 4,000임을 알게 되었다.

그런데 비행기 날개의 경우에는 유체 도관과는 동일하지는 않다. 비행기 날개의 경우에는 Reynolds 수에 포함된 길이로 다음과 같이 날개의 시위길이(chord length : c)로 설정한다.

$$R_N = \frac{\rho V c}{\mu} \ , \ R_N = \frac{V c}{\nu} \tag{2.16}$$

아음속 상태에서 $R_N = 200,000 \sim 2,000,000$ 일 때 층류에서 난류로 변하며, 초음속 상태에 서는 층류에서 난류로 변하는 천이가 R_N가 약 7,000,000에 도달할 때 일어난다.

Reynolds 수는 관성력에 대한 마찰력(점성력)의 비라는 공학적인 의미를 가지고 있다.

1 경계층 정의

경계층은 정확히 정의하면 그림 2.8에서 볼 수 있듯이 유동 속에 놓인 고체 벽면과 유체입자 사이의 마찰력에 의해 유체 유동 속도가 영향을 받는(속도가 감소하는) 영역이라고 할 수 있다.

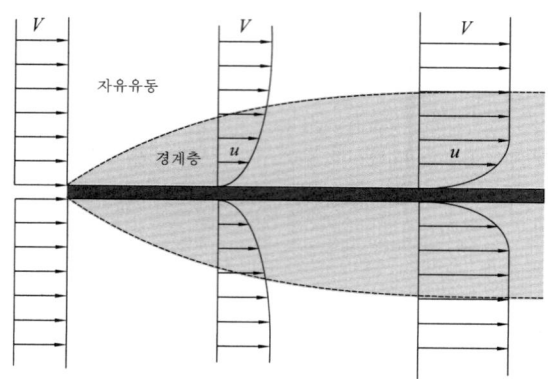

‖그림 2.8 경계층 정의‖

그림 2.9에서 볼 수 있는 바와 같이 층류경계층에서 난류경계층으로 바꾸어지는 과정에서는 경계층의 천이 구역(transition region)이 존재하며, 난류경계층에서는 경계층 내의 고체 벽면에 가까운 저층에는 또 다른 층류 저층(laminar sublayer)이 존재한다. 한편, 평판의 길이와 유동 속도에 따라 경계층은 전 부분이 층류경계층이나 난류경계층이 될 수 있으며 부분적으로 층류나 난류경계층이 복합되기도 한다.

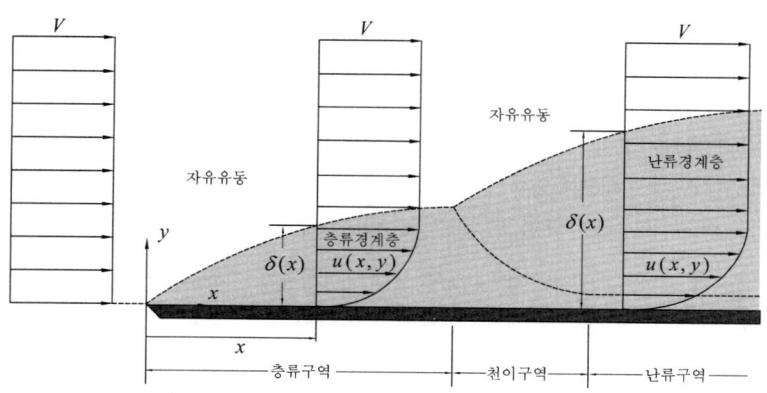

‖그림 2.9 경계층 구분‖

경계층의 두께는 학자들에 따라 그 정의가 일정하지 않으나, 대개 고체 벽면으로부터 $u = 0.99\,V$인 곳까지의 거리를 경계층의 두께로 간주하고 있다. 이때, V는 자유흐름의 속도를 나타낸다.

2 경계층 유형

길고 얇은 평판이 유체 유동에 평행하게 놓여 있을 때, 평판 표면에 경계층이 형성되는 것을 보면 평판의 앞전(leading edge)으로부터의 거리 x의 제곱근에 비례하여 경계층의 두께 δ가 증가한다. 또한, 경계층의 두께는 유속에 따라서도 증가한다.

그리고 경계층의 두께가 두꺼워질수록 고체 벽면의 전단응력이 커지고 그에 따라 고체 벽면의 마찰력(점성력)이 커지게 된다. 마찰력을 나타내는 특성계수로 마찰력을 결정하는 표면마찰 계수(surface friction coefficient : C_f)를 다음과 같이 도입한다.

$$F_f = \frac{1}{2} \rho V^2 S C_f$$

① 층류경계층

Plandtl은 차원해석법에 의해 미끈한 평판인 경우 층류경계층의 두께를 해석하고 실험하여 경계층 두께를 다음과 같이 제시하였다.

$$\delta = \frac{5.2x}{\sqrt{R_N}}$$

Blasius는 층류에서 미끈한 평판의 표면마찰항력계수를 다음과 같이 제시하였다.

$$C_f = \frac{1.328}{\sqrt{R_N}}$$

위 두 개의 식은 실험적인 자료에 의해서 검토해 본 결과 층류경계층에서 아음속뿐만 아니라 초음속에서도 적용될 수 있음을 알았다.

> [예제 2.8] ≫≫ 표면마찰항력
>
> 유동 속도가 0.5m/s인 물속에 단위 폭을 갖는 평판을 유동과 평행하게 위치시켰다. 평판의 길이가 200mm라면 이 평판에 가해지는 표면마찰항력은 얼마인가? (단, 물의 동점성계수는 $\nu = 1.011 \times 10^{-6}\,\text{m}^2/\text{s}$이다.)

풀이 Reynolds 수는

$$R_N = \frac{Vl}{\nu} = \frac{0.5 \times 0.2}{1.011 \times 10^{-6}} = 9.9 \times 10^4$$

이다. 따라서 이 유동은 층류이므로 평판의 항력계수는

$$C_f = \frac{1.328}{\sqrt{R_N}} = \frac{1.328}{\sqrt{9.9 \times 10^4}} = 0.0042$$

가 된다. 따라서 단위 폭을 갖는 평판의 항력은 다음과 같다.

$$D = \frac{1}{2}\rho V^2 S C_f = \frac{1}{2} \times 1,000\text{kg/m}^3 \times (0.5\text{m/s})^2 \times 0.2\text{m} \times 1\text{m} \times 0.0042$$

$$= 0.105\text{kg} \cdot \text{m/s}^2 \times \left(\frac{1\text{N}}{1\text{kg} \cdot \text{m/s}^2}\right)^{=1} = 0.105\text{N}$$

예제 2.9 >>> **공기 압력 손실**

공기 관로에 층류를 만들기 위해서 얇은 금속판의 정류격자를 설치하였다. 1개의 격자 가로와 세로 간격 및 격자 길이가 모두 20mm 이고 관로의 유속은 20m/s 일 때, 1개의 격자를 통과하는 공기의 압력손실은 얼마인가? (단, 공기의 동점성계수 $\nu = 1.501 \times 10^{-5}\text{m}^2/\text{s}$ 이고, 밀도 $\rho = 1.225\text{kg/m}^3$ 이다.)

풀이 Reynolds 수는

$$R_N = \frac{Vl}{\nu} = \frac{20 \times 0.02}{1.501 \times 10^{-5}} = 2.7 \times 10^4$$

따라서, 이 흐름은 층류이다. 정류격자의 항력계수는

$$C_f = \frac{1.328}{\sqrt{R_N}} = \frac{1.328}{\sqrt{2.7 \times 10^4}} = 0.008$$

이때, 공기가 접촉하는 정류격자의 면적은

$$S = 2 \times \text{가로} \times \text{길이} + 2 \times \text{세로} \times \text{길이} = 4 \times 0.02^2 = 0.0016\text{m}^2$$

이다. 그러므로 정류격자의 항력은

$$D = \frac{1}{2}\rho V^2 S C_f = \frac{1}{2} \times 1.225 \times 20^2 \times 0.0016 \times 0.008 = 0.00314\text{N}$$

이다. 격자의 압력손실을 Δp, 격자의 단위면적을 A 라 하면

$$D = \Delta p A$$

$$\Delta p = \frac{D}{A} = \frac{0.00314}{0.02^2} = 7.85\text{N/m}^2 = 7.85\text{Pa}$$

이 된다.

② 난류경계층

층류경계층에 비해서 난류경계층에서는 에너지의 이동이 훨씬 많아진다. 따라서 운동에너지도 크고 표면마찰항력도 증가해서 에너지의 손실이 많아진다.

Prandtl에 의하면, 난류경계층의 두께는 다음과 같이 표현된다.

$$\delta = \frac{0.37x}{R_N^{0.2}} \tag{2.17}$$

미끈한 평판에서 난류경계층의 표면마찰항력계수 C_f의 식은 Prandtl-Schlichting이 제시한 다음 식이 많이 활용되고 있다.

$$C_f = \frac{0.455}{(\log_{10}R_N)^{2.58}} \tag{2.18}$$

이때 R_N의 범위는 $10^6 \leqq R_N \leqq 10^9$이다.

③ 천이 구역

천이 구역에서의 표면마찰항력계수 C_f는 다음과 같이 제시된다.

$$C_f = \frac{0.455}{(\log_{10}R_N)^{2.58}} - \frac{1,700}{R_N} \tag{2.19}$$

천이 구역에서의 표면마찰항력계수는 평판의 표면조도와 자유흐름에 나타나는 난류의 정도에 따라 달라진다.

예제 2.10 >>> 마찰항력

폭이 3m, 길이가 30m인 매끈한 평판이 물 위를 6m/s의 속도로 예인되고 있을 때, 평판의 한쪽 면에 미치는 마찰항력은 얼마인가? (단, 물의 동점성계수 $\nu = 1.011 \times 10^{-6}\,\mathrm{m^2/s}$)

풀이 ┃ Reynolds 수가

$$R_N = \frac{Vl}{\nu} = \frac{6 \times 30}{1.011 \times 10^{-6}} = 1.8 \times 10^8$$

따라서, 평판의 전 길이에 걸쳐 난류경계층이 형성되므로 항력계수는

$$C_f = \frac{0.455}{[\log(1.8 \times 10^8)]^{2.58}} = \frac{0.455}{(8.255)^{2.58}} = 0.00196$$

이다.

평판의 한쪽 면에 미치는 마찰항력은

$$D = \frac{1}{2}\rho V^2 S C_f = \frac{1}{2} \times 1,000 \times 6^2 \times 3 \times 30 \times 0.00196 = 3.175\text{kN}$$

이 된다.

예제 2.11 >>> **필요 마력**

정지하고 있는 공기 속을 시속 160km로 날아가는 구형의 물체가 필요한 동력은 얼마인가? (단, 구형 물체의 최대 지름 $D = 0.3$m, 항력계수 $C_f = 0.2$, 공기의 밀도 $\rho = 1.225\text{kg/m}^3$)

풀이 ▌ 구형 물체의 속도는

$$V = \frac{160}{3.6} = 44.44\text{m/s}$$

투상면적은

$$A = \frac{\pi}{4}d^2 = \frac{\pi}{4} \times 0.3^2 = 0.0707\text{m}^2$$

이므로 구형 물체의 항력은

$$D = \frac{1}{2}\rho V^2 S C_f = \frac{1}{2} \times 1.225 \times 44.44^2 \times 0.0707 \times 0.2 = 17.1\text{N}$$

필요마력은

$$P = DV = 17.1 \times 44.44 = 759.9\text{N} \cdot \text{m/s}$$
$$= 759.9\text{N} \cdot \text{m/s} \times \left(\frac{1\text{J}}{1\text{N} \cdot \text{m}}\right)^{=1} \times \left(\frac{1\text{W}}{1\text{J/s}}\right)^{=1} \times \left(\frac{1\text{HP}}{735\text{W}}\right)^{=1} = 1.034\text{HP}$$
$$P = 1.034\text{HP}$$

가 된다.

3 유동 박리 현상

경계층 박리 현상(boundary layer separation)은 물체 표면에 형성된 유동의 경계층이 물체 표면으로부터 떨어져 나가는 현상으로서, 이러한 경계층 박리 현상은 쉽게 말해 유동 박리 현상(flow separation)을 의미한다.

유동 속에 놓인 물체 표면은 유체로부터 힘을 받는다. 만일 유체가 흐르고 있을 때에는 유체와 접촉하고 있는 표면은 전단응력을 받는다. 이 전단응력은 유동의 반대 방향으로 작용하며 이 전단응력을 마찰응력이라 정의한다. 정지유체 내에서는 전단응력은 작용하지 않는다.

그림 2.10과 같은 곡면 위의 유동을 생각해 보자. 여기서 곡면의 곡률 반지름은 어느 곳에서나 경계층의 두께에 비해 충분히 크다고 본다. 곡면에 흐르는 유동에서 위쪽의 자유유동의

기준면이 있다고 가정한다면, 점 A에서 점 B까지 유동의 단면적이 점점 좁아지기 때문에 유동 속도는 가속된다. 따라서 Bernoulli 방정식에 의해 점 A에서 점 B까지는 압력이 점점 감소하는 순 압력구배(favorable pressure gradient : $dp/dx < 0$)가 형성된다.

그림 2.10에서 왼쪽에서 오른쪽으로 흐르는 유동이 형성되려면 전체적으로 왼쪽 압력이 오른쪽 압력보다 커야 한다. 이때, 점 A에서 점 B까지의 압력구배(압력 변화율)가 0보다 작다는 것은 부분적으로도 왼쪽 압력이 오른쪽 압력보다 더 크기 때문에 전체적인 흐름에 순기능으로 작용한다. 따라서 이를 순 압력구배라고 한다.

한편, 점 B에서 점 E까지는 유동의 단면적이 점점 넓어지기 때문에 유동 속도가 감속되므로 유동 방향에 따라 압력이 점점 증가하는 역 압력구배(adverse pressure gradient : $dp/dx > 0$)가 형성된다. 부분적으로 역 압력구배가 형성되더라도 벽면으로부터 멀리 떨어진 유체 입자는 벽면에 의한 마찰 손실을 작게 받았기 때문에 전체적인 흐름과 같은 방향으로 유동 속도가 형성된다. 그러나 벽면 근처를 흐르는 유체 입자는 벽면과의 마찰에 의해 완전히 운동에너지가 소멸된 상태에서 역 압력구배가 형성되므로 역 방향으로 유동 속도가 형성된다.

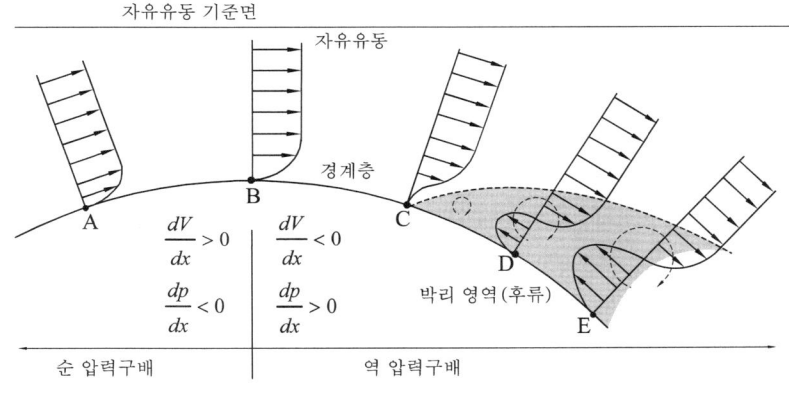

┃그림 2.10 경계층 박리 현상 ┃

그 결과 벽면 근처에 와동(vortex)이 발생하여 후류(wake)가 형성된다. 이러한 후류를 박리 영역이라 하고, 점 C로부터 유동(경계층)이 물체 표면으로부터 박리되므로, 점 C를 박리점이라 한다.

다시 말해, 점 A에서 점 B까지 형성된 경계층은 곡면이 시작되는 점으로부터 거리가 길지 않고 순 압력구배가 형성되어 있으므로 물체 표면에서 양(+)의 속도구배(positive velocity gradient : $[dV/dy]_{y=0} > 0$)를 가지게 된다. 그러므로 경계층은 물체 표면을 따라 그대로 진행하게 된다.

그러나 유동이 점 B를 지나게 되면, 곡면이 시작되는 점으로부터 거리가 길어진 관계로 마찰에 의한 운동에너지의 손실이 커지고, 동시에 역 압력구배가 형성되어 있으므로 점 C에서는 물체 표면에서의 속도구배가 0($[dV/dy]_{y=0} = 0$)이 되고, 더 나아가서 점 D에 이르러서는 물체 표면에서 음(−)의 속도구배(negative pressure gradient : $[dV/dy]_{y=0} < 0$)가 형성된다.

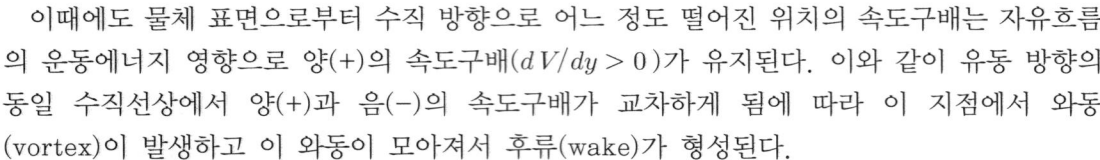

이때에도 물체 표면으로부터 수직 방향으로 어느 정도 떨어진 위치의 속도구배는 자유흐름의 운동에너지 영향으로 양(+)의 속도구배($dV/dy > 0$)가 유지된다. 이와 같이 유동 방향의 동일 수직선상에서 양(+)과 음(−)의 속도구배가 교차하게 됨에 따라 이 지점에서 와동(vortex)이 발생하고 이 와동이 모아져서 후류(wake)가 형성된다.

이 영역을 박리 영역이라 하며, 유동(경계층)이 이 영역에서는 형성되지 못하고 이 영역 밖으로 떨어져 나간다. 이 후류가 발생하는 영역은 엄밀한 의미에서 층류 혹은 난류와 같은 유동이 아니라 비 유동 영역(dead flow region)이다. 이 비 유동 영역에서는 많은 와동이 연속적으로 형성되고, 빠른 속도로 회전하는 와동의 특성에 의해 많은 에너지가 마찰에 의한 열에너지로 소멸되기 때문에 매우 낮은 압력이 형성된다.

그림 2.10의 점 C로부터 이어진 점선은 유동 영역과 비 유동 영역이 구분되는 박리 유선(separation streamline)이며, 물체 표면에서의 속도구배가 $[dV/dy]_{y=0} = 0$인 점 C를 박리점(separation point)이라고 한다. 즉, 경계층(유동)은 점 C를 지나면서 더 이상 물체 표면에 부착되어 진행하지 못하는데 이러한 경계층의 현상을 경계층 박리 현상 또는 유동 박리 현상이라고 한다.

① 날개 단면 박리 현상

유체 유동 속에 놓인 날개단면(airfoil)에 있어서 유동의 진행 방향과 날개단면 시위선(chord line)이 이루는 각을 받음각(angle of attack : α)이라고 한다.

날개단면 주위로 유체가 흐르는 과정에서 그림 2.11에서와 같이 받음각이 작은 경우에는 날개단면의 위·아래쪽 어느 곳에서도 유동 박리 현상이 나타나지 않지만, 받음각이 어느 정도 증가하게 되면 날개단면의 위쪽 뒷부분으로부터 박리 현상이 나타나기 시작한다. 그리고 받음각이 상당히 커지게 되면 날개단면의 앞전(leading edge) 근처로부터 박리 현상이 일어나는데, 이 경우를 실속 현상(stall)이라 하고 이때의 받음각을 실속받음각(stall angle of attack : α_s)이라고 한다.

그림 2.12와 같이 날개단면의 실속 현상이 일어나면, 위쪽 면 전체에 후류(wake)가 형성되어 매우 낮은 압력의 비 유동 영역(dead flow region)이 형성된다. 따라서 날개단면 위·아래의 압력 차이가 매우 커지므로 바람직하다고 판단이 되겠지만, 실제는 압력 차이에 의한 합성력 방향과 유동 진행 방향이 이루는 각이 매우 작아지므로, 합성력의 대부분은 유동에 대한 수평성분인 항력으로 나타나고 수직성분인 양력은 매우 작아지게 된다.

그 결과, 날개단면의 유동에 대한 상대속도가 급격히 감소하게 되고, 더불어 속도 제곱에 비례하는 양력도 급격히 감소하게 된다. 이러한 특성을 날개단면의 실속 특성이라 한다.

그리고 반복적으로 발생하여 떨어져 나가는 와동들에 의해 유동에 진동이 발생하고 작용·반작용 법칙에 의해 날개에 후류 유도 진동(wake induced vibration)이 유발된다. 이와 같이 유동 박리 현상에 의해 발생되는 날개의 진동을 버핏 현상(buffeting)이라 한다. 이 버핏 현상은 유동 박리 현상에 의해 공기역학적으로 유도되는 유도 진동 현상이라고 정의할 수 있다.

이러한 유도 진동이 조종장치를 통해 조종사에까지 전달되며, 조종사는 날개의 실속 현상을 미리 감지하게 된다. 유압으로 조종면이 작동되는 비행기의 경우에는 조종면에 작용하는 진동이 조종사에게 전달되지 않는다. 따라서 인위적으로 조종스틱 진동장치(stick shaker)를 설치하여 날개가 실속에 들어가는 진동 상태를 조종사에게 전달될 수 있도록 인공적으로 조종 스틱에 진동을 발생시켜 주기도 한다.

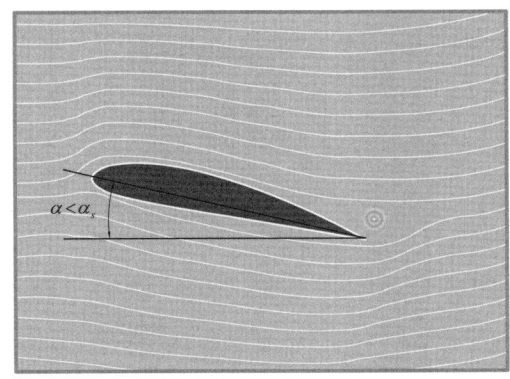

┃그림 2.11 날개단면 실속받음각 이전┃

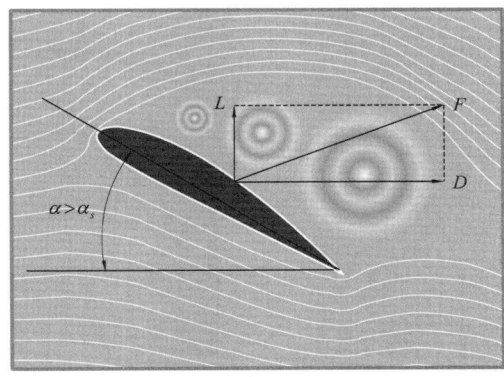

┃그림 2.12 날개단면 실속받음각 이후┃

② 압축기 회전자 깃 박리 현상

압축기 실속(compressor stall)은 그림 2.13과 같은 가스터빈기관(gas turbine engine)의 압축기 회전자 깃(compressor rotor vane)에서 발생하는 유동 박리 현상이다.

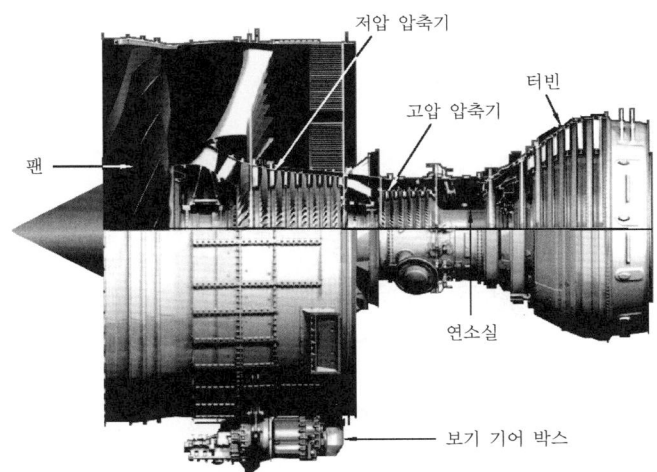

┃그림 2.13 터보 팬 가스터빈기관 압축기 구조┃

그림 2.14(a)는 압축기 실속이 일어나지 않는 상태의 압축기 회전자 깃 주위의 유동상태를 보여준다. 그리고 그림 2.14(b)는 압축기 실속이 일어났을 때의 압축기 회전자 깃 주위의 유동상태를 보여주고 있다. 그림 2.14(b)와 같이 압축기 실속이 일어나면, 첫째 회전자 깃 사이의 공기 통로가 막혀버리는 일종의 질식(chock) 현상이 나타난다. 이는 후류(wake)에 의한 비 유동 영역(dead flow region)이 형성되기 때문이다.

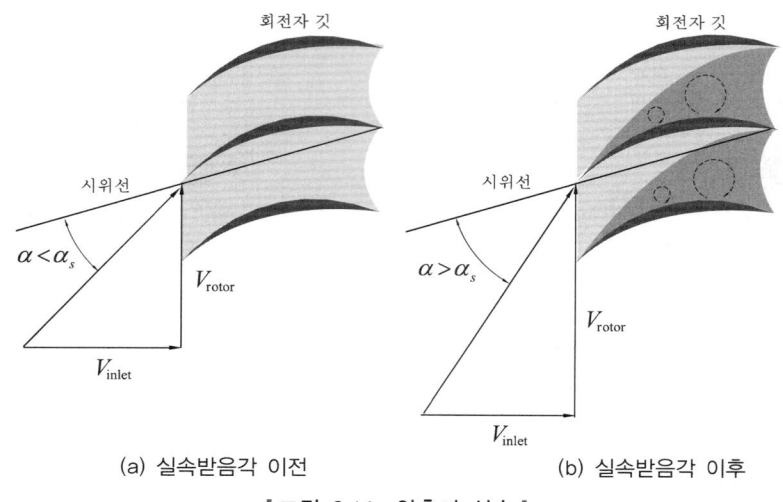

(a) 실속받음각 이전   (b) 실속받음각 이후

▌그림 2.14 압축기 실속▐

둘째, 회전자 깃으로부터 박리된 후류에 의한 유도진동에 의해 회전자 깃이 진동하며 이는 가스터빈기관 전체의 진동으로 연결된다. 셋째, 가스터빈기관의 연소실로 공기가 원활하게 공급되지 못하기 때문에 기관의 연소효율이 떨어진다.

③ 원형 단면 박리 현상

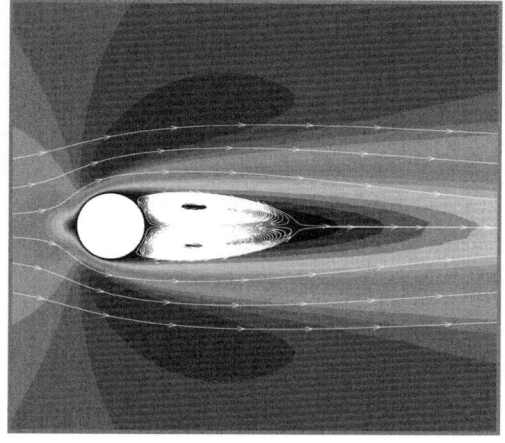

▌그림 2.15 원형 단면 박리 현상▐

유체 유동 속에 놓인 원형 단면 주위의 유동형태에 대하여 생각해 보자. 그림 2.15에서 보는 바와 같이 원형 단면 주위에 경계층이 형성되며 항상 뒤쪽의 박리점으로부터 경계층(유동)이 떨어져 나간다. 따라서 원형 단면 뒤쪽에서는 와동(vortex)에 의한 후류(wake)가 형성되는 박리 영역이 나타난다. 이러한 박리 영역은 매우 낮은 압력이 형성되므로 원형 단면 앞뒤의 압력 차이에 의해 발생되는 압력 항력(pressure drag)이 원형 단면 항력의 대부분을 차지하게 된다. 즉, 표면 마찰 항력(surface friction drag)에 비해 압력 항력이 지배적이다.

그리고 난류가 형성되는 경우에는 층류보다 원형 단면의 박리 영역으로 유입되는 난류성분 때문에 박리 영역이 비교적 작아져서 오히려 압력 항력이 상당히 감소하게 된다.

그림 2.16에서 거친 표면의 경우, $R_N = 10^4 \sim 10^5$ 사이에서 항력계수가 현격히 감소하는 것을 볼 수 있다. 이는 이 Reynolds 수에서 거친 표면에 난류가 발생하기 때문이다. 골프공에 요철을 형성하거나 야구공의 실밥을 돌출시키는 것도 난류 발생을 유도하여 압력 항력을 줄이자는 목적이다.

와동이 진동할 때마다 유체의 진동특성이 다시 원형 단면에 전달되는 현상이 나타나는데, 이것은 후류 유도 진동(wake induced vibration)의 일종으로 볼 수 있다. 전선이 바람에 의하여 울리는 소리 등은 이의 좋은 예이며, 항공기 날개에서 발생하는 버핏 현상(buffeting)같은 것도 이와 같은 진동 특성 중의 하나이다.

원형 단면에 유도되는 진동 주파수를 f라 하면 실험식은 다음과 같다.

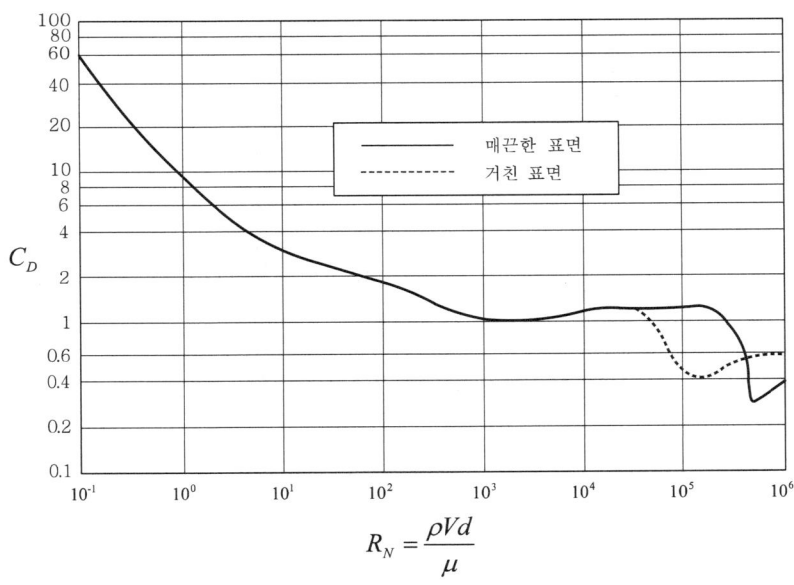

$$R_N = \frac{\rho V d}{\mu}$$

▌그림 2.16 구의 항력계수 선도 ▌

$$\frac{fd}{V} = 0.2035\left(1 - \frac{21.0}{R_N}\right) \tag{2.20}$$

이 식은 $250 < R_N < 2 \times 10^5$의 범위에서 유효하며, fd/V는 1878년에 체코슬로바키아의 Vincenz Strauhal(1850~1922)에 의해 처음으로 연구된 것으로 그의 이름을 인용하여 Strauhal 수라고 한다.

> **예제 2.12** >>> **전선 진동 주파수**
>
> 지름이 2.5mm인 전선에 풍속 8m/s의 바람이 불어온다. 이때 생기는 전선의 진동 주파수를 구하라. (단, 공기의 동점성계수 $\nu = 1.501 \times 10^{-5}\,\mathrm{m^2/s}$)
>
> **풀이** 전선 둘레의 Reynolds 수는
>
> $$R_N = \frac{Vl}{\nu} = \frac{8 \times 0.0025}{1.501 \times 10^{-5}} = 1.332 \times 10^3$$
>
> 이므로
>
> $$\frac{fd}{V} = 0.2035 \times \left(1 - \frac{21.0}{R_N}\right) = 0.2035 \times \left(1 - \frac{21.0}{1.332 \times 10^3}\right) = 0.2$$
>
> 따라서 진동 주파수는 다음과 같다.
>
> $$f = 0.2 \times \frac{V}{d} = 0.2 \times \frac{8\mathrm{m/s}}{0.0025\mathrm{m}} = 640\mathrm{Hz}$$

Section 04 — 압축성 유동

지금까지는 주로 비압축성 유동에 대한 비점성 유동의 순환 특성과 점성 유동의 경계층 특성을 다루어 왔다. 여기에서는 유체의 압축성이 유동에 어떠한 영향을 미치는가를 살펴보기로 한다. 압축성 유동이란 일반적으로 마하수가 $M > 0.2$ 이상의 속도를 갖는 공기 유동을 말하지만 $M > 0.8$ 이상의 천음속 유동이 되어야 그 특성이 두드러지게 나타난다.

압축성 유동에서는 밀도를 변수로 다루어야 하기 때문에 비압축성 유동을 지배하는 연속방정식, 운동량방정식, 에너지방정식 이외에 기체의 상태방정식을 함께 고려해서 유동을 다루어야 한다.

Mach 수가 1보다 클 때에는 유체의 특성이 Mach 수가 1보다 작을 때에 비하여 급격한 변화를 일으킨다. 여기에서는 Mach 수 1을 전후해서 변화하는 유체 특성 차이를 알아보기로 한다.

1 마하파

유체 속의 한 점에 압력의 변화가 생기면, 그 교란파는 음속으로 공기 속을 전파되어 간다. 가령 물체가 공기 속을 어떤 속도로 진행한다고 하면, 그것에 의하여 공기 속의 압력 교란이 생기고, 그 교란파는 물체에서 주위의 공기 속을 음속으로 전파되어 간다. 물체의 속도가 음속보다 극히 작을 때에는 물체 주위에서 이 교란파의 영향은 균일하다고 볼 수 있으므로, 물체는 비압축성 유체 속을 진행하고 있는 것과 같게 된다. 물체의 속도가 점차 빨라져서 음속에 가까워지면, 이 교란파의 영향은 물체 주위에서 균일하지 않게 된다.

지금 속도 V로 비행하는 항공기의 음원에서 주기적으로 발생하는 교란파가 주위로 어떻게 전파되어 가는가를 알아보자.

첫째, 항공기 마하수가 $M < 1$인 경우, 즉 $V < a$인 아음속 유동에서는 그림 2.17(a)에 표시한 바와 같이, 교란파는 상류 쪽에서는 $a - V$의 속도로, 하류 쪽에서는 $a + V$의 속도로 전파된다. 따라서 교란파의 간격은 상류 쪽에서는 조밀하게, 하류 쪽에서는 소원하게 된다. 그 이유는 항공기의 음원이 상류 쪽으로 속도 V로 이동하기 때문이다. 이러한 음원이 속도 V로 진행하는 상류에서는 교란파의 파장이 짧아지므로 고음으로, 하류에서는 교란파의 파장이 길어지므로 저음으로 소리의 높이가 달라지는 도플러 효과(doppler effect)가 발생한다.

둘째, 항공기 마하수가 $M = 1$인 음속유동의 경우에는 상류 쪽으로의 전파속도 $a - V$는 0이 되고, 소리는 하류 쪽으로만 전해진다. 이때 교란파는 그림 2.17(b)와 같이 되고, 다수의 파면이 항공기 앞쪽에 겹치게 되고, 유동의 방향에 수직하는 마하파(Mach wave)가 생긴다. 즉, 마하파는 항공기 앞쪽을 벗어나지 못하고 항공기와 함께 속도 V로 이동할 수밖에 없다.

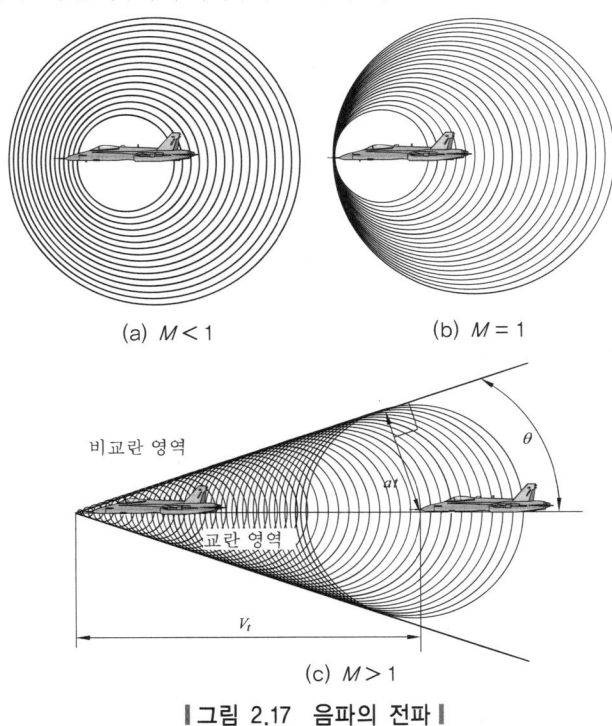

(a) $M < 1$ (b) $M = 1$

비교란 영역

교란 영역

V_t

(c) $M > 1$

┃그림 2.17 음파의 전파 ┃

셋째, 항공기 마하수가 $M > 1$인 초음속 유동이 되면, 그림 2.17(c)와 같이 교란파는 상류

쪽으로 전혀 전파될 수 없고, 모든 교란파가 하류 쪽으로 흐른다. 그리고 상류 쪽으로부터 교란파의 포락면(envelope)으로서 원추상의 마하파가 생긴다. 그리고 마하파에 의하여 공간은 둘로 나누어진다. 상류 쪽은 교란파가 전파되지 못하는 공간인 비교란 영역(zone of silence), 하류 쪽은 교란파가 전파되는 공간인 교란 영역(zone of action)이 형성된다. 교란파가 전파되는 곳은 마하 원추(Mach cone)의 안쪽이고, 그 이외의 공간으로는 교란파가 전혀 전파되지 못한다. 마하 원추의 반정각 θ 를 마하각(Mach angle)이라 하고, 다음과 같은 관계가 있다.

$$\sin\theta = \frac{at}{Vt} = \frac{1}{M} \tag{2.21}$$

마하수가 커질수록 각도 θ 는 작아진다.

만약 충격파가 마하파와 겹치는 경우에 이 공기가 밀집된 충격파가 사람의 고막을 스치는 순간에 음폭(sonic boom)이 귀에 들리게 된다. 음폭이 여러 번 반복적으로 들리는 경우는 충격파가 건물이나 지면에 여러 번 반사되어 들리기 때문이다. 평원에서 듣는다면 1회의 강한 음폭만을 듣게 될 뿐이다.

> **예제 2.13** 》》 **마하수 계산**
>
> 매초 700m 의 속도로 제트기가 날고 있다고 하면, 이때의 마하수는 얼마인가? (단, 기온은 20℃, $R = 287 \mathrm{J/kg \cdot K}$, $\kappa = 1.4$ 로 한다.)
>
> **풀이** ▌ $M = \dfrac{V}{\sqrt{\kappa RT}} = \dfrac{700}{\sqrt{1.4 \times 287 \times (273 + 20)}} = 2.04$

> **예제 2.14** 》》 **초음속 물체의 속도 계산**
>
> 음속 341m/s 인 공기 속을 초음속으로 날고 있는 물체의 마하각이 40°일 때, 그 물체의 속도는 얼마인가?
>
> **풀이** ▌ $\sin\theta = \dfrac{a}{V}$ 이므로
>
> $$V = \frac{a}{\sin\theta} = \frac{341 \mathrm{m/s}}{\sin 40°} = 530 \mathrm{m/s}$$

■2 수축 · 확대 관로

관로는 단면적이 일정한 평행 관로가 일반적이다. 그러나 그림 2.18과 같은 로켓 등의 경우에는 저장탱크로부터 관로 단면적이 점점 감소하는 수축 관로(divergent duct)와 관로 단면적이 점점 증가하는 확대 관로(convergent duct)로 구성되는 경우가 있다.

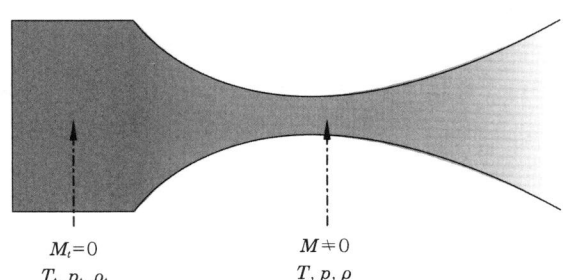

$M_t = 0$
T_t, p_t, ρ_t

$M \neq 0$
T, p, ρ

‖그림 2.18 수축 · 확대 관로‖

먼저 관로의 단면이 유동의 방향에 대하여 수축 또는 확대되는 수축 관로와 확대 관로에서 유체 유동속도 변화에 대해 생각해 볼 필요가 있다. 수축관로와 확대관로에서의 속도 변화는 아음속인 경우와 초음속인 경우에 뚜렷한 차이를 나타낸다.

마하수에 따른 관로의 단면적과 속도와의 관계는 다음과 같이 주어진다. 이 식의 유도과정은 심화학습에서 다루기로 한다.

$$\frac{dA}{dV} = \frac{A}{V}(M^2 - 1) \tag{2.22}$$

따라서 식 2.22를 수축 관로와 확대 관로에 적용하면 표 2.1과 같다. 즉, 아음속에서 관로 면적이 넓어지면 속도가 늦어지고, 관로 면적이 좁아지면 속도가 빨라진다.

반대로 초음속에서는 관로 면적이 넓어지면 속도가 빨라지고, 관로 면적이 좁아지면 속도가 늦어진다.

‖표 2.1 수축 및 확대 관로의 단면적과 속도 변화‖

$M < 1$	$\frac{dA}{dV} < 0$	$dA > 0$	$dV < 0$	A : 면적 증가 V : 속도 감소
		$dA < 0$	$dV > 0$	A : 면적 감소 V : 속도 증가
$M > 1$	$\frac{dA}{dV} > 0$	$dA > 0$	$dV > 0$	A : 면적 증가 V : 속도 증가
		$dA < 0$	$dV < 0$	A : 면적 감소 V : 속도 감소
$M = 1$	$\frac{dA}{dV} = 0$	$dA = 0$		관로 목의 조건

수축 · 확대 관로의 유동에서 마하수에 따른 온도, 압력 및 밀도의 변화는 기본적인 등엔트

로피 유동(isentropic flow)으로 살펴볼 수가 있다. 이는 관로에서 압축성 유동의 가장 기본적인 유동이 등엔트로피 유동이기 때문이다.

등엔트로피 유동은 열역학적으로 단열 가역과정(adiabatic and reversible process)의 유동으로서 유동이 이루어지는 과정에서 열이 가해지거나 마찰 등에 의한 에너지 손실이 없는 이상적인 유동을 의미한다.

그림 2.18과 같이 저장탱크 속의 속도가 $0(M_t = 0)$인 정체점에서의 온도를 전 공기온도(total air temperature : T_t)라 하고, 유동이 형성되는($M \neq 0$) 지점의 온도를 정 공기온도(static air temperature : T)라고 한다. 압력과 밀도도 동일한 개념으로 서술할 수 있다.

따라서 저장탱크의 정체점에서의 전 공기온도(또한 전 공기압력, 전 공기밀도)와 유동이 형성되는 지점의 정 공기온도(또한 정 공기압력, 정 공기밀도)와의 관계를 구해보면 다음과 같으며, 이러한 관계식을 등엔트로피 유동의 관계식이라 한다.

$$T_t = T\left(1 + \frac{\kappa-1}{2}M^2\right)$$

$$p_t = p\left(1 + \frac{\kappa-1}{2}M^2\right)^{\frac{\kappa}{\kappa-1}}$$

$$\rho_t = \rho\left(1 + \frac{\kappa-1}{2}M^2\right)^{\frac{1}{\kappa-1}} \tag{2.23}$$

그리고 정체점이 아닌 유동이 형성되는 두 지점의 마하수가 각각 M_1, M_2가 된다면 두 지점 사이의 온도, 압력 및 밀도의 변화는 다음 식으로 표현할 수 있다.

$$\frac{T_2}{T_1} = \frac{1 + \frac{\kappa-1}{2}M_1^2}{1 + \frac{\kappa-1}{2}M_2^2}$$

$$\frac{p_2}{p_1} = \left[\frac{1 + \frac{\kappa-1}{2}M_1^2}{1 + \frac{\kappa-1}{2}M_2^2}\right]^{\frac{\kappa}{\kappa-1}}$$

$$\frac{\rho_2}{\rho_1} = \left[\frac{1 + \frac{\kappa-1}{2}M_1^2}{1 + \frac{\kappa-1}{2}M_2^2}\right]^{\frac{1}{\kappa-1}} \tag{2.24}$$

식 2.23과 2.24는 심화과정에서 유도한다.

3 노즐 유동

가스터빈기관의 연소실에서 연소된 유체가 수축·확대노즐을 통하여 흘러나가고 있다고 보고, 연소실의 압력 p_0 가 일정하게 유지되는 동안 노즐 출구 압력과의 비인 p/p_0 의 여러 가지 값에 대하여 노즐 안의 압력 분포를 알아보자. 그림 2.19와 같은 수축·확대노즐을 드 라발 노즐(De Laval nozzle)이라고 부르기도 한다.

그림 2.19는 각각 다른 노즐 출구 압력 p 의 값에 따른 노즐 내의 압력 분포를 나타내고 있다. 노즐 출구 압력 p_a 가 p_0 과 같은 경우(직선 a), 노즐 안에는 아무런 유동이 형성되지 않으며 압력은 노즐에 따라 변하지 않는다. 노즐 출구 압력 p_b 가 p_0 보다 약간 작아지면(곡선 b), 노즐 안에는 유체의 유동이 생기게 되고, 이때 수축부와 확대부에서는 모두 아음속이 된다. 식 2.22에 의하면 아음속 유동인 경우 수축부에서는 속도는 증가하고 압력이 감소하며, 확대부에서는 속도는 감소하고 압력은 증가하게 된다. 노즐 출구 압력이 p_c 로 더 감소되면 노즐 안에는 더욱 더 많은 유체가 흐르게 된다(곡선 c). 결국에는 노즐 출구 압력이 p_d 가 되면 노즐의 목 부분에서 음속이 되었다가 다시 아음속으로 감소된다(곡선 d). 이때에는 노즐이 질식되었다고 보며 그 이상 노즐 출구 압력이 감소하더라도 노즐 목에서는 더 이상 속도가 증가되지 않고 $M=1$ 로 유지되게 된다.

노즐의 목에서 음속에 도달된 뒤에 일어나는 현상을 이해하기 위하여 유동이 어떻게 노즐 출구 압력 p 에 적응하는지를 생각해 보자. 압력의 변화는 교란파와 마찬가지로 흐르는 유체에 대해 음속과 같은 상대속도로 압축성 유체를 통해 전파된다. 이러한 압력 변화의 전달을 유체유동에 대한 신호파라고 볼 수 있다.

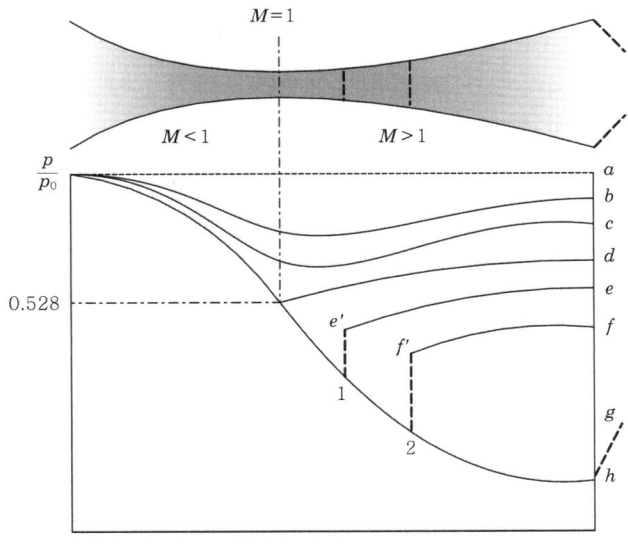

┃그림 2.19 노즐 유동┃

노즐 내의 아음속 유동에 있어서 신호파는 유체유동의 속도보다 큰 속도로 전파된다. 따라서 노즐 출구 압력의 변화는 노즐 입구의 유체에 신호파를 전달해 줄 수 있다. 이는 마치 아음속으로 날아가는 탄환의 운동이 탄환이 도달되기 전의 앞에 있는 유체에 미리 탄환이 날아간다는 것을 알려주는 것과 같은 현상이다. 예를 들면 노즐 출구 압력의 감소가 일어났다면 이 변화는 노즐 내의 유체를 통하여 노즐 입구에 알려지게 되고 따라서 노즐 입구에서는 더욱 많은 유체를 흘려 보내게 된다. 따라서 노즐 안에서의 아음속 유동에서는 속도는 점진적으로 증가하고 압력은 점진적으로 감소하여 곡선 d보다 큰 모든 p/p_0 의 값에서는 노즐 출구 단면에서의 압력과 자연스럽게 같아지게 된다.

노즐 출구 압력 p_d에 의해 노즐 내의 유동이 곡선 d와 같아지면 노즐의 목에서의 유체의 속도는 음속이 되고, 신호파의 속도도 음속과 같다. 따라서 이때에는 노즐 목에서의 신호파의 상대속도는 0이다. 다시 말하면 신호파는 노즐 목을 지나서 노즐 입구로 전파될 수 없다. 노즐 목에서 유동이 음속에 도달한 이후에 신호파는 노즐 출구 압력의 변화를 노즐 목으로 전파시킬 수 없다. 그러므로 출구 압력이 p_d보다 더 감소하더라도 노즐 목의 유체는 이것을 알 수가 없다. 노즐 출구 압력이 p_d 값보다 더 감소하더라도 노즐 목의 질량유량을 더 증가시킬 수는 없다. 이러한 경우 노즐은 질식(chocked)되었다고 한다. 노즐 내의 등엔트로피 유동에 대하여 노즐이 질식되는 조건은 노즐 목에서의 속도가 음속이 될 때이며 이를 임계 유동 조건(critical flow condition)이라고 부른다.

만약 노즐 출구 압력이 p_d보다 작은 p_e의 값을 갖는 경우 노즐 목을 통과한 유체는 노즐 확대부가 형성되어 있으므로 초음속으로 가속되다가 노즐 출구 압력의 신호파가 전달되는 점 1에 도착하면 갑자기 수직 충격파를 발생시키면서 $p_{e'}$로 불연속적으로 압력이 상승된 후에 노즐 출구 압력 p_e로 변화하게 된다.

그리고 노즐 출구 압력이 p_f으로 더욱 낮아지면 노즐 목을 통과한 유체는 노즐 확대부에서 더 빠른 초음속으로 가속되다가 노즐 출구 압력의 신호파가 전달되는 점 2에 도착해서야 갑자기 수직 충격파를 발생시키면서 $p_{f'}$로 불연속적으로 압력이 상승된 후에 노즐 출구 압력 p_f로 변화하게 된다. 이때 수직 충격파의 발생이 노즐확대부 뒤쪽으로 이동하는 것은 노즐 출구 압력을 전달해주는 신호파의 상대속도가 더 적어지기 때문이다.

만약 노즐 출구 압력이 더 낮은 p_g인 경우에는 유체가 노즐 출구까지 초음속으로 전개되다가 노즐 출구에 도달해서야 노즐 출구 압력 p_g를 인식하고 갑자기 압력 상승을 일으키되 이때에는 경사 충격파를 발생시킨다. 그리고 노즐 출구 압력이 p_h인 경우에는 아무런 충격파를 발생시키지 않고 노즐 출구 압력과 일치되는 등 엔트로피 유동(isentropic flow)이 형성되는 유동의 조건이 된다.

그리고 노즐 출구 압력이 p_h 이하로 더 낮아질 때에는 노즐 출구에서 팽창파를 발생시키면서 노즐 출구 압력으로 팽창되게 된다.

4 날개단면 충격파

날개단면상에서 초음속 유동이 형성되는 과정에서 천음속 상태에서는 주로 수직충격파 (normal shockwave)가 생기고, 초음속에서는 경사충격파(oblique shockwave)가 발생한다. 따라서 이러한 충격파에 의해 조파항력(wave drag)이 생기게 된다.

초음속으로 비행하는 날개단면에 충격파가 발생하는 원리를 생각해 보자. 이해를 쉽게 하기 위해 날개단면이 정지하고 상대적으로 공기가 초음속으로 흘러들어 온다고 가정한다.

날개단면에 초음속으로 접근하는 공기입자가 마하파에 의해 구분되는 비교란 영역을 흘러 올 때까지는 날개단면에 의한 압력변화를 전혀 전달받지 못하다가, 교란 영역으로 흘러 들어 오는 순간에 급격한 압력 변화를 받게 되므로 이때에는 날개단면 주위에 압력이 급격히 상승 하는 압축 충격파(compression shock wave)가 형성된다. 따라서 이 압축 충격파는 비교란 영역과 교란 영역의 경계선이 되는 마하파와 거의 겹치게 된다. 만약 반대로 압력이 급격히 감소하는 조건이 형성될 때에는 팽창파(expansion wave)가 발생된다.

이를 그림 2.20에서 구체적으로 설명할 수 있다. 그림 2.20에서 다이아몬드형 날개단면(마 하파 포함)이 정지해 있고, 이 날개단면에 공기가 왼쪽에서 오른쪽으로 단면 $a-d$를 초음속의 속 도로 흘러 들어온다고 보자. 이때 유체입자들은 마하파 앞쪽이 비교란 영역(zone of silence) 이므로 마하파에 도달해서야 날개단면의 존재를 인식하게 된다. 즉, 마하파에 도달해서야

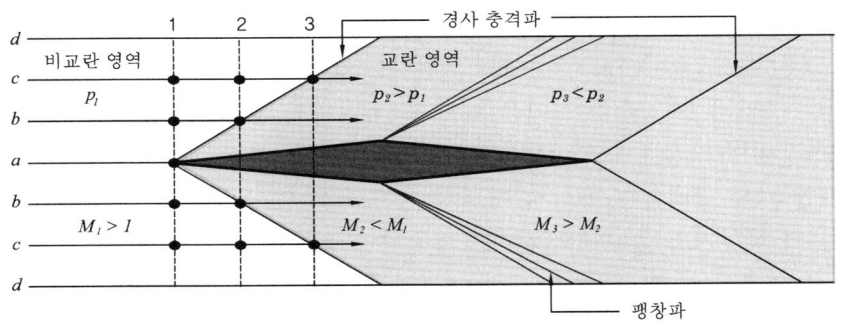

∥그림 2.20 날개단면의 충격파∥

그때의 유동 조건(압력, 속도, 밀도 등)을 인식하게 된다. 유선 a를 따라온 유체입자는 $1a$ 위 치에 도달해야 초음속 유동의 변화 조건을 인식하고, 유선 b를 따라온 유체입자는 $2b$ 위치에 도달해야 초음속 유동의 변화 조건을 인식하며, 유선 c를 따라온 유체입자는 $3c$ 위치에 도달 해야 초음속 유동의 변화 조건을 인식한다.

초음속 유동은 식 2.22에 의해 단면적이 감소하면 속도가 감소한다. 그림 2.20에서와 같이 다이아몬드 날개단면의 전반부에서는 유동 단면적이 감소된다. 그러므로 초음속으로 유선 b를 따라온 유체입자는 $2b$ 위치에서 감소된 유동 단면적(다이아몬드 날개 상부 위치 1의 단면적에 대한 위치 2의 단면적만큼의 감소된 단면적)에 해당하는 속도로 급격히 감속됨에 따라 압력이

급상승하고 공기 밀도가 불연속적으로 증가하는 충격파를 형성하게 된다.

마찬가지로 초음속으로 유선 c를 따라온 유체입자도 $3c$ 위치에서 감소된 유동 단면적(다이아몬드 날개 상부 위치 1의 단면적에 대한 위치 3의 단면적만큼의 감소된 단면적)에 해당하는 더욱 작은 속도로 급격히 감속됨에 따라 더 강한 충격파를 형성하게 된다. 따라서 충격파는 이론적으로 마하파와 겹쳐서 발생하게 된다. 실제로는 약간의 차이가 있다. 대칭인 날개단면에 있어서 아래쪽에서도 동일한 현상이 발생하므로 그림 2.20과 같이 날개 앞전에 경사 충격파가 발생한다.

공기가 충격파를 통과하게 될 때 충격파 뒤의 압력, 밀도 및 온도는 충격파 앞보다 항상 커지고, 충격파 뒤의 속도(마하수)는 앞의 속도(마하수)보다 작게 된다. 충격파를 통과할 때 운동에너지의 일부가 열로 변환되어 공기 중으로 소산하게 된다. 따라서 엔트로피도 증가한다. 충격파가 날개단면의 시위선(chord line)에 수직으로 생기면 수직 충격파(normal shockwave)라고 하고, 충격파가 뒤쪽으로 경사지면 경사 충격파(oblique shock wave)라고 한다. 경사 충격파는 마하수 $M > 1$인 조건의 초음속 유동에서만 생기고 수직 충격파는 천음속에서 생기게 된다. 공기가 수직 충격파를 통과하는 경우 마하수는 아음속으로 바뀐다.

또한 초음속 유동에서 생기는 파로 팽창파(expansion wave)가 있다. 이 팽창파는 유동 단면적이 갑자기 넓어지는 영역을 공기가 초음속으로 흐를 때 발생하며, 이 팽창파를 통과하는 과정에서 속도는 증가하고 압력이 감소하며, 운동에너지 손실은 생기지 않는다. 팽창파는 초음속 유동에서만 생기고 항상 표면에 경사지게 된다.

그림 2.21은 실제 초음속 비행 상태에서 나타나는 충격파의 형태를 예측해 볼 수 있는 사진이다. 충격파는 공기가 밀집된 매우 얇은 막이 원추 형태로 형성되는 파이다. 따라서 맨눈으로는 볼 수가 없고 빛의 간섭효과를 이용한 사진으로만 볼 수 있는 파이다. 다만 그림 2.21과 같은 사진은 주변 기상 상태에서 공기 중에 수증기가 매우 많이 포함되어 있을 때나 얇은 구름 덩어리를 초음속 항공기가 뚫고 지나갈 때, 수증기가 충격파에 걸리는 모습을 보여준 것이다. 건조한 대기 상태에서는 맨눈으로 이러한 충격파를 볼 수가 없다.

┃그림 2.21 초음속 항공기의 충격파 효과┃

심화학습

1 압축성 Bernoulli 방정식

다음은 Euler 운동방정식이다.

$$\frac{dp}{\rho} + VdV + gdz = 0$$

유선에 따른 Euler 운동방정식을 적분하면 매우 중요하고 응용범위가 넓은 방정식을 얻을 수 있는데, 이 방정식이 다른 관점에서 Bernoulli 방정식이다. 위 식을 적분하면 다음 식을 얻는다.

$$\int \frac{dp}{\rho} + \int VdV + \int gdz = E, \quad E = \text{const}$$

여기서, E는 적분상수로서 Bernoulli 상수라 부른다. 이때, 비압축성 유동인 경우에는 밀도가 압력의 함수가 아닌 상수로 취급하여 용이하게 적분할 수 있다. 하지만 압축성 유동에서는 밀도와 압력과의 관계를 맺지 않으면 적분을 할 수가 없게 된다.

압축성 유동에서는 밀도가 압력의 변수가 되므로 Euler 방정식을 적분하기 위해서는 압력과의 관계를 맺어야 한다. 즉, $\rho = \rho(p)$로 표시할 수 있다면 위 식의 제1항은 적분이 가능하다.

유체유동이 열역학적인 단열 가역과정이라고 가정한다면, 밀도와 압력과의 관계를 다음과 같이 맺을 수가 있다.

$$\frac{p}{\rho^\kappa} = \text{const}$$

따라서 위 식을 미분하면 다음과 같이 정리할 수 있다.

$$dp = \text{const}\,\kappa\rho^{\kappa-1}d\rho$$

$$\frac{dp}{\rho} = \text{const}\,\kappa\rho^{\kappa-2}d\rho$$

따라서 Euler의 운동방정식을 적분하는 과정에서 제1항의 적분은 다음과 같이 이루어진다.

$$\int \frac{dp}{\rho} = \int \text{const}\,\kappa\rho^{\kappa-2}d\rho = \text{const}\,\frac{\kappa}{\kappa-1}\rho^{\kappa-1}d\rho$$

$$\int \frac{dp}{\rho} = \frac{p}{\rho^\kappa}\frac{\kappa}{\kappa-1}\rho^{\kappa-1} = \frac{\kappa}{\kappa-1}\frac{p}{\rho}$$

따라서 다음 식과 같은 압축성 Bernoulli 방정식을 구할 수 있게 된다.

$$\frac{\kappa}{\kappa-1}\frac{p}{\rho}+\frac{V^2}{2}+gz=\text{const}$$

2 자유 와동 유동

자유 와동 유동은 비자전 와동 유동으로서 유동 속에 포함된 유체입자가 자전하지 않기 때문에 유동 현상 이외에 에너지 손실이 없다고 가정함으로써 Bernoulli 방정식을 적용할 수 있다.

심화 그림 2.1은 원 운동을 하는 자유 와동 유동의 한 부분을 잘라놓은 그림으로서, 길이가 ds이고 폭이 dr이며 두께가 단위길이인 곡선경로에 따른 유동의 한 부분을 나타낸다. 이 유동의 곡률 반지름을 r이라고 하고 유선의 폭을 dr이라고 하면, 부분적인 유동에 있어 원심가속도가 $\dfrac{V^2}{r}$이므로 원심력은 다음과 같다.

$$F_{cf}=\frac{mV^2}{r}=\frac{\rho ds dr V^2}{r}$$

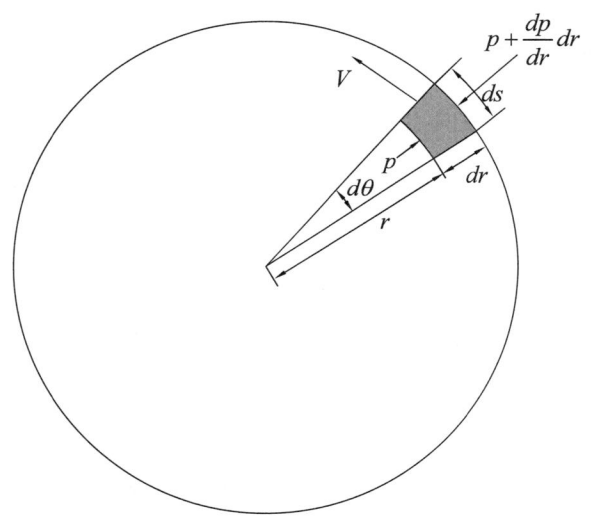

┃심화 그림 2.1 자유 와동 유동┃

반지름 방향에 대한 힘의 평형식을 세우면 다음과 같다.

$$pds - \left(p + \frac{dp}{dr}dr\right)ds + \frac{\rho ds dr\, V^2}{r} = 0$$

그러므로

$$\frac{dp}{dr} = \frac{\rho V^2}{r} \qquad\qquad (1)$$

에너지 손실이 없다는 가정 아래에 Bernoulli의 방정식을 다음과 같이 미분하고

$$p + \frac{1}{2}\rho V^2 = \mathrm{const},\ \ dp + \rho V dV = 0 \qquad\qquad (2)$$

식 (1)과 (2)로부터

$$\frac{\rho V^2 dr}{r} = -\rho V dV$$

가 된다.

이를 정리하면

$$\frac{dV}{V} + \frac{dr}{r} = 0$$

이므로 이 식을 적분하면 다음과 같다.

$$\log V + \log r = \log Vr = \mathrm{const}$$

따라서 다음 식을 구할 수 있다.

$$Vr = \mathrm{const},\ \ V = \frac{\mathrm{const}}{r}$$

■3 순 환

순환(circulation : Γ)은 와동의 세기(strength of vortex)를 나타내는 것으로, 심화 그림 2.2에서와 같이 미소 길이 ds에 대한 순환의 미분량 $d\Gamma$는 다음과 같이 정의된다.

$$d\Gamma = V\cos\theta ds$$

순환의 미분량은 경로 s에 따른 접선속도 성분($V\cos\theta$)에 미소 길이(ds)를 곱한 것이다. 폐곡선에 대한 전체의 순환은 순환의 미분량을 다음과 같이 선적분하여 구할 수가 있다.

$$\Gamma = \oint d\Gamma = \oint V\cos\theta ds$$

자유 와동 유동에 대한 순환의 값은 다음과 같이 구할 수가 있다.

$$\Gamma = \int_0^{2\pi} V\cos\theta dS = \int_0^{2\pi} \frac{\text{const}}{r}\cos\theta\, r\, d\theta$$

자유 와동 유동에서의 속도 V는 원주속도(접선속도)이므로, $\cos\theta = 1$이 된다. 따라서

$$\Gamma = \int_0^{2\pi} \frac{\text{const}}{r} r\, d\theta = 2\pi\,\text{const} = 2\pi Vr$$

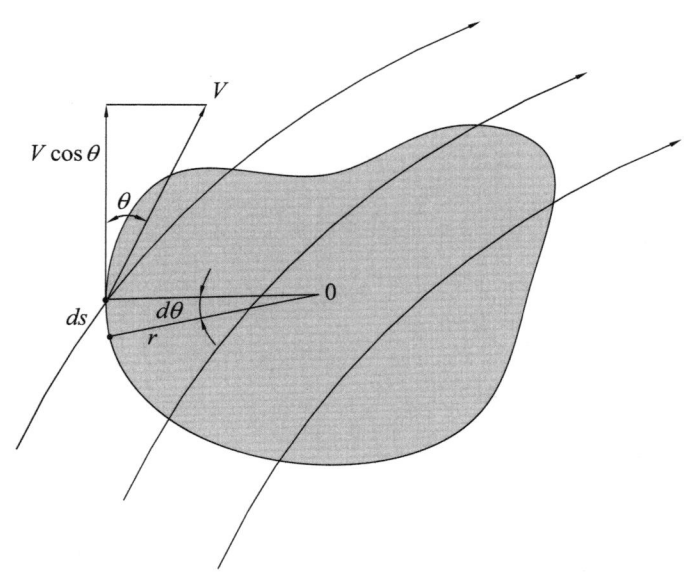

‖심화 그림 2.2 순환의 정의‖

4 수축 · 확대 관로

① 마하수에 따른 단면적과 속도 관계

관로의 단면이 유동의 방향에 대하여 수축 또는 확대되는 수축관로(divergent duct)와 확대관로(convergent duct)에서의 속도 변화에 대해 생각해 보자. 수축관로와 확대관로에서의 속

도 변화는 아음속(subsonic)인 경우와 초음속(supersonic)인 경우에 뚜렷한 차이를 나타낸다. 따라서 이를 살펴보기 위해 관로 속의 유동을 에너지의 손실이 없는 이상 유동으로 가정한다.

연속 방정식 양변에 ln를 취하고, ln 함수 특성에 의해 다음 식을 구할 수 있다.

$$\ln(\rho A V) = \text{const}, \quad \ln \rho + \ln A + \ln V = \text{const}$$

위 식을 미분하면, 다음 식을 구할 수 있다.

$$\frac{d\rho}{\rho} + \frac{dA}{A} + \frac{dV}{V} = 0 \tag{3}$$

Bernoulli 방정식에서 위치에너지 항을 무시하고, 미분하면 다음과 같이 주어진다.

$$\frac{dp}{\rho} + VdV = 0 \tag{4}$$

또한 음속에 관한 식으로부터 다음 식을 구할 수 있다.

$$dp = a^2 d\rho \tag{5}$$

식 (5)를 식 (4)에 대입하면 다음과 같다.

$$a^2 \frac{d\rho}{\rho} + VdV = 0$$

그리고 식 (3)을 이용하여 위 식에서 $d\rho/\rho$ 을 소거시키고 정리하면, 다음과 같은 식을 구할 수 있다.

$$\frac{dA}{dV} = \frac{A}{V}\left(\frac{V^2}{a^2} - 1\right)$$

$$\frac{dA}{dV} = \frac{A}{V}(M^2 - 1)$$

② 마하수에 따른 온도, 압력, 밀도 관계(등 엔트로피 유동)

기체 상태 방정식으로부터 다음의 관계를 나타낼 수 있다.

$$\frac{p}{\rho} = RT, \quad \frac{p_t}{\rho_t} = RT_t$$

따라서

$$\left(\frac{p_t}{p}\right)\left(\frac{\rho}{\rho_t}\right) = \frac{T_t}{T} \tag{6}$$

단열 가역과정의 특성 식으로부터

$$\frac{p}{\rho^\kappa} = \frac{p_t}{\rho_t^\kappa} = \mathrm{const}, \quad \kappa : 공기의 \ 비열비$$

$$\frac{\rho}{\rho_t} = \left(\frac{p_t}{p}\right)^{-\frac{1}{\kappa}} \tag{7}$$

그러므로 식 (6)으로부터

$$\left(\frac{p_t}{p}\right)\left(\frac{p_t}{p}\right)^{-\frac{1}{\kappa}} = \left(\frac{p_t}{p}\right)^{\frac{\kappa-1}{\kappa}} = \frac{T_t}{T}$$

$$\frac{p_t}{p} = \left(\frac{T_t}{T}\right)^{\frac{\kappa}{\kappa-1}} \tag{8}$$

식 (7)의 역수를 취하면 식 (8)과 더불어 다음 식을 구할 수 있다.

$$\left(\frac{p_t}{p}\right)^{\frac{1}{\kappa}} = \frac{\rho_t}{\rho} = \left(\frac{T_t}{T}\right)^{\frac{1}{\kappa-1}}$$

$$\frac{\rho_t}{\rho} = \left(\frac{T_t}{T}\right)^{\frac{1}{\kappa-1}} \tag{9}$$

단위 질량당의 에너지 보존 법칙을 서술하면 다음과 같다.

$$u + \frac{p}{\rho} + \frac{V^2}{2} + gz = Q + W$$

이는 단위질량이 갖는 내부에너지, 압력에너지(유동에너지), 운동에너지 및 위치에너지의 총합은 가해진 열에너지와 일에너지의 총합과 같다는 열역학 제1법칙이다.

이 에너지 보존 법칙에서 일에너지와 열에너지 및 위치에너지가 일정하다면 다음과 같이 표현할 수 있다.

$$u + \frac{p}{\rho} + \frac{V^2}{2} = \text{const} \tag{10}$$

여기서 엔탈피(enthalpy)는 다음과 같이 정의한다.

$$h = u + \frac{p}{\rho}$$

따라서 식 (10)으로부터

$$h + \frac{V^2}{2} = \text{const}$$

그리고 $V=0$인 정체점에서의 엔탈피를 전 엔탈피(total enthalpy), h_t라고 정의하면 다음 식을 구할 수 있다.

$$h_t = h + \frac{V^2}{2} \tag{11}$$

정적비열, c_p의 정의로부터 다음 식을 얻을 수 있다.

$$c_p = \frac{dh}{dT} \approx \frac{\Delta h}{\Delta T} = \frac{h_t - h}{T_t - T}$$

여기서, T_t는 정체점에서의 전 공기온도(total air temperature)를 나타내고, T는 유동의 속도가 형성되는 지점에서의 정 공기온도(static air temperature)를 나타낸다. 그리고 이러한 정의는 등 엔트로피 유동에서만 사용될 수 있다.

$$h_t - h = c_p(T_t - T) \tag{12}$$

식 (11)을 식 (12)에 대입하면

$$\frac{V^2}{2} = c_p(T_t - T) \tag{13}$$

엔탈피의 정의와 기체 상태 방정식으로부터

$$dh = du + d\left(\frac{p}{\rho}\right) = du + RdT$$

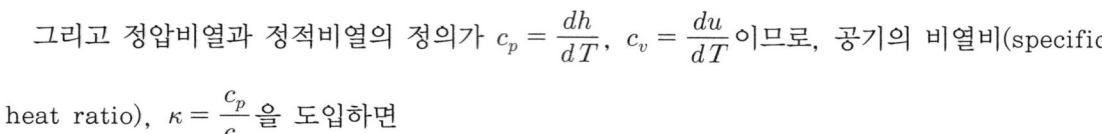

그리고 정압비열과 정적비열의 정의가 $c_p = \dfrac{dh}{dT}$, $c_v = \dfrac{du}{dT}$ 이므로, 공기의 비열비(specific heat ratio), $\kappa = \dfrac{c_p}{c_v}$ 을 도입하면

$$c_p - c_v = \frac{dh}{dT} - \frac{du}{dT} = \frac{du + RdT}{dT} - \frac{du}{dT} = R$$

$$\frac{c_p - c_v}{c_p} = 1 - \frac{1}{\kappa} = \frac{\kappa - 1}{\kappa} = \frac{R}{c_p}$$

즉, 다음 식을 구할 수 있다.

$$c_p = \frac{\kappa R}{\kappa - 1} \tag{14}$$

식 (13)을 식 (14)에 대입하면

$$\frac{V^2}{2} = \frac{\kappa R}{\kappa - 1}(T_t - T), \quad T_t = T\left(1 + \frac{\kappa - 1}{2}\frac{V^2}{\kappa RT}\right)$$

$a^2 = \kappa RT$ 이므로

$$T_t = T\left(1 + \frac{\kappa - 1}{2}M^2\right), \quad \frac{T_t}{T} = \left(1 + \frac{\kappa - 1}{2}M^2\right)$$

식 (8)과 (9)로부터 완전기체의 전 공기온도, 압력 및 밀도에 대한 등 엔트로피 관계식을 다음과 같이 구할 수 있다.

$$T_t = T\left(1 + \frac{\kappa - 1}{2}M^2\right)$$

$$p_t = p\left(1 + \frac{\kappa - 1}{2}M^2\right)^{\frac{\kappa}{\kappa - 1}}$$

$$\rho_t = \rho\left(1 + \frac{\kappa - 1}{2}M^2\right)^{\frac{1}{\kappa - 1}}$$

유동이 형성되는 두 지점의 마하수가 각각 M_1, M_2가 된다면 두 지점 사이의 온도, 압력 및 밀도의 변화는 다음 식으로 표현할 수 있다.

$$\frac{T_2}{T_1} = \frac{1 + \dfrac{\kappa - 1}{2}M_1^2}{1 + \dfrac{\kappa - 1}{2}M_2^2}$$

$$\frac{p_2}{p_1} = \left[\frac{1 + \dfrac{\kappa - 1}{2}M_1^2}{1 + \dfrac{\kappa - 1}{2}M_2^2} \right]^{\frac{\kappa}{\kappa - 1}}$$

$$\frac{\rho_2}{\rho_1} = \left[\frac{1 + \dfrac{\kappa - 1}{2}M_1^2}{1 + \dfrac{\kappa - 1}{2}M_2^2} \right]^{\frac{1}{\kappa - 1}}$$

마하 관계식을 이용하면 표 2.1을 다음 표와 같이 정리할 수도 있다.

‖ 수축 및 확대 노즐의 속도, 온도, 압력 및 밀도 특성 ‖

구 분	수축 노즐	확산 노즐
비압축성 유동 (아음속)	속도 증가, 압력 감소	속도 감소, 압력 증가
	온도, 밀도 일정	온도, 밀도 일정
압축성 유동 (초음속)	속도 감소, 압력 증가	속도 증가, 압력 감소
	온도, 밀도 증가	온도, 밀도 감소

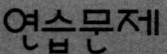

연습문제

2.1 Reynolds 수는 어떤 힘의 비율로 표현할 수 있는가?

답 $R_N = \dfrac{F_i}{F_f} = \dfrac{\text{관성력}}{\text{점성력(마찰력)}}$

2.2 표준 해발 고도에서 12in의 길이를 갖는 평판이 100mph의 속도로 움직이고 있다. 이 평판의 뒷전에서의 R_N는? (단, 공기의 점성계수 $\mu = 3.73 \times 10^{-7}$slug/ft · s, 밀도 $\rho = 0.00237$slug/ft^3)

풀이 $R_N = \dfrac{\rho V l}{\mu}$

$= \dfrac{0.002378\text{slug/ft}^3 \times 100\text{mph} \times \left(\dfrac{1.47\text{ft/s}}{1\text{mph}}\right) \times 1\text{ft}}{3.73 \times 10^{-7}\text{slug/ft · s}} = 9.3 \times 10^5$

답 9.3×10^5

2.3 자유 와동 유동에 있어서 중심으로부터 2m 떨어진 곳의 접선 속도가 5m/s 라고 하면 중심으로부터 4m 떨어진 곳의 접선 속도는 얼마인가?

풀이 • 2m 떨어진 점에서의 접선방향의 속도

$Vr = \text{const},\quad Vr = 10\text{m}^2\text{/s}$

• 4m 떨어진 점에서의 속도

$V = \dfrac{\text{const}}{r} = \dfrac{10}{4} = 2.5\text{m/s}$

답 2.5m/s

2.4 지름이 4ft인 원통이 300rpm으로 회전하고 있을 때, 이 원통 주위의 순환은?

풀이 $v = r\omega,\quad \omega = \dfrac{2\pi n}{60},\quad \Gamma = 2\pi v r = 2\pi r^2 \dfrac{2\pi n}{60} = 4\pi^2 \times 2^2 \times 300/60 = 789\text{ft}^2\text{/s}$

답 $789\text{ft}^2\text{/s}$

2.5 비 자전 와동 유동에서 와동의 세기가 $1,000\text{ft}^2\text{/s}$ 일 때, 와동의 중심으로부터 10ft 떨어진 곳의 원주 속도는?

풀이 $Vr = \text{const},\quad V = \dfrac{1,000\text{ft}^2\text{/s}}{10\text{ft}} = 100\text{ft/s}$

답 100ft/s

2.6 표준 해발 고도에서 공기의 동점성계수가 $\nu = 0.0001567\,\mathrm{ft^2/s}$ 이다. 표준대기 온도하에서 대기압이 $10\mathrm{atm}$ 이 되는 경우, 동점성계수는 얼마인가?

풀이 $p = \rho RT, \quad p' = \rho' RT$

$$\frac{p'}{p} = \frac{\rho'}{\rho} = 10$$

$$\rho' = 10 \times \rho$$

$$\nu = \frac{\mu}{\rho}, \quad \nu' = \frac{\mu}{\rho'} = \frac{\mu}{10 \times \rho}$$

$$\nu' = \frac{\nu}{10}, \quad \nu' = 0.0001567\,\mathrm{ft^2/s} \times \frac{1}{10} = 0.00001567\,\mathrm{ft^2/s}$$

$$\nu' = 0.00001567\,\mathrm{ft^2/s}$$

답 $0.00001567\,\mathrm{ft^2/s}$

2.7 어떤 모형항공기에서 날개가 압력 $1\mathrm{atm}$ 의 풍동 속에 놓여 있다. 온도는 표준온도이고 유속은 $100\mathrm{ft/s}$ 이며 날개 시위가 $6\mathrm{in}$ 일 때, 날개의 Reynolds 수는? (단, $\nu = 0.0001567\,\mathrm{ft^2/s}$)

풀이 $R_N = \dfrac{Vl}{\nu} = \dfrac{100\,\mathrm{ft/s} \times 0.5\,\mathrm{ft}}{0.0001567\,\mathrm{ft^2/s}} = 3.2 \times 10^5$

답 3.2×10^5

2.8 공기의 절대점성 계수가 해발고도에서 $3.73 \times 10^{-7}\,\mathrm{slug/ft \cdot s}$ 이고, 밀도 $\rho = 0.002378\,\mathrm{slug/ft^3}$ 이다. 이때 동점성계수는 얼마인가?

풀이 $\nu = \dfrac{\mu}{\rho} = \dfrac{3.73 \times 10^{-7}\,\mathrm{slug/ft \cdot s}}{0.002378\,\mathrm{slug/ft^3}} = 0.0001567\,\mathrm{ft^2/s}$

답 $0.0001567\,\mathrm{ft^2/s}$

2.9 날개의 시위가 $8\mathrm{ft}$ 인 항공기가 해발 고도에서 $100\mathrm{mph}$ 로 비행하던 중 7.5×10^5 정도에서 천이현상이 일어났다면, 이 천이점은 날개의 앞전으로부터 얼마 떨어진 곳인가? (단, $\nu = 0.0001567\,\mathrm{ft^2/s}$)

풀이 $l = \dfrac{R_N \nu}{V} = \dfrac{7.5 \times 10^5 \times 0.0001567}{100\,\mathrm{mph} \times \left(\dfrac{1.47\,\mathrm{ft/s}}{1\,\mathrm{mph}}\right)^{=1}} = 0.8\,\mathrm{ft}$

답 $0.8\mathrm{ft}$

2.10 층류와 난류의 표면마찰항력과 압력항력의 크기를 비교하면?

풀이 난류는 층류보다 표면마찰항력이 크고 압력항력이 작다.

2.11 다음 중 유동의 박리 현상에 대해 설명한 것 중 옳지 않은 것은?

㉮ 입자의 운동에너지의 손실로 발생한다.

㉯ 역압력 구배에 의해 발생한다.

㉰ 박리 부분의 표면압력을 감소시켜 박리를 지연시킬 수 있다.

㉱ 층류 경계층은 난류 경계층보다 박리를 지연시킬 수 있다.

답 ㉱

2.12 1,244km/h로 비행하는 제트항공기가 있다. 이 항공기가 표준대기 해면상을 비행한다. 이 항공기의 Mach수는?

풀이 $a = \sqrt{\kappa R T} = \sqrt{1.4 \times 287 \times (273.15 + 15)} = 340.2 \text{m/s}$

$$M = \frac{1{,}244\text{km/h} \times \left(\dfrac{1\text{m/s}}{3.6\text{km/h}}\right)^{=1}}{340.2\text{m/s}} = 1.02$$

답 1.02

2.13 항공기가 대기압력이 20inHg, 밀도가 0.0021slug/ft³인 대기 속을 400mph로 비행하고 있을 때 이 항공기의 마하수는 얼마인가? (단, 1mph = 1.47ft/s 이고, 표준대기압은 29.92inHg 로서 2,116 lb/ft² 이다.)

풀이 $V_a = \sqrt{\dfrac{\kappa p}{\rho}} = \sqrt{\dfrac{1.4 \times 2{,}116\text{lb/ft}^2 \times \dfrac{20\text{inHg}}{29.92\text{inHg}} \times \left(\dfrac{1\text{slug}\cdot\text{ft/s}^2}{1\text{lb}}\right)^{=1}}{0.0021\text{slug/ft}^3}} = 971\text{ft/s}$

$V = 400\text{mph} \times \left(\dfrac{1.47\text{ft/s}}{1\text{mph}}\right)^{=1} = 588\text{ft/s}$

$M = \dfrac{588}{971} = 0.606$

답 0.606

2.14 대기온도가 59°F 일 때, 공기 중의 음속은 얼마인가? (단, 공기의 비열비 $\kappa = 1.4$, 영국의 공학 단위계에서 음속은 $V_a = \sqrt{\kappa g R T}$으로 주어지며, 공기의 기체상수 $R = 53.3\text{ft/}°R$, 그리고 중력가속도 $g = 32.2 \text{ ft/s}^2$)

풀이 $V_a = \sqrt{\kappa g R T} = \sqrt{1.4 \times 32.2 \times 53.3 \times (459.67 + 59)} = 1{,}116.4\text{ft/s}$

답 1,116.4ft/s

CHAPTER

03

양력 · 항력

유체가 물체 주위를 연속적인 개념으로 흘러가는 경우에 물체 주위를 흘러가는 유체가 물체 표면에 가해주는 마찰에너지와 압력에너지 그리고 유체가 가지고 있는 운동에너지 사이에는 에너지 보존의 관계가 성립된다. 이와 같은 에너지 관계는 물체 표면을 통과하는 속도에 따른 압력과 마찰력의 크기로 나타나므로 이러한 분포력을 집중력으로 바꾸면, 물체의 진행 방향에 대한 수직 방향으로 작용하는 양력(lift)과 물체의 진행 반대 방향으로 작용하는 항력 (drag)을 구할 수가 있다.

그리고 양력과 항력은 유체 속을 운동하는 물체의 하중(weight)과 추력(thrust)과의 역학적인 관계를 맺어 물체의 상대적인 운동 궤적(trajectory path)을 해석하는 데 중요한 변수가 된다.

Section 01 │ 날개단면

날개단면(airfoil)은 날개를 수직 방향으로 절단한 단면 형상으로서 2차원 날개(2-dimensional wing) 또는 무한날개(infinite wing)라고 불리운다. 이 날개단면은 3차원 날개(3-dimensional wing)의 날개 끝에서 발생하는 날개 끝 와동(tip vortex)을 고려하지 않는다는 특성을 가지고 있다.

■1 날개단면 형상

날개단면의 형상과 특성을 나타내는 데는 NACA(National Advisory Committee for Aeronautics)에서 개발된 개념이 널리 사용되고 있다.

① 날개단면 형상을 나타내는 용어

　① 평균 캠버선(mean camber line) : 날개단면 위·아랫면의 수직거리를 2등분한 선
　② 시위선(chord line) 또는 시위(chord) : 평균 캠버선의 양끝, 즉 앞전(leading edge)
　　과 뒷전(trailing edge)을 이은 선

③ 시위 길이(chord length) : 시위선의 길이, 즉 앞전으로부터 뒷전까지의 거리

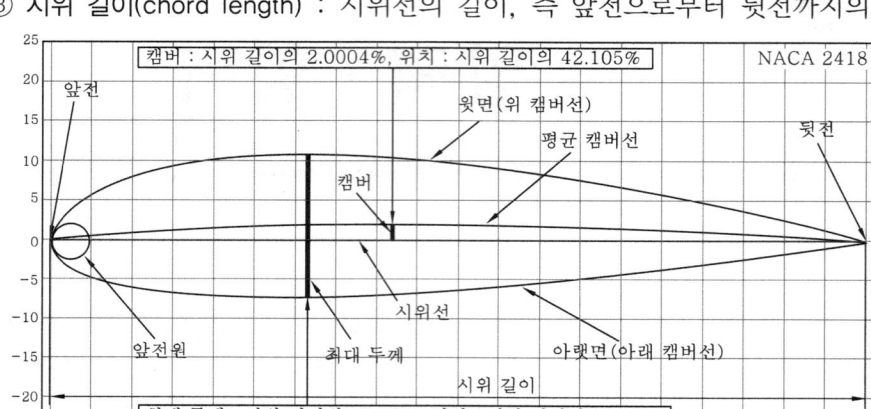

┃그림 3.1 날개단면 형상┃

④ 캠버·최대 캠버(camber/maximum camber) : 시위선에서부터 평균 캠버선까지의 수직 거리·최대 수직 거리
⑤ 두께(thickness) : 시위선에서 수직 방향으로 잰 아랫면에서 윗면까지의 높이
⑥ 앞전 반지름(leading edge radius) : 평균 캠버선의 앞전에서 평균 캠버선에 접하도록 그은 접선상에 중심을 가지고 날개단면의 위·아랫면에 접하는 원의 반지름

② 날개단면 용어 정의

① 받음각(angle of attack, AOA : α) : 항공기 진행 방향(상대바람이 불어 들어오는 방향)과 날개 시위선이 이루는 각
② 붙임각(incidence angle : i) : 날개 시위선과 항공기 동체 중심선이 이루는 고정된 각
③ 절대받음각(absolute AOA : α_a) : 항공기의 진행 방향(상대바람이 불어 들어오는 방향)과 날개 무양력 시위선이 이루는 각
④ 무양력 시위선(zero lift chordline) : 날개에 양력이 발생하지 않는 방향으로 상대바람(relative wind)이 불어올 때, 그 방향을 날개단면상에 연장시켜 이루어지는 시위선
⑤ 무양력 받음각(zero lift AOA : α_0) : 영양력 받음각이라고도 하며 무양력 시위선과 시위선이 이루는 고정된 각을 의미한다.

③ 대칭 날개단면 특성

대칭 날개단면(symmetrical airfoil)이란 날개단면의 시위선을 기준으로 위·아랫면의 형태가 대칭인 날개단면을 의미하며 다음과 같은 특성이 있다.
① 시위선, 평균 캠버선 및 무양력 시위선이 동일하다.

② 받음각과 절대받음각이 동일하다.

③ 캠버가 0이다.

④ 무양력 받음각이 0이다.

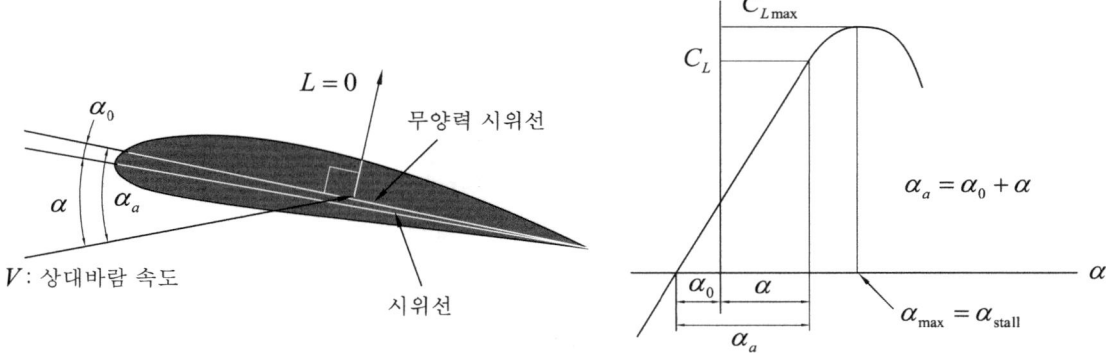

┃그림 3.2 절대받음각┃

2 NACA 날개단면

초창기 미 연방 항공우주국(NASA)의 전신인 NACA에서 표준 날개단면을 개발하여 집대성하고, 각각의 날개단면에 대한 항공역학적인 특성의 실험값을 구하여, 항공기 날개의 설계 · 개발을 위한 표준 날개단면 자료를 제시한 업적을 쌓았다.

그 후, 날개단면은 여러 항공기 제작회사들이 그들 자체로 설계 · 제작하여 사용하는 경우가 많고 그 종류도 매우 다양하다. 그러나 아직도 소형 항공기의 경우에는 NACA에서 개발한 표준 날개단면을 그대로 사용하는 경우도 많다. NACA 날개단면으로는 주로 저속에서는 NACA 4자 계열 및 NACA 5자 계열이 사용되고, 고속에서는 층류 날개단면(laminar airfoil)인 NACA 6계열을 주로 사용한다.

1 4-digit series

NACA 2415

2 : 최대 캠버의 시위에 대한 100분비(최대 캠버가 시위의 2%)

4 : 최대 캠버 위치의 시위에 대한 10분비(최대 캠버 위치는 앞전에서부터 시위의 40% 위치)

15 : 최대 두께의 시위에 대한 100분비(최대 두께는 시위의 15%)

NACA 0006

최대 두께가 시위의 6%인 대칭 날개단면(symmetrical airfoil)

② 5-digit series

NACA 23015

2 : 최대 캠버의 시위에 대한 100분비(최대 캠버가 시위의 2%)

3 : 최대 캠버 위치의 시위에 대한 20분비(최대 캠버 위치는 앞전에서부터 시위의 15% 위치)

0 : 평균 캠버선의 모양

 ※ 0 : 최대 캠버 위치 이후의 평균 캠버선이 직선

  1 : 최대 캠버 위치 이후의 평균 캠버선이 3차 곡선

15 : 최대 두께의 시위에 대한 100분비(최대 두께는 시위의 15%)

③ 6 series(층류 날개단면 : laminar airfoil)

NACA 65,3-218

6 : 6계열의 날개단면

5 : 최소 압력 점의 위치(minimum pressure position)

$$\frac{5}{10}c = 0.5c$$

3 : 최소 항력계수가 되는 양력계수의 범위

$$C_{Ld} - 0.3 < (C_L)_{C_D min} < C_{Ld} + 0.3$$

C_{Ld} : 설계 양력계수

2 : 설계 양력계수, $C_{Ld} = 0.2$

18 : 최대 두께, $\frac{18}{100}c$

여기에서 설계 양력계수란 날개단면 앞전에서 공기 흐름이 평균 캠버선의 접선 방향으로 불어 들어올 때의 양력계수로서 이상 양력계수(ideal lift coefficient)라고도 한다.

NACA 65,3-218의 변종으로는 다음과 같은 것들이 있다.

 ① NACA 65(318)-218

 ② NACA $65_3 - 218$

 ③ NACA $65_{(318)} - 218$

 ④ NACA $65_A - 218$

3 날개단면 요소 특성

날개단면 요소의 특성으로는 첫째, 캠버의 형태는 주로 무양력 받음각(α_0) 및 키놀이 모멘트계수(pitching moment coefficient : C_M)에 영향을 준다. 둘째, 두께 분포는 양력 곡선의 기울기, 공기력 중심(a.c) 및 풍압 중심(c.p)의 위치를 변화시킨다. 셋째, 앞전의 형태는 실속 특성 및 최대 양력계수($C_{L\max}$)에 대한 영향을 주며, 충격파에 의한 조파항력에도 많은 영향을 미친다.

날개단면이 양력을 발생하되 항력이 작으려면 날개단면의 모양이 유선형이 되어야 한다. 날개단면의 공력 특성은 날개단면의 모양에 따라 달라진다. 이들 특성을 좌우하는 주된 요소는 날개단면 모양을 결정하는 날개단면의 두께, 캠버, 앞전 반지름 및 시위 등이다. 이를 설명하면 다음과 같다.

① 두께 : 얇은 날개단면은 받음각이 작으면 항력이 작아지나, 받음각이 커지면 유동 박리 현상이 쉽게 일어나게 되어 항력이 급증한다. 받음각이 작을 경우에는 얇은 날개단면은 두꺼운 날개단면보다 압력 항력이 작기 때문에 항력 증가가 작다. 따라서 두께가 얇은 날개단면은 받음각을 크게 할 수 없는 결점이 있으며, 날개 강도도 두께가 두꺼운 날개단면보다 작아진다. 대신에 얇은 날개단면은 받음각이 작을 때 항력이 작기 때문에 고속 비행기에서 많이 사용된다.

두께가 두꺼운 날개단면은 받음각이 작을 때 항력은 얇은 날개단면보다 비교적 크나, 받음각이 커져도 유동 박리 현상이 쉽게 생기지 않는 장점을 가지고 있다. 그 이유는 날개단면이 두껍기 때문에 윗면의 흐름 속도가 얇은 날개단면보다 빠르고 받음각이 커질 경우에 유동 박리 현상이 뒷전에서부터 서서히 일어나기 때문에 급격한 양력 감소 현상이 생기지 않기 때문이다. 대신에 날개단면이 두껍기 때문에 항력이 커지는 단점이 있다. 따라서 두꺼운 날개단면은 고속 비행기에는 적합하지 않고 저속 비행기에 사용된다. 날개 강도는 두께가 얇은 날개단면보다 크다.

② 앞전 반지름 : 앞전 반지름이 작은 날개단면은 받음각이 작으면 날개단면 앞뒷면의 압력차가 크지 않아서 압력 항력이 작아지기 때문에 항력이 작아지고, 받음각이 일정한 값 이상 커지면 날개단면 앞부분이 뾰족함으로써 유동 박리 현상이 앞전으로부터 생겨서 항력이 갑자기 증가한다.

앞전 반지름이 큰 날개단면은 받음각이 작을 때에는 날개단면의 전면 면적이 크므로 앞뒷면의 압력차 때문에 압력 항력이 커지나, 받음각이 클 경우에는 앞전에 압력이 낮아지는 부분이 생겨 반지름이 작을 때보다 유동 박리 현상이 늦게 생기므로 항력이 작아지고, 최대 양력계수가 커지게 된다.

③ 캠버 : 캠버는 날개단면의 휘어진 정도를 나타내는 것으로서 많이 휘어지면, 즉 캠버가 크면 양력이 크게 발생하고 작게 휘어지면, 즉 캠버가 작으면 양력이 작게 발생한다. 그러나 항력은 캠버가 클수록 증가한다.

같은 받음각에 대해서도 캠버가 큰 날개단면일수록 큰 양력을 얻을 수 있으며, 최대 양력 계수도 커진다. 캠버가 크면 양력이 증가하나, 반면에 항력도 증가하므로 저속 비행기에는 캠버가 큰 날개단면을 사용하고, 고속 비행기에서는 속도를 빠르게 하기 위해서 항력이 작아야 되므로 캠버가 작은 날개단면을 사용한다.

④ 시위 : 같은 모양의 날개단면의 경우에도 시위 길이에 따라 특성이 달라진다. 시위 길이가 길면 시위 길이가 짧은 날개단면보다 레이놀즈 수가 커지므로, 윗면을 흐르는 유동이 난류로 천이되어 큰 받음각에서도 쉽게 유동 박리 현상이 생기지 않는다. 따라서 날개단면 모양이 닮은꼴이라 하더라도 반드시 같은 공력 특성을 가진다고 할 수가 없다.

> **예제 3.1** >>> **날개단면의 기하학적 특성**
>
> NACA 4415의 날개단면의 기하학적 특성은 어떠한가?
>
> **풀이** ▌ 최대 캠버가 시위의 4%이고, 그 위치는 앞전에서부터 40% 뒤쪽이며, 최대 두께는 날개 시위의 15%이다.

> **예제 3.2** >>> **최대 캠버**
>
> NACA 24015의 날개단면의 최대 캠버의 위치는 어디에 있으며, 최대 캠버란 무엇을 의미하는가?
>
> **풀이** ▌ NACA 5자 계열의 날개단면에 있어서 둘째 자리 숫자가 최대 캠버의 위치를 시위의 20분비로 나타낸다.
>
> $$\frac{4}{20} = 0.2 = 20\%$$
>
> 그러므로 최대 캠버는 날개 시위의 20% 위치에 있다. 그리고 최대 캠버란 날개 시위선과 평균 캠버선까지의 수직거리 중에 최대값을 의미한다.

▉4 날개단면 항공역학적 특성

날개단면 항공역학적 특성은 항공역학에서 가장 핵심이 되는 내용이다. 항공기에 작용하는 항공역학적 특성의 6분력(6 components of aerodynamic characteristics)은 항공역학적 특성이라고 하며 이것은 공기 중을 비행하는 날개단면에 작용하는 힘을 나타낸다. 이 힘들은 양력(lift), 항력(drag), 측분력(side force)인 3개 힘과 키놀이 모멘트(pitching moment), 옆놀이 모멘트(rolling moment), 빗놀이 모멘트(yawing moment)인 3개 모멘트로 구성된다.

이 힘들은 공기 중을 비행하는 날개단면에 작용하는 힘에 영향을 주는 요소를 가지고 차원

해석법에 의해 해석할 수 있다. 해석하는 방법은 심화과정에서 다루기로 하고 그 결과를 구하면 다음 식으로 표현할 수 있다.

$$F = \frac{1}{2}\rho V^2 S C_F$$

즉, 공기 중을 비행하는 날개단면에 작용하는 힘은 위 식과 같이 표현할 수가 있다. 그리고 공기 중을 비행하는 물체에 작용하는 힘에 영향을 직접적으로 미치는 힘의 계수(force coefficient)는 받음각과 R_N 및 M의 함수 관계를 갖는다는 것이 매우 중요하다.

$$C_F = f(\alpha,\ R_N,\ M)$$

양력, 항력 및 측분력은 날개단면에 작용하는 수직 방향, 수평 방향 및 측면 방향의 힘이기 때문에 날개단면에 작용하는 힘과 마찬가지로 다음과 같이 표현할 수 있다.

$$L = \frac{1}{2}\rho V^2 S C_L, \quad L = qSC_L \tag{3.1}$$

$$D = \frac{1}{2}\rho V^2 S C_D, \quad D = qSC_D \tag{3.2}$$

$$Y = \frac{1}{2}\rho V^2 S C_Y, \quad Y = qSC_Y \tag{3.3}$$

여기서, $q = \frac{1}{2}\rho V^2$은 동압을 나타낸다. 그리고 L은 양력, C_L은 양력계수, 그리고 D는 항력, C_D는 항력계수, 또한 Y는 측분력, C_Y는 측분력계수를 나타낸다.

항공기에 작용하는 모멘트도 힘에 작용거리를 곱한 값이므로 힘의 차원으로부터 구할 수가 있다.

$$L' = \frac{1}{2}\rho V^2 Sb C_{L'}, \quad L' = qSb C_{L'} \tag{3.4}$$

$$M = \frac{1}{2}\rho V^2 Sc C_M, \quad M = qSc C_M \tag{3.5}$$

$$N = \frac{1}{2}\rho V^2 Sb C_N, \quad N = qSb C_N \tag{3.6}$$

여기에서 L'은 옆놀이 모멘트(rolling moment), M은 키놀이 모멘트(pitching moment), N은 빗놀이 모멘트(yawing moment)를 나타내며, b는 날개의 폭(길이, span)을 그리고 c는 날개의 시위 길이를 나타낸다.

식 3.1에서 3.6까지 6개 항공역학적 계수들은 날개의 항공역학적 특성(aerodynamic

characteristics)이라고 일컫는 매우 중요한 특성을 나타내는 것으로써 항공기 설계와 성능해석에서 가장 중요하게 취급되고 있다.

이러한 중요한 항공역학적 특성 중에서 특히 양력계수(lift coefficient : C_L), 항력계수(drag coefficient : C_D) 및 키놀이 모멘트계수(pitching moment coefficient : C_M)는 다음과 같은 함수 관계를 갖는다고 볼 수 있다.

$$C_L, C_D, C_M = f(\alpha, R_N, M)$$

그리고 측분력계수(side force coefficient : C_Y), 옆놀이 모멘트계수(rolling moment coefficient : $C_{L'}$) 및 빗놀이 모멘트계수(yawing moment coefficient : C_N)는 받음각 대신에 옆 미끄럼 각(side slip angle : β)과의 함수 관계를 갖는다는 특성이 있다.

이러한 항공역학적 특성은 이론적인 해석이 매우 어렵거나 아직까지 거의 불가능한 영역에 속한다. 따라서 이러한 특성의 해석은 거의 대부분 실험에 의한 실험값을 이용할 수밖에 없다.

그러므로 항공역학적 특성에 대한 방대한 실험 자료를 구축해 놓은 NACA의 업적은 항공분야의 기술 발전에 높은 기여를 하였으며 높이 평가되어야 할 것이다.

예제 3.3 >>> 양력과 항력

날개 시위가 1.8m이고 날개 폭이 10m인 항공기가 112m/s의 속도로 날고 있다. 양력계수와 항력계수가 각각 $C_L = 0.325$, $C_D = 0.08$이다. 이 항공기의 양력과 항력은 얼마인가? (단, 공기의 밀도 $\rho = 1.226\text{kg/m}^3$, 항공기 동체의 효과는 무시한다.)

풀이 ▌ $L = \dfrac{1}{2}\rho V^2 S C_L = \dfrac{1}{2} \times 1.226 \times 112^2 \times 10 \times 1.8 \times 0.325 = 44.98\text{kN}$

$D = \dfrac{1}{2}\rho V^2 S C_D = \dfrac{1}{2} \times 1.226 \times 112^2 \times 10 \times 1.8 \times 0.08 = 11.07\text{kN}$

예제 3.4 >>> 부양 속도

수중 날개를 가진 부양선박의 무게가 2,000kN이다. 수중 날개의 양력계수가 0.455이고 앞뒤의 날개 면적이 각각 10m²라고 하면, 이 부양선박이 물 위로 뜨기 위해서는 얼마의 속도를 내어야 하는가?

풀이 ▌ 부양선박의 날개 면적은 앞뒤의 날개 면적의 합이 되고 부양선박이 물 위에 뜨기 위해서는 선박의 무게와 수중 날개의 양력이 동일하여야 한다.

$$W = L = \frac{1}{2}\rho V^2 S C_L$$

$$V = \sqrt{\frac{2W}{\rho S C_L}} = \sqrt{\frac{2 \times 2 \times 10^6}{1,000 \times 20 \times 0.455}} = 20.97\text{m/s}$$

그림 3.3(a)와 3.3(b)는 NACA 2412 날개단면의 양력, 항력 및 키놀이 모멘트의 특성을 나타낸 실험 자료이다.

실험값 중에 계수값이 상대적으로 큰 각각 2종류의 실험값은 스플릿 플랩(플랩시위 : 날개 시위 길이의 20%)을 60°로 펼쳤을 때의 실험값을 나타낸다.

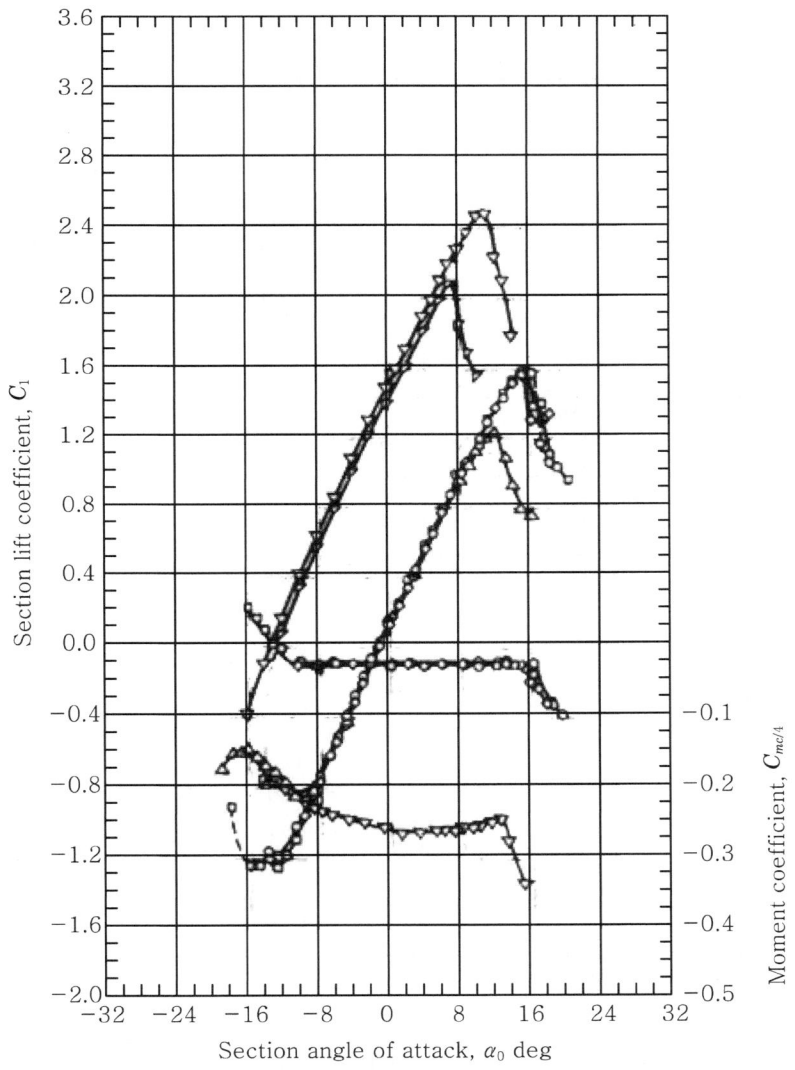

┃그림 3.3(a) NACA 2412 날개단면의 항공역학적 특성┃

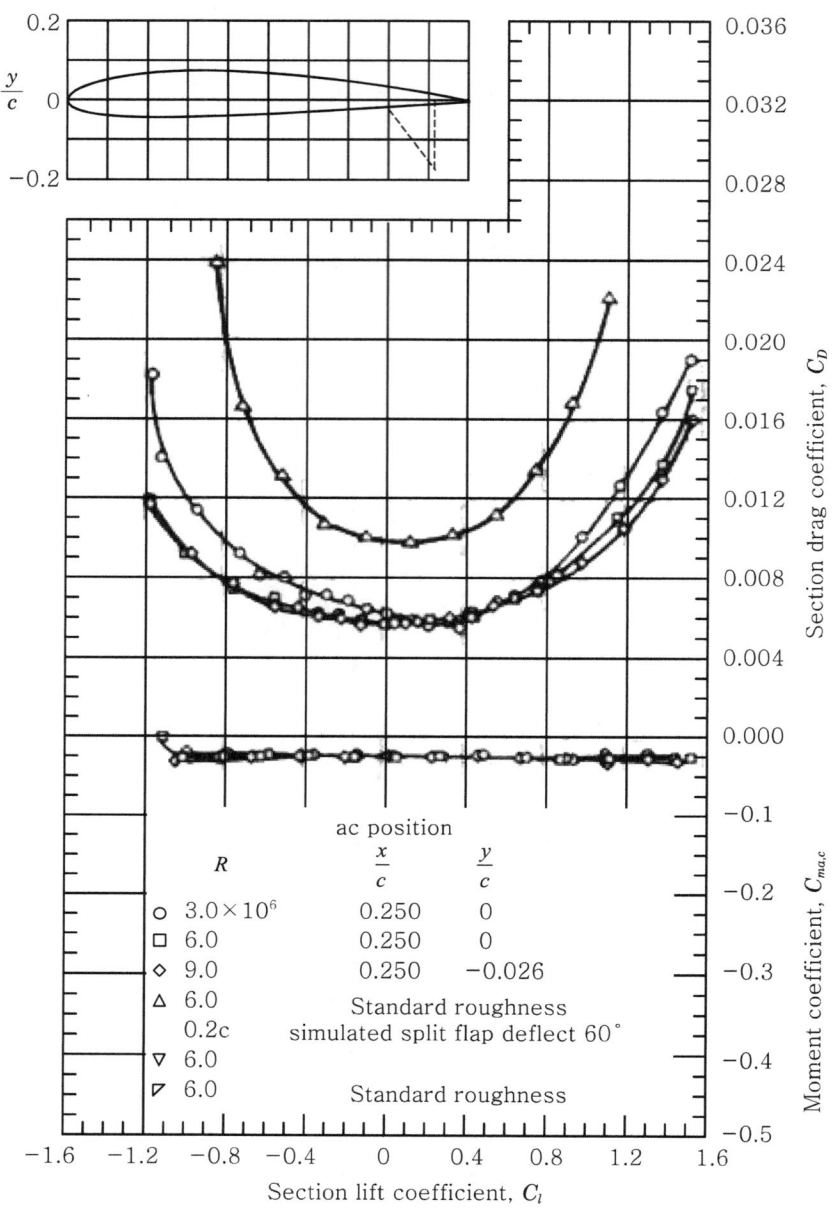

그림 3.4(a)와 3.4(b)는 NACA 65-212 층류형 날개단면의 양력, 항력 및 키놀이 모멘트의 특성을 나타낸 실험 자료이다.

실험값 중에 계수값이 상대적으로 큰 각각 2종류의 실험값은 스플릿 플랩(플랩시위 : 날개 시위 길이의 20%)을 60°로 펼쳤을 때의 실험값을 나타낸다.

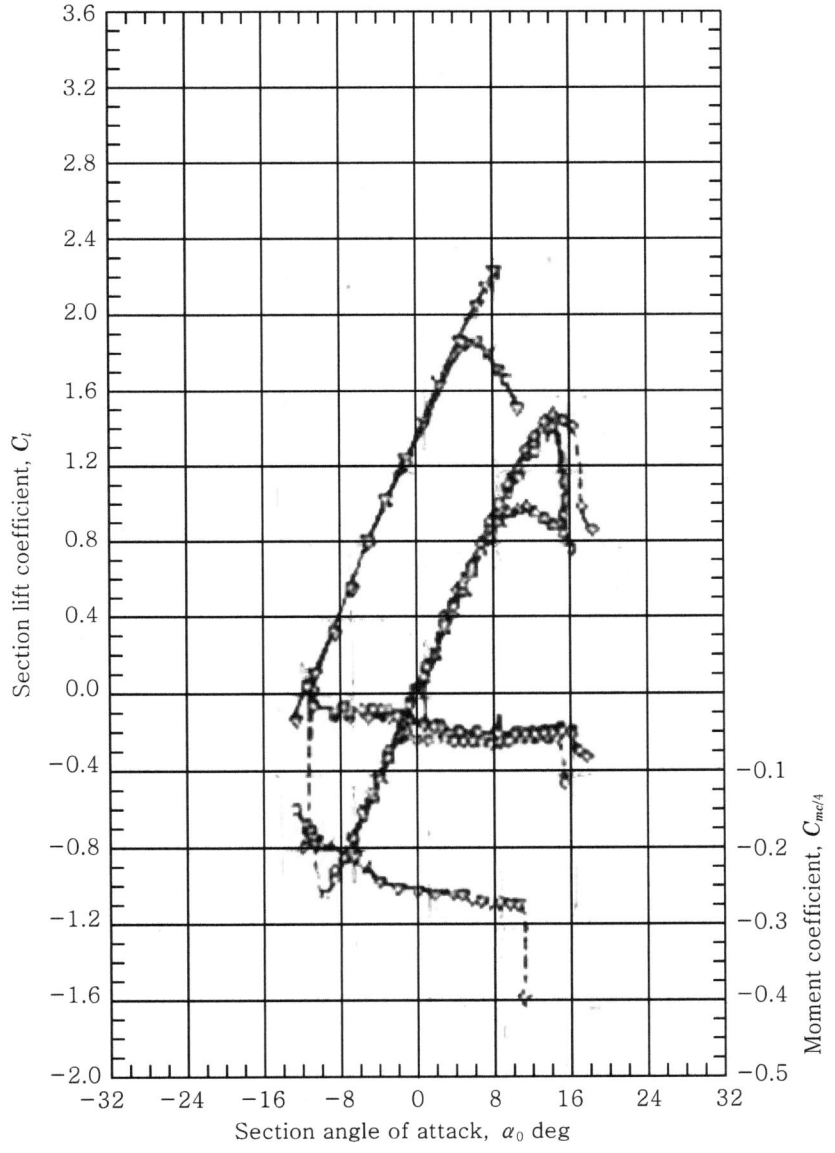

┃그림 3.4(a) NACA 65-212 날개단면의 항공역학적 특성┃

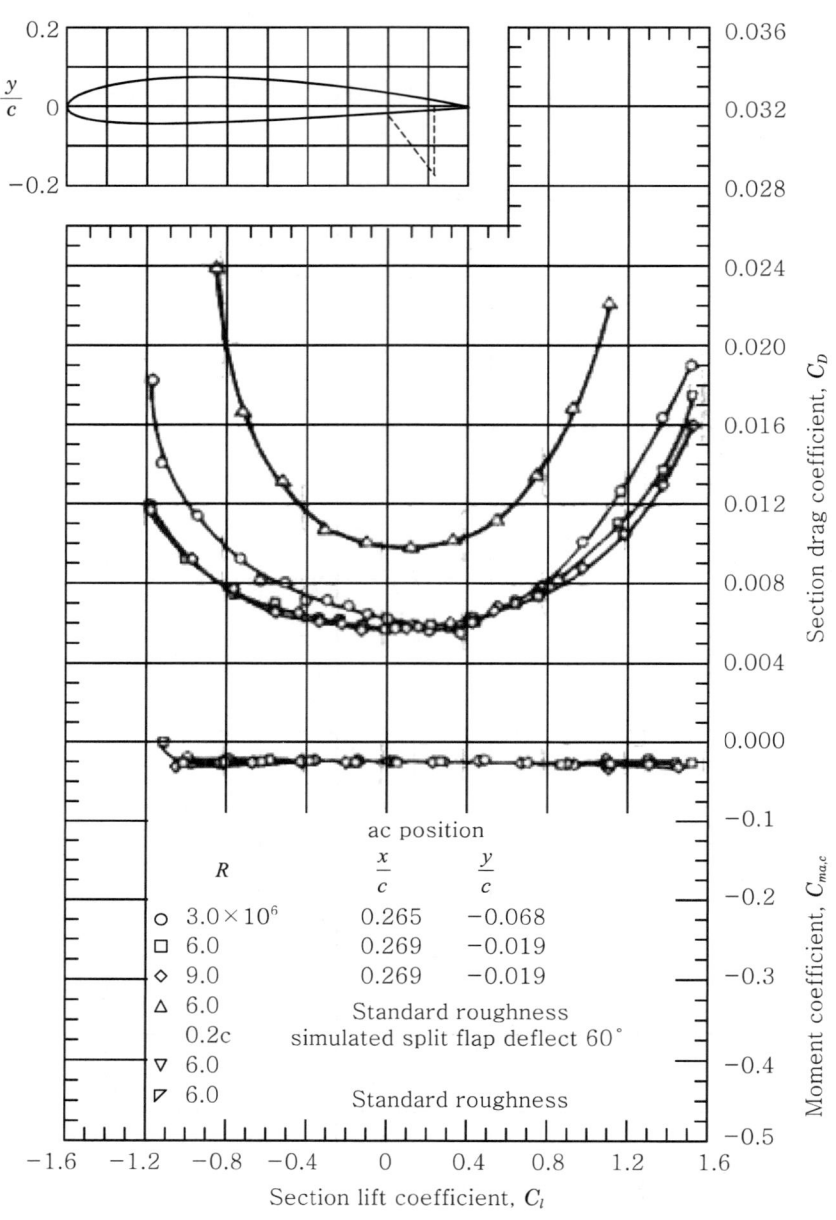

		ac position	
R		$\dfrac{x}{c}$	$\dfrac{y}{c}$
○ 3.0×10^6		0.265	-0.068
□ 6.0		0.269	-0.019
◇ 9.0		0.269	-0.019
△ 6.0		Standard roughness	
	0.2c	simulated split flap deflect 60°	
▽ 6.0			
▷ 6.0		Standard roughness	

그림 3.4(b) NACA 65-212 날개단면의 항공역학적 특성

그림 3.3(a), (b)에서 그림 3.4(a), (b)까지의 자료는 미 연방항공자문위원회(NACA)의 날개단면에 대한 중요한 실험 자료의 대표적인 예라고 볼 수 있다.

① 압력계수

항공기 날개단면에서의 압력계수(pressure coefficient : C_p)는 다음과 같이 정의한다.

$$C_p = \frac{p - p_\infty}{q_\infty} \tag{3.7}$$

이때, p, $q = \rho V^2 / 2$ 는 날개단면상 임의 점에서의 정압과 동압을 나타내며, p_∞, $q_\infty = \rho V_\infty^2 / 2$ 는 자유흐름(공기가 날개단면에 의해 교란되지 않은 영역의 흐름)에서의 정압과 동압을 나타낸다. 그리고 압력계수도 항공역학적 계수로 취급한다.

Bernoulli 방정식을 적용하면 다음과 같다.

$$p + \frac{1}{2} \rho V^2 = p_\infty + \frac{1}{2} \rho V_\infty^2$$

$$p - p_\infty = \frac{1}{2} \rho V_\infty^2 - \frac{1}{2} \rho V^2 = \frac{1}{2} \rho V_\infty^2 \left\{ 1 - \left(\frac{V}{V_\infty} \right)^2 \right\}$$

그러므로 압력계수는 다음과 같이 표현할 수도 있다.

$$C_p = 1 - \left(\frac{V}{V_\infty} \right)^2 \tag{3.8}$$

임의 점에서 속도가 음(−)의 값을 가질 수 없으므로, 위 식으로부터 압력계수는 항상 $C_p \leqq 1$ 의 조건을 갖는다는 것을 알 수 있다. 그리고 압력계수의 최대값 $C_p = 1$ 이 되는 경우는 그 점에서의 속도가 0이 되는 정체점(stagnation point)을 의미한다.

예제 3.5 >>> **압력계수(Ⅰ)**

표준대기압이 $1,013.26\text{mbar}$ 이다. 표준대기 속을 100m/s 로 비행하는 항공기 날개의 한 점의 압력이 $8 \times 10^4 \text{N/m}^2$ 일 때, 그 점에서의 압력계수는 얼마인가?

풀이 ▎표준대기압은 자유흐름의 압력과 동일하므로 이를 환산하면 다음과 같다.

$$1,013.25\text{mbar} \times \left(\frac{1\text{bar}}{1,000\text{mbar}} \right)^{=1} \times \left(\frac{1 \times 10^5 \text{N/m}^2}{1\text{bar}} \right)^{=1} = 101,325\,\text{N/m}^2$$

동압 : $q_\infty = \dfrac{\rho V_\infty^2}{2} = \dfrac{1.226 \times 100^2}{2} = 6,130\text{N/m}^2$

따라서, 압력계수는 다음과 같다.

$$C_p = \frac{p - p_\infty}{q_\infty} = \frac{80,000 - 101,325}{6,130} = -3.48$$

예제 3.6 >>> 압력계수(Ⅱ)

자유흐름의 유동 속도가 18m/s 이고 이 흐름에 경사지게 놓인 평판의 한 점에서 속도가 20m/s 이라면 그 점의 압력계수는 얼마인가?

풀이 압력계수를 구하는 다음 식을 이용하면

$$C_p = 1 - \left(\frac{V}{V_\infty}\right)^2 = 1 - \left(\frac{20}{18}\right)^2 = -0.235$$

을 구할 수 있다.

② 마하수에 의한 계수 변화

항공역학적인 특성(aerodynamic characteristics)을 나타내는 압력계수나 양력계수 및 모멘트계수 등은 항공기의 속도가 빨라질수록 공기의 압축성의 영향을 받기 때문에 이를 보정하지 않으면 안 된다. 이러한 문제는 Prandtl · Glauert에 의한 다음과 같은 압축성 보정법칙(compressibility correction rule)을 이용하여 해결하는데, 이 법칙의 유도는 이 책의 수준을 벗어나므로 참고문헌을 참조하길 바란다.

$$C_p = \frac{C_{p0}}{\sqrt{1 - M_\infty^2}}$$

$$C_L = \frac{C_{L0}}{\sqrt{1 - M_\infty^2}}$$

$$C_M = \frac{C_{M0}}{\sqrt{1 - M_\infty^2}}$$

$$a = \frac{a_0}{\sqrt{1 - M_\infty^2}} \quad , \quad \frac{dC_L}{d\alpha} = a$$

위 식에서 첨자 0은 압축성을 무시할 수 있는 저속상태에서의 계수를 나타내고, M_∞는 자유흐름의 Mach 수를 의미한다. 그리고 $\sqrt{1 - M_\infty^2}$를 Prandtl · Glauert의 변환계수(transformation factor)라 한다.

그 밖에 Von Kalmann · Tsien의 보정법칙을 소개하면 다음과 같다.

$$C_p = \frac{C_{p0}}{\sqrt{1 - M_\infty^2} + \dfrac{C_{p0} M_\infty^2}{2\sqrt{1 - M_\infty^2} + 1}}$$

③ Reynolds 수에 대한 계수 변화

항공역학적인 특성은 Mach 수뿐만 아니라 Reynolds 수에 따라서도 달라진다. 따라서 정밀한 항공역학적 계수를 구하기 위해서는 Reynolds 수에 따른 계수를 수정해야 하며, 간단한 수학적인 처리에 의해 이를 수정할 수 있다.

양력계수는 Mach 수와 Reynolds 수의 함수로 주어지므로 다음과 같이 나타낼 수 있다.

$$C_L = 2k\left(\frac{1}{R_N}\right)^d \left(\frac{1}{M}\right)^e$$

$$C_{L1} \sim 2k\left(\frac{1}{R_{N1}}\right)^d, \quad C_{L2} \sim 2k\left(\frac{1}{R_{N2}}\right)^d$$

이를 비례관계로 정리하면

$$\frac{C_{L1}}{C_{L2}} = \left(\frac{R_{N1}}{R_{N2}}\right)^{-d} = \left(\frac{R_{N1}}{R_{N2}}\right)^a$$

양변에 ln를 취하면,

$$\ln C_{L1} - \ln C_{L2} = a(\ln R_{N1} - \ln R_{N2})$$

$$a = \frac{\ln C_{L1} - \ln C_{L2}}{\ln R_{N1} - \ln R_{N2}}$$

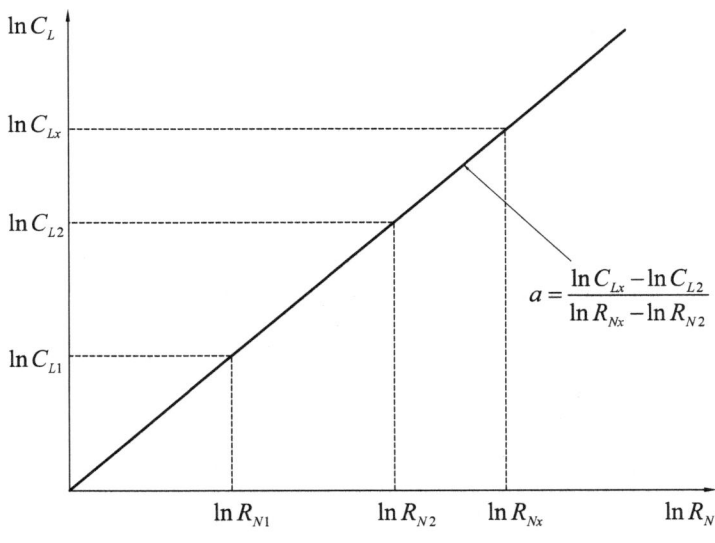

$$a = \frac{\ln C_{Lx} - \ln C_{L2}}{\ln R_{Nx} - \ln R_{N2}}$$

┃그림 3.5 양력계수의 변화┃

그림 3.5에 의해 이러한 비례계수를 새롭게 변화된 Reynolds 수, R_{Nx} 에 해당하는 새로운 양력계수 C_{Lx} 는

$$a = \frac{\ln C_{Lx} - \ln C_{L2}}{\ln R_{Nx} - \ln R_{N2}}$$

$$\ln C_{Lx} - \ln C_{L2} = a(\ln R_{Nx} - \ln R_{N2}), \ \ln \frac{C_{Lx}}{C_{L2}} = \ln \left(\frac{R_{Nx}}{R_{N2}} \right)^a$$

따라서 다음 식을 구할 수 있다.

$$C_{Lx} = C_{L2} \cdot \left(\frac{R_{Nx}}{R_{N2}} \right)^a$$

이 값은 실험값을 구할 수 없는 높은 Reynolds 수에 해당하는 양력계수를 추정할 때 매우 효과적이다.

④ 임계압력계수

임계압력계수(critical pressure coefficient : C_{pcr})는 압력계수 중에서 날개 윗면 임의 점의 속도가 음속에 도달하여 마하수가 1이 되는 지점의 압력계수를 의미한다. 즉, 날개 윗면의 한 점이 $M = 1$에 도달하였을 때, 그 점의 압력계수가 $C_p = C_{pcr}$ 이 되는 것이다. 이에 대한 유도과정은 생략하고 결과 식을 소개하면 다음과 같다.

$$C_{pcr} = \frac{2}{\kappa M_\infty^2} \left[\left\{ \frac{(\kappa-1)M_\infty^2 + 2}{\kappa + 1} \right\}^{\frac{\kappa}{\kappa - 1}} - 1 \right] \tag{3.9}$$

그리고 날개 윗면 임의 점의 압력계수가 임계압력계수에 도달하였을 때의 항공기의 비행 마하수를 임계 마하수(critical Mach number)라고 한다.

⑤ 항력 발산 마하수

천음속에서 경계층 내의 유동은 복잡한 특성을 가지고 있다. 즉, 일부분은 초음속이고 일부분은 아음속이 된다. 천음속 유동 상태에서 날개단면 상에서의 유동 속도는 앞전(leading edge)에서부터 유동이 어느 정도 진행될 때까지 음속이 되지 않는다. 천음속에서는 날개 표면의 어떤 점이 임계 마하수(critical Mach number)에 도달할 때까지 충격파는 형성되지 않는다. 임계 마하수란 충격파의 발생 여부를 나타내는 지표로서 날개 상면의 임의 점이 $M = 1$에 도달될 때에 항공기의 비행 마하수를 의미하는 것으로 항상 1보다 작다.

충격파는 날개 표면의 임의 점에서의 마하수가 1에 도달할 때까지는 생기지 않기 때문에 임계 마하수가 충격파의 발생 최저 속도를 나타낼지라도 바로 이 마하수에서 충격파가 생기지는 않는다. 그러므로 천음속에서 충격파가 일어나는 정확한 점을 예측하는 것은 쉽지 않다.

날개 윗면 임의 점의 속도가 음속($M=1$)에 도달하는 순간의 항공기 비행 마하수를 임계 마하수, M_{cr}이라 한다. 그리고 날개 상의 그 지점이 최소 압력점이 되며, 그 지점에서의 압력계수를 임계압력계수(critical pressure coefficient)라고 한다. 일반적으로 작은 받음각에서 얇고 긴 날개단면(slender wing section)의 임계 마하수는 0.8 정도이다. 그리고 임계 마하수 이하의 비행 속도를 아음속이라 하고, 그 이상을 천음속이라 한다.

항공기 비행 속도가 임계 마하수보다 점진적으로 증가하게 되면, 그림 3.6과 같이 최초 음속에 도달한 지점으로부터 초음속으로 전개되는 영역이 나타난다. 그 이유는 초음속으로 전개된 후의 위쪽 날개단면과 공기 가상 기준면을 생각해 보면 흐름 단면적이 넓어지기 때문에 초음속 상태의 속도가 증가되기 때문이다.

영역의 후방 경계에서는 수직 충격파(normal shock wave)가 발생한 후, 다시 아음속으로 전개된다. 그리고 비행 속도가 커질수록 초음속으로 전개된 영역은 바깥쪽으로, 그리고 하류 쪽으로 성장해가며 수직 충격파는 더 강해지고 길어진다.

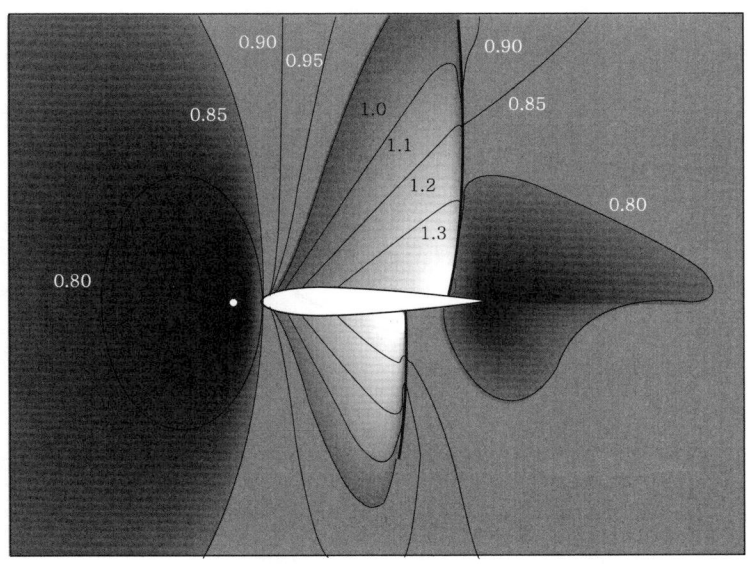

▌그림 3.6 천음속 날개단면 마하수 분포 NACA 0012 Mach No. 0.8▐

항공기 비행 속도가 더욱 증가하면 날개 아랫면에서도 초음속 영역이 형성되고, 그 영역의 후방 경계에서도 수직 충격파가 발생한다. 결국 비행 속도가 음속에 도달하면 날개 위·아랫면의 수직 충격파는 날개 뒷전까지 밀려난다.

비행 속도가 초음속 이상이 되면 날개 앞전에 충격 강도가 큰 활모양의 파(bow wave)가 발생하며, 뒷전에도 후방으로 기울어진 경사 충격파(oblique shock wave)가 발생한다. 만약 날개 앞전이 날카로울 경우에는 활모양의 파는 보다 충격 강도가 약한 경사 충격파(oblique shock wave)로 나타나게 된다.

한편, 수직 충격파가 날개 윗면에 발생하기 시작하면 조파항력(wave drag)에 의해 항력이 급증하기 시작하는데, 이러한 현상을 항력 발산 현상(drag divergence)이라 하며, 이때의 비행 마하수를 항력 발산 마하수(drag divergence Mach number : M_{dd})라고 한다. 그리고 날개 아랫면에 수직 충격파가 발생하는 순간부터 양력이 급격히 감소하기 시작하는데, 이를 양력 발산 현상이라 하고, 이때의 비행 마하수를 양력 발산 마하수라고도 한다.

항력 발산 마하수는 정확히 결정할 수는 없으나 다음과 같은 조건일 때의 항공기 마하수로 정의하기도 한다.

$$\Delta C_D = 0.002$$

또는

$$\frac{dC_D}{dM_\infty} = 0.10$$

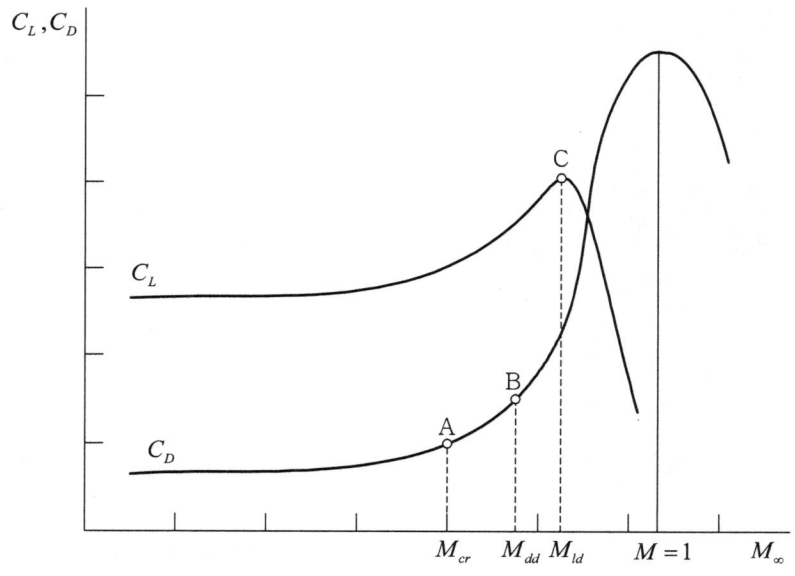

┃그림 3.7 양력 발산 마하수┃

그림 3.7에서 볼 때, 항력 발산 마하수에 도달하더라도 양력계수는 계속 증가하다가 C 점에 도달하면 날개 아랫면에서도 수직 충격파가 발생하여 양력이 급격히 감소하는 양력 발산 마하수(lift divergence Mach number : M_{ld})에 도달한다. 이때에는 $dC_L / dM_\infty < 0$ 이고, 비행의 양상은 세로 불안정으로서 항공기의 기수가 급격히 하강하는 턱언더현상(tuck under)이 나타나므로 인위적으로 항공기 앞쪽을 들어주어 중립 상태의 세로 안정을 갖도록 하여야 한다. 이러한 장치를 마하트리머(Mach trimmer)라고 한다.

그리고 이때, 강한 충격파가 출현함으로써 유동의 박리 현상이 유발되고 커다란 압력파동이 형성되어 충격실속(shock stall)에 의해 날개가 진동하는 현상이 나타난다. 이러한 진동현상을 버핏 현상(buffeting)이라 한다. 특히 아음속에서 날개의 실속현상에 의해 나타나는 진동은 저속 버핏 현상(low speed buffeting)이라 하고, 천음속에서 날개의 충격 실속현상에 의해 나타나는 진동을 고속 버핏 현상(high speed buffeting)이라고 한다.

Section 02 ─ 대기 속도

항공기의 속도로 대지 속도(ground speed)를 사용한다는 것이 의미가 없으므로 주로 대기 속도(air speed)를 비행 중에 주로 사용한다. 장거리 항법에서는 관성 기준 장치(Inertial Reference System ; IRS)나 지구 위치측정 장치(Global Positioning System ; GPS)를 이용한 지구 고정 위치에 대한 절대속도를 사용하고 있다.

저속 항공기의 경우($M < 0.2$)에는 공기를 비압축성 유체로 취급할 수 있으므로 비압축성 Bernoulli 방정식에 의해 대기 속도를 구할 수 있다. 그러나 고속 항공기의 경우에는 압축성 Bernoulli 방정식에 의해 대기 속도를 구하거나 마하수(Mach number)로 변환하여 마하 계기 (Mach meter)로 지시하기도 한다.

비압축성 유동(incompressible flow)의 경우

$$\text{B.E} : p + \frac{1}{2}\rho V^2 = p_t + \frac{1}{2}\rho V_t{}^2, \quad V_t = 0$$

$$p + \frac{1}{2}\rho V^2 = p_t$$

$$V = \sqrt{\frac{2(p_t - p)}{\rho}} \tag{3.10}$$

이때, p_t와 V_t는 정체점(stagnation point)에서의 전압과 속도를 나타내므로, $V_t = 0$이 된다. 그리고 p_t를 정체압(stagnation pressure), 전압(total pressure), 피토압(pitot pressure)이라고 부른다.

압축성 유동(incompressible flow)의 경우 압축성 Bernoulli 방정식으로부터 다음 식으로 유도 된다.

$$V = \sqrt{\frac{2\kappa}{\kappa - 1}\frac{p}{\rho}\left\{\left(\frac{p_t}{p}\right)^{\frac{\kappa - 1}{\kappa}} - 1\right\}}$$

위 식을 이용하면 다음과 같은 압축성 대기 속도를 구할 수가 있다.

$$V = \sqrt{\frac{2\kappa}{\kappa-1}\frac{p}{\rho}\left\{\left(\frac{p_t-p}{p}+1\right)^{\frac{\kappa-1}{\kappa}}-1\right\}} \qquad (3.11)$$

위 식에서 $p_t - p$의 값은 피토 · 정압관(pitot-static tube)에서의 전압과 정압의 차이로 직접적으로 측정하여 사용한다.

마하수를 산출하기 위해서는 다음과 같은 변환이 필요하다.

$$M = \frac{V}{V_a} = \sqrt{\frac{2}{\kappa-1}\left\{\left(\frac{p_t-p}{p}+1\right)^{\frac{\kappa-1}{\kappa}}-1\right\}} \qquad (3.12)$$

비압축성의 항공기 속도를 지시하기 위해서는 식 3.10에 의한 속도 산출은 비교적 간단하다. 그러나 식 3.11이나 3.12에 의한 결과는 직접 지시가 곤란하므로 디지털 대기 자료 컴퓨터(Digital Air Data Computer ; DADC) 등을 이용하여 수치계산 단계를 거쳐 계기 상에 지시할 수밖에 없다.

1 진 대기 속도

진 대기 속도(True Air Speed ; TAS)는 실제 대기 속도로서 이 속도는 컴퓨터에 의해 대기 자료를 계산하거나 보정하지 않고서는 직접 구할 수 있는 속도가 아니다. 즉, 식 3.10이나 3.11에 의해 오차 없이 구해진 속도를 의미하며 비압축성 유동에서는 다음 식으로 구할 수 있는 속도이다.

$$V = \sqrt{\frac{2(p_t-p)}{\rho}}$$

2 지시 대기 속도

지시 대기 속도(Indicated Air Speed ; IAS)는 해면고도에서의 밀도(ρ_0)를 도입하여 주로 해면고도를 비행하는 저고도 항공기의 속도계에 지시하는 항공기 속도로서 계기오차와 지연오차(lag error)를 보정한 속도이다. 저속 항공기 속도는 다음 식으로 산출할 수 있다.

$$V = \sqrt{\frac{2(p_t-p)}{\rho_0}} \qquad (3.13)$$

3 등가 대기 속도

항공기의 고도가 높아지면 밀도가 달라진다. 그러나 항공기 속도계에서는 고도에 따른 밀도 변화를 반영할 수 있는 보상방법을 갖추기가 쉽지 않으며, 고도가 높아질지라도 항공기 속도를 지시하는 과정에서는 해면고도의 밀도를 그대로 적용할 수밖에 없다. 따라서 고도가 높으면 지시 대기 속도는 진 대기 속도가 될 수 없다. 오히려 진 대기 속도를 지시하는 과정에서 해당 비행고도의 밀도 대신에 해면고도의 밀도로 대체한 상태로 볼 수밖에 없으며, 이 상태에서의 대기속도를 등가 대기 속도(Equivalent Air Speed ; EAS)라고 한다.

특정한 고도계가 지시하는 대기 속도로서 해면고도를 비행할 때에 속도계에서 지시하는 대기 속도는 지시 대기 속도가 되고, 고도가 상승하면 동일한 속도계에서 지시하는 속도는 등가 대기 속도가 된다.

간단히 말해, 등가 대기 속도는 대기 속도를 산출하는 과정에서 비행고도의 밀도 대신 해면고도의 밀도를 이용하여 산출한 항공기의 대기 속도를 의미한다.

한편, 항공기가 해면고도를 비행할 때 속도계에서 지시하는 속도는 지시 대기 속도로 진 대기 속도와는 거의 오차가 없다고 보지만, 동일한 속도계를 사용하여 고고도를 비행할 때는 지시하는 대기 속도는 등가 대기 속도(V_e)로서, 진 대기 속도(V)와는 밀도 변화에 따른 오차를 수반한다. 이때, $\sigma = \rho/\rho_0$는 밀도비를 나타낸다.

$$V = \sqrt{\frac{2(p_t - p)}{\rho}} \ , \ V_e = \sqrt{\frac{2(p_t - p)}{\rho_0}}$$

$$\frac{V}{V_e} = \sqrt{\frac{\rho_0}{\rho}} = \sqrt{\frac{1}{\sigma}}$$

$$V = \frac{V_e}{\sqrt{\sigma}} \tag{3.14}$$

고도에 따른 진 대기 속도를 구하기 위해서는 등가 대기 속도에 밀도의 변화($\sqrt{\rho_0/\rho}$)를 보정하여야 한다. 실제 항공기에 있어서는 밀도의 산출이 곤란하므로 공기 밀도와 대기 압력 및 온도와의 함수 관계를 이용하여 다음 식으로 구하게 된다.

$$p_0/\rho_0 = RT_0 \, , \ p/\rho = RT$$

$$\rho_0 = p_0/gRT_0 \, , \ \rho = p/gRT$$

$$\sqrt{\frac{\rho_0}{\rho}} = \sqrt{\frac{p_0/gRT_0}{p/gRT}} = \sqrt{\frac{p_0}{p} \times \frac{T}{T_0}}$$

$$V = V_e \sqrt{\frac{p_0}{p} \times \frac{t + 273}{288}} \tag{3.15}$$

압축성을 고려한 등가 대기 속도는 다음과 같다.

$$V_e = \sqrt{\frac{2\kappa p}{(\kappa-1)\rho_0}\left\{\left(\frac{p_t-p}{p}+1\right)^{(\kappa-1)/\kappa}-1\right\}}$$

4 교정 대기 속도

속도계에서 나타나는 오차 중의 하나로 위치오차(position error)가 발생한다. 이 오차는 정압공(static hole)으로부터 순정압을 얻을 수 없음으로써 발생하는 오차이다.

교정(수정) 대기 속도(Calibrated Air Speed ; CAS)는 위치오차 및 공기의 압축성을 보정하기 위해서 기준압력과 밀도로서 해면고도의 압력과 해면고도의 밀도를 도입하여 보정한 항공기의 대기 속도를 의미한다.

$$V_c = \sqrt{\frac{2\kappa p_0}{(\kappa-1)\rho_0}\left\{\left(\frac{p_t-p}{p_0}+1\right)^{(\kappa-1)/\kappa}-1\right\}}$$

여기서, $p_t - p$: 피토 · 정압관에서 직접 감지하는 전압과 정압차

그러나 비압축성 유동으로 취급하는 경우는 교정 대기 속도도 다음 식으로 표현할 수밖에 없다.

$$V_c = \sqrt{\frac{2(p_t-p)}{\rho_0}}$$

그 이유로는 위 식에서 $p_t - p$항은 피토 · 정압관에서 직접 획득하는 전압(total pressure)과 정압(static pressure)의 차이를 측정한 측정값으로 이때의 정압은 해면고도의 압력으로 대체할 수가 없기 때문이다.

따라서 비압축성의 대기 속도들은 다음의 관계를 만족시킨다.

$$IAS = EAS = CAS$$

> 예제 3.7 >>> 마하수 계산 공식
>
> 속도가 빠른 항공기는 음속 a에 대한 비행 속도 V의 비로 나타내는 마하수(Mach number) $M = V/a$로 속도를 인식한다. 그리고 이를 측정하기 위하여 마하미터(Machmeter)를 사용한다. 이때, 마하수를 계산하는 공식을 유도하여라.

풀이 ▎ 압축성을 고려한 비행 속도는

$$V = \sqrt{\frac{2\kappa}{\kappa-1}\frac{p}{\rho}\left\{\left(\frac{p_t-p}{p}+1\right)^{(\kappa-1)/\kappa} - 1\right\}}$$

로 주어지며, 음속 a는

$$a = \sqrt{\frac{\kappa p}{\rho}}$$

이므로

$$V = \sqrt{\frac{2a^2}{\kappa-1}\left\{\left(\frac{p_t-p}{p}+1\right)^{(\kappa-1)/\kappa} - 1\right\}}$$

으로 표현할 수 있다. 따라서 마하수는

$$M = \frac{V}{a} = \sqrt{\frac{2}{\kappa-1}\left\{\left(\frac{p_t-p}{p}+1\right)^{(\kappa-1)/\kappa} - 1\right\}}$$

로 주어지므로 액주차인 p_t-p를 측정하여 항공기의 마하수를 결정할 수 있다.

Section 03 ──→ 양 력

날개단면이 유체 속을 진행하게 되면 진행 방향의 수직 방향으로 힘을 받는데, 이를 양력이라고 한다. 양력은 공기 중을 비행하는 항공기의 날개 특성으로서 매우 중요하며 항공기를 부양시키는 힘의 역할을 한다. 물속을 진행하는 수중날개도 항공기 날개 특성과 동일하다. 항공기 날개의 양력은 아음속이나 초음속에서 특별히 다를 것이 없지만, 다만 공기의 압축성과 관련된 마하수의 영향을 받을 뿐이다.

양력을 이해하는 데에 있어서 에너지 보존의 개념과 운동량 보존의 개념 등으로 구분하여 살펴볼 수 있으나, 여기에서는 압력에너지와 운동에너지의 관계를 나타내는 Bernoulli의 관계식으로부터 압력 특성에 의한 양력을 알아보고, 비회전 유동의 관계식으로부터 순환유동 특성에 의한 양력을 이해하며, 그리고 운동량 보존의 법칙으로부터 운동량 특성에 의한 양력을 설명하고자 한다.

1 압력 특성에 의한 양력

가장 일반적인 관점으로서 양력은 날개단면 위·아랫면의 압력 차이에 의해 항공기 날개의 진행 방향에 대해 수직으로 발생하는 힘으로 볼 수 있다.

Bernoulli 방정식은 다음과 같다.

$$p + \frac{1}{2}\rho V^2 = \text{const}$$

정압(압력에너지)과 동압(운동에너지)의 합은 일정(전압, 전체에너지)하다는 원리이다. 만약 항공기 날개단면 윗면에 흐르는 공기 속도가 빠르고 날개단면 아랫면의 공기 속도가 느리면 Bernoulli 방정식에 의해 날개단면 윗면의 압력은 낮아지고, 날개단면 아랫면의 압력은 높아진다. 따라서 이와 같은 날개단면 위·아랫면의 압력 차이에 날개 면적을 곱하면 이 힘이 비행 방향의 수직 방향으로 작용하는 양력이 되는 것이다.

$$L = (p_l - p_u)S \tag{3.16}$$

여기서, 중요한 점은 날개단면 위·아랫면의 공기 흐름 속도가 달라지는 이유일 것이다. 날개단면 앞전에서 동시에 날개 위·아랫면으로 분리된 공기입자가 동시에 뒷전에서 만나게 된다. 이럴 경우 긴 경로를 지나는 날개단면 윗면에서는 속도가 빨라지고 짧은 경로를 지나는 날개단면 아랫면에서는 속도가 느려지게 된다. 그 이유는 그림 3.8에서 설명할 수 있다.

그림 3.8(a)에서는 정지되어 있는 날개단면의 앞전에 2개의 공기입자가 속도 V로 동시에 도달한 후에 날개단면 위·아랫면으로 분리되어 날개단면의 윗면과 아랫면을 통과한 다음, 날개단면의 뒷전에 동시에 2개의 공기입자가 만나게 된다. 따라서 날개단면 윗면을 지나는 공기입자의 속도는 빨라지고 날개단면 아랫면의 공기입자는 느려지게 된다. 그 결과, Bernoulli 법칙에 의해 날개단면 윗면의 압력은 감소하고, 날개단면 아랫면의 압력은 증가하므로 수직 방향으로 압력차에 의한 양력이 발생한다.

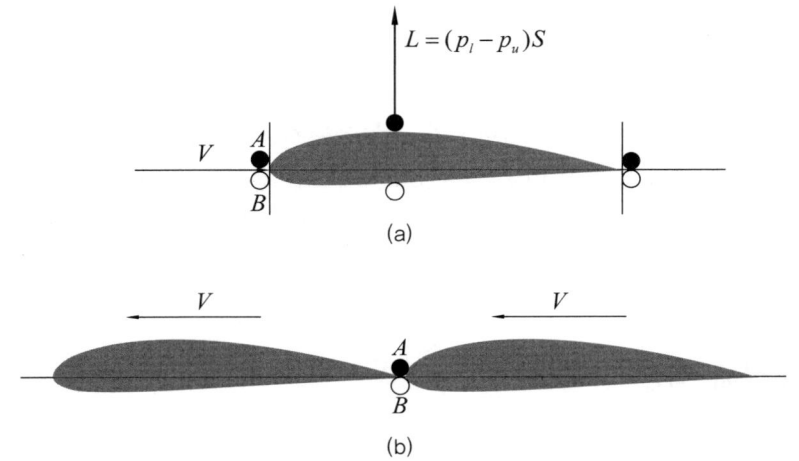

┃그림 3.8 양력 발생┃

이것은 상대적인 관점이다. 실제로는 그림 3.8(b)와 같이 정지되어 있는 2개의 공기입자에 날개단면이 비행 속도 V로 다가와서 2개의 정지해 있는 공기입자 사이를 통과한 후, 계속해서 비행 속도 V로 지나가는 경우이다. 실제 날개단면이 2개의 공기입자를 비행 속도 V로 통과하는 동안 2개의 공기입자는 제자리에 정지해 있는 상태이다. 이러한 실제적인 비행상태를 상대적으로 해석하면, 그림 3.8(a)와 같이 공기 입자가 동시에 날개 앞전에서 날개 위 · 아랫면으로 분리되었다가 동시에 날개 뒷전에서 만나게 되어 있다. 이러한 이유로 날개 위 · 아랫면의 속도 차이가 발생하고 이와 더불어 날개 위 · 아랫면에 압력 차이가 발생하게 된다.

직선유동 속에 놓인 날개단면에 발생하는 양력은 Bernoulli 법칙에 의한 압력계수에 의해 그 크기를 계산할 수 있다.

이를 살펴보기 위하여 먼저 압력계수(pressure coefficient : C_p)의 정의로부터 날개 위 · 아랫면에서의 압력계수를 다음과 같이 표현할 수 있다.

$$C_{pu} = \frac{p_u - p_\infty}{q_\infty}, \qquad C_{pl} = \frac{p_l - p_\infty}{q_\infty}$$

이때, 날개 위 · 아랫면의 압력계수는 날개 시위선을 따라 앞전에서 뒷전까지 각각의 압력을 측정하여 계산할 수 있는데, 이들의 값을 연속적으로 표현하면 그림 3.9에 보여주는 압력곡선, 또는 압력계수 곡선이 된다. 그림 3.9(a)는 날개단면에 작용하는 압력의 분포력을 보여주고 있다.

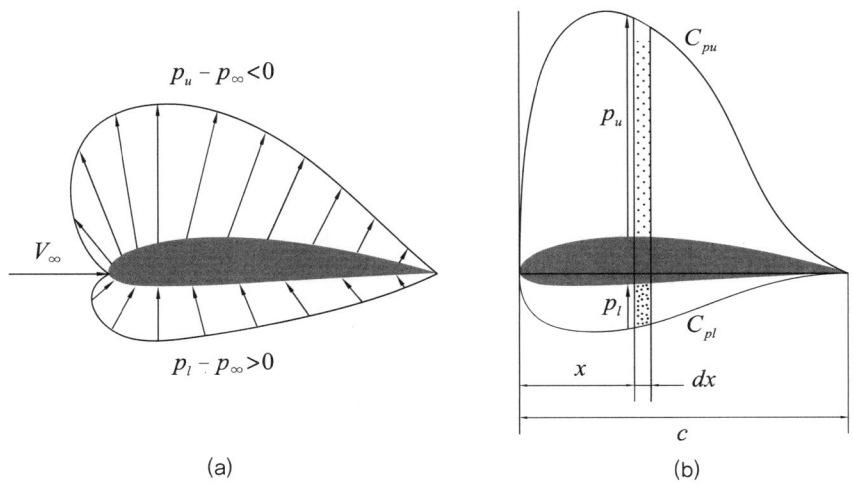

(a)　　　　　　　　　　　　　(b)

┃그림 3.9 압력계수 분포┃

그림 3.9(b)에서 날개 시위선 상의 미소길이 dx에 작용하는 미소항력 dL은

$$\begin{aligned} dL &= (p_l - p_u)\,dx \\ &= \{(p + q_\infty C_{pl}) - (p + q_\infty C_{pu})\}\,dx = (C_{pl} - C_{pu})\,q_\infty dx \end{aligned}$$

로 주어진다. 따라서 날개 시위선 전체에 작용하는 양력 L은 다음과 같다.

$$L = \int_0^c (C_{pl} - C_{pu}) q_\infty dx$$

이 값은 날개 단위 폭 당의 양력을 의미한다. 또한 날개 단위 폭 당의 양력은 $L = q_\infty c C_L$으로 주어지므로

$$L = q_\infty c C_L = \int_0^c (C_{pl} - C_{pu}) q_\infty dx$$

그러므로 날개단면에 작용하는 양력계수는 다음과 같이 구할 수가 있다.

$$C_L = \frac{1}{c} \int_0^c (C_{pl} - C_{pu}) dx \tag{3.17}$$

즉, 날개 시위선에 따른 날개단면 위·아랫면의 압력계수가 연속적인 함수로 주어진다면, 그 날개단면의 양력계수를 구할 수가 있다는 것이다. 그러나 이를 구할 수가 없는 경우에는 고전적인 방법의 하나로서, 날개 시위선 상에 등 간격으로 설정한 몇 개의 점에서의 압력계수를 구하고, 이를 도표로 작성하여 양력계수를 구할 수도 있다.

２ 순환 특성에 의한 양력

순환유동 특성에 의한 양력을 이해하기 위해서는 Kutta-Joukowsky의 개념으로부터 양력을 이해하는 것이며, 이는 마그너스 효과(Magnus effect)를 나타내는 Kutta 조건(Kutta condition)으로 결론을 맺을 수 있다.

① Kutta-Joukowsky의 개념

순환 자체만으로는 어떠한 방향으로도 양력을 발생시키지 않지만 직선유동과 조합될 경우는 양력을 발생시킨다.

직선유동 속에 놓인 날개단면 주위에 순환이 존재할 때, 날개단면에 발생하는 양력을 구하기 위해, 그림 3.10과 같이 시위가 c인 날개단면과 순환의 반지름이 $r = c/2$인 날개단면 주위의 유동을 생각해 보자.

날개단면에 있어서 윗면은 유입되는 자유흐름속도와 같은 방향의 순환속도성분이 결합하여 합성속도가 증가하는 반면에, 아랫면은 유입되는 자유흐름속도와 반대 방향의 순환속도성분이 결합하므로 합성속도가 감소된다. 한편, 순환의 수평속도성분은 앞전으로부터 뒷전으로 돌아가는 원주의 위치에 따라 다르다. 즉, 원주의 앞전과 뒷전에서는 순환의 수평속도성분이 0이 되며, 90° 위치에서는 순환의 접선속도 v와 일치하고, 270°에서는 $-v$가 된다.

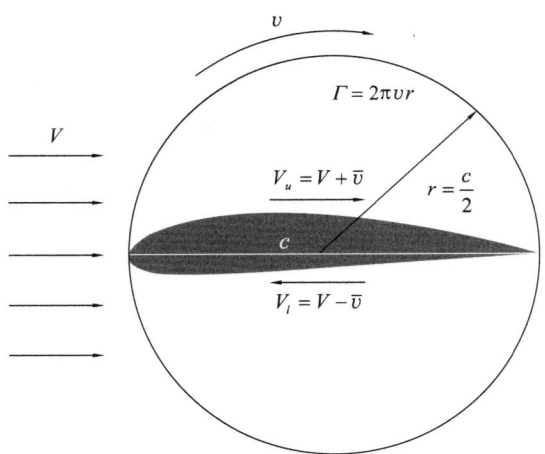

┃그림 3.10　순환에 의한 양력 발생┃

이때, 순환에 의해 날개단면 윗면의 평균 수평속도성분을 $\bar{v}$ 라 하고, 아랫면의 평균 수평속도성분을 $-\bar{v}$ 라 하면, 윗면의 합성속도는 $V+\bar{v}$ 가 되고, 아랫면의 합성속도는 $V-\bar{v}$ 가 된다. 따라서 날개단면 위·아랫면의 두 점 사이에 Bernoulli의 관계식을 적용하면 다음과 같다.

$$p_u + \frac{1}{2}\rho(V+\bar{v})^2 = p_l + \frac{1}{2}\rho(V-\bar{v})^2$$

여기서, V : 자유흐름의 속도

　　　　$\bar{v}$: 순환에 의해 생긴 날개단면상의 평균 수평 속도 성분

　　　　v : 순환의 접선 속도

　　　　p_u : 날개단면 윗면의 평균압력

　　　　p_l : 날개단면 아랫면의 평균압력

　　　　ρ : 자유흐름의 공기밀도

따라서 날개단면 위·아랫면의 압력의 차이에 관해 정리하면 다음과 같다.

$$p_l - p_u = 2\rho V \bar{v}$$

또한 날개단면이 단위 폭을 갖는다고 하면, 날개단면에 발생하는 양력은 다음과 같이 표현할 수 있다.

$$L = (p_l - p_u)c = 2\rho V \bar{v} c$$

날개단면 주위의 순환유동을 자유 와동 유동이라고 가정하면, 곡선 경로에 무관하게 순환이 동일하다는 자유 와동 유동의 순환 특성으로부터 날개단면의 경로에 따른 순환과 원형의 순환이 동일하다는 사실을 알 수 있다. 그리고 날개단면의 경로에 따른 순환은 날개단면의 원주길이($2c$)와 접선속도($\bar{v}$)를 곱한 값이 된다. 따라서

$$\Gamma = 2\pi v r = 2c\bar{v}$$

이므로 다음 식을 구할 수 있다.

$$L = \rho V \Gamma \tag{3.18}$$

이 식을 Kutta–Joukowsky 관계식이라 한다.

② 마그너스 효과

원형 단면 주위에 생긴 순환이 직선유동과 조합될 경우에는 양력이 발생 된다. 이 현상을 마그너스 효과(Magnus effect)라 하며, 야구에서 곡구(curve ball)가 생기게 되는 원인이 된다. 이러한 양력이 발생되는 원인은 직선유동과 회전에 의해 발생한 순환유동이 결합되면 유체유동의 속도를 증가·감소시키기 때문이다. 직선유동과 순환유동이 동일한 방향이면 고속흐름이 생기게 되고, 서로 다른 방향이면 저속흐름이 생기게 된다. Bernoulli의 정리에 의하여 고속흐름 부분에서는 압력이 감소하고 저속흐름 부분에서는 압력이 증가하게 된다. 이러한 압력의 차이로 양력이 발생하게 되며, 이러한 현상을 마그너스 효과라고 한다. 그림 3.11(a)에 원형단면 주위의 순환유동과 직선유동이 조합된 유선의 모양을 나타내었다.

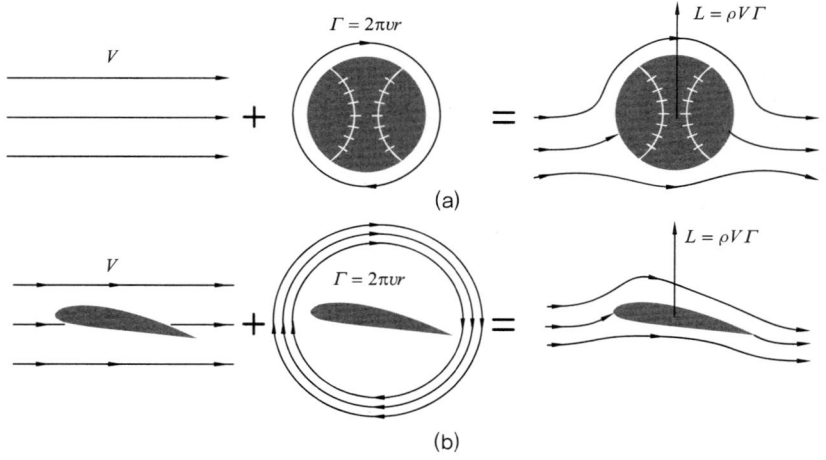

|그림 3.11 마그너스 효과|

③ Kutta condition

날개단면 자체가 회전하지도 않는데 양력이 발생하는 까닭에 대해 살펴보기로 한다.

그림 3.11(b)에서 보듯 날개단면 주위에 순환유동이 형성되고 앞쪽에서 흘러오는 직선유동과 결합하면 원형 단면에서와 마찬가지로 마그너스 효과에 의해 양력이 발생한다. 이때 날개단면 주위에 형성된 순환유동은 속박와동(bound vortex)이라 하며, 그 존재에 대해서는 그림 3.12에서 설명할 수 있다.

그림 3.12에서 실제로 정지해 있는 날개단면에 공기가 흘러 들어오기 시작하면, 길이가 긴 날개단면의 윗면으로 흘러오는 공기보다 길이가 짧은 날개단면의 아랫면으로 흘러오는 공기가 더 빨리 뒷전에 도달하게 된다. 그런 관계로, 그림 3.12(a)와 같이 뒷전에서는 날개단면 아랫면의 공기가 날개단면 윗면으로 휘돌아 올라오는 와동이 형성되게 된다. 그리고 뒤늦게 밀려오는 날개단면 윗면의 공기유동이 이 와동을 뒤쪽으로 밀어내게 된다. 이 와동은 그림 3.12(b)와 같이 날개 뒷전으로부터 밀려나는 와동의 형태를 갖추는데, 이것을 초기와동(starting vortex : Γ_s)이라 한다. 이때, 그림 3.12(b)와 같이 이 초기와동의 반작용에 의해 날개를 전체적으로 감싸 도는 속박와동(bound vortex : Γ_b)이 발생하게 된다.

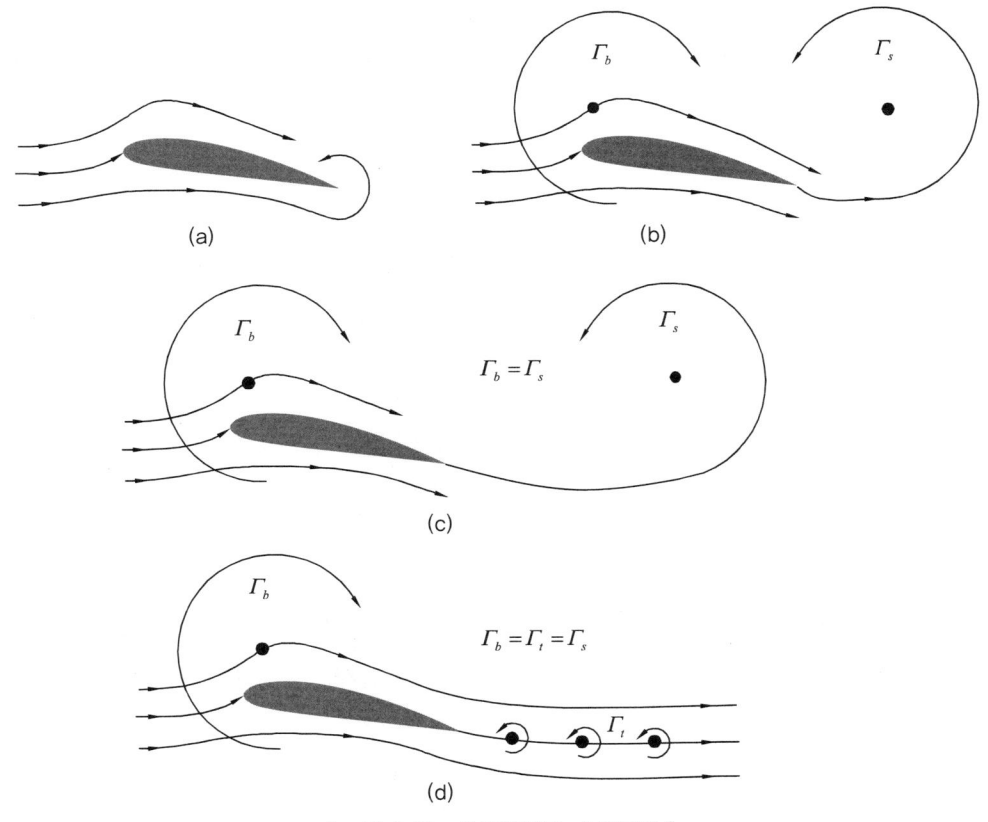

┃그림 3.12 초기와동과 속박와동┃

그리고 직선유동이 날개 주위로 계속 흘러들어 오기 때문에 그림 3.12(c)와 같이 초기와동은 날개로부터 멀리 떨어져 나간다. 그러나 그림 3.12(d)와 같이 날개 뒷전의 정체점으로부터 이어져 나가는 유선 상에는 와동의 성분이 포함되어 있어, 속박와동에 의한 날개 주위의 순환유동이 지속적으로 유지된다. 날개 뒷전으로부터의 유선을 와동로(vortex trail)라 하며, 공간상에서는 평면으로 구성되기 때문에 와동면(vortex sheet)이라고 한다. 다시 말해 이 와동면에는 초기와동과 세기와 방향이 같은 수반와동(trailing vortex : Γ_t)들이 포함되어 있기 때문에 초기와동은 없어지더라도 이 수반와동의 반작용으로써 속박와동이 지속적으로 존재하게 된다.

속박와동의 세기는 초기와동의 세기와 동일하며 날개의 받음각이 일정한 상태에서는 그 값이 변하지 않는다. 그 값이 변화하지 않는 이유는 속박와동의 크기가 변화하게 되면 날개 뒷전에 곧바로 반대 성향을 갖는 와동이 유발되기 때문이다. 이러한 반대 성향의 와동이 쉽게 발생됨으로써 속박와동의 세기가 주기적으로 변화되지 않고, 일정하게 유지되도록 하기 위해서는 날개의 뒷전이 반드시 날카로워야 한다. 즉, 날개 뒷전이 날카롭지 않으면 뒷전의 정체점의 위치가 위·아래로 진동함에 따라 속박와동의 세기가 주기적으로 변화하고, 원형 단면에서와 마찬가지로 유동에 의한 유도진동으로서 날개에 플러터 현상(fluttering)이 유발된다.

속박와동(bound vortex : Γ_b)의 세기와 초기와동(starting vortex : Γ_s)의 세기와 동일한 다음과 같은 조건을 Kutta의 조건(Kutta condition)이라고 한다.

$$\Gamma_b = \Gamma_s \tag{3.19}$$

지금까지 제시한 Kutta-Joukowsky의 관점으로 볼 때, 속박와동에 의해 발생된 순환유동과 직선유동이 조합되어 마그너스 효과에 의해 날개단면에는 양력이 발생된다고 볼 수 있다. 따라서 날개단면이란 좀 더 어려운 공학적인 개념으로 볼 때, 'Kutta의 조건을 만족시키는 속박와동을 형성하여 양력을 발생시키는 기하학적 단면'이라고 표현할 수도 있다. 그리고 이와 같은 Kutta의 조건을 만족시키기 위해서는 날개 뒷전이 날카로워야 한다는 것이다. 그러지 않은 경우 날개에 플러터 현상으로서 진동이 생기게 된다.

실제로는 비행하는 날개단면에서는 위에서 설명한 속박와동과 초기와동이 유동으로서 존재하는 것이 아니라 회전하는 와동에너지(circulatory vortex energy)로 존재한다고 보는 것이 타당하다. 그 에너지에 의해 양력이 발생하고, 그 결과로 3차원 유한날개의 경우, 날개 끝에 날개 끝 와동(tip vortex)이 생기는데, 날개 끝 와동은 실제적인 유동으로 볼 수 있다.

예제 3.8 >>> 원통 실린더의 양력

밀도가 1.226kg/m^3이고 속도가 100m/s인 직선유동 속에 300rpm으로 회전하는 원통 실린더가 수평으로 놓여 있다. 원통 실린더의 반지름이 0.2m이고 폭이 0.6m라면 이 원통 실린더에 발생하는 양력은 얼마인가?

풀이 ▌ 단위 폭 당의 원통 실린더에 발생하는 양력은 다음과 같이 주어진다.

$$L = \rho V \Gamma$$

그리고 실제의 양력은 원통 실린더의 폭 b를 곱해 주어야 한다.

$$\Gamma = 2\pi v r, \quad v = r\omega$$

$$n\,[\text{rpm}] \; : \; \omega = \frac{2\pi n}{60}\,[\text{rad/s}]$$

$$1\,\text{rpm} \; : \; \omega = \frac{2\pi}{60}\,[\text{rad/s}]$$

따라서 원통 실린더의 원주 속도와 순환은 다음과 같다.

$$v = r\omega, \quad \omega = \frac{2\pi n}{60}, \quad \Gamma = 2\pi \cdot r \cdot \frac{2\pi n}{60} \cdot r = \frac{4\pi^2 r^2 n}{60}$$

그러므로 원통 실린더에 발생하는 양력은 다음과 같다.

$$L = \rho V \cdot \frac{4\pi^2 r^2 n}{60} \cdot b$$

$$= 1.226 \times 100 \times \frac{4 \times \pi^2 \times 0.2^2 \times 300}{60} \times 0.6 = 580.8\,\text{N}$$

예제 3.9 >>> 양력 계산

표준해발고도에서 $D = 1\text{ft}$, $b = 6\text{ft}$ 원통이 300rpm으로 회전하면서 100ft/s의 속도로 진행하고 있다. 이때 발생하는 양력은 얼마인가?

풀이 ▌ $\Gamma = 2\pi v r, \quad v = r\omega$

$$\Gamma = 2\pi r \times \left(r \times \frac{2\pi \times 300}{60} \right)$$

$$= 2\pi \times 0.5 \times \left(0.5 \times \frac{2\pi \times 300}{60} \right) = 5\pi^2$$

$$L = \rho V \Gamma \times b$$

$$= 0.002378\,\text{slug/ft}^3 \times 100\,\text{ft/s} \times 5\pi^2 \times 6\,\text{ft} \times \left(\frac{1\,\text{lb}}{1\,\text{slug ft/s}^2} \right)^{=1}$$

$$= 70.4\,\text{lb}$$

3 운동량 특성에 의한 양력

압력 특성이나 순환 특성 및 운동량 특성에 의해 양력을 설명하는 것은 양력의 물리적인 해석을 여러 가지 관점에서 살펴본다는 것일 뿐, 실제적으로 양력이 발생되는 물리적인 현상은 하나일 뿐이다.

운동량 특성에 의한 양력이란 항공기 날개가 비행 중에 공기에 대해 수직 방향으로 운동량의 변화를 줌으로써 그 결과로 양력을 발생시킨다는 개념이다. 즉 날개가 흐르는 유동에 에너지를 주어 유동을 아래 방향으로 밀어냄으로써 그 반작용력으로 양력을 얻는다는 개념이다.

유한날개(3차원 날개)에서는 그림 3.13(a)와 같이 날개 위·아랫면의 압력 차이에 의해 날개 끝에서 날개 끝 와동(tip vortex)이 발생하고 그 성분 중에 날개의 폭 범위 내에 작용하는 수직속도 성분은 그림 3.13(b)와 같이 아래쪽을 향하므로 이를 하향흐름(down wash)이라 한다.

이때, 하향흐름은 날개 앞쪽 무한한 지점의 자유흐름 상태에서는 0이 되며, 날개를 통과하는 지점에서는 w, 날개 뒤쪽으로 진행하여 다시 대기압 상태가 되는 지점에서는 $w_1 = 2w$로 일정한 하향흐름속도를 갖는다.

유한날개에서 발생하는 하향흐름은 날개에 발생하는 양력의 반작용으로 발생하는 공기의 수직 유동현상이며, 항공기 날개와 공기입자 간의 수직 방향의 운동량 교환을 나타낸다. 항공기가 지나간 지점의 수직 방향의 공기에 대한 운동량은 시간이 지남에 따라 공기의 저항 때문에 소멸된다.

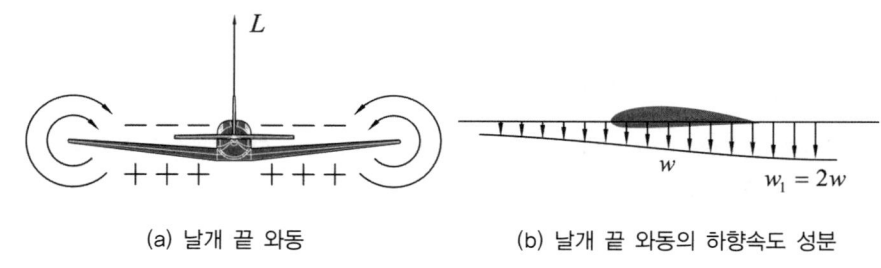

(a) 날개 끝 와동   (b) 날개 끝 와동의 하향속도 성분

┃그림 3.13 날개 끝 와동┃

한편, 날개단면에서 속박와동(bound vortex)에 의한 순환 중에 날개 주위의 수직 속도 성분만이 양력에 관여한다. 그리고 날개에 발생하는 양력은 수직 방향의 운동량에 의한 힘이므로 수직 방향의 공기유동속도의 변화로부터 구할 수 있다.

수직 방향의 속도 변화는 그림 3.14와 같이 날개 주위의 속박와동과 날개 끝 와동의 하향성분을 결합한 것이다.

공기의 수직속도분포는 그림 3.14(a)와 같이 날개 앞쪽에는 속박와동의 상향흐름(up wash)이 형성되고, 날개 뒤쪽에는 속박와동과 날개 끝 와동의 하향흐름(down wash)이 형성된다. 그리고 이러한 수직속도성분과 항공기 진행속도성분을 결합하면 날개 주위의 공기흐름은 그림 3.14(b)와 같으며, 날개 진행 방향에 따른 압력분포와 하향흐름 속도분포는 그림 3.14(c)와 같이 주어진다.

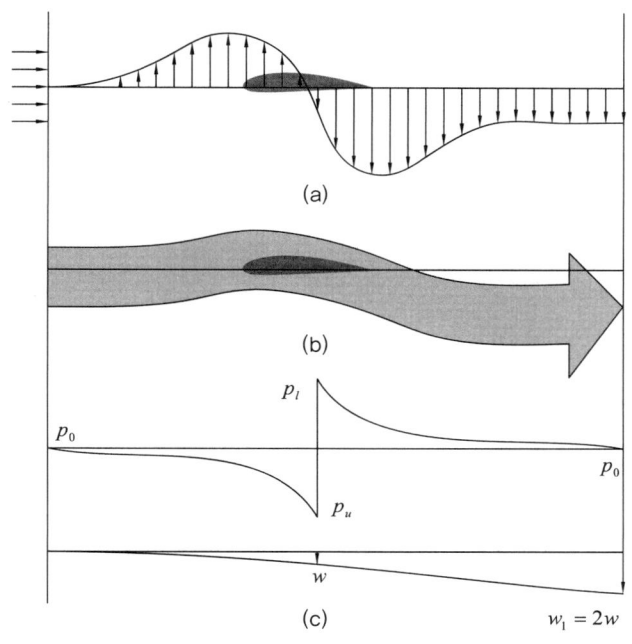

┃그림 3.14 날개 주위 유동 ┃

실제 정지된 공기 속을 속도 V 로 비행하는 날개 주위에 수직 방향의 공기입자 운동은 그림 3.15에서와 같다.

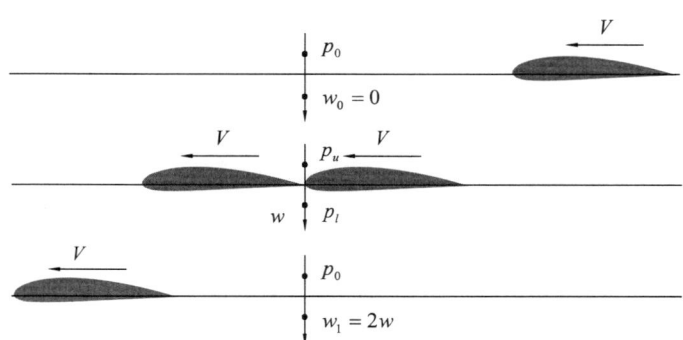

┃그림 3.15 수직 방향 운동량 ┃

그림 3.15에서 압력분포와 수직속도분포에 대해 Bernoulli 방정식을 적용하면 다음과 같다.

$$p_0 = p_u + \frac{1}{2}\rho w^2$$

$$p_l + \frac{1}{2}\rho w^2 = p_0 + \frac{1}{2}\rho w_1^2$$

$$p_l - p_u = \frac{1}{2}\rho w_1^2$$

따라서 양력은 다음과 같이 표현할 수 있다.

$$L = (p_l - p_u)S = \frac{1}{2}\rho w_1^2 S$$

운동량법칙을 도입하면 다음과 같다.

$$F = Q\rho(V_2 - V_1)$$
$$L = Q\rho(w_1 - w_0) = \rho Sw(w_1 - 0) = \rho Sww_1$$
$$L = \rho Sww_1 \tag{3.20}$$

따라서

$$\frac{1}{2}\rho w_1^2 S = \rho Sww_1$$

그러므로 날개 뒤쪽의 압력이 대기압과 같아지는 지점에서의 하향흐름속도는 다음과 같이 주어진다.

$$w_1 = 2w \tag{3.21}$$

즉, 날개를 통과한 공기입자가 다시 대기압 상태가 되었을 때의 하향흐름속도 w_1는 날개를 통과하는 순간의 하향흐름속도 w의 2배가 됨을 알 수 있다.

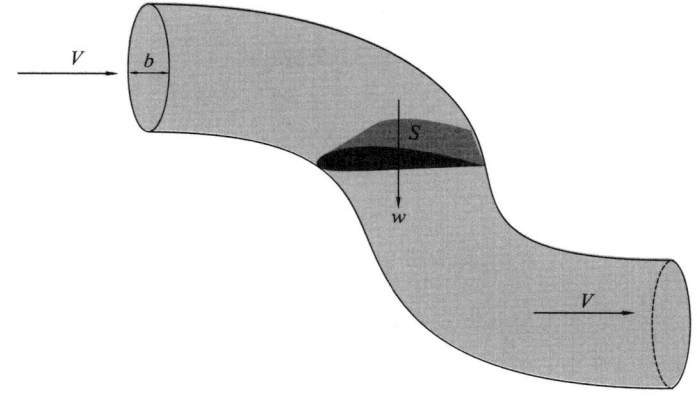

┃그림 3.16 운동량 법칙에 의한 양력 발생┃

그림 3.16에서 b는 날개의 스팬이며, w는 하향흐름속도이다. 그리고 그림 3.16과 같이 수평 방향으로 유입되는 공기유량이 날개를 수직 방향으로 통과하는 공기유량과 동일하다고 가정하면 다음과 같다.

$$Q_v = Q_h \, , \; Q_v = Sw \, , \; Q_h = \frac{\pi b^2}{4} V$$

식 3.20으로부터 양력은 다음 식으로 표현할 수 있다.

$$L = \frac{\pi b^2}{4} \rho V w_1 \, , \; L = \frac{\pi b^2}{2} \rho V w \tag{3.22}$$

이러한 개념이 운동량 법칙에 의한 양력을 설명하는 것이다.

Section 04 ― 항 력

항력은 물체에 작용하는 힘의 유동방향 성분이다. 유동 속에 놓인 물체의 항력을 유발하는 요인은 여러 가지이지만 대체적으로 압력과 표면 마찰력이 그 주요 원인이다. 물체가 받는 항력으로는 압력항력(pressure drag)과 표면마찰항력(surface friction drag)이 있는데, 이를 합쳐서 형상항력(profile drag)이라고 한다. 그리고 유도항력(induced drag)은 양력이 발생됨에 따라 필수 불가결하게 발생하는 항력이며, 조파항력(wave drag)은 천음속 이상의 속도로 비행할 때 날개에 발생하는 충격파에 의해 발생하는 항력이다. 전항력(total drag)은 항공기에 발생하는 모든 항력을 말하며, 유도항력을 제외한 모든 항력을 유해항력(parasite drag)이라고 한다.

1 형상항력

형상항력은 압력항력과 표면마찰항력을 합친 항력이다. 넓이가 S인 평판에 있어서 표면마찰항력의 수학적인 표현은 다음과 같다.

$$D_f = \int \tau_w \, dS$$

압력항력은 다음과 같이 표현할 수 있다.

$$D_p = \int p \, dS$$

표면마찰항력은 경계층 이론에서 살펴본 것과 같이 유동의 형태에 따라 달라지는데, 이에 대한 가장 중요한 변수는 Reynolds 수이며, 이론적인 근거는 다음 식으로 주어지는 Newton의 저항법칙이다.

$$D = \frac{1}{2}\rho V^2 S C_D \tag{3.23}$$

그리고 Reynolds 수가 1보다 작은 초 저속유동(creeping flow) 속에 놓인 구의 표면마찰항력을 구하기 위해서는 다음과 같은 Stokes의 저항법칙을 사용한다.

$$D = 3\pi\mu Vd \tag{3.24}$$

압력항력은 주로 물체의 뒤쪽에서 발생하는 박리에 의한 후류(wake)의 영향으로 나타나는 항력으로서 이론적인 접근이 어려워 주로 실험에 의해 그 크기가 결정된다.

난류경계층에서는 유동에 수직하는 방향으로 운동량의 혼합이 활발하게 일어나므로 층류경계층에 비해 박리를 지연시킬 수 있다. 따라서 동일한 유동 형태에서 압력항력을 줄이기 위해서는 난류가 바람직하다. 물론 표면마찰항력은 유동이 난류로 바뀜에 따라 그 크기가 오히려 증가하게 된다. 그러나 구와 같이 유동에 수직하는 방향의 단면적이 큰 물체에서는 압력항력이 표면마찰항력보다 훨씬 크기 때문에(약 90% 이상이 압력항력) 표면마찰항력의 증가는 무시될 수 있다. 골프공에 홈이 파인 것도 실은 경계층 내의 유동을 난류로 바꾸어서 항력을 줄이기 위한 것이다. 야구공의 실로 꿰맨 부분도 같은 원리로 압력항력을 감소시키기 위한 것이며, 더불어 공의 궤도에 불규칙한 변화를 주기 위한 것이다.

예제 3.10 >>> 프로펠러 동력

지름이 2m인 원기둥에 프로펠러를 달아서 5m/s의 속도로 수직 상승시키고자 한다. 원기둥의 무게가 1kN이라면 얼마의 동력이 필요한가? (단, 프로펠러의 저항과 무게는 무시하고, 공기밀도가 1.226kg/m³이며, 치수비율 $l/d = 7$인 원기둥의 항력계수는 $C_D = 0.99$이다.)

풀이 ▌ 원기둥의 기준 면적이 $\pi d^2/4$이므로 원기둥에 작용하는 항력은 다음과 같다.

$$D = \frac{1}{2}\rho V^2 \cdot \frac{\pi d^2}{4} \cdot C_D = \frac{1.226 \times 5^2 \times \pi \times 2^2}{2 \times 4} \times 0.99 = 47.66\text{N}$$

그러므로 수직 상승시키는 데 필요한 힘은 원기둥의 무게와 항력을 합친 값이 된다.

$$F = W + D = 1,000 + 47.66 = 1,047.66\text{N}$$

필요한 동력은 다음과 같다.

$$P = FV = 1,047.66 \times 5 = 5,238.3\,\text{N} \cdot \text{m/s}$$
$$= 5,238.3\,\text{N} \cdot \text{m/s} \times \left(\frac{1\text{J}}{1\text{N} \cdot \text{m}}\right)^{=1} \times \left(\frac{1\text{W}}{1\text{J/s}}\right)^{=1} \times \left(\frac{1\text{HP}}{735\text{W}}\right)^{=1}$$
$$= 7.13\,\text{HP}$$

예제 3.11 >>> **항력 계산**

지름이 1m, 높이가 6m인 굴뚝이 풍속 30m/s의 바람이 불 때 받는 항력을 구하여라. (단, 항력계수 $C_D = 1.2$, 공기의 밀도 $\rho = 1.226\text{kg/m}^3$)

풀이 ▌ 굴뚝의 기준면적은 수직 단면적으로서

$$A = 1 \times 6 = 6\text{m}^2$$

이므로 항력은

$$D = C_D \frac{\rho V^2}{2} A = 1.2 \times \frac{1.226 \times 30^2}{2} \times 6 = 3.972\text{kN}$$

으로 주어진다.

2 유도항력

항공기 날개가 유한날개(finite wing)가 되는 경우에는 새로운 형태의 공기 유동이 날개 주위에 형성된다. 날개 위·아랫면의 압력 차이에 의해 날개 끝에서는 날개 끝 와동이 발생한다.

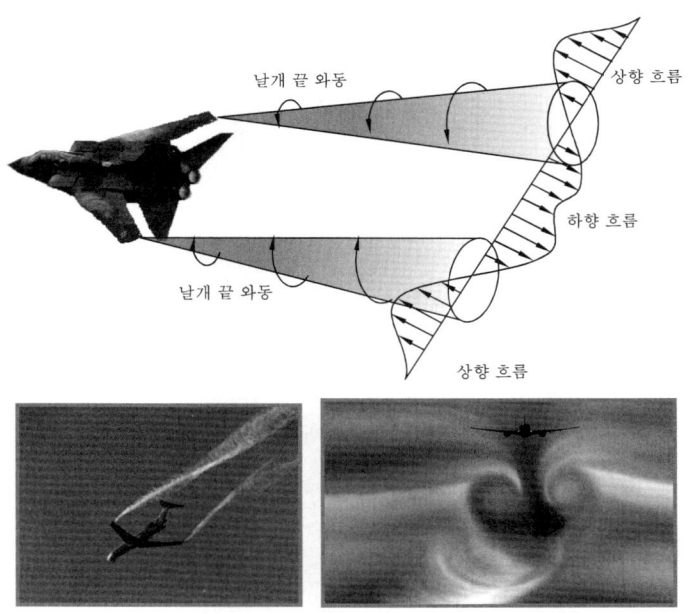

▌그림 3.17 수반 와동 ▌

결론적으로 항공기 날개 주위에는 직선유동 이외에 와동에너지의 특성으로서 속박와동과 수반와동 및 초기와동은 그림 3.17과 같은 와동 체계(vortex system)를 구성하는데, 그 중에서 날개 끝 와동은 실제의 와동 유동 형태로 관찰된다. 특히, 구름 속을 비행하거나 눈 속을 비행할 때 날개 끝 와동의 형태를 어렵지 않게 볼 수가 있다.

날개 끝 와동은 그림 3.17에서 볼 수 있듯이 날개 뒷면의 공기를 아래로 끌어내리지만 이러한 영향은 날개 뒤쪽의 공기에만 영향을 미치는 것만이 아니라 날개 앞쪽에서 접근하는 공기에 대해서도 영향을 미치며, 날개 스팬 전체에 걸쳐 영향을 미치므로 날개 뒤쪽의 공기를 아래 방향으로 밀어내는데 이 흐름을 앞 절에서 하향흐름(down wash)이라고 하였다.

하향흐름은 그림 3.18과 같이 속도 V 의 자유흐름 유동방향(free stream flow direction)을 속도 V' 의 유동방향으로 변화시킨다. 이러한 변화는 유동방향에 대한 받음각인 유효받음각(effective angle of attack)을 감소시킨다. 자유흐름 유동방향과 속도 V' 의 유동방향이 이루는 각을 유도받음각(induced angle of attack)이라 한다.

수평으로 비행하는 비행기에 양력이 발생함으로써 하향흐름속도 w 가 형성된다. 그 결과 날개를 향해 흘러들어 오는 상대바람의 속도는 비행 속도 V 와 하향흐름속도 w 를 합성한 V' 의 속도로 불어들어 온다. 이때 날개에 발생하는 양력은 새로운 상대바람 V' 에 수직으로 발생하므로 자유흐름 유동방향에 대해 양력의 방향이 뒤로 기울어지고 그 힘의 수평성분은 항공기의 항력으로 나타나게 된다. 이 항력을 유도항력(induced drag) 또는 수반와동항력(trailing vortex drag)이라고 일컫는다.

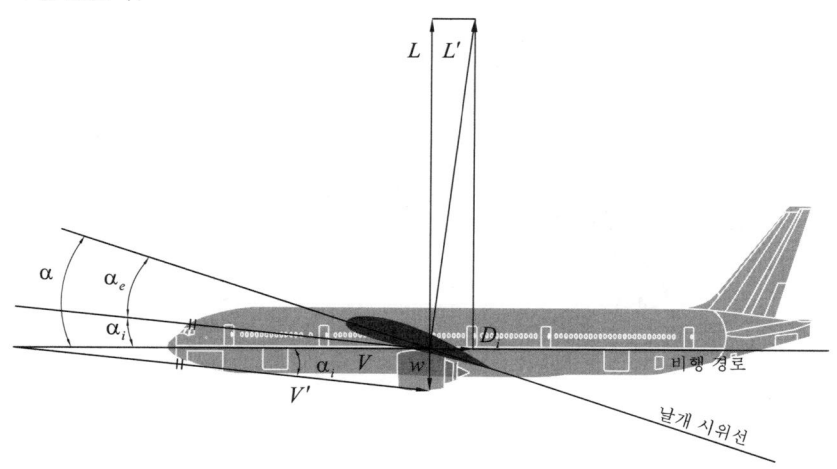

┃그림 3.18 유도항력┃

그림 3.18에서 α 는 받음각(angle of attack), α_i 는 유도받음각, 그리고 α_e 는 유효받음각 (effective angle of attack)을 나타내며, 다음과 같이 표현할 수 있다.

$$\alpha_e = \alpha - \alpha_i$$

유도항력(induced drag) D_i은 다음과 같이 쓸 수 있다. 이때 C_{Di}를 유도항력계수(induced drag coefficient)라고 한다.

$$D_i = \frac{1}{2}\rho V^2 S C_{Di} \ , \ D_i = qS C_{Di}$$

$$C_{Di} = \frac{C_L^2}{\pi e AR} \tag{3.25}$$

$$D_i = \frac{1}{2}\rho V^2 S \frac{C_L^2}{\pi e AR} \tag{3.26}$$

유도항력계수의 유도과정은 심화학습에서 다루기로 한다. 그리고 유도받음각은 다음 식으로 나타낼 수 있다.

$$\alpha_i = \frac{C_L}{\pi e AR} \tag{3.27}$$

이때, e를 스팬효율계수(span efficiency factor)라고 부르며, 실험값으로 $e = 0.85 \sim 0.95$ 정도의 값을 갖는다. 스팬효율계수는 날개의 평면 형상에 따라 달라지는 값으로 일반적으로 $e \leq 1$이다. $e = 1$인 경우는 타원형의 날개 평면 형상을 갖는다.

그리고 가로세로비(종횡비, aspect ratio), AR는 다음과 같이 정의된다.

$$AR \equiv \frac{b^2}{S} \tag{3.28}$$

여기서, b는 날개 길이(날개 폭, span)이며, S는 날개 면적이다. 그리고 날개 평면형상이 직사각형인 사각날개에서는 특히 $AR = \dfrac{b}{c}$라고 표현할 수가 있다.

만약에 사각날개가 아닌 경우, 다음 장에서 설명할 평균 기하학적 시위(mean geometric chord) c_m을 도입한다면 가로세로비는 다음과 같이 나타낼 수도 있다.

$$AR = \frac{b^2}{S} = \frac{b \times b}{b \times c_m} = \frac{b \times b \times c_m}{b \times c_m \times c_m} = \frac{b \times c_m}{c_m \times c_m} = \frac{S}{c_m^2}$$

$$AR = \frac{S}{c_m^2}$$

3 조파항력

조파항력(wave drag)은 공기가 천음속 이상의 속도로 비행할 때, 날개 상에 발생하는 충격파에 의해 나타나는 항력이다. 날개 주위를 흘러가는 공기 흐름이 충격파를 통과하는 과정에서 속도가 감소한다. 이러한 운동에너지의 손실은 항공기에 대해서는 항력으로 나타난다. 이러한 항력을 조파항력이라 한다.

그림 3.19와 같이 항력발산현상은 날개단면에 충격파가 발생하기 시작하면서 나타나는 항력이 급증하는 현상이다. 따라서 항력발산현상이 시작되기 전까지는 형상항력이 지배적이지만 그 이후는 조파항력이 지배적이라고 볼 수 있다.

그리고 $M=1$ 이전에 조파항력이 더 큰 이유는 발생하는 충격파가 수직충격파이고, $M=1$ 이후에는 경사충격파로 바뀌기 때문에 조파항력이 보다 감소하는 경향이 있다.

경사충격파가 발생하는 초음속 날개단면에서의 항공역학적 특성은 초음속 선형 이론으로 해석할 수 있다. 이 이론에 의하면 초음속 날개단면의 양력과 항력을 동시에 살펴볼 수 있다. 그러나 그 유도과정은 상당히 복잡하므로 여기에서는 소개를 하지 않겠다.

초음속으로 비행하는 평판형 날개단면(flat plate airfoil)에서의 양력과 항력은 다음과 같다.

$$C_L = \frac{4\alpha}{\sqrt{M_\infty^2 - 1}}, \qquad C_D = \frac{4\alpha^2}{\sqrt{M_\infty^2 - 1}} \tag{3.29}$$

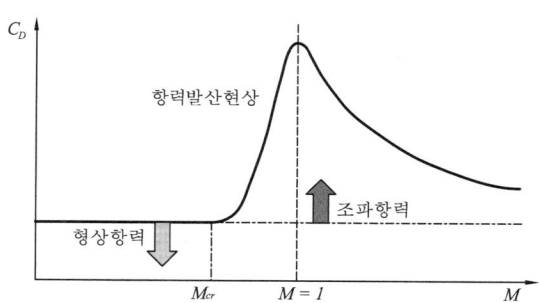

┃그림 3.19 항력발산현상과 조파항력 ┃

다이아몬드형 날개단면(diamond shape airfoil)에서는 다음과 같이 주어진다.

$$C_L = \frac{4\alpha}{\sqrt{M_\infty^2 - 1}}, \quad C_D = \frac{4}{\sqrt{M_\infty^2 - 1}} \left\{ \alpha^2 + \left(\frac{t}{c}\right)^2 \right\} \tag{3.30}$$

여기서, M_∞는 충격파 앞쪽의 자유흐름 마하수를 나타내며, t는 날개단면의 최대 두께, c는 날개 시위 길이를 나타낸다.

예제 3.12 >>> 다이아몬드 날개의 양항력계수

마하수 2.0, 받음각 3°일 때, 날개단면의 두께가 시위의 2%인 기하학적 다이아몬드 날개의 양항력계수는 얼마인가?

풀이 ┃ $C_L = \dfrac{4\alpha}{\sqrt{M_\infty{}^2 - 1}} = \dfrac{4 \times 3° \times \left(\dfrac{\pi\,[\text{rad}]}{180°}\right)^{=1}}{\sqrt{2.0^2 - 1}} = 0.121$

$C_D = \dfrac{4\alpha^2}{\sqrt{M_\infty{}^2 - 1}} + \dfrac{4}{\sqrt{M_\infty{}^2 - 1}}\left(\dfrac{t}{c}\right)^2$

$= \dfrac{4 \times \left(3 \times \dfrac{\pi}{180}\right)^2}{\sqrt{2.0^2 - 1}} + \dfrac{4}{\sqrt{2.0^2 - 1}}\left(\dfrac{2}{100}\right)^2 = 0.00726$

4 전항력

항공기 날개에 작용하는 전체 항력을 전항력(total drag)이라 하며, 전항력은 유해항력(parasite drag)과 유도항력(induced drag)의 합으로 표현할 수 있다. 여기에서 유해항력이란 유도항력을 제외한 모든 항력을 의미하는 것으로, 형상항력(profile drag)과 조파항력(wave drag) 그리고 간섭항력(interference drag) 등 여러 가지 항력이 포함된다. 경우에 따라서는 이러한 항력을 형태항력(form drag)이라고도 한다.

따라서 전항력은 유해항력과 유도항력의 합으로 다음과 같이 나타낸다.

$$D = D_p + D_i = qSC_D$$

여기서, $D_p = qSC_{Dp}$ 이며, $D_i = qSC_{Di} = qS\dfrac{C_L{}^2}{\pi e AR}$ 이다.

즉, D는 전항력, D_p는 유해항력, D_i는 유도항력을 나타내며, C_D, C_{Dp}, C_{Di}는 각각 전항력계수, 유해항력계수 및 유도항력계수를 나타낸다.

항력계수의 관계를 보면 다음과 같이 표현할 수 있다.

$$C_D = C_{Dp} + C_{Di} = C_{Dp} + \frac{C_L^2}{\pi e AR} \qquad (3.31)$$

$$C_D = C_{Dp} + kC_L{}^2 \qquad (3.32)$$

이때, $k = 1/\pi e AR$의 값을 나타낸다.

식 3.31은 저속 항공기에서 조파항력을 무시하면 유해 항력은 형상항력과 같아지며 다음과 같이 표현할 수도 있다.

$$C_D = C_{D0} + \frac{C_L^2}{\pi e AR}$$

이 식에서 유도항력이 0일 때는 양력이 발생하지 않는 경우이므로 전항력은 형상항력과 일치한다. 이때의 항력계수를 무양력 항력계수(zero lift drag coefficient : C_{D0})라고 할 수 있으며, 날개 끝 와동이 발생하지 않는 무한날개(infinite wing) 혹은 2차원 날개단면의 항력계수를 의미한다. 또한 날개 상면에 유동 박리 현상이 발생하지 않을 정도로 받음각이 작은 경우에는 유해항력계수 또는 무양력 항력계수는 대부분이 마찰항력계수로서 거의 일정한 상수 값을 갖는다.

위 식의 함수 관계를 그림 3.20으로 나타낼 수 있으며 이를 항력 극 곡선(drag polar curve)이라고 한다.

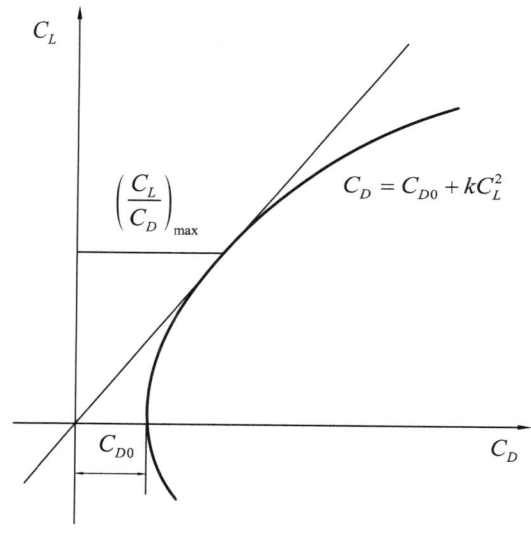

┃그림 3.20 항력 극 곡선┃

유해항력을 표시하는 방법으로 등가유해면적(equivalent parasite area), f를 도입하는 경우도 있다. 이 면적은 항력계수 1을 갖는 가상 평판의 면적을 말한다.

$$D_p = qSC_{Dp} \tag{3.33}$$

항력계수 $C_{Dp} = 1$인 경우, $S = f$이므로 다음과 같다.

$$D_p = qf$$

그리고 아음속인 저속 상태에서 비교적 큰 평판의 유해항력계수는 약 1.28이므로 다음 식과 같다.

$$D_p = 1.28qS_p$$

여기서, S_p는 평판 면적을 나타내며, 등가유해면적은 평판 면적보다 1.28배가 되고, 편의상 항공기의 유해항력은 평판 면적의 항으로 자주 표시된다.

심화학습

1 공기 중을 비행하는 날개단면에 작용하는 힘

공기 중을 비행하는 날개단면에 작용하는 힘은 날개단면에 영향을 주는 요소를 가지고 차원해석법에 의해 해석할 수 있다. 날개단면에 영향을 주는 요소를 열거하면 다음 표와 같다.

그리고 이 요소들은 날개단면에 작용하는 힘과 함수 관계를 가지고 있으므로 다음과 같은 함수 관계로 표현할 수가 있다.

$$F = f(\alpha, \ V, \ \rho, \ S, \ V_a, \ \mu)$$

❙ 날개단면에 작용하는 힘에 영향을 주는 요소 ❙

물리량	기 호	차 원
받음각	α	−
유동속도	V	L/T
유체밀도	ρ	M/L^3
날개면적	S	L^2
음속	V_a	L/T
점성계수	μ	M/LT

이 함수 관계를 차원해석법에 의해 해석하기 위해 날개단면에 작용하는 힘이 각각의 요소들의 임의 차원에 비례한다고 가정하면 다음과 같은 식을 도입할 수가 있다. 단, 여기서 K는 받음각을 포함한 비례상수를 의미한다.

$$F = K(\alpha) V^a \rho^b S^c V_a^d \mu^e$$

날개단면에 작용하는 힘과 영향을 주는 요소들의 관계에 차원 동차성의 원리를 적용한다. 단, 여기에서 $a, \ b, \ c, \ d, \ e$는 미지 상수이다. 위 식을 차원 식으로 표시하면 다음과 같다.

$$\frac{ML}{T^2} = K\left(\frac{L}{T}\right)^a \left(\frac{M}{L^3}\right)^b (L^2)^c \left(\frac{L}{T}\right)^d \left(\frac{M}{LT}\right)^e$$

여기서,

$$M : 1 = b + e$$

$$L : 1 = a - 3b + 2c + d - e$$

$$T \; : \; -2 = -a - d - e$$

이때, d, e를 역시 미지 상수로 놓으면 다음 관계를 맺을 수가 있다.

$$a = 2 - d - e$$
$$b = 1 - e$$
$$c = 1 - \frac{e}{2}$$

힘의 방정식을 다시 표시하면 다음과 같다.

$$F = K(V)^{2-d-e}(\rho)^{1-e}(S)^{1-e/2}(V_a)^d(\mu)^e$$
$$F \doteq K\rho V^2 S\left(\frac{V_a}{V}\right)^d\left(\frac{\mu}{\rho V l}\right)^e$$

단, 위 식에서 다음과 같은 차원의 특성을 도입한다.

$$S^{-e/2} = [l^2]^{-e/2} = l^{-e}$$

그리고 무차원 매개변수인 Mach 수와 Reynolds 수를 도입하면 다음과 같은 힘의 관계식을 구할 수 있다.

$$\frac{V_a}{V} = \frac{1}{M}, \qquad \frac{\mu}{\rho V l} = \frac{1}{R_N}$$
$$F = K\rho V^2 S\left(\frac{1}{M}\right)^d\left(\frac{1}{R_N}\right)^e$$
$$2K\left(\frac{1}{M}\right)^d\left(\frac{1}{R_N}\right)^e = C_F$$

즉, 공기 중을 비행하는 날개단면에 작용하는 힘은 다음과 같이 표현할 수가 있다.

$$F = \frac{1}{2}\rho V^2 S C_F$$

그리고 아주 중요한 사항은 공기 중을 비행하는 물체에 작용하는 힘에 영향을 직접적으로 미치는 힘의 계수(force coefficient)는 K 속에 포함된 받음각과 R_N 및 M의 함수 관계를 갖는다는 사실이다. 즉, 다음 식으로 표현할 수가 있다.

$$C_F = f(\alpha, R_N, M)$$

2 유도항력계수

그림 3.18에서 α 는 받음각(angle of attack), α_i 는 유도받음각, 그리고 α_e 는 유효받음각을 나타내며, 기하학적인 관계로부터 다음과 같이 나타낼 수 있다.

$$\tan\alpha_i = \frac{w}{V}, \; \sin\alpha_i = \frac{D_i}{L'} \fallingdotseq \frac{D_i}{L}$$

이때 α_i 가 0에 가까워지면, $\tan\alpha_i$ 와 $\sin\alpha_i$ 는 α_i 에 접근하므로 다음과 같이 나타낼 수 있다.

$$\alpha_i = \frac{w}{V}, \; \alpha_i = \frac{D_i}{L} \tag{1}$$

식 3.22로부터

$$w = \frac{2L}{\pi b^2 \rho V}$$

이 식을 식 (1)에 대입하면 다음과 같다.

$$\alpha_i = \frac{w}{V} = \frac{2L}{\pi b^2 \rho V^2} = \frac{\rho V^2 S C_L}{\pi b^2 \rho V^2} = \frac{C_L S}{\pi b^2}$$

여기에서 다음과 같이 정의되는 가로세로비(aspect ratio)

$$AR \equiv \frac{b^2}{S}$$

를 대입하면 유도받음각은 다음과 같이 표현할 수 있다.

$$\alpha_i = \frac{C_L}{\pi AR} \tag{2}$$

식 (1)의 두 번째 식으로부터

$$D_i = L\alpha_i$$

위 식에 유도항력 $D_i = qSC_{Di}$ 및 양력 $L = qSC_L$을 대입하면 다음과 같다.

$$qSC_{Di} = qSC_L \times \frac{C_L}{\pi AR}$$

따라서 유도항력계수(induced drag coefficient)는 다음과 같이 표현할 수 있다.

$$C_{Di} = \frac{C_L{}^2}{\pi AR}$$

이와 같은 유도받음각과 유도항력계수를 유도하는 과정은 이론적으로 날개 스팬 전체에 걸쳐 양력분포가 균일하다는 전제조건 아래에서 이루어진다. 이러한 조건을 만족시키는 날개의 평면 형태는 타원날개(elliptical wing)이며, 사각날개(구형 날개 : rectangular wing)나 테이퍼날개(taper wing) 등에서는 이상적인 조건을 만족시킬 수가 없다. 따라서 이 값을 보정하기 위하여 유도받음각과 유도항력계수의 보정계수를 도입하여 다음과 같이 나타낼 수 있다.

$$\alpha_i = \frac{C_L(1+\tau)}{\pi AR} = \frac{C_L}{\pi e AR}$$

$$C_{Di} = \frac{C_L{}^2(1+\delta)}{\pi AR} = \frac{C_L^2}{\pi e AR}$$

여기에서 τ는 유도받음각의 보정계수, δ는 유도항력계수의 보정계수로서 다음의 관계를 갖는다.

$$e = \frac{1}{1+\tau}, \; e = \frac{1}{1+\delta}$$

이때, e를 스팬효율계수(span efficiency factor)라고 부르며, 실험값으로 $e = 0.85 \sim 0.95$ 정도의 값을 갖는다.

$$\alpha_i = \frac{C_L}{\pi e AR}, \quad C_{Di} = \frac{C_L{}^2}{\pi e AR}$$

스팬효율계수는 날개의 평면 형상에 따라 달라지는 값으로 일반적으로 $e \leq 1$이다. $e = 1$인 경우는 타원형의 날개 평면 형상을 갖는 경우이다.

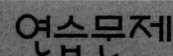

연습문제

3.1 날개단면의 형상요소 중 영(zero)이 되어도 좋은 요소는 무엇인가?

> **[답]** 캠버(camber)

3.2 받음각 α 를 가진 평판의 양력계수는 이론상 어떻게 나타나는가? (단, α 가 매우 작다고 가정한다.)

> **[답]** $C_L = 2\pi\sin\alpha$ 이며 α 가 0 에 가까워지면 $\sin\alpha \rightarrow \alpha$ 이므로 $C_L = 2\pi\alpha$ 가 된다.

3.3 양력계수 $C_L = 0.35$, 날개 가로세로비 $AR = 6$ 이며 스팬의 길이 $b = 10\mathrm{m}$ 인 항공기가 $80\mathrm{m/s}$ 로 비행하고 있다. 공기 밀도가 $\rho = 0.125\mathrm{kg_f} \cdot \mathrm{s^2/m^4}$ 이라면 발생하는 양력은 얼마인가?

> **[풀이]** 양력 $L = \dfrac{1}{2}\rho V^2 S C_L$ 에서 $AR = b^2/S = 6$, $b = 10$ 이므로
>
> $$S = \frac{b^2}{AR} = 16.7\,\mathrm{m^2}$$
>
> $$L = \frac{1}{2} \times \frac{1}{8} \times 80^2 \times 16.7 \times 0.35 = 2{,}338\,\mathrm{kg_f}$$
>
> **[답]** $2{,}338\mathrm{kg_f}$

3.4 $100\mathrm{m/s}$ 로 비행하고 있는 항공기의 날개의 표면상에 한 점의 공기 속도가 $120\mathrm{m/s}$ 로 측정되었다면 이 점에서의 압력계수는?

> **[풀이]** $C_p = 1 - \left(\dfrac{V}{V_\infty}\right)^2 = 1 - \left(\dfrac{120}{100}\right)^2 = -0.44$
>
> **[답]** -0.44

3.5 해면고도($p_0 = 14.7\mathrm{psi}$)에서 속도가 $293\mathrm{ft/s}$ 로 비행하는 항공기 날개표면 한 점에서 압력이 $10\mathrm{psi}$ 일 때, 이 지점에서의 압력계수는 얼마인가?

> **[풀이]** $C_p = \dfrac{p - p_0}{q_0} = \dfrac{(10 - 14.7)\,\mathrm{psi} \times \left(\dfrac{2{,}116\,\mathrm{lb/ft^2}}{14.7\,\mathrm{psi}}\right)^{=1} \times \left(\dfrac{1\mathrm{slug} \cdot \mathrm{ft/s^2}}{1\,\mathrm{lb}}\right)^{=1}}{\dfrac{1}{2} \times 0.002378\,\mathrm{slug/ft^3} \times (293\,\mathrm{ft/s})^2} = -6.63$
>
> **[답]** -6.63

3.6 비행 중인 항공기의 날개단면 상의 정체점(stagnation point)에서의 압력계수는 얼마인가?

풀이 $C_p = 1 - \left(\dfrac{V}{V_\infty}\right)^2$

$V = 0$이므로, $C_p = 1$

답 $C_p = 1$

3.7 $V_\infty = 586\,\text{ft/s}$ 로 표준대기 속을 비행하고 있는 날개의 한 점에서 압력계수가 $C_p = -1$이다. 이 지점의 지역 마하수는 얼마인가? (단, 자유흐름에서의 음속 $V_{a\infty} = 1,163\,\text{ft/s}$)

풀이 $C_p = 1 - \left(\dfrac{V}{V_\infty}\right)^2$, $\left(\dfrac{V}{V_\infty}\right)^2 = 1 + 1 = 2$

$V = \sqrt{2\,V_\infty^2} = 828.7\,\text{ft/s}$

$M = \dfrac{V}{V_{a\infty}} = 0.71$

답 $M = 0.71$

3.8 저속의 날개단면상의 한 점에서 압력계수 $C_{p0} = -1$로 측정되었다면 표준대기상에서 이 날개단면이 $450\,\text{mile/h}$ 로 움직일 때 압축성을 고려한 압력계수를 정확히 계산하면? (단, 자유흐름에서의 음속 $V_{a\infty} = 1,163\,\text{ft/s}$)

풀이 $M = \dfrac{450\,\text{mph} \times \left(\dfrac{1.47\,\text{ft/s}}{1\,\text{mph}}\right)^{=1}}{1,163\,\text{mph}} = 0.57$

$C_p = \dfrac{C_{p0}}{\sqrt{1 - M_\infty^2}} = -\dfrac{1}{\sqrt{1 - 0.57^2}} = -1.217$

답 $C_p = -1.217$, 즉 압축성을 고려할 경우 21.7%의 오차가 발생한다.

3.9 표준대기 속에서 회전하는 원통의 순환이 $\varGamma = 800\,\text{ft}^2/\text{s}$ 이며, $100\,\text{ft/s}$ 의 바람이 부는 상태이다. 이 원통에 발생하는 단위길이 당의 양력은 얼마인가? (단, 공기의 밀도 $\rho = 0.002378\,\text{slug/ft}^3$)

풀이 $L = \rho V \varGamma = 0.002378 \times 100 \times 800\,\text{ft}^2/\text{s} = 190.24\,\text{lb/ft}$

답 $L = 190.24\,\text{lb/ft}$

3.10 표준해면고도에서 지름이 $1\,\text{ft}$, 길이가 $6\,\text{ft}$ 인 원통의 속도 $100\,\text{ft/s}$ 의 2차원 유동에 놓여져 있다. 원통이 $300\,\text{rpm}$ 으로 회전한다면 이때 발생하는 양력은?

풀이 $L = \rho V \times \left(4\pi^2 r^2 \dfrac{n}{60}\right) \times 6 = 0.002378 \times 100 \times 4\pi^2 \times 0.5^2 \times \dfrac{300}{60} \times 6 = 70.4\,\text{lb/ft}$

답 $70.4\,\text{lb/ft}$

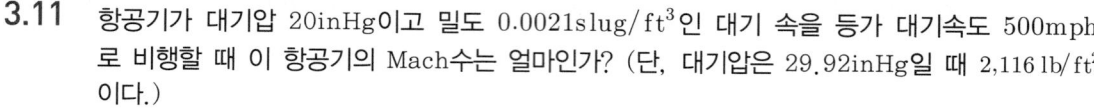

3.11 항공기가 대기압 20inHg이고 밀도 $0.0021\text{slug}/\text{ft}^3$인 대기 속을 등가 대기속도 500mph 로 비행할 때 이 항공기의 Mach수는 얼마인가? (단, 대기압은 29.92inHg일 때 $2,116\,\text{lb}/\text{ft}^2$ 이다.)

풀이 $V_a = \sqrt{\dfrac{\kappa p}{\rho}} = \sqrt{\dfrac{1.4 \times 2,116\,\text{lb}/\text{ft}^2 \times \left(\dfrac{20\text{inHg}}{29.92\text{inHg}}\right)}{0.0021\text{slug}/\text{ft}^3}} = 971\text{ft}/\text{s}$

$V = \dfrac{V_e}{\sqrt{\sigma}} = \dfrac{500\text{mph} \times \left(\dfrac{1.47\text{fps}}{1\text{mph}}\right)^{=1}}{\sqrt{\dfrac{0.0021}{0.002378}}} = 782.16\text{ft}/\text{s}$

$M = \dfrac{782.16}{971} = 0.806$

답 $M = 0.806$

3.12 표준대기 속에서 지름이 2ft인 원통이 100ft/s의 흐름 속에 놓여 있다. 양력 $L = 300\,\text{lb}/\text{ft}$ 을 얻기 위하여 원통의 회전 속도는 얼마가 되어야 하는가?

풀이 $L = \rho V T$

$\Gamma = 2\pi v r = 2\pi r^2 \omega = 2\pi r^2 \dfrac{2\pi n}{60} = \dfrac{L}{\rho V}$

$n = \dfrac{60L}{4\pi^2 r^2 \rho V} = \dfrac{60 \times 300}{4\pi^2 \times 1^2 \times 0.002378 \times 100} = 1,917\text{rpm}$

답 $n = 1,917\text{rpm}$

3.13 표준해발고도에서 속도 300mph 로 비행하는 항공기 날개에 $1,000\,\text{lb}/\text{ft}$ 의 양력이 발생하였다면 이때의 순환은?

풀이 $\Gamma = \dfrac{L}{\rho V} = \dfrac{1,000\,\text{lb}/\text{ft}}{0.002378 \times 300\text{mph} \times \left(\dfrac{1.47\text{fps}}{1\text{mph}}\right)^{=1}} = 953.6\text{ft}^2/\text{s}$

답 $\Gamma = 953.6\text{ft}^2/\text{s}$

3.14 날개면적이 200ft^2, 날개의 스팬효율계수가 1, 가로세로비가 3인, 중량 $10,000\,\text{lb}$의 항공기가 216ft/s 로 표준 해면고도($\rho_0 = 0.002378\text{slug}/\text{ft}^3$)를 비행하고 있다. 이때 발생하는 유도항력은 얼마인가?

풀이 $D_i = \dfrac{1}{2}\rho V^2 S \dfrac{C_L^2}{\pi e AR}$, $\quad C_L^2 = \left(\dfrac{2W}{\rho V^2 S}\right)^2$

$D_i = \dfrac{1}{\pi e AR} \cdot \dfrac{2W^2}{\rho V^2 S} = \dfrac{1}{\pi \times 1 \times 3} \times \dfrac{2 \times 10,000^2}{0.002378 \times 216^2 \times 200} = 956.33\,\text{lb}$

답 $D_i = 956.33\,\text{lb}$

3.15 양력계수가 0.15, 가로세로비가 6, 날개 스팬효율계수가 0.8인 경우, 유도항력계수는 얼마인가?

풀이 $C_{Di} = \dfrac{C_L^2}{\pi e AR} = \dfrac{0.15^2}{\pi \times 6 \times 0.8} = 0.00149$

답 $C_{Di} = 0.00149$

3.16 날개 가로세로비가 10이고, 스팬효율계수 $e = 1$, 날개 면적 $S = 10\text{m}^2$인 날개가 10m/s의 속도로 날고 있다. 공기밀도가 $\rho = 0.125\text{kg}_f \cdot \text{s}^2/\text{m}^4$이면 유도항력은 얼마인가? (단, $C_L^2 = 0.314$)

풀이 $D_i = \dfrac{1}{2} \rho V^2 S \dfrac{C_L^2}{\pi e AR}$

$= \dfrac{1}{2} \times 0.125 \times 10^2 \times 10 \times \dfrac{0.314}{\pi \times 1 \times 10} = 0.6247\text{kg}_f$

답 $D_i = 0.6247\text{kg}_f$

3.17 마하 2.0, 받음각 3도일 때, 날개단면의 두께가 시위의 2%인 기하학적 다이아몬드형 날개단면의 양력계수는 얼마인가?

풀이 $C_L = \dfrac{4\alpha}{\sqrt{M_\infty^2 - 1}} = \dfrac{4 \times 3° \times \left(\dfrac{\pi[\text{rad}]}{180°}\right)}{\sqrt{2.0^2 - 1}} = 0.121$

답 $C_L = 0.121$

3.18 양력계수 $C_L = 0.2$일 때 가로세로비 $AR = 6$이고 날개의 스팬효율계수 $e = 0.8$인 날개의 유도항력계수는 얼마인가?

풀이 공식 유도항력계수 C_{Di}는

$C_{Di} = \dfrac{C_L^2}{\pi e AR}$

$= \dfrac{0.2^2}{\pi \times 0.8 \times 6} = 0.00265$

답 $C_{Di} = 0.00265$

3.19 날개 면적이 20m^2, 가로세로비 $AR = 6$을 가진 전 하중 $5,000\text{kg}_f$의 항공기가 80m/s로 수평 비행하고 있다. 이 항공기의 날개의 스팬효율계수 $e = 1$이라면 이때 발생하는 유도항력은 얼마인가? (단, 공기의 밀도 $\rho_a = 1/8\,\text{kg}_f \cdot \text{s}^2/\text{m}^4$)

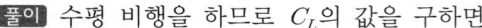

풀이 수평 비행을 하므로 C_L의 값을 구하면

$$L = W = \frac{1}{2}\rho V^2 S C_L$$

$$C_L = \frac{2W}{\rho V^2 S} = \frac{2 \times 5,000}{\frac{1}{8} \times 80^2 \times 20} = 0.625$$

유도항력은

$$D_i = \frac{1}{2}\rho V^2 S \frac{C_L^2}{\pi e AR}$$

$$= \frac{1}{2} \times \frac{1}{8} \times 80^2 \times 20 \times \frac{0.625^2}{\pi \times 1 \times 6} = 165.79 \text{kg}_f$$

답 $D_i = 165.79 \text{kg}_f$

3.20 날개의 가로세로비 $AR = 6$이며 $dC_L^2/dC_D = 16$인 경우 날개의 스팬효율계수 e의 값은 얼마인가?

풀이 전항력계수는 다음 식으로 주어지며

$$C_D = C_{D0} + \frac{C_L^2}{\pi e AR}$$

날개 윗면에 박리가 일어나지 않는 작은 받음각 범위에서 유해항력계수 C_{D0}는 상수 취급을 할 수 있다. 따라서 위 식을 미분하면 다음 식을 구할 수 있다.

$$\frac{dC_D}{dC_L^2} = \frac{1}{\pi e AR}$$

즉,

$$e = \frac{1}{\pi AR \, dC_D/dC_L^2}$$

스팬효율계수 e는 $dC_L^2/dC_D = 16$이므로

$$e = \frac{1}{\pi AR \, dC_D/dC_L^2} = \frac{1}{\pi \times 6 \times 0.0625} = 0.849$$

답 $e = 0.849$

CHAPTER

04

날개 이론

날개 이론

날개 이론에서는 항공기 날개 기준점으로서 풍압 중심과 공력 중심을 살펴 볼 수 있으며 날개 면적을 결정하거나 날개에 작용하는 힘을 해석하기 위한 평균 기하학적 시위 및 평균 공력 시위를 알아보기로 한다. 그리고 날개 평면 형상으로서 사각 날개, 타원 날개, 테이퍼 날개, 후퇴 날개 및 삼각 날개의 특성과 날개 고양력 장치 및 보조 날개 장치 등을 다루고자 한다.

Section 01 — 풍압 중심 · 공력 중심

1 풍압 중심

풍압 중심(center of pressure ; c.p)은 압력 중심이라고도 하는데, 날개에 있어서 양력과 항력의 합성력(압력)이 실제로 작용하는 작용점으로서 받음각(양력계수, C_L)이 변화함에 따라 위치가 변화한다. 즉, 받음각이 커지면 풍압 중심이 앞전 방향으로 이동하고, 받음각이 적어지면 풍압 중심이 뒷전 방향으로 이동한다. 따라서 풍압 중심은 항공역학적인 해석에 사용되기가 매우 불편한 점이다.

2 공력 중심

공력 중심(aerodynamic center ; a.c)은 공기력 중심이라고도 하며, 받음각이 변화하더라도 그 점에 관한 키놀이 모멘트(pitching moment) 값이 거의 변화하지 않는 가상의 점이다. 그리고 받음각이 변화하더라도 위치가 거의 변화하지 않는 점으로 정의되므로 항공역학적인 해석에 있어서 편리하며, 많이 이용되고 있다. 즉, 이 점을 수학적으로 다음과 같이 정의할 수 있다.

$$\frac{dM_{a.c}}{d\alpha}=0, \quad \frac{dC_{Ma.c}}{d\alpha}=0 \text{인 점} \tag{4.1}$$

공력 중심의 위치를 구하는 방법에 대해서는 심화 학습에서 다루기로 하며, 다음과 같은 결과 식을 얻을 수 있다.

$$\frac{a.c}{c} = \frac{1}{n} - \frac{C_{Mc/n} - C_{M0}}{C_L \cos\alpha + C_D \sin\alpha} \tag{4.2}$$

위 식에서 n은 임의로 정할 수 있는 값이며, C_{M0}는 양력이 발생하지 않을 때의 무양력 키놀이 모멘트 계수(zero lift pitching moment coefficient)이다.

그리고 무양력 키놀이 모멘트 계수는 다음과 같이 정의될 수 있다.

① 양력이 발생하지 않을 때의 키놀이 모멘트 계수이다.

② 위치에 관계없이 임의 점에서 측정한 키놀이 모멘트 값이므로 항상 동일하고 일정한 값을 갖게 된다.

③ 무양력 키놀이 모멘트 계수는 공력 중심에 관한 키놀이 모멘트 계수와 동일한 값을 갖는다.

따라서 $C_L = 0$일 때 다음과 같이 표현할 수가 있다.

$$C_{Ma.c} = C_{Mc/n} = C_{M0}$$

그리고 식 (4.2)는 받음각이 작을 때에는 다음 식으로도 표현된다.

$$\frac{a.c}{c} = \frac{1}{n} - \frac{C_{Mc/n} - C_{M0}}{C_L}$$

예제 4.1 >>> 공력 중심

다음과 같은 실험결과를 얻었을 때, 공력 중심의 위치는 어디인가?

$$C_L = 0 \text{일 때 } C_{Mc/4} = -0.126$$
$$C_L = 0.6 \text{일 때 } C_{Mc/5} = -0.15$$

풀이 | $C_{Ma.c} = C_{M0} = -0.126$, $\quad C_{Ma.c} = -0.126$

$$\frac{a.c}{c} = \frac{1}{n} - \frac{C_{Mc/n} - C_{M0}}{C_L}$$

$$= \frac{1}{5} - \frac{-0.15 - (-0.126)}{0.6} = 0.24$$

따라서 공력 중심은 시위의 24% 위치에 존재한다.

Section 02 ▸ 평균 기하학적 시위 · 평균 공력 시위

1 평균 기하학적 시위

날개를 기하학적으로 대표하는 시위로서 평균 기하학적 시위(Mean Geometric Chord ; MGC)에 날개 스팬(span) 길이를 곱하면 날개의 면적을 구할 수 있는 시위를 말한다.

$$\overline{x} = \frac{\int x \, dS}{\int dS}, \qquad \overline{y} = \frac{\int y \, dS}{\int dS}$$

즉, 날개 면적중심 $p(\overline{x}, \overline{y})$을 포함하는 시위라고 말할 수 있으며 작도법에 의하면 그림 4.1과 같이 구할 수가 있다.

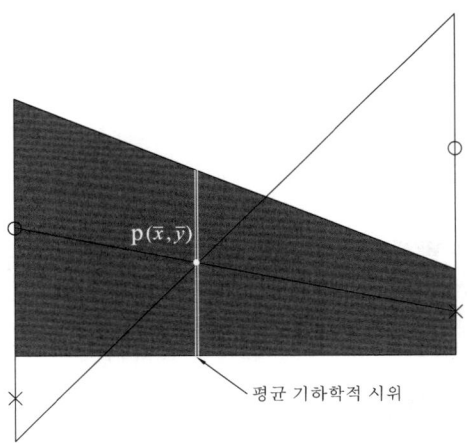

┃그림 4.1 평균 기하학적 시위 ┃

테이퍼 날개에서 평균 기하학적 시위, c_m과 날개 끝시위, c_t 및 날개 뿌리 시위, c_r의 관계를 살펴보면 다음과 같다.

$$c_t \cdot b < c_m \cdot b < c_r \cdot b$$
$$c_m \cdot b = S$$

여기서, b는 날개 스팬, 그리고 S는 날개 면적을 나타낸다.

2 평균 공력 시위

평균 공력 시위(Mean Aerodynamic Chord ; MAC)는 날개 공기력 분포를 대표할 수 있는 시위로서 이 시위에 발생하는 공기력에 날개 스팬 길이를 곱하면 날개 전체에 작용하는 공기력을 구할 수 있는 시위를 말한다.

$$\overline{x_{a.c}} = \frac{\int x dL}{\int dL} , \quad \overline{y_{a.c}} = \frac{\int y dL}{\int dL}$$

즉, 평균 공력 시위는 평균 공기력의 합성력이 작용하는 공기력 중심 $\mathrm{p}(\overline{x_{a.c}}, \overline{y_{a.c}})$을 포함하는 시위를 말한다.

테이퍼 날개에서 단위 폭 당에 발생하는 평균 공력 시위의 공기력, $L_{a.c}$와 날개 끝 시위의 공기력, L_t 및 날개 뿌리 시위의 공기력, L_r의 관계를 살펴보면 다음과 같다.

$$L_t \cdot b < L_{a.c} \cdot b < L_r \cdot b$$
$$L_{a.c} \cdot b = L$$

여기서, L은 날개 전체에 발생하는 공기력을 나타낸다.

Section 03 — 날개 평면 형상

1 사각 날개

사각 날개(矩刑 날개 : rectangular wing)는 날개 끝 시위길이가 날개 뿌리 시위길이와 동일하다. 날개 끝 와동의 중심이 날개 끝 시위 근처에 있는 관계로 그림 4.2(a)와 같이 날개 끝에서의 하향 흐름속도(downwash velocity)가 더 크므로 유도항력이 크고 날개 스팬 방향으로의 양력분포가 불균일한 특성을 갖는다.

그리고 다음 식에 의해 날개 끝에서의 유효 받음각은 날개 뿌리의 것보다 더 작다.

$$\alpha_e = \alpha - \alpha_i$$

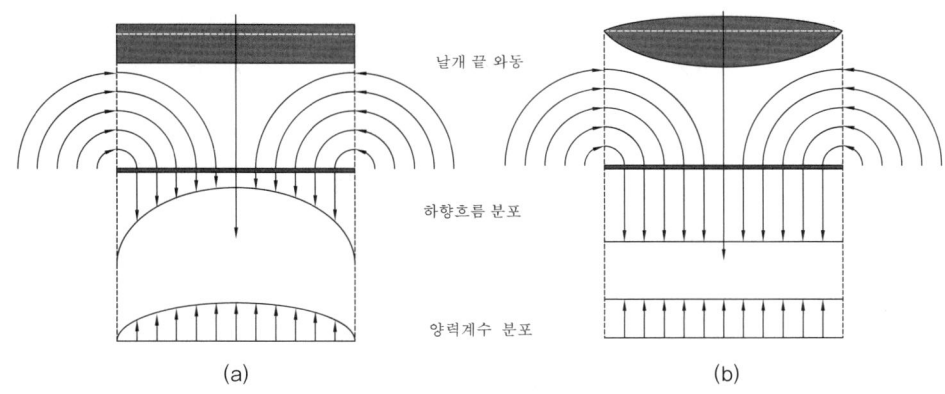

날개 끝 와동

하향흐름 분포

양력계수 분포

(a) (b)

┃그림 4.2 하향흐름 및 양력계수 분포┃

따라서 날개 끝 부분이 날개 뿌리 부분보다 실속이 더 늦게 들어가고, 완전 실속에 들어가기 전에 어느 정도 실속을 감지할 수 있을 뿐만 아니라 도움날개(aileron) 효과도 크기 때문에 비행 안정성과 조종성이 매우 우수하다. 그러므로 저렴한 저속 항공기 설계에 사각 날개가 많이 채택되고 있다.

2 타원 날개 및 테이퍼 날개

초창기의 항공기 설계에서 그림 4.2(b)와 같은 타원 날개(elliptical wing)의 평면 형상이 이용되기도 하였다. 그 중에 유명한 것이 영국의 '스핏파이어(Spitfire)'와 미국의 P-47 '선더볼트(Thunderbolt)'였다. 타원 날개 평면 형상은 날개 스팬 전체에 대한 양력 분포가 균일하여 다음 식에서와 같이 스팬 효율 계수(span efficiency factor : $e = 1$)가 가장 커서, 주어진 가로세로비(종횡비)에 대한 가장 작은 유도항력을 발생시킨다. 따라서 아음속으로 비행하는 항공기에 있어서 항공역학적인 면에서 가장 이상적인 날개 평면 형상이라고 할 수 있다.

$$C_{Di} = \frac{C_L^2}{\pi e AR}$$

타원 날개는 항공역학적으로 효율적이긴 하지만 몇 가지 문제를 가지고 있다. 그 중 하나는 제작상의 문제로 앞전과 뒷전의 구성이 어렵고, 날개의 내구성이 좋지 않다는 것이다.

그림 4.3과 같은 테이퍼 날개(taper wing)는 날개의 무게나 강성 특성 등 구조적인 특성이 매우 우수하나 항공역학적 측면에서 날개 끝 실속을 유발하는 특성이 있다.

테이퍼 날개는 날개 끝 시위가 작아질수록 레이놀즈 수가 감소함에 따라 날개 끝 부분의 최대 양력 계수가 감소되어 날개 끝 실속(익단 실속 : tip stall)을 유발한다.

실속 직전에 최대 양력을 발생시키기 때문에 완전 실속으로 진행되는 징후를 감지하기가 쉽지 않으며, 도움날개 효과가 불충분하여 가로 안정성과 조종성이 좋지 않다는 것이다.

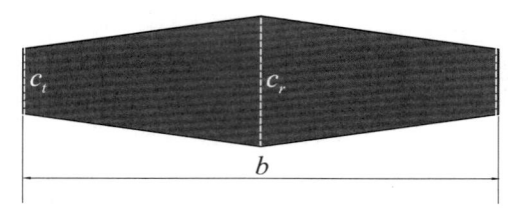

┃그림 4.3 테이퍼 날개 ┃

테이퍼 날개에서 날개 뿌리 시위길이(c_r)에 대한 날개 끝 시위길이(c_t)의 비를 테이퍼 비 (taper ratio : $\lambda = c_t / c_r$)라 한다. 테이퍼 비가 작을수록 날개 무게를 감소시킬 수가 있지만 날개 끝 실속의 경향이 더 커지게 된다.

3 후퇴 날개

오늘날 고속 항공기의 대부분은 후퇴 날개(뒤젖힘 날개 : swept back wing)를 가지고 있다. 후퇴 날개의 가장 큰 장점은 천음속에서 임계 마하수(critical Mach number)를 크게 할 수 있으며 초음속에서도 조파 항력을 감소시킬 수 있다는 것이다. 또한 같은 의미로 후퇴 날개는 항력 발산 마하수를 증가시킨다고도 말할 수 있다.

아음속을 비행하는 상태에서 그림 4.4(a)와 같은 사각날개는 임계 마하수에 도달하면 항력이 급증하기 시작한다.

그러나 항공기 날개가 후퇴각(뒤젖힘 각)을 갖게 되는 경우, 후퇴 날개의 항공역학적인 특성은 그림 4.4(b)와 같이 앞전에 대한 수직 방향의 유동 성분에 의해서만 영향을 받는다.

즉, 앞전에 평행으로 흐르는 유동성분은 날개에 아무런 영향을 미치지 못한다. 따라서 후퇴 날개의 임계 마하수는 훨씬 증가하여 항력이 급증하지 않는 천음속 비행 영역이 넓어진다.

후퇴각(뒤젖힘 각, sweep back angle : λ)은 그림 4.4(b)에서와 같이 날개의 $\dfrac{c}{4}(25\% \, c)$를 지나는 날개 길이방향의 직선과 날개의 가로축이 이루는 각을 말한다.

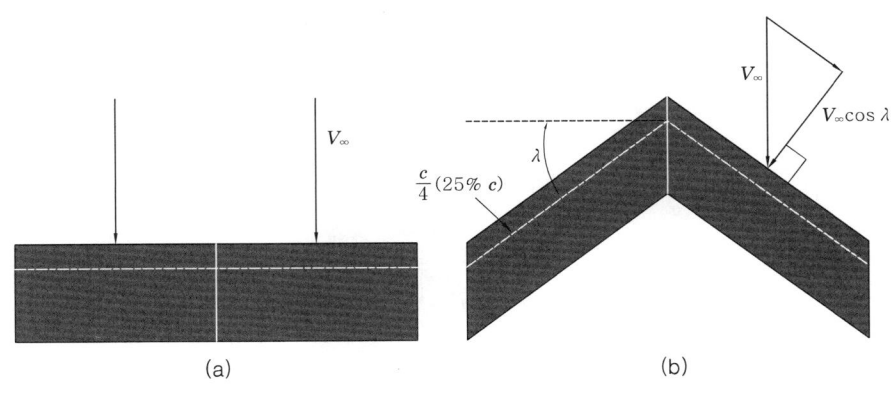

┃그림 4.4 후퇴 날개┃

이론적으로 직선 날개의 임계 마하수$[(M_c)_{st}]$와 후퇴 날개에서의 임계 마하수$[(M_c)_{sw}]$ 관계는 다음과 같다.

$$(M_c)_{sw} \cos\lambda = (M_c)_{st}$$

$$(M_c)_{sw} = \frac{(M_c)_{st}}{\cos\lambda}$$

예를 들어 $(M_c)_{st} = 0.7$, $\lambda = 30°$이면, $(M_c)_{sw} = 0.7/\cos 30° = 0.808$이 된다. 즉, 아음속에서 항공기 날개에 후퇴각을 주면 항력 발산 현상을 훨씬 더 높은 마하수까지 지연시킬 수 있다. 실제적으로 후퇴 날개의 임계 마하수는 다음과 같이 볼 수 있다.

$$(M_c)_{st} < (M_c)_{sw} < \frac{(M_c)_{st}}{\cos\lambda}$$

$$(M_c)_{sw} \approx \frac{(M_c)_{st}}{\sqrt{\cos\lambda}}$$

후퇴 날개의 결정적인 단점은 날개 끝 실속이 발생한다는 것이다. 그림 4.5(a)에서와 같이 동일한 가로 선상에서 안쪽 날개단면(inboard airfoil)의 압력 p_A가 바깥쪽 날개단면 (outboard airfoil)의 압력 p_B보다 높기 때문에 그림 4.5(b)에서와 같이 스팬 방향으로의 유동성분이 생기고, 이에 따라 날개 끝 쪽의 경계층 두께가 두꺼워진다. 그 결과, 날개가 실속에 들어갈 때면 언제나 날개 끝이 날개 뿌리보다 먼저 실속에 들어가는 날개 끝 실속현상(tip stall)을 유발한다. 날개 끝 실속현상이 발생하면 가로 불안정을 초래할 뿐만 아니라 날개 끝 쪽에 설치된 도움날개의 기능이 마비된다. 따라서 항공기에 치명적인 가로 불안정뿐만 아니라 가로 조종성의 상실 및 나선 불안정(spiral divergence)으로 항공기가 추락할 수 있는 원인을 제공한다.

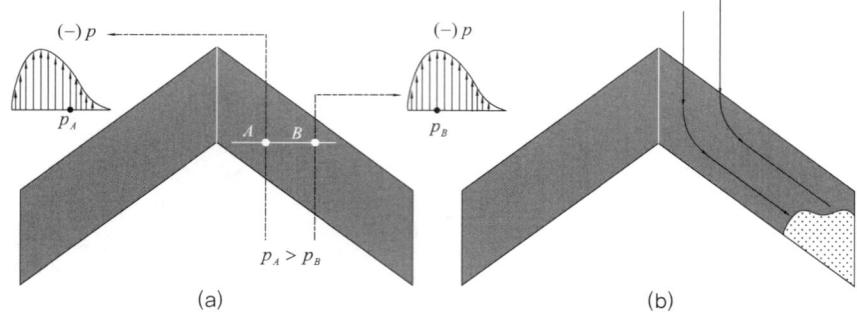

$p_A > p_B$

(a)   (b)

┃그림 4.5 후퇴 날개의 날개 끝 실속┃

후퇴 날개에서 날개 끝 실속현상을 방지하기 위해서는 다음과 같은 보조 장치 및 방법을 사용하고 있다.

① 날개 스팬 방향에 따라 날개 끝으로 갈수록 점차적으로 날개단면의 받음각을 감소시켜 주는 날개 워시 아웃(wash out) 형상을 갖도록 해준다.

② 와동 발생 장치(vortex generator)를 날개 바깥쪽에 설치한다. 이 와동 발생 장치는 날개 표면에 수직으로 가로세로비가 작은 조그만 날개를 장착하여 경계층에 에너지를 공급해 줌으로써 경계층의 박리를 지연시켜 준다. 도움날개나 플랩 앞에 스팬 방향으로 약간의 좁은 간격으로 설치되는 이 작은 날개에서 발생되는 날개 끝 와동(tip vortex)은 날개 표면에 공기를 혼합시켜 경계층에 운동에너지를 증가시키는 역할을 한다. 그 결과 날개 윗면에서 경계층 박리를 지연시켜 실속을 방지한다[그림 4.6(a)].

③ 톱날 앞전(saw tooth leading edge, dog tooth leading edge) 형태를 날개에 도입하여 바깥쪽 날개를 안쪽 날개보다 앞쪽으로 끌어 당겨 설치한다. 그 결과, 스팬 방향으로의 날개 안쪽과 바깥쪽 압력 차이를 제거함으로써, 역시 스팬 방향으로의 유동을 차단하여 날개 끝 실속을 방지한다[그림 4.6(b)].

④ 경계층 펜스(boundary fence, stall fence)를 날개 앞전이나 뒷전에 설치하여 스팬 방향으로의 유동을 차단하여 날개 끝의 경계층이 두꺼워지는 것을 방지하여 날개 끝 실속을 방지한다[그림 4.6(c)].

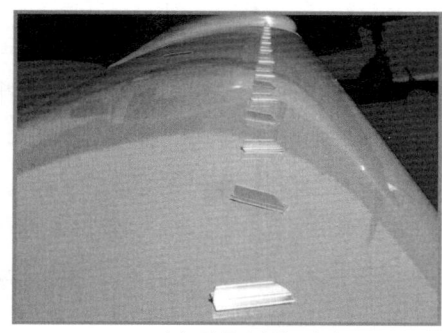

(a) 와동 발생 장치   (b) 톱날 앞전

(c) 경계층 펜스

┃그림 4.6 날개 끝 실속 방지장치 ┃

한편, 후퇴 날개가 항상 초음속으로만 비행할 수 없다. 따라서 천음속이나 초음속 비행 상태에서는 매우 작은 가로세로비를 갖게 함으로써 조파항력을 감소시킬 수가 있다. 초음속 비행에서는 조파항력이 매우 크기 때문에 유도항력을 고려할 필요가 없으므로 가로세로비가 작을수록 유리하다. 그러나 아음속 비행 상태에서는 큰 가로세로비를 유지하여 유도항력을 감소시킴으로써 전체 항력을 감소시키는 것이 유리하다. 따라서 그림 4.7과 같은 F-111 가변 날개 (variable wing) 전폭기를 도입하기도 한다.

┃그림 4.7 F-111 가변 날개 전폭기 ┃

┃그림 4.8   X-29A 전진 날개 항공기 ┃

전진 날개(forward swept wing)는 후퇴 날개와 특성이 유사하나 날개 끝 실속을 방지함으로써 가로 안정성과 조종성을 향상시킬 수 있다고 보고 개발을 시도하였다. 그러나 날개 뿌리에 과도한 부하가 걸리는 등의 구조적인 취약점 때문에 아직까지 실용화되지 못한 실정이다. 대표적으로 개발된 실험항공기로는 그림 4.8과 같이 1984년 12월 14일에 처녀 시험 비행을 한 X-29A를 들 수 있다.

4 삼각 날개

삼각 날개(delta wing)는 거의 대부분 초음속으로 비행하는 데 적합하게 설계된, 날개 모양이 삼각형인 날개를 말한다. 삼각 날개의 종류는 꼬리 날개나 귀 날개(canard wing)의 장착 여부에 따라 그림 4.9(a)와 같은 꼬리 없는 삼각 날개(tailless delta wing), 그리고 꼬리 있는 삼각 날개(tailed delta wing) 및 카나드 삼각 날개(canard delta wing) 등으로 구분한다.

또한 삼각 날개의 평면 형상에 따라 날개 끝 부분이 잘린 삼각 날개(cropped delta wing), 그림 4.9(b)와 같은 크랭크 삼각 날개(cranked delta wing) 혹은 2중 삼각 날개(double delta wing) 등을 들 수 있다.

(a) 꼬리 없는 삼각 날개   (b) 크랭크 삼각 날개

┃그림 4.9   삼각 날개 ┃

특히 그림 4.10과 같이 콩코드(Concorde) 여객기에 사용되는 오자이브 삼각 날개(ogive delta wing) 혹은 오지 삼각 날개(ogee delta wing)는 복잡한 기하학적 형태를 가지고 있다. 삼각 날개 대부분의 가로세로비는 거의 3 이하이고, 콩코드 항공기의 경우 약 1.8에 해당되며 날개 두께도 일반적으로 작다.

삼각 날개는 양력 곡선의 기울기가 작기 때문에 작은 받음각에서는 양력계수가 작지만, 고속으로 비행할 경우에는 필요한 양력을 얻을 수 있다. 그러나 저속일 때에는 큰 받음각으로 비행해야 하므로 날개 위쪽에서 유동 박리 현상에 의한 실속이 일어날 것으로 생각되지만, 가로세로비가 작은 삼각 날개에서는 오히려 날개 앞전으로부터 의도적으로 유동 박리 현상을 일으킨다. 유동 박리 현상이 일어나면 후류가 형성되고 이 후류의 낮은 압력의 작용방향을 양력 방향으로 변경시킴에 따라 원추 와동 양력(conical vortex lift)을 발생시킨다. 그 결과 큰 받음각에서도 실속에 들어가지 않고 이·착륙 비행이 가능하게 된다.

┃그림 4.10 콩코드 여객기┃

┃그림 4.11 착륙하는 콩코드 여객기 날개 위의 응축된 수증기┃

특히 콩코드 여객기와 같은 오자이브 삼각날개에서 발생하는 원추 와동 양력은 주로 이·착륙할 때의 높은 받음각 상태에서 발생하는데 이때에 원추 와동의 매우 낮은 압력 상태에서 발생되는 응축된 수증기(condensed water vapor)를 그림 4.11에서 볼 수 있다.

전투기의 경우에서는 높은 받음각에서 날개에 원추 와동 양력을 발생시킬 수 있도록 그림 4.12와 같은 앞전 스트레이크(leading edge strake)를 부착한다.

┃그림 4.12 앞전 스트레이크와 원추 와동 ┃

이 경우에도 원추 와동에 의한 응축된 수증기 발생 상태를 그림 4.13과 같이 눈으로 확인할 수가 있다.

┃그림 4.13 앞전 스트레이크의 응축된 수증기 ┃

Section 04 ─ 날개 고양력 장치

1 플 랩

플랩(flap)은 날개의 캠버(camber)를 증가시키거나 이와 더불어 날개 유효 면적(wing effective area)을 증가시켜 양력을 증가시키는 고양력 장치(high lift device)이다.

플랩은 이륙할 때 이륙 성능을 향상시키고, 착륙할 때는 착륙 접근 각도(approach angle)를 크게 할 수 있으며, 착륙 접근 속도(approach speed)와 착륙 속도(landing speed)를 감소시키기 위해 사용된다. 이륙할 때에는 약 10° ~ 20°, 착륙할 때에는 약 20° ~ 40°로 플랩을 펼친다. 그 가장 큰 이유는 플랩을 펼치면 양력이 증가하지만 동시에 항력도 증가하기 때문이다. 일반적으로 이륙할 때에 플랩을 사용하려면 플랩을 펼쳤을 때 발생하는 여분의 항력을 충분히 극복할 수 있는 출력이 구비되어야 한다. 그리고 착륙할 때에 플랩을 사용하면 증가된 항력 때문에 활주로 접근 속도를 증가시키지 않는 상태에서 접근 각도를 크게 할 수 있다. 따라서 장애물을 피해 활주로 초입(threshold of runway)에 보다 가까이 착지(touch down)시킬 수가 있다. 결론적으로 플랩은 이륙 및 착륙 속도를 감소시켜 이륙 및 착륙 활주 거리를 줄일 수 있다.

플랩은 앞전 플랩과 뒷전 플랩으로 구분할 수 있다. 앞전 플랩으로는 슬랫·슬롯(slat-slot), 크루거 플랩(krueger flap) 및 드룹 앞전(drooped leading edge) 등을 들 수 있다. 그러나 양력 증가 효과가 큰 경우는 뒷전 플랩이다.

① 슬랫 및 슬롯

슬랫(slat)은 그림 4.14와 같이 날개의 앞전에 부착된 보조 날개단면이다. 높은 받음각에서 슬랫은 날개 앞쪽으로 펼쳐진다. 슬랫의 받음각이 주 날개의 받음각보다 적어짐으로써 슬랫을 지나 날개 위로 원활한 공기 흐름을 형성하여 앞전 부근의 실속을 방지한다.

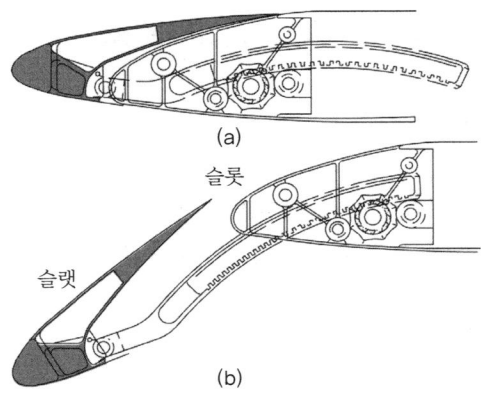

(a)

슬롯

슬랫

(b)

┃그림 4.14 슬랫 및 슬롯┃

슬롯(slot)은 날개 앞전으로부터 짧은 거리에 위치한, 날개를 관통하는 통로(passageway)로서 높은 받음각에서 슬롯을 통해 날개 아랫면의 공기가 윗면으로 유입되어 유동 박리에 의한 후류 발생을 지연시킨다.

② 크루거 플랩과 가변 캠버 플랩

그림 4.15(a)와 같은 크루거 플랩(krueger flap)은 날개 앞전 아래 부분의 외피가 날개 앞쪽으로 펼쳐지는 앞전 플랩으로서 주로 대형 항공기의 날개 안쪽에 설치되는 플랩이다. 그림 4.15(b)와 같은 가변 캠버 플랩(variable camber flap)은 크루거 플랩과 작동 방법이 비슷하지만 플랩의 외피가 캠버를 가지며 플랩과 날개 앞전 사이에 슬롯이 형성되는 구성 형태가 약간 다르다. 주로 대형 항공기 날개 바깥쪽에 설치된다.

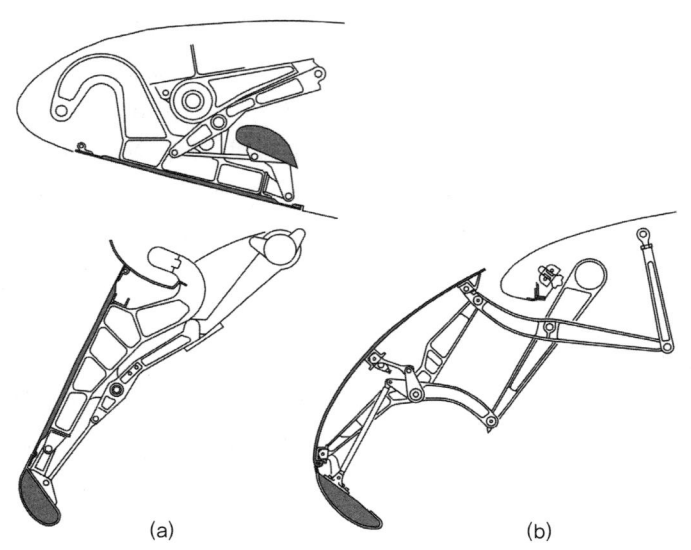

(a) (b)

┃그림 4.15 크루거 플랩과 가변 캠버 플랩┃

③ 드룹 앞전

그림 4.16과 같은 드룹 앞전(drooped leading edge)은 날개 앞전 부분의 위치가 변경됨으로써 양력을 증가시키는 앞전 플랩이다. 이러한 플랩은 초음속 전투기에 적용되거나 초음속으로 비행하는 콩코드 여객기에 적용된 바가 있다. 저속에서는 드룹 앞전을 하강시켜 양력을 증가시키지만 고속에서는 상승시켜 충격파에 의한 조파항력을 감소시키는 특성이 있다.

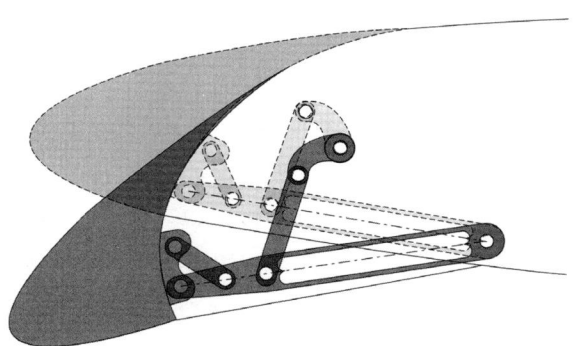

┃그림 4.16 드룹 앞전┃

④ 뒷전 플랩

뒷전 플랩은 날개의 캠버만 단순히 증가시키거나, 캠버의 증가와 더불어 날개 면적을 증가시켜 양력을 증가시키는 고양력 장치이다. 그리고 날개와 뒷전 플랩 사이에 슬롯을 형성시켜 유동 박리를 지연시킴으로써 훨씬 더 큰 양력을 얻기도 한다.

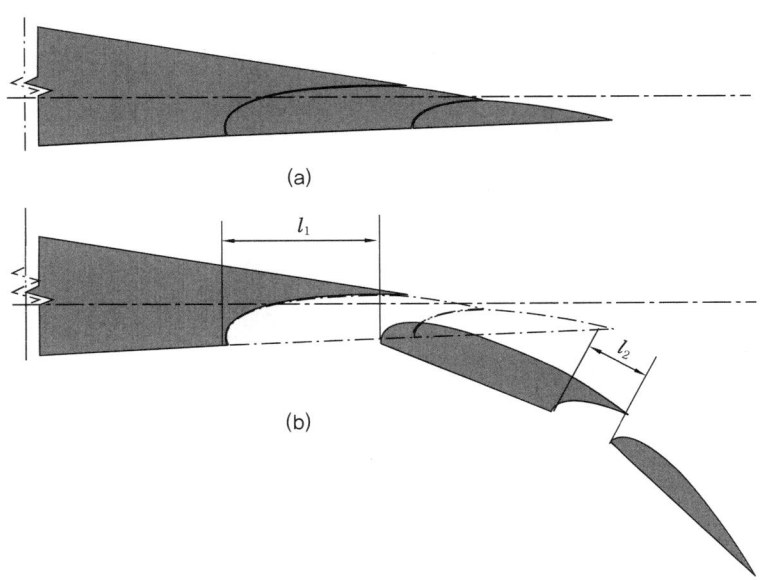

┃그림 4.17 2중 슬롯 파울러 플랩┃

그림 4.17은 운송용 비행기에 사용되는 대표적인 뒷전 플랩인 2중 슬롯 파울러 플랩이다. 그림 4.17(a)와 같이 플랩이 접혀진 상태에서 그림 4.17(b)와 같이 플랩이 펼쳐지면 날개 면적과 캠버가 증가되고, l_1과 l_2 간격으로 2개의 슬롯이 형성되기 때문에 양력 증대 효과가 대단히 커진다.

그림 4.18은 여러 가지 뒷전 플랩 종류 및 해당 플랩의 최대 양력 계수를 보여주고 있다.

플랩의 종류로는 그림 4.18에서 보듯이 ① 평 플랩(plain flap), ② 앞전 슬랫(leading edge slat)을 가진 평 플랩, ③ 스플릿 플랩(split flap), ④ 슬롯 파울러 플랩(slotted fowler flap), ⑤ 2중 슬롯 파울러 플랩(double slotted fowler flap) 그리고 ⑥ 앞전 슬랫을 가진 2중 파울러 플랩 등이 대표적으로 사용되고 있다. 그리고 각각의 경우, 최대 양력 계수 값이 고정 날개를 기준으로 세로축에 표시되어 있다.

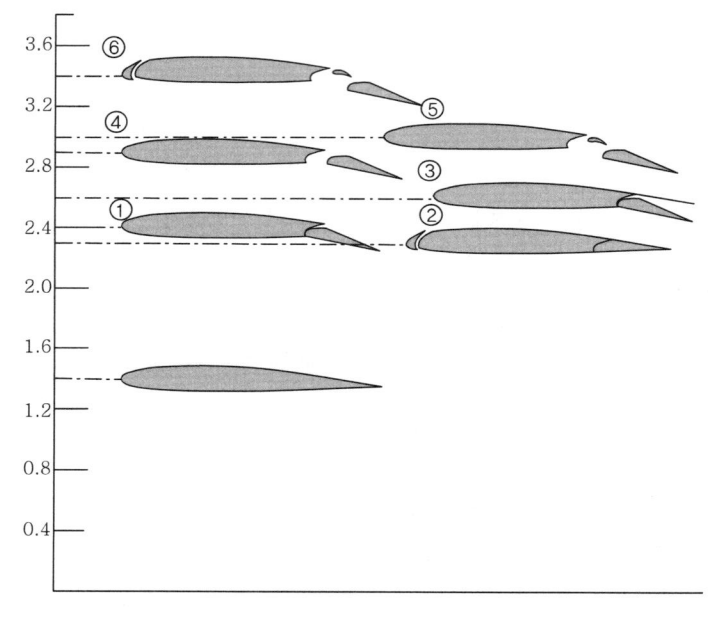

┃그림 4.18 플랩 종류┃

그림 4.19는 보잉 747 여객기의 3중 슬롯 파울러 플랩이 펼쳐진 상태를 보여 주고 있다.

파울러 플랩이나 슬롯 파울러 플랩 등은 항력 발생에 비해 양력 발생의 효과가 매우 크다. 그리고 항공역학적인 효과에 있어서 파울러 플랩이 가장 효율적이다. 따라서 운송용 비행기에 있어서 2중 또는 3중 슬롯 파울러 플랩이 가장 널리 사용되고 있다. 파울러 플랩의 단점은 작동기구가 복잡하다는 것이다.

▮그림 4.19 보잉 747 여객기 플랩 ▮

2 경계층 제어 장치

경계층 제어 장치로는 경계층에 공기를 취입(blowing)하거나 경계층으로부터 공기를 흡입(suction)하여 유동 박리 현상을 지연시키는 방법이다.

취입 제어(blowing control)에 의해 경계층을 제어하는 것은 일반적으로 그림 4.20과 같이 기관 압축기의 추출 공기(bleed air)를 뒷전 플랩의 윗면 경계층에 불어넣어 운동에너지를 증가시킴으로써 유동의 박리를 지연시키는 방법이다.

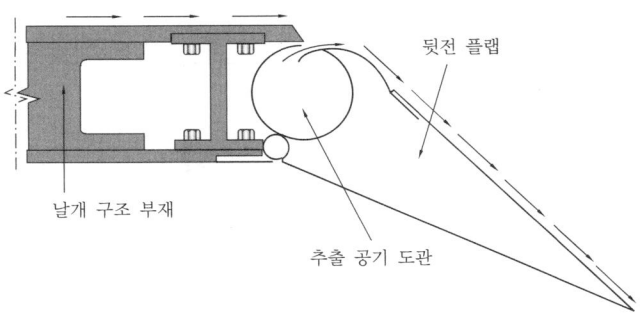

▮그림 4.20 경계층 취입 제어 ▮

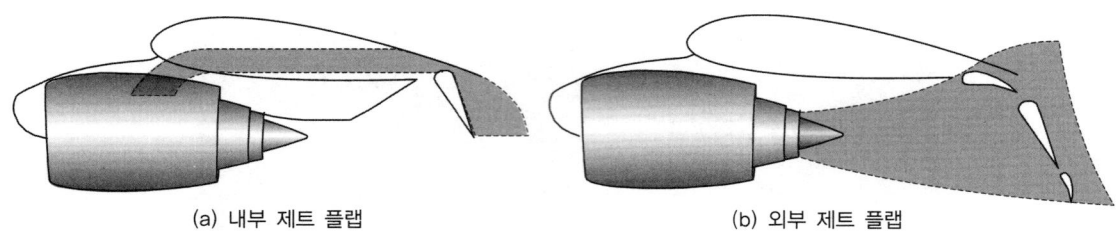

| (a) 내부 제트 플랩 | (b) 외부 제트 플랩 |

┃그림 4.21 제트 플랩┃

특히 기관 압축기의 추출 공기나 배기가스를 이용하여 양력을 증가시켜 주는 장치를 제트 플랩(jet flap)이라고도 하며 그림 4.21(a)와 같은 내부 제트 플랩(internal jet flap)과 그림 4.21(b)와 같은 외부 제트 플랩(external jet flap) 등으로 구분한다.

경계층의 흡입 제어(suction control)는 뒷전 플랩을 큰 각도로 펼쳤을 때 플랩 윗면에 박리가 생기므로 윗면 경계층의 공기를 흡입하여 박리를 지연시키는 방법으로 실속 받음각과 실속 양력계수를 증가시킬 수가 있다. 경계층의 공기를 흡입하여 경계층에 운동에너지를 증가시켜 박리를 지연시키는 것이다. 이는 경계층에서의 표면 마찰 항력을 감소시켜 미소하나마 흡입에 따른 동력 손실을 보상할 수도 있다.

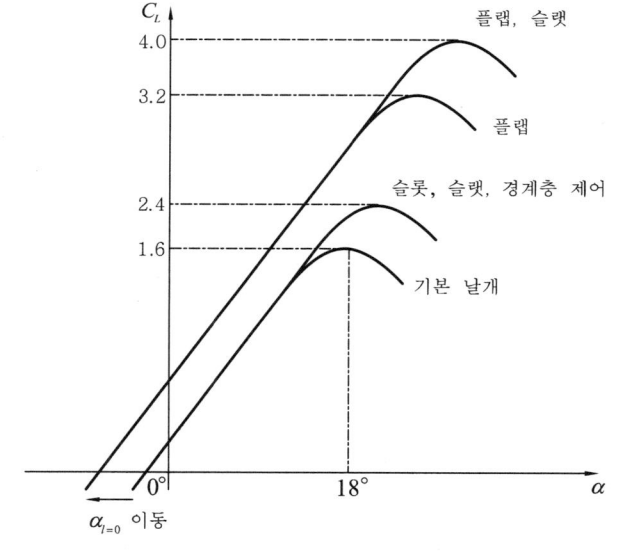

┃그림 4.22 고양력 장치 특성┃

그림 4.22는 고양력 장치의 성능 특성을 보여주고 있다.

Section 05 ─ 보조 날개 장치

1 스포일러

고양력 장치와는 반대로 양력을 감소시키는 장치로서 그림 4.23과 같은 스포일러(spoiler)가 있다. 이것은 날개 윗면에 판이 돌출되어 양력을 감소시킨다. 또한 동시에 항력도 증가시키기 때문에 속도 제동 장치(speed brake)의 기능을 가지고 있다. 공기 제동 장치는 항력만을 증가시키는 것이 목적이기 때문에 날개의 밑면이나 동체에 별도로 설치하기도 한다. 항공기 후방에 낙하산을 펼쳐 속도를 감소시키는 드래그 슈트(drag chute)도 이에 속한다.

스포일러를 사용하는 목적은 크게 비행 스포일러(flight spoiler)와 지상 스포일러(ground spoiler) 2가지로 구분할 수 있다.

안쪽 도움날개가 내려가는 쪽의 스포일러는 날개 윗면과 동일하게 고정시킴으로써 양력이 증가되도록 한다. 그리고 안쪽 도움날개가 올라가는 쪽의 스포일러는 위로 펼쳐져 양력을 급격히 감소시킴으로써 옆놀이 조종에 도움이 되도록 한다. 이와 같이 한쪽의 스포일러는 고정하고, 다른 쪽의 스포일러는 올라가서 선회 비행 시, 옆놀이 조종을 목적으로 사용되는 스포일러를 비행 스포일러라고 한다.

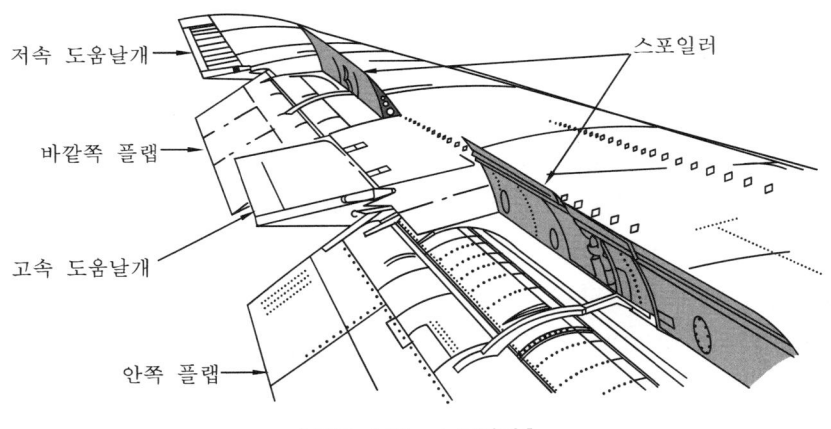

저속 도움날개

바깥쪽 플랩

고속 도움날개

안쪽 플랩

스포일러

┃그림 4.23 스포일러┃

후퇴 날개를 갖는 고속 항공기가 고속 시에 도움날개를 사용하는 순간에 날개의 유연성에 의해 날개 끝이 뒤틀리게 된다. 따라서 공기력에 의해 도움날개가 내려가는 쪽은 받음각이 오히려 감소하여 양력이 감소한다. 그리고 도움날개가 올라가는 쪽은 받음각이 오히려 증가하여 양력이 증가한다. 이는 도움날개에 의해 선회시키고자 하는 방향의 반대 방향으로 선회를 시키려는 효과가 나타난다. 이 효과를 도움날개 역전현상(aileron reversal)이라고 한다.

그러므로 후퇴날개 항공기는 고속에서는 바깥쪽 도움날개를 고정(lock-out)시킨 채, 안쪽 도움날개와 스포일러를 옆놀이 조종장치로 사용한다.

도움날개 역전현상과 유사한 도움날개의 역 빗놀이 효과(adverse aileron yaw)에 대해서는 심화학습에서 소개하도록 한다.

고속 항공기는 착륙할 때 착지한 후에도 속도가 커서 날개에는 아직도 양력이 작용하게 된다. 이 때문에 기체의 무게가 지면에 충분히 작용하지 않아서 제동 장치의 작동효과가 약해진다. 따라서 착지 후 양쪽 스포일러를 동시에 들어 올림으로써 양력을 제거하여 바퀴의 제동 효과를 크게 함과 아울러 항력을 대폭으로 증가시킨다. 이러한 목적으로 사용하는 스포일러를 지상 스포일러라고 하며 속도 제동장치(speed brake)의 역할을 한다.

그 밖에 비행 중에 스포일러의 작동 각도를 좌우 동시에 증가·감소시켜서 양력을 직접 제어하는 장치로 사용할 수가 있다. 이와 같이 양력을 직접 증가 또는 감소시켜서 착륙 진입 시에 항공기의 자세나 속도를 변화시키지 않고 접근 각도를 변경시킬 수가 있다. 특히 공력 특성이 우수한 활공기는 양항비가 상당히 크기 때문에 활공각이 작아서 착륙하는 데 곤란을 받는다. 이때 스포일러를 사용하여 양항비를 감소시킴으로써 활공각을 크게 해줄 수 있다. 그리고 급강하 비행 중에 양력을 줄이고 항력을 크게 할 필요가 있는 경우에 스포일러를 사용한다.

2 속도 제동 장치

항공기 날개 윗면이나 아랫면 또는 동체에 장치되는 속도 제동 장치(speed brake)는 고성능 항공기의 비행 특성에 활용되고 있다. 이 장치의 목적은 특히 높은 고도에서 항공기 기관의 출력을 감소시키지 않고 항공기 최적의 침하율(rate of descent)을 얻기 위해 사용된다. 그리고 착륙비행 시에 정확한 착륙 접근 속도와 하강 비행 형태를 설정하는 데도 이용된다. 속도 제동 장치는 날개 캠버의 곡률을 변화시키지 않는 상태에서 항력을 발생시킴으로써 날개에서 발생되는 양력이 훼손되지 않기 때문에 꼬리 날개에 유입되는 공기 흐름이 안정되어 항공기의 하강 비행 특성이 매우 부드러워진다. 또한 전투기에서는 전술적 기동 비행에서 급격히 속도를 감소시킬 필요가 있을 때도 사용한다.

3 작은 날개

그림 4.24와 같은 작은 날개(winglet)는 주 날개의 날개 끝에 수직 방향으로 설치한 조그마한 날개이다.

┃그림 4.24 작은 날개┃

  작은 날개의 주목적은 날개 끝 와동(wing tip vortex)을 감소시켜 유도항력을 감소시키기
위한 것이다. 한편 날개 끝 와동에 의해 작은 날개에 발생하는 양력은 그림 4.25와 같이 비행
기 진행 방향의 추력 성분을 가지고 있으므로 이 힘이 비행기의 추력에 도움이 되기도 한다.

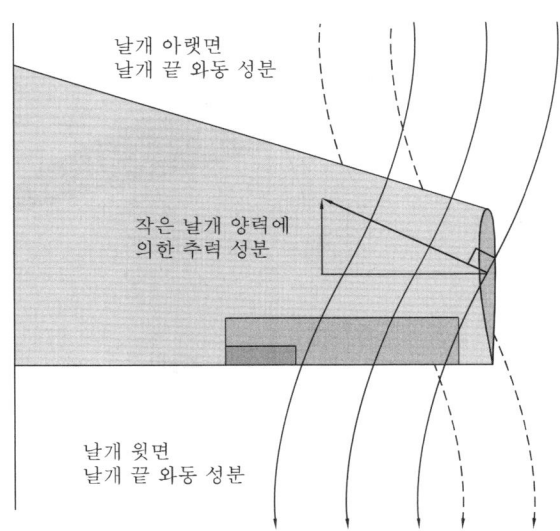

┃그림 4.25 작은 날개 양력에 의한 추력 성분┃

  그 밖에 날개 끝 와동을 감소시킬 목적으로 날개 끝에 연료탱크를 부착하거나 날개 끝에 변
형된 부착물을 장착하는 등 여러 가지 방법이 활용되고 있다.

심화학습

1 공력 중심 위치 계산

공력 중심의 위치를 구하기 위해서는 심화 그림 4.1을 참조할 필요가 있다. 먼저 공력 중심에 관한 키놀이 모멘트를 다음과 같이 구하고

$$M_{a.c} = M_{c/n} + L\left(a.c - \frac{c}{n}\right)\cos\alpha + D\left(a.c - \frac{c}{n}\right)\sin\alpha$$

각각의 점에 대한 무차원 계수를 도입한다.

$$C_{Ma.c}qSc = C_{Mc/n}qSc + C_L qS\left(a.c - \frac{c}{n}\right)\cos\alpha + C_D qS\left(a.c - \frac{c}{n}\right)\sin\alpha$$

$$c(C_{Ma.c} - C_{Mc/n}) = (C_L\cos\alpha - C_D\sin\alpha)\left(a.c - \frac{c}{n}\right)$$

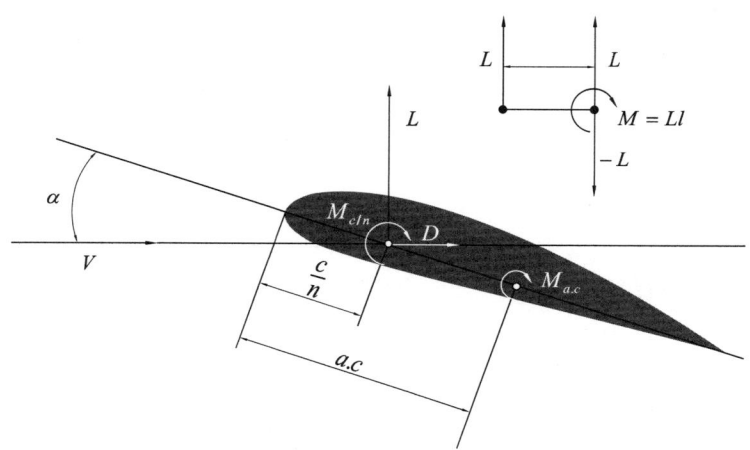

┃심화 그림 4.1 공력 중심 ┃

따라서

$$a.c = \frac{c}{n} - \frac{c(C_{Mc/n} - C_{Ma.c})}{C_L\cos\alpha + C_D\sin\alpha}$$

$$\frac{a.c}{c} = \frac{1}{n} - \frac{C_{Mc/n} - C_{Ma.c}}{C_L\cos\alpha + C_D\sin\alpha}$$

이때, α 이 0에 접근함에 따라 $\cos\alpha$는 1에 근접하고, $\sin\alpha$는 0에 근접하므로 다음과 같은 관계를 구할 수가 있다.

$$\frac{a.c}{c} = \frac{1}{n} - \frac{C_{Mc/n} - C_{Ma.c}}{C_L}$$

$$C_{Ma.c} = C_L\left(\frac{a.c}{c} - \frac{1}{n}\right) + C_{Mc/n}$$

한편, 위 식에서 $C_L = 0$이 되면

$$C_{Ma.c} = C_{Mc/n} = C_{M0}$$

즉, C_{M0}는 양력이 발생하지 않을 때의 무양력 키놀이 모멘트 계수(zero lift pitching moment coefficient) 값이며, 공력 중심에 관한 키놀이 모멘트 계수 값과 동일하다. 따라서 공력 중심에 관한 식은 다음과 같이 표현할 수가 있다.

$$\frac{a.c}{c} = \frac{1}{n} - \frac{C_{Mc/n} - C_{M0}}{C_L\cos\alpha + C_D\sin\alpha}$$

◼2 테이퍼 날개의 평균 기하학적 시위 및 날개 면적

항공기 테이퍼 날개$\Big($날개 뿌리 시위길이 : c_r, 날개 끝 시위길이 : c_t, 날개 스팬 : b, 테이퍼 비 $\lambda = \dfrac{c_t}{c_r}\Big)$의 평균 기하학적 시위를 구하는 식을 유도해 보자. 미소면적 $dS = cdy$이므로 평균 기하학적 시위길이는 다음과 같다.

$$\bar{c} = \frac{\displaystyle\int_0^b cds}{\displaystyle\int_0^b ds} = \frac{\displaystyle\int_0^b c^2 dy}{S}$$

테이퍼 날개 면적은 테이퍼 비(taper ratio) $\lambda = c_t/c_r$을 도입하면 다음과 같다.

$$S = (c_t + c_r)\frac{b}{2} = c_r(1 + \lambda)\frac{b}{2}$$

날개 중심선으로부터 거리 y만큼 떨어진 위치에서의 시위길이를 $c = c_t + l$이라고 하면 다음과 같은 비례식을 갖는다.

$$l : (c_r - c_t) = (b-y) : b$$

따라서

$$l = (c_r - c_t)\left(1 - \frac{y}{b}\right)$$

$$c = c_t + l = c_t + (c_r - c_t)\left(1 - \frac{y}{b}\right) = c_r\left\{1 - (1 - \lambda)\frac{y}{b}\right\}$$

한편,

$$\int_0^b c^2 dy = \int_0^b c_r{}^2\left\{1 - (1-\lambda)\frac{y}{b}\right\}^2 dy$$

$$= \int_0^b c_r{}^2\left\{1 - 2(1-\lambda)\frac{y}{b} + (1-\lambda)^2\frac{y^2}{b^2}\right\} dy$$

$$= c_r{}^2 b\left\{\frac{1}{3}(\lambda^2 + \lambda + 1)\right\}$$

그러므로

$$\frac{\bar{c}}{c_r} = \frac{\displaystyle\int_0^b c^2 dy}{c_r S} = \frac{c_r{}^2 b\left\{\dfrac{1}{3}(\lambda^2 + \lambda + 1)\right\}}{c_r{}^2(1+\lambda)\dfrac{b}{2}} = \frac{2(1+\lambda+\lambda^2)}{3(1+\lambda)}$$

따라서 테이퍼 날개의 평균 기하학적 시위 및 날개 면적을 테이퍼 비로 표시하면 다음과 같다.

$$\frac{\bar{c}}{c_r} = \frac{2(1+\lambda+\lambda^2)}{3(1+\lambda)}, \quad S = \frac{1+\lambda}{2}bC_r$$

③ 도움날개의 역 빗놀이 효과

도움날개를 사용하여 옆놀이 운동을 하면 날개가 내려가는 쪽으로 빗놀이 운동이 발생되는 항공역학적 커플링 효과(aerodynamic coupling effect)가 나타난다. 그러나 도움날개를 사용하는 초기 상태에는 도움날개의 역 빗놀이 효과(adverse aileron yaw)가 발생한다.

도움날개를 이용하여 비행 방향에 대해 오른쪽으로 선회하는 항공기를 생각해보자. 이때, 심화 그림 4.2와 같이 왼쪽 날개가 상승하므로, 상대적으로 수직 하강하는 상대바람이 형성되어 날개에 발생하는 양력은 뒤쪽으로 기울어진다. 왜냐하면 양력은 합성된 상대바람에 수직으로 발생하는 힘을 의미하기 때문이다.

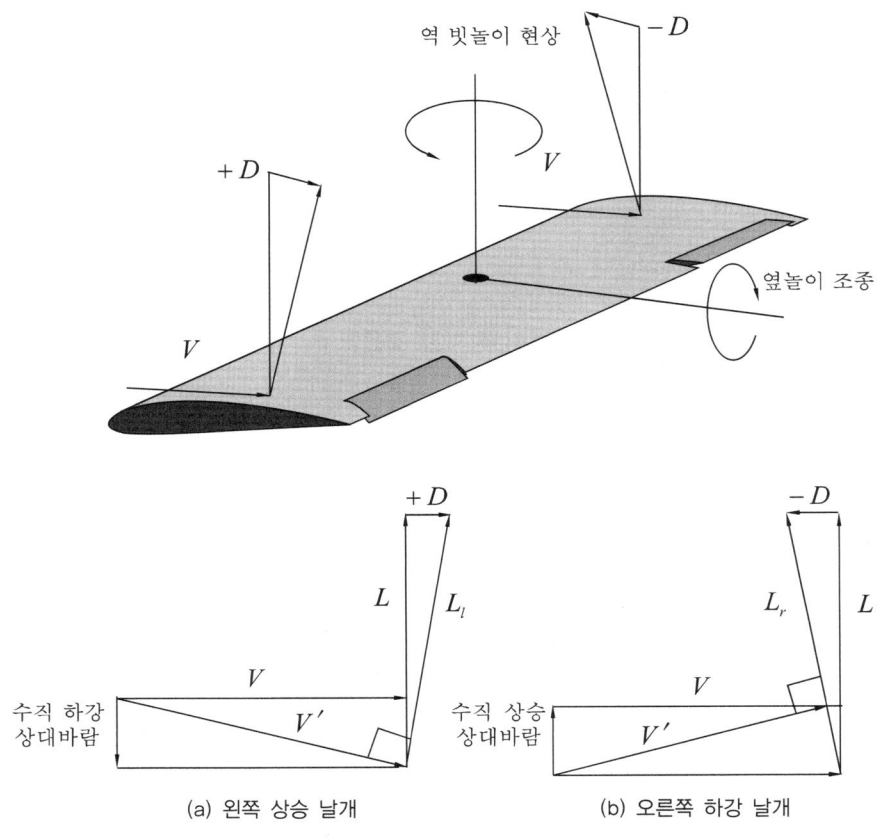

역 빗놀이 현상

옆놀이 조종

(a) 왼쪽 상승 날개

(b) 오른쪽 하강 날개

┃심화 그림 4.2 역 빗놀이 효과┃

한편, 오른쪽 날개는 하강하므로, 상대적으로 수직 상승하는 상대바람이 형성되어 날개에 발생하는 양력은 앞쪽으로 기울어진다. 따라서 왼쪽 날개에는 양의 항력($+D$)이 발생하고, 오른쪽 날개는 음의 항력($-D$)이 발생하므로 항공기는 진행 방향에 대해 왼쪽으로 회전하려는 빗놀이 운동을 하게 된다. 이 운동은 원래 옆놀이 조종에 따른 오른쪽으로 회전하려는 운동과 반대가 되므로 이를 역 빗놀이 효과라고 한다. 역 빗놀이 효과를 없애기 위해서는 하강하는 도움날개의 작동 각도를 줄이고, 상승하는 도움날개의 작동 각도는 키운다.

그런데 스포일러를 옆놀이 조종장치로 사용하게 되면, 펼쳐진 스포일러의 항력에 의하여 수직축 주위에 빗놀이 모멘트가 생기고, 이 모멘트는 도움날개의 역 빗놀이 효과를 억제하는 방향으로 작용하는 장점이 있다.

4.1 풍압중심(center of pressure)에 대한 설명 중 옳지 않은 것은?

㉮ 날개의 시위선 상의 양력과 항력의 합성력이 작용하는 점이다.

㉯ 받음각이 변화함에 따라 위치가 변화한다.

㉰ 항공역학적으로 불편한 점이다.

㉱ 그 점에 관한 키놀이 모멘트 값이 항상 일정하다.

[답] ㉱

4.2 다음 중 경계층 제어에 의한 고양력 장치인 것은?

㉮ suction removal

㉯ leading edge slat

㉰ Kruger flap

㉱ triple sloted fowler flap

[답] ㉮

4.3 항공기의 실속속도가 30m/s이었다. 스플릿 플랩을 사용한 경우 실속속도는 얼마인가? (단, 스플릿 플랩을 사용한 경우 $C_{L\max}$는 80%의 증가를 가져온다.)

[풀이] $V_{s1} = \sqrt{\dfrac{2W}{\rho s C_{L\max 1}}}$, $V_{s2} = \sqrt{\dfrac{2W}{\rho s C_{L\max 2}}}$

$\dfrac{V_{s2}}{V_{s1}} = \sqrt{\dfrac{C_{L\max 1}}{C_{L\max 2}}}$

$V_{s2} = V_{s1}\sqrt{\dfrac{C_{L\max 1}}{1.8 C_{L\max 1}}} = 30 \times \sqrt{\dfrac{1}{1.8}} = 22.4\text{m/s}$

[답] 22.4m/s

4.4 날개에 있어서 주어진 양력 곡선이 평 플랩을 사용하였을 때 어떻게 변화하겠는가?

[답] 평 플랩은 평균 캠버선의 곡률을 증가시킴으로써 $C_{L\max}$를 크게 해주며, 무양력각을 변화시키고 항력을 증가시킨다.

4.5 항공기 고양력 장치인 파울러 플랩의 특성은?

[답] 날개 면적의 증대와 캠버의 증대로 양력을 증가시킨다.

파울러 플랩은 캠버선과 날개 면적을 증가시키는 플랩으로서 다른 플랩보다 양력계수를 가장 많이 증가시킨다. 또한 파울러 플랩은 플랩 시위를 날개 시위의 30% 증가시킴에 따라 약 100%의 양력계수 증가를 가져온다.

CHAPTER

05

일반 비행 성능

일반 비행 성능

비행기의 성능이란 얼마나 멀리 갈 수 있는가, 얼마나 오래 공중에 떠 있을 수 있는가, 이·착륙 거리는 얼마나 되는가, 얼마나 빨리 고공으로 올라갈 수 있는가, 선회 능력은 어떤가, 동력이 없어도 날 수 있는가와 같은 비행기의 여러 가지 특성을 말한다.

비행 성능은 이와 같은 여러 가지의 특성을 가지고 비행기의 임무에 대한 적합성을 결정하는 중요한 요소이다.

이 단원에서는 이와 같은 여러 가지의 비행 성능 특성에 대해 알아보기로 한다.

Section 01 정상 비행 성능

항공기의 정상 비행 성능(steady flight performance)은 가속도가 없이 등속도 운동을 하는 비행 성능으로서 정적 성능(static performance)이라고도 한다.

정적 성능은 비행 속도에 대한 이용 동력(power available)과 필요 동력(power required)에 의해 결정된다. 예를 들면 수평 비행할 때의 최대 속도는 이용 동력과 필요 동력이 같아질 때 얻어지며 상승률은 이용 동력과 필요 동력의 차인 잉여동력(excess power)에 의해 결정된다.

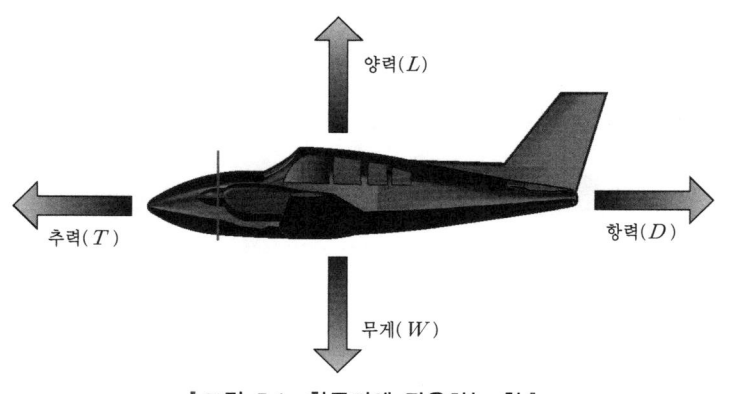

양력(L)

추력(T)

항력(D)

무게(W)

┃그림 5.1 항공기에 작용하는 힘┃

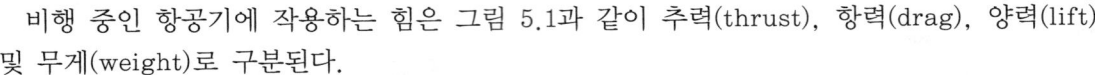

비행 중인 항공기에 작용하는 힘은 그림 5.1과 같이 추력(thrust), 항력(drag), 양력(lift) 및 무게(weight)로 구분된다.

이들 중에서 양력과 항력을 공기력이라 하며, 주 날개에는 주로 양력과 항력이 작용하게 된다. 항공기에 작용하는 힘의 관계에 따라 비행 특성을 다음과 같이 구분해 볼 수 있다.

$T > D$: 가속도 비행
$T = D$: 등속도 비행
$T < D$: 감속도 비행

또한,

$L > W$: 상승 비행
$L = W$: 수평 비행
$L < W$: 하강 비행

그리고 정상 비행은 직선 수평 비행(straight level flight)과 상승 · 하강 비행(climbing & descending flight) 및 선회 비행(turning flight)으로 구분하여 살펴 볼 수가 있다.

1 직선 수평 비행

정상 비행 특성으로서 직선 수평 비행의 경우에는 추력과 항력이 동일하고, 양력과 무게가 동일한 상태에서 등속도 비행이 이루어진다. 따라서 다음과 같은 힘의 평형 방정식이 성립된다.

$$T = D = \frac{1}{2}\rho V^2 S C_D \tag{5.1}$$

$$L = W = \frac{1}{2}\rho V^2 S C_L \tag{5.2}$$

식 5.2로부터 수평 비행 시의 비행 속도를 구하면 다음과 같다.

$$V = \sqrt{\frac{2W}{\rho S C_L}} \tag{5.3}$$

그리고 수평 비행 시의 추력을 구해보면 식 5.1과 5.2로부터 다음 식을 구할 수 있다.

$$T = \frac{C_D}{C_L}W \tag{5.4}$$

식 5.4는 수평 비행 시의 추력과 항공기 무게 및 양향비의 관계를 나타낸다. 그리고 추력과 항력에 비행 속도를 곱하면 프로펠러 항공기의 출력(power) 관계를 맺을 수가 있다.

166

$$TV = DV, \quad P_a = P_r$$

$$P_a = TV, \quad P_r = DV \tag{5.5}$$

여기서, P_a : 이용 동력(available power)

P_r : 필요 동력(required power)

따라서 다음과 같은 식을 구할 수가 있다.

$$P_r = \left(\frac{C_D}{C_L^{3/2}}\right) W \sqrt{\frac{2W}{\rho S}} \tag{5.6}$$

이용 동력은 항공기 기관 특성에 따라 달라지거나 조종사에 의해 결정되는 값으로서 항공기 비행 특성에 따라 달라지는 것이 아니다. 프로펠러 항공기의 정격으로서 이용 동력은 다음 식으로 표현할 수 있다.

$$P_a = \eta \cdot bHp, \quad P_a = C_p \, \rho n^3 D^5$$

여기에서 η는 프로펠러 효율(propeller efficiency), bHp는 왕복기관의 제동마력(brake horse power), C_p는 프로펠러 출력계수(power coefficient), n은 프로펠러 초당 회전수(rps of propeller), D는 프로펠러 지름(propeller diameter)을 나타낸다.

제트 항공기(jet aircraft)의 경우에는 이용 동력 대신에 이용 추력(thrust available)을 정격으로 사용한다.

$$T_a = \frac{\dot{W}_{\text{air}}}{g}(V_{\text{exit}} - V)$$

여기에서 $\dot{W}_{\text{air}}$은 제트기관에 유입되는 공기의 중량유량(weight flow rate of air), V_{exit}는 배기가스 속도(exhaust gas speed), V는 항공기 비행 속도(air speed)를 나타낸다.

예제 5.1 ⟫⟫ **항공기의 이용 동력(I)**

$1{,}500\text{kg}_\text{f}$의 추력으로 속도 360km/h로 나는 비행기가 있다. 이 비행기의 이용 동력을 계산해 보자. (단, $1\text{HP} = 75\,\text{kg}_\text{f} \cdot \text{m/s}$)

풀이 $P_a = TV = 1{,}500\text{kg}_\text{f} \times 360\text{km/h} \times \left(\frac{1\text{m/s}}{3.6\text{km/s}}\right)^{=1} \times \left(\frac{1\text{HP}}{75\text{kg}_\text{f} \cdot \text{m/s}}\right)^{=1}$

$P_a = 2{,}000\text{HP}$

예제 5.2 〉〉〉 항공기의 이용 동력(Ⅱ)

경비행기의 질량이 200kg이고, 고도 3,000m인 상공에서 200HP으로 순항 속도 360km/h로 비행하고 있다. 이때의 양항비(C_L/C_D)를 구해 보자.

풀이 ▮

$$W = mg = 200\text{kg} \times 9.8\text{m/s}^2 \times \left(\frac{1\text{kg}_\text{f}}{9.8\text{kg} \cdot \text{m/s}^2}\right)^{=1} = 200\text{kg}_\text{f}$$

$$P_r = WV\left(\frac{C_D}{C_L}\right)$$

$$\frac{C_L}{C_D} = \frac{WV}{P_r} = \frac{200\text{kg}_\text{f} \times 360\text{km/h} \times \left(\frac{1\text{h}}{3,600\text{s}}\right)^{=1} \times \left(\frac{1,000\text{m}}{1\text{km}}\right)^{=1}}{200\text{HP} \times \left(\frac{75\text{kg}_\text{f} \cdot \text{m/s}}{1\text{HP}}\right)^{=1}} = 1.333$$

예제 5.3 〉〉〉 항공기의 필요 동력

어떤 항공기가 5,000m의 고도를 360km/h로 비행하고 있다. 날개의 면적은 30m²이고, 이때의 항력계수는 0.03이다. 필요 동력은 얼마인가? (단, 공기의 밀도 $\rho = 0.075\text{kg}_\text{f} \cdot \text{s}^2/\text{m}^4$)

풀이 ▮

$$P_r = DV = \frac{1}{2}\rho V^3 SC_D$$

$$= \frac{1}{2} \times 0.075\text{kg}_\text{f} \cdot \text{s}^2/\text{m}^4 \times \left(360\text{km/h} \times \frac{1\text{m/s}}{3.6\text{km/h}}\right)^3 \times 30\text{m}^2$$

$$\times \left(\frac{1\text{HP}}{75\text{kg}_\text{f} \cdot \text{m/s}}\right)^{=1} \times 0.03$$

$$= 450\text{HP}$$

① 프로펠러 항공기의 필요 동력

프로펠러 항공기는 동력을 정격으로 하고 있기 때문에 필요 동력은 다음과 같다.

$$P_r = DV = \frac{1}{2}\rho V^3 SC_D$$

$$C_D = C_{Dp} + C_{Di}, \quad C_D = C_{Dp} + \frac{C_L^2}{\pi eAR}$$

$$C_D = C_{Dp} + kC_L^2, \quad k = \frac{1}{\pi eAR} \tag{5.7}$$

여기서, C_{Dp}는 유해항력계수(parasite drag coefficient), C_{Di}는 유도항력계수(induced drag coefficient)를 의미한다.

따라서 다음 관계를 구할 수 있다.

$$P_r = (C_{Dp} + kC_L^2)\frac{1}{2}\rho V^3 S \ , \ C_L = \frac{2W}{\rho SV^2}$$

$$P_r = \left(C_{Dp}\frac{\rho S}{2}\right)V^3 + \left(\frac{2kW^2}{\rho S}\right)\frac{1}{V}$$

그러므로 위 식은 다음과 같이 비행 속도 V에 관한 3차 함수와 반비례 함수의 합으로 표현할 수 있다.

$$P_r = AV^3 + \frac{B}{V}$$

$$A = C_{Dp}\frac{\rho S}{2}, \qquad B = \frac{2kW^2}{\rho S} \tag{5.8}$$

여기에서 계수 A는 함수 특성상 유해항력의 크기에 의해 결정되는 값이고, 계수 B는 유도항력의 크기에 따라 결정되는 값이란 사실이 매우 중요하다. 그리고 식 5.8을 그래프로 표시하면 비행 속도 V에 관한 3차 함수와 반비례 함수의 합으로 그림 5.2와 같이 구성된다.

즉 비행속도가 빨라지면 유해항력에 의해 필요 동력이 커지고, 반면에 비행 속도가 느려지면 유도항력에 의해 필요 동력이 커진다.

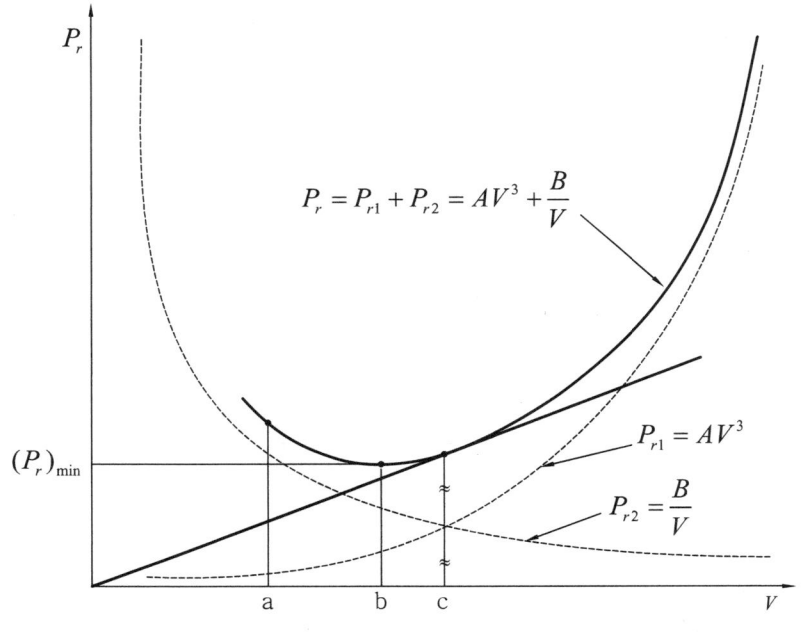

┃그림 5.2 필요 동력 곡선┃

1 실속 조건

그림 5.2의 a점은 항공기가 직선 수평 비행에서 최소 속도(실속 속도 : stall speed)로 비행할 수 있는 조건으로서 그 이하의 속도로는 비행이 불가능하다. 다만, 실속 속도로 비행한다고 해서 필요 동력이 최소가 되는 것이 아니다.

2 프로펠러 항공기 최장시간 비행 조건

그림 5.2의 b점은 항공기가 직선 수평 비행에서 필요 동력이 최소가 되는 점[$(P_r)_{\min}$인 점]으로서 필요 동력은 프로펠러 항공기 기관의 연료 소모율과 비례하므로 연료 소모율이 최소가 되는 점은 직선 수평 비행으로의 최장시간 비행 조건에 해당된다. 식 5.6으로부터 다음 식이 성립되므로

$$(P_r)_{\min} = \left(\frac{C_D}{C_L^{3/2}} \right)_{\min} W \sqrt{\frac{2W}{\rho S}}$$

최장시간 비행 조건은 다음과 같다.

$$\left(\frac{C_D}{C_L^{3/2}} \right)_{\min} = \left(\frac{C_L^{3/2}}{C_D} \right)_{\max}$$

그리고 이러한 최장시간 비행 조건은 다음과 같이 표현할 수 있으며 이 관계는 심화 과정에서 다루기로 한다.

$$3C_{Dp} = C_{Di}$$
$$3C_{Dp} = kC_L^2 \ , \ C_L = \sqrt{\frac{3C_{Dp}}{k}} \tag{5.9}$$

즉, 3배의 유해항력계수값이 유도항력계수값과 동일한 조건이 된다.

3 프로펠러 항공기 최장거리 비행 조건

그림 5.2의 c점은 항공기가 직선 수평 비행에서 최장거리 비행 조건이 된다. 그림 5.2에서 c점은 필요 동력 곡선의 접선 기울기, $(P_r / V)_{\min} = (V/P_r)_{\max}$ 가 되는 점으로 소모되는 연료량에 대해 가장 빠른 속도로 비행할 수 있는 조건이다.

$$(\text{접선의 기울기})_{\text{최소}} = \left(\frac{\text{필요 동력}}{\text{속도}} \right)_{\text{최소}} = \left(\frac{\text{속도}}{\text{필요 동력}} \right)_{\text{최대}}$$

필요 동력이 연료 소모율에 비례하므로 다음과 같이 구할 수 있다.

$$(접선의\ 기울기)_{최소} = \left(\frac{거리/시간}{연료량/시간}\right)_{최대} = \left(\frac{거리}{연료량}\right)_{최대}$$

이는 주어진 연료량을 가지고 가장 멀리 비행할 수 있는 조건과 같다. 그러므로 c점은 최장거리 비행 조건이 된다. 따라서 다음과 같다.

$$\left(\frac{P_r}{V}\right)_{min} = \left(\frac{DV}{V}\right)_{min} = \left(\frac{1}{2}\rho V^2 S C_D\right)_{min}$$

$$\left(\frac{P_r}{V}\right)_{min} = \left(\frac{C_D}{C_L}\right)_{min} W$$

그러므로 최장거리 비행 조건은 다음과 같이 양항비(lift drag ratio)가 가장 큰 조건으로 비행하여야 한다.

$$\left(\frac{C_D}{C_L}\right)_{min} = \left(\frac{C_L}{C_D}\right)_{max}$$

따라서 최장거리 비행 조건은 유해항력계수값이 유도항력계수값과 동일해지는 다음과 같은 조건이 된다. 이 관계는 심화 과정에서 다루기로 한다.

$$C_{Dp} = C_{Di}$$

$$C_{Dp} = k C_L^2, \quad C_L = \sqrt{\frac{C_{Dp}}{k}} \tag{5.10}$$

② 제트 항공기의 필요 추력

제트 항공기는 추력을 정격으로 하고 있기 때문에 프로펠러 항공기의 필요 동력으로부터 다음과 같은 식을 구할 수가 있다.

$$P_r = A V^3 + \frac{B}{V}$$

$$T_r = \frac{P_r}{V} = A V^2 + \frac{B}{V^2}$$

$$T_r = A V^2 + \frac{B}{V^2} \tag{5.11}$$

여기에서도 계수 A는 함수 특성상 유해항력의 크기에 의해 결정되는 값이고, 계수 B는 유도항력의 크기에 따라 결정되는 값이란 사실이 매우 중요하며, 필요 동력에서 서술한 개념과 동일하다. 따라서 식 5.11을 그래프로 표시하면 비행 속도 V에 관한 2차 함수와 제곱 반비례 함수의 합으로 그림 5.2와 약간 차이가 나는 그림 5.3과 같이 구성된다.

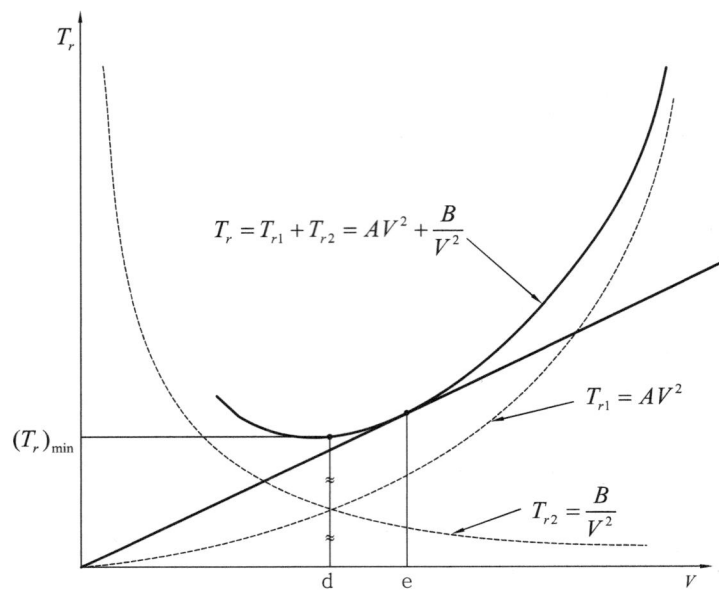

┃그림 5.3 필요 추력 곡선┃

☐1 제트 항공기 최장시간 비행 조건

제트 항공기의 연료 소모율은 정격인 필요 추력에 의해 결정되므로 그림 5.3의 d점과 같이 연료 소모율이 최소가 되는 최장시간 비행 조건은 다음과 같다.

$$T_{\min} = \left(\frac{1}{2}\rho V^2 S C_D\right)_{\min} = \left(\frac{C_D}{C_L}\right)_{\min} W$$

즉,

$$\left(\frac{C_D}{C_L}\right)_{\min} = \left(\frac{C_L}{C_D}\right)_{\max}$$

이는 프로펠러 항공기의 최장거리 비행 조건과 동일하므로 유해항력계수값과 유도항력 계수값이 동일한 조건이며, 해당되는 비행 속도도 프로펠러 항공기의 경우와 동일하다.

$$C_{Dp} = C_{Di}$$

$$C_{Dp} = k C_L^2, \quad C_L = \sqrt{\frac{C_{Dp}}{k}} \tag{5.12}$$

2 제트 항공기 최장거리 비행 조건

제트 항공기의 최장거리 비행 조건도 그림 5.3의 e점과 같이 다음의 조건을 갖는다.

$$\left(\frac{T}{V}\right)_{\min} = \left(\frac{V}{T}\right)_{\max}$$

따라서

$$\left(\frac{T}{V}\right)_{\min} = \left(\frac{1}{2}\rho VSC_D\right)_{\min} = \left(\frac{C_D}{C_L^{1/2}}\right)_{\min}\sqrt{W\,\frac{\rho S}{2}}$$

즉,

$$\left(\frac{C_D}{C_L^{1/2}}\right)_{\min} = \left(\frac{C_L^{1/2}}{C_D}\right)_{\max}$$

그리고 이러한 최장거리 비행 조건은 다음과 같이 표현할 수 있으며 이 관계는 심화 과정에서 다루기로 한다.

$$C_{Dp} = 3C_{Di}$$

$$C_{Dp} = 3kC_L^2, \quad C_L = \sqrt{\frac{C_{Dp}}{3k}} \tag{5.13}$$

즉, 유해항력계수값이 3배의 유도항력계수값과 동일한 조건이 된다.

예제 5.4 ≫≫ 항공기의 이용 동력

비행기 기관의 제동 유효 동력이 250HP이고, 프로펠러 효율 $\eta_p = 0.75$일 때, 이용 동력을 계산해 보자.

풀이 $\quad P_{av} = \eta_p \cdot b\,Hp = 0.75 \times 250\text{HP} = 187.5\text{HP}$

예제 5.5 ≫≫ 항공기의 추력

기관의 출력이 300HP이고, 순항 속도가 300km/h인 비행기의 추력은 얼마인가? (단, 프로펠러의 효율 $\eta_p = 0.9$)

풀이 $\quad \eta_p \cdot bHp = TV$

$$T = \frac{\eta_p \cdot bHp}{V} = \frac{0.9 \times 300\text{HP} \times \left(\dfrac{75\text{kg}_\text{f} \cdot \text{m/s}}{1\text{HP}}\right)^{=1}}{300\text{km/h} \times \left(\dfrac{1\text{h}}{3,600\text{s}}\right)^{=1} \times \left(\dfrac{1,000\text{m}}{1\text{km}}\right)^{=1}} = 243\text{kg}_\text{f}$$

▣ 상승 비행

① 상승 비행 조건

정상 비행 특성으로서 그림 5.4와 같이 등속도로 상승 비행을 하는 경우에는 다음과 같은 힘의 평형 방정식이 성립된다.

$$T = D + W\sin\gamma$$
$$L = W\cos\gamma$$

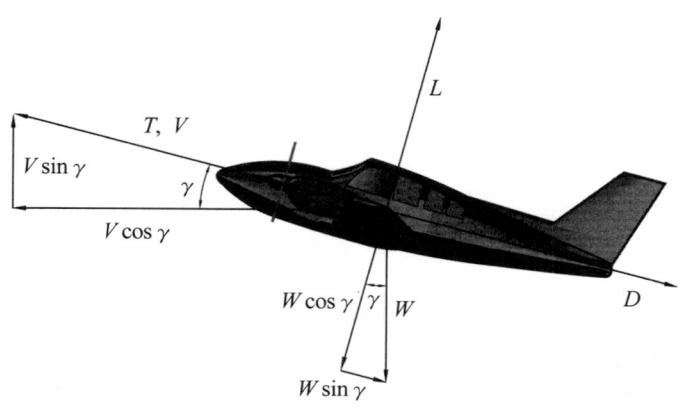

┃그림 5.4 상승 비행 조건┃

이때, γ 는 상승각(angle of climb)을 나타낸다. 한편, 동력은 힘에 비행 속도를 곱하여 구할 수 있으므로 상승 비행 속도를 곱하면 다음과 같이 표현할 수 있다.

$$TV = DV + WV\sin\gamma$$
$$P_a = P_r + \Delta P \tag{5.14}$$

여기서, 매우 중요한 사실은 $P_r = DV$ 는 비행 속도 V 로 등속도 수평 비행을 할 때의 필요 동력이다. 다시 말해 비행 속도 V 로 상승 비행할 때도, 항력에 의해서만 요구되는 필요한 동력은 동일한 비행 속도 V 로 수평 비행할 때와 동일한 값을 갖는다는 것이다.

상승 비행 시에 항공기 상승 자세의 영향에 의한 중력의 분력(비행 반대 방향으로의 분력)에 의해 나타나는 $\Delta P = WV\sin\gamma$ 는 상승 비행 시에 요구되는 잉여 동력(excess power)이라 하며 이 힘의 존재 여부가 상승 비행과 수평 비행의 차이점이 된다.

상승률(rate of climb : R/C)은 다음 식으로 표현할 수가 있다.

$$R/C = V\sin\gamma = \frac{TV - DV}{W}$$

$$R/C = \frac{P_a - P_r}{W} = \frac{\Delta P}{W}$$

$$\text{상승률} = \frac{\text{이용 동력} - \text{필요 동력}}{\text{항공기 무게}} = \frac{\text{잉여 동력}}{\text{항공기 무게}} \tag{5.15}$$

비행 속도 V로 수평 비행할 때는 다음과 같이 필요 동력만큼 이용 동력이 요구된다.

$$P_a = P_r = DV$$

상승각 γ로 상승 비행을 할 때에는 수평 비행할 때의 필요 동력 외에 상승각에 따른 잉여 동력 $\Delta P = W\,V\sin\gamma$ 만큼이 더 요구된다.

$$P_a \equiv DV + WV\sin\gamma = P_r + \Delta P$$

이와 같은 관계는 그림 5.5에 나타냈다. 여기서 조종사가 스로틀을 증가·감소시키게 되면 비행 속도가 달라지지 않는 조건에서 상승각이 증가·감소하게 된다.

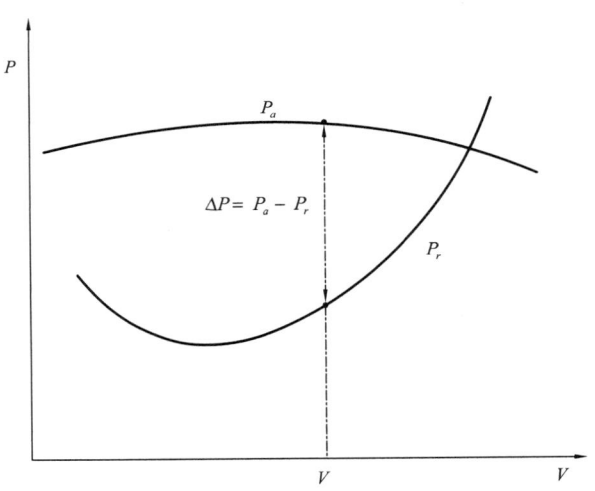

▌그림 5.5 잉여 동력▐

예제 5.6 ⟫⟫⟫ 상승률

비행기의 무게가 $1{,}500\text{kg}_\text{f}$이고, 잉여 동력이 150HP일 경우에 상승률은 얼마인가?

풀이 ▌ $R/C = \dfrac{\Delta P}{W} = \dfrac{150\text{HP} \times \left(\dfrac{75\text{kg}_\text{f} \cdot \text{m/s}}{1\text{HP}}\right)^{=1}}{1{,}500\text{kg}_\text{f}} = 7.5\text{m/s}$

예제 5.7 >>> **상승각**

비행기가 시속 360km/h로 비행하고 있다. 이때, 상승률이 10m/s 라 하면 상승각은 얼마인가?

풀이 | $R/C = V\sin\gamma$

$$\sin\gamma = \frac{R/C}{V} = \frac{10\text{m/s}}{360\text{km/h} \times \left(\dfrac{1\text{m/s}}{3.6\text{km/h}}\right)^{=1}} = 0.1$$

$$\gamma = \sin^{-1}(0.1) = 5.7°$$

② 고도 영향

비행기의 상승 성능은 고도의 변화에 의해 영향을 받는다. 이것은 고도가 증가함에 따라 공기 밀도가 감소하며, 비행기의 기관은 공기 밀도가 감소하면 출력이 저하되기 때문이다.

즉, 기관에 유입되는 공기의 체적은 일정하지만 고공에서는 밀도가 작기 때문에 질량이 감소되고, 이에 따라 연료와 공기의 혼합비가 나빠져서 기관의 출력이 떨어지게 된다. 그리고 고공으로 올라가면 공기 밀도가 감소되기 때문에 이용 동력도 감소하게 된다.

해면고도와 임의고도에서의 비행 속도와 공기 밀도로부터 필요 동력을 계산하는 방법을 알아보자.

해면에서의 비행 속도와 공기 밀도를 각각 V_0, ρ_0 라 하고 임의고도에서의 비행 속도와 공기 밀도를 V, ρ 라 하면, 비행기가 해면과 임의고도에서 동일한 받음각, 즉 동일한 C_L 및 C_D 로 수평 비행할 경우, 해면고도와 임의고도에서의 비행에 발생되는 양력에 대한 식은 다음과 같다.

$$L = W = \frac{1}{2}\rho_0 V_0^2 S C_L$$
$$L = W = \frac{1}{2}\rho V^2 S C_L$$

여기서, 양력 L은 동일한 양력을 발생시키는 경우로 가정하고 비행기의 무게 W도 동일하다고 본다.

해면고도와 임의고도에서의 속도와 밀도와의 관계식은 다음과 같이 만들어진다.

$$\frac{V^2}{V_0^2} = \frac{\rho_0}{\rho}, \quad \frac{V}{V_0} = \sqrt{\frac{\rho_0}{\rho}}$$

동일한 받음각일 경우 해면고도에서의 필요 동력을 P_{r0}, 그리고 임의고도에서의 필요 동력을 P_{ra}라 하면 필요 동력의 식은 다음과 같이 나타낼 수 있다.

$$P_{r0} = \frac{1}{2}\rho_0 V_0^3 S C_L$$

$$P_{ra} = \frac{1}{2}\rho V^3 S C_L$$

위 식들로부터 필요 동력과 밀도, 속도와의 관계가 구해진다.

$$\frac{P_{ra}}{P_{r0}} = \frac{\rho V^3}{\rho_0 V_0^3}$$

그리고

$$\frac{V^3}{V_0^3} = \sqrt{\frac{\rho_0^3}{\rho^3}}$$

$$\frac{P_{ra}}{P_{r0}} = \frac{\rho V^3}{\rho_0 V_0^3} = \frac{\rho}{\rho_0} \times \sqrt{\frac{\rho_0^3}{\rho^3}} = \sqrt{\frac{\rho_0}{\rho}}$$

$$P_{ra} = P_{r0} \times \sqrt{\frac{\rho_0}{\rho}}$$

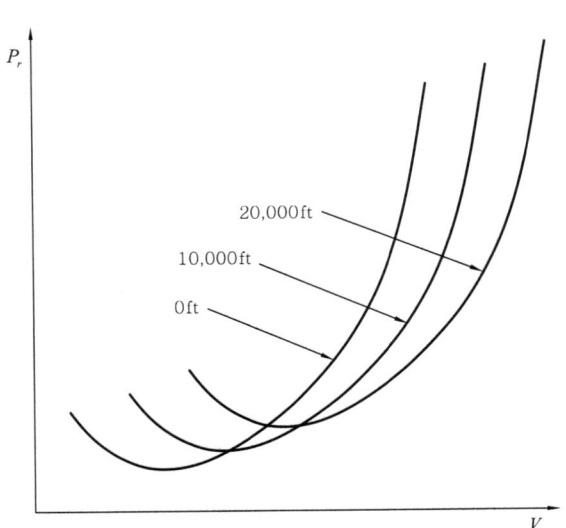

| 그림 5.6 고도에 따른 필요 동력 곡선 |

지금까지의 식들을 정리하면 그림 5.6과 같은 고도에 따른 속도 변화와 필요 동력의 관계를 살펴 볼 수가 있다.

해면고도와 임의고도에 있어서 동일한 받음각으로 수평 비행하는 비행기에 대해 $\rho_0 > \rho$인 임의고도에서 필요 동력은 밀도비(ρ_0/ρ)의 제곱근에 비례하여 증가하는 것을 알 수 있다.

따라서 그림 5.6과 같이 비행기의 고도의 변화에 따른 필요 동력 곡선을 나타내면, 고도가 높아짐에 따라 필요 동력 곡선이 오른쪽 위로 이동되는 것을 알 수 있다. 이는 고도가 높아질수록 수평 비행을 하기 위해 속도를 증가시켜야 하고, 필요 동력도 증가시켜야 한다는 뜻이다.

③ 상승 한계 및 상승 시간

고도가 높아지면 공기가 희박해지기 때문에 이용 동력은 점점 감소하고, 필요 동력은 증가시켜야 한다. 따라서 잉여 동력도 작아져서 상승률이 작아지게 된다. 비행기가 계속 상승하다가 일정 고도에 도달하게 되면 최대 이용 동력과 수평 비행에서 요구되는 필요 동력이 같아지는 고도에 이르게 된다.

이때, 비행기는 더 이상 상승하지 못하게 되며, 상승률은 0이 된다. 이때의 고도를 절대 상승 한도(absolute ceiling)라 한다. 이 고도는 비행기가 상승할 수 있는 최대의 고도이지만,

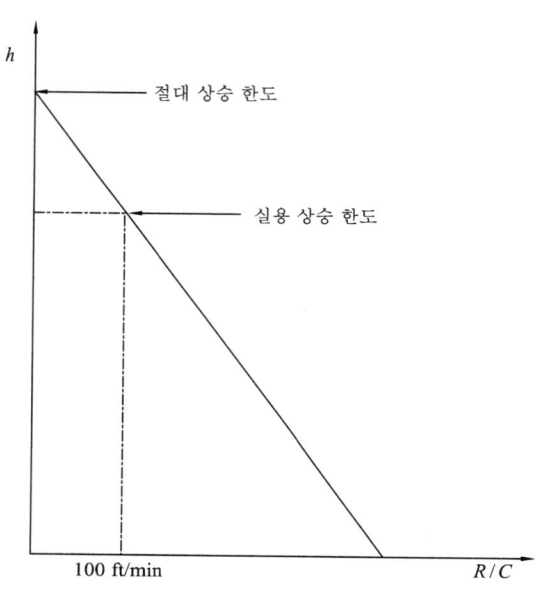

┃그림 5.7 상승 한도┃

이 고도까지 상승하는 데는 많은 시간이 걸린다. 따라서 비행기에서는 상승률이 100ft/min가 되는 고도를 실용 상승 한도(service ceiling)라 하여 정해 놓고 있다. 실용 상승 한도는 절대 상승 한도의 약 90%가 된다. 상승률이 고도에 따라 선형적으로 감소한다고 가정하면 비행기의 상승 한계들에 대하여 그림 5.7로 표현할 수 있다. 그림 5.7에서 가로축은 상승률을, 세로축은 고도를 나타낸 것이다.

비행기의 상승 시간은 비행기의 성능을 결정하는 중요한 요소이다. 특히, 전투기와 같은 경우에는 상승 시간이 짧을수록 유리하기 때문에 특별히 상승 시간을 고려하여 설계해야 한다.

식 5.15에 나타낸 상승률은 잉여 동력을 비행기의 무게로 나눈 값으로 나타낸 것이다. 이때의 상승률은 속도의 함수로 나타낸 것으로 해당 고도에서의 순간 상승률이다. 그런데 상승하는 비행기의 상승 시간에 대한 고도의 변화율도 역시 상승률로 나타낼 수 있으며, 이것은 해당 고도에서의 평균 상승률이다. 즉, 평균 상승률을 시간에 대한 고도의 변화율로 나타낸다면 다음과 같다.

$$(R/C)_m = \frac{고도\ 변화}{상승\ 시간}$$

또는,

$$상승\ 시간 = \frac{고도\ 변화}{평균\ 상승률}$$

최대 상승률의 속도로 비행기가 상승하면 비행 속도가 느려지게 되므로, 최대 상승률의 속도로 상승 비행을 하는 것이 최상의 방법은 아니다. 전투기 등의 비행기에서는 고도뿐만 아니라 비행 속도 그 자체도 문제가 된다.

예제 5.8 >>> 절대 상승 한도

해발고도에서 상승률이 $R/C = 500\,\text{ft/min}$인 항공기의 실용 상승 한도가 $10,000\,\text{ft}$일 때, 이 항공기의 절대 상승 한도는 얼마인가? (단, 상승률은 고도에 따라 선형적으로 감소한다.)

풀이 ┃ 이 항공기의 실용 상승 한도에서의 상승률은 $100\,\text{ft/min}$이므로 절대 상승 한도를 x 라고 하면 비례식의 관계는 다음과 같다. (그림 5.7 참조)

$$x\,[\text{ft}]\ :\ 500\,\text{ft/min} = (x - 10,000)\,\text{ft}\ :\ 100\,\text{ft/min}$$
$$500 \times (x - 10,000) = 100x$$
$$4x = 50,000$$

따라서

$$x = 12,500\,\text{ft}$$

▣ 하강 비행

① 하강 비행 조건

정상 비행 특성으로서 그림 5.8과 같이 등속도로 하강 비행의 경우에 다음과 같은 힘의 평형 방정식이 성립된다.

$$T = D - W\sin\gamma$$

$$L = W\cos\gamma$$

이때, γ는 하강각(angle of descent)을 나타낸다. 한편, 이에 따른 동력을 구하면 다음과 같다.

$$TV = DV - WV\sin\gamma$$
$$P_a = P_r - \Delta P \tag{5.16}$$

여기서, 매우 중요한 사실은 $P_r = DV$도 비행 속도 V로 등속도 수평 비행을 할 때의 필요 동력이다. 비행 속도 V로 하강 비행할 때, 항력에 의해서만 요구되는 필요한 동력은 동일한 비행 속도 V로 수평 비행할 때와 동일한 값을 갖는다는 것이다.

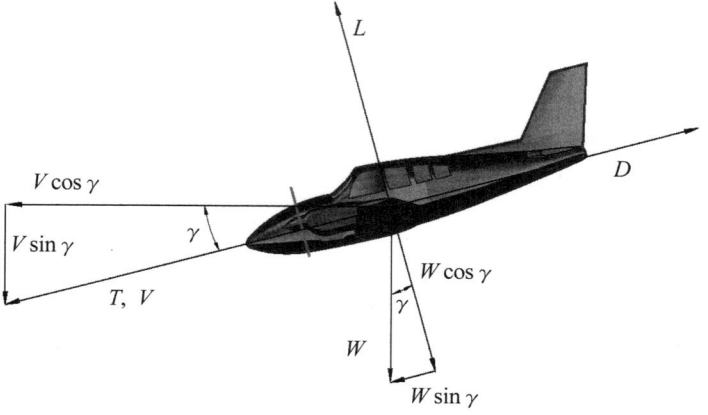

┃그림 5.8 하강 비행 조건┃

하강 비행 시에 항공기 하강 자세의 영향에 의한 중력의 분력(비행 방향으로의 분력)으로 나타나는 $-\Delta P = -WV\sin\gamma$ 항은 하강 비행 시에 발생되는 음(−)의 잉여 동력(excess power)이라 하며 이 힘이 하강 비행과 수평 비행의 차이점이 된다.

그리고 이용 동력은 비행 속도 V로 하강 비행할 때의 항공기 기관으로부터 나오는 동력으로서 조종사가 스로틀 조작에 의해 그 값을 변화시키면, 비행 속도가 변화되지 않는 조건에서 이 값의 크기에 따라 항공기의 하강 각도가 변화하게 된다.

침하율(rate of descent : R/D)은 다음 식으로 표현할 수가 있다.

$$R/D = V\sin\gamma = \frac{DV - TV}{W}$$
$$R/D = \frac{P_r - P_a}{W} = -\frac{\Delta P}{W}$$
$$침하율 = \frac{필요\ 마력 - 이용\ 마력}{항공기\ 무게} = -\frac{잉여\ 마력}{항공기\ 무게} \tag{5.17}$$

다시 말해, 비행 속도 V로 수평 비행할 때는 다음과 같은 이용 동력이 필요하다.

$$P_a = P_r = DV$$

하강 비행을 할 때에는 다음 식과 같이 음(−)의 잉여동력 $-\Delta P = - WV\sin\gamma$ 만큼의 이용 동력이 감소되면 하강각 γ로 하강 비행하게 된다.

$$P_a \equiv DV - WV\sin\gamma = P_r - \Delta P$$

이와 같은 관계는 그림 5.9에서 확인할 수 있다.

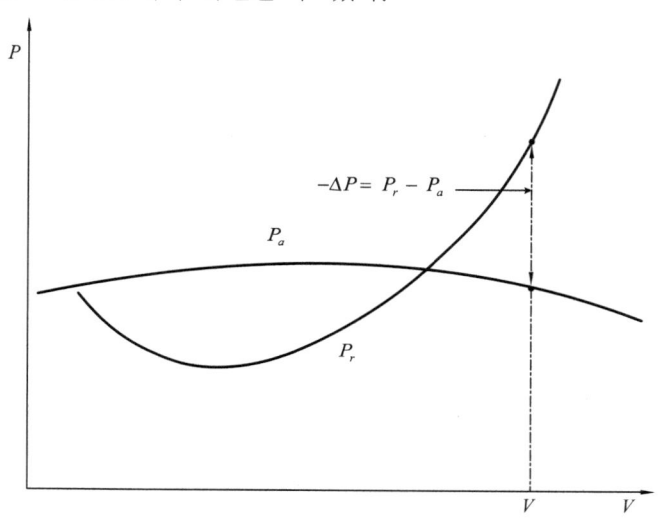

┃그림 5.9 음(−)의 잉여 동력 ┃

② 활공 비행

비행기가 무동력 상태에서 실속하지 않고 침하하는 경우를 활공 비행(gliding flight)이라 하며 비행기의 자세와 작용하는 힘의 방향 및 활공 경로를 그림 5.10에 나타냈다.

활공하는 비행기에 작용하는 힘은 그림 5.10과 같이 진행 방향에 수직인 양력 L과 진행 방향의 반대 방향으로 항력 D가 작용 하고, 수직 아래로 비행기의 무게에 해당하는 무게 W가 작용한다. 이때, 등속도로 정상 활공 비행을 하고 있다면 가속도는 없으므로 비행기에 작용하는 공기력과 중력의 분력들이 평형이 되어야 한다. 이를 식으로 나타내면 다음과 같다.

$$W\cos\theta = L = C_L qS$$
$$W\sin\theta = D = C_D qS \tag{5.18}$$

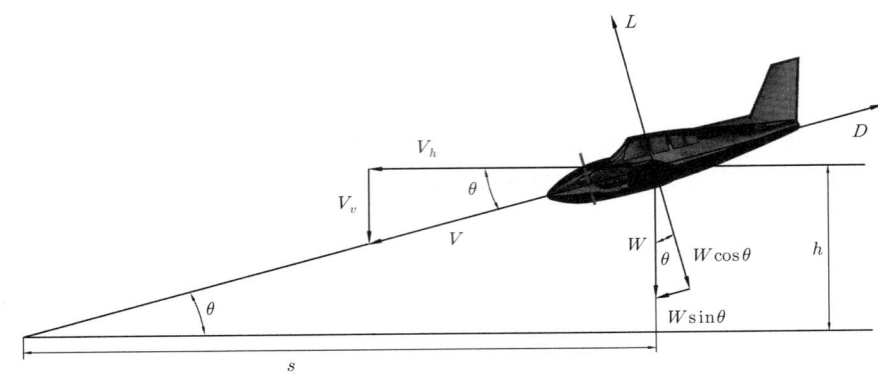

┃그림 5.10 활공 비행┃

위 식들로부터 다음 식을 구할 수가 있다.

$$\tan\theta = \frac{C_D}{C_L}, \quad \theta = \tan^{-1}\frac{C_D}{C_L}, \quad \frac{C_D}{C_L} = \frac{h}{s}$$

$$s = \frac{C_L}{C_D} \cdot h = \frac{L}{D} \cdot h \tag{5.19}$$

활공비(glide ratio : G/R)는 활공고도를 침하하는 동안 진행하는 활공거리의 비로서 다음과 같이 양항비의 관계로 표현된다.

$$G/R = \frac{s}{h} = \frac{C_L}{C_D} \tag{5.20}$$

그리고 활공각 θ는 양항비 C_L/C_D에 반비례하게 된다. 즉, 멀리 활공하려면 활공각이 작아야 되며, 활공각이 작으려면 양항비가 커야 한다. 활공기에서 양항비를 크게 하기 위하여 항력계수를 최소로 해야 하며, 이렇게 하기 위해서 기체 표면을 매끈하게 하고 모양을 유선형으로 하여 유해항력을 작게 한다. 또, 날개의 길이를 길게 함으로써 가로세로비를 크게 하여 유도항력을 작게 한다.

최장 거리 활공 조건은 식 5.19로부터 구할 수가 있다.

$$s_{\max} = \left(\frac{C_L}{C_D}\right)_{\max} \cdot h$$

즉, 양항비가 최대가 되는 조건으로서 이 경우에는 다음과 같은 조건임을 알 수가 있고 이를 이용하여 최장 활공 거리를 구할 수 있다.

$$\left(\frac{C_L}{C_D}\right)_{\max}, \quad C_{Dp} = C_{Di}$$

최장 시간 활공 조건은 침하율이 최소가 되는 조건이다. 이는 다음 식과 같은 조건이 되어야 하는 데 그 유도과정은 생략한다.

$$\left(\frac{C_L^{3/2}}{C_D}\right)_{\max}, \quad 3\,C_{Dp} = C_{Di}$$

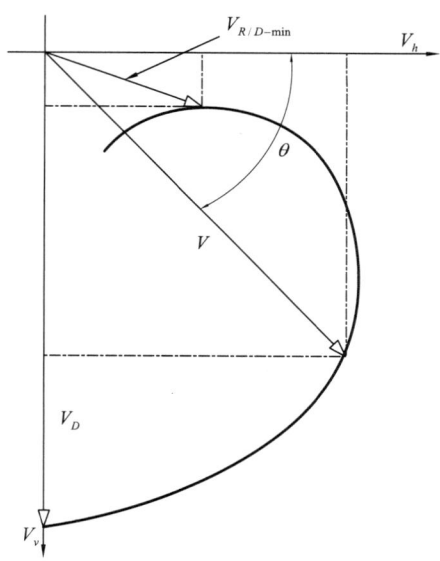

┃그림 5.11 활공 비행 호도그래프 ┃

활공 비행 특성을 쉽게 알아 볼 수 있는 방법으로 호도그래프(hodograph)를 사용한다. 이 도표는 활공각에 따른 활공 속도 벡터(vector)의 종점 궤적을 연결한 선도이다. 그림 5.11은 활공 비행의 호도그래프를 보여주고 있다.

그림 5.11에서 V와 θ는 활공 속도와 활공각을 나타내고, V_D는 급강하속도(diving speed)를 나타내며, $V_{R/D-\min}$은 침하율이 최소가 되는 활공 속도를 의미한다.

③ 급강하

활공 비행의 한 종류인 급강하(diving)는 그림 5.11에서 속도 V_D에 해당된다. 이 경우 비행기에 작용하는 힘의 평형을 생각하면 다음과 같다.

$$W = \frac{1}{2}\rho V^2 S C_D$$

$$L = 0$$

즉, 추력이 없는 상태에서 비행기에 작용하는 힘은 무게 W와 항력 D가 평형을 이룬 상태가 된다.

위 식으로부터 급강하 속도를 구하면 다음과 같다.

$$V_D = \sqrt{\frac{2W}{\rho S C_D}} \tag{5.21}$$

비행기가 수평 상태로부터 급강하로 들어갈 때의 급강하 속도는 차차 증가하게 되어 끝에 가서는 일정한 속도에 가까워지며, 이 속도 이상 증가하지 않는다. 이때의 속도가 식 5.21로 표시되는 V_D이며, 이 속도를 종극 속도(terminal velocity)라 한다. 이때, W/S를 날개 하중(익면 하중, wing loading)으로 주어지기도 한다.

예제 5.9 >>> **급강하 속도**

비행기가 5,000m 상공($\rho = 0.075\mathrm{kg_f \cdot s^2/m^4}$)에서 급강하하고 있다. 항력계수 $C_D = 0.03$이고 날개하중 $W/S = 274\mathrm{kg_f/m^2}$이다. 이때, 급강하 속도를 구해 보자.

풀이 $V_D = \sqrt{\frac{2}{\rho} \cdot \frac{W}{S} \cdot \frac{1}{C_D}}$

$= \sqrt{\frac{2}{0.075} \times 274 \times \frac{1}{0.03}} = 493.5\mathrm{m/s} = 1,776.6\mathrm{km/h}$

4 선회 비행

1 정상 선회

직선 운동 중인 항공기가 직선 비행경로의 수평 방향으로 힘을 받았다면, 이 물체는 새로 받은 힘의 방향으로 원운동을 시작한다. 이때, 원운동을 하는 바깥 방향으로 원심력(centrifugal force) $F_{c.f}$가 작용하며, 항공기가 원운동을 하기 위해서는 구심력(centripetal force) $F_{c.p}$가 필요하다. 즉 원운동을 하는 항공기에는 관성에 의하여 원운동으로부터 이탈하려는 원심력이 발생된다. 이 원심력과 방향이 반대이고 크기가 같은 구심력이 서로 균형을 이루면 물체는 계속 원운동을 하게 된다.

항공기에서 이러한 비행을 선회 비행이라 하며, 비행기의 경우에는 도움날개(aileron)로 선회경사각(bank angle)을 주어 날개 양력의 수평성분을 구심력으로 사용한다.

그림 5.12는 정상 선회하는 비행기에 작용하는 힘의 관계를 나타낸 것이다. 비행기의 무게를 W, 선회 속도를 V_t, 선회 반지름을 R_t, 선회 경사각(bank angle)을 ϕ라 하면 원심력은 WV_t^2/gR_t가 되고, 구심력은 $L_t\sin\phi$가 된다.

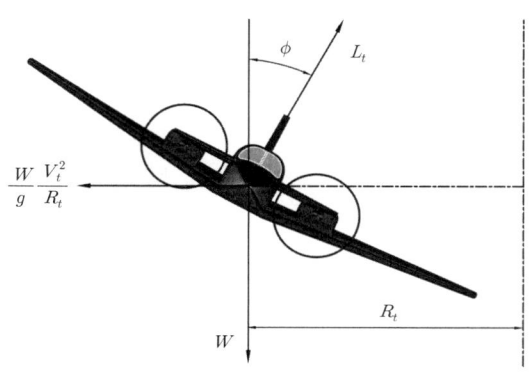

┃그림 5.12 선회 비행┃

이때 선회 경사각이 작은 경우 원심력이 구심력보다 커져 비행기가 바깥쪽으로 밀리는 외활(skidding)을 하며, 선회 경사각이 큰 경우 원심력이 구심력보다 작아져 안쪽으로 밀리는 내활(slipping)을 한다. 외활과 내활을 옆 미끄럼 운동(side slip)이라 한다.

비행기가 비행속도에 맞추어 선회 경사각을 정확하게 설정하면 원심력과 구심력이 똑같아지는 옆 미끄럼 운동을 하지 않는 균형 선회(coordinate turning flight or turn coordination)가 이루어진다. 다시 말해 균형 선회는 항공기의 원심력과 구심력이 일치하는 상태에서 선회하는 비행을 말한다. 이를 정리하면 다음과 같다.

$F_{c.f} > F_{c.p}$: 외활

$F_{c.f} < F_{c.p}$: 내활

$F_{c.f} = F_{c.p}$: 균형 선회

그리고 동일 수평면 내에서 일정한 선회 반지름을 가지고 등속도로 원운동을 하는 선회 비행을 정상 선회(steady turning flight)라고 한다. 다시 말해 비행 속도와 비행 고도가 일정한 선회 비행을 정상 선회 비행이라 한다. 즉 선회하는 항공기에 작용하는 수직 상향 분력(양력의 수직분력 및 추력의 수직분력)과 수직 하향 분력(항공기의 중량)이 일치하고, 수평면 상의 추력 방향 분력과 항력 방향 분력이 일치하는 상태를 정상상태 선회비행(steady state turning flight)이라 하고 이를 간단히 정상 선회 비행이라 한다.

따라서 정상 선회 비행(steady turning flight)은 수평 선회 비행(level turning flight)과 균형 선회 비행(coordinate turning flight)을 포함한다.

비행기가 균형 선회 비행을 계속하려면 구심력과 원심력이 같아야 하므로 다음 식이 성립된다.

$$L_t \sin\phi = \frac{W}{g} \cdot \frac{V_t^2}{R_t} \qquad (5.22)$$

또, 동일 수평면 내에서 선회해야 하므로 비행기에 작용하는 수직 방향의 힘들도 평형이 이루어진다.

$$L_t \cos\phi = W \qquad (5.23)$$

그리고 원심력 $F_{c.f}$는 다음과 같은 관계를 이용하여 표현할 수가 있다.

$$L_t = \frac{W}{\cos\phi} \quad , \quad F_{c.f} = L_t \sin\phi = W\tan\phi$$

$$F_{c.f} = W\tan\phi \qquad (5.24)$$

선회각과 선회 반지름은 식 5.22를 식 5.23으로 나누면 다음 식으로 구해진다.

$$\tan\phi = \frac{V_t^2}{gR_t} \text{ 또는 } R_t = \frac{V_t^2}{g\tan\phi} \qquad (5.25)$$

식 5.25에서, 선회 반지름을 작게 하려면 선회 속도를 작게 하거나 선회 경사각을 크게 하면 된다. 그러나 선회 반지름을 작게 하기 위하여 너무 큰 선회 경사각을 주거나 속도를 작게 하면, 식 5.25에서 $L_t\cos\phi$가 작아져서 $W > L_t\cos\phi$ 가 되므로, 비행기는 선회 중에 고도가 떨어지게 되어 정상 선회를 하지 못한다. 그러므로 선회 경사각을 크게 할 때에는 받음각을 증가시켜 양력을 증가시켜야 한다.

┌─ 예제 5.10 ⟫⟫ **선회 비행의 원심력**

비행기의 무게가 $5,200\,\mathrm{kg_f}$이고, 경사각이 $30°$인 정상 선회를 하고 있을 때, 이 비행기의 원심력은 얼마인가?

풀이 ▌ 식 5.24에 의해

$$W\tan\phi = \frac{W}{g} \cdot \frac{V_t^2}{R_t} = 5,200 \times \tan30° = 3,002\,\mathrm{kg_f}$$

> **예제 5.11** >>> **양력과 선회 반지름**
>
> 비행기의 무게가 $3,000\text{kg}_\text{f}$이고, 경사각 $30°$, 속도 150km/h인 상태에서 정상 선회를 하고 있을 때, 양력과 선회 반지름을 구해 보자.
>
> **풀이** ┃ 식 5.23에서
>
> $$L_t = \frac{W}{\cos\phi} = \frac{3,000}{\cos 30°} = 3,464.1\text{kg}_\text{f}$$
>
> $$R_t = \frac{V_t^2}{g\tan\phi} = \frac{\left(\frac{150}{3.6}\right)^2}{9.8 \times \tan 30°} = 306.84\text{m}$$

② 선회 속도

그림 5.12에서 무게 W에 해당하는 것은 $L_t\cos\phi$이고, $\cos\phi$는 항상 1보다 작은 값이기 때문에 선회 중의 양력은 직선 수평 비행 중의 양력보다 커야 된다. 즉, 직선 수평 비행과 선회 비행 중 비행기의 주 날개의 받음각이 같다면 양력 계수가 같아지고, 선회 중의 양력을 크게 하기 위해서는 속도가 커져야 한다는 것을 알 수 있다.

비행기 주 날개의 받음각이 같을 때, 직선 수평 비행 때의 속도를 V, 선회 비행 때의 속도를 V_t라고 하면, 직선 수평 비행 때와 선회 비행 때의 비행기의 무게는 다음 식으로 나타낼 수 있다.

$$W = L = \frac{1}{2}\rho V^2 S C_L$$

$$W = L_t\cos\phi = \frac{1}{2}\rho V_t^2 S C_L\cos\phi$$

이 식들로부터 다음의 관계를 알 수 있다.

$$V^2 = V_t^2\cos\phi \quad \text{또는} \quad V_t = \frac{V}{\sqrt{\cos\phi}}$$

동일한 받음각일 때에는 선회 경사각이 커지면 비행기 속도가 커져야 함을 알 수 있다.

수평 비행 때의 실속 속도를 V_s, 선회 중의 실속 속도를 V_{ts}라고 하면, 다음의 관계를 얻을 수 있다.

$$V_{ts} = \frac{V_s}{\sqrt{\cos\phi}} \tag{5.26}$$

선회 중의 실속 속도는 수평 비행 때의 실속 속도보다 커진다. 따라서 선회 중의 비행 속도가 수평 비행 때의 실속 속도보다 크더라도 실속이 일어날 수 있으므로 선회 중에는 주의를 해야 한다.

③ 선회 하중 배수

직선 수평 비행 때에는 주 날개의 양력은 거의 기체의 무게와 같은 하중이 걸려 있다고 할 수 있다. 정상 수평 선회 때에 주 날개의 양력 L_t은 다음과 같다.

$$L_t = \frac{W}{\cos\phi}$$

주 날개에 발생하는 양력은 직선 수평 비행 때에 비해 $1/\cos\phi$ 배 크다고 할 수 있다. 이와 같은 비, 즉 선회 비행 상태에서 양력과 비행기 무게의 비 L_t/W을 선회 비행 시의 하중 배수 (load factor)라 부르고 n_t으로 표시한다. 따라서 정상 수평 선회 때의 하중 배수는 다음과 같이 주어진다.

$$n_t = \frac{L_t}{W} = \frac{1}{\cos\phi} \tag{5.27}$$

④ 선회 비행 필요 동력

동일한 받음각 상태에서 수평 선회 비행을 하기 위해 요구되는 필요 동력은 다음과 같이 표현할 수가 있다.

$$(P_r)_t = D_t V_t = \frac{1}{2}\rho V_t^3 S C_D$$

따라서 수평 선회 비행과 수평 직선 비행 사이의 필요 동력의 비를 구하면 다음과 같다.

$$\frac{(P_r)_t}{(P_r)_l} = \frac{D_t V_t}{D_l V_l} = \frac{V_t^3}{V_l^3}$$

따라서 다음과 같은 관계를 구할 수가 있다.

$$(P_r)_t = (P_r)_l \left(\frac{1}{\sqrt{\cos\phi}}\right)^3$$

선회 비행 시 선회 경사각(bank angle)이 클수록 필요 동력이 더 요구되며, 이 필요 동력을 보상하지 못하면 하강 선회 비행의 상태로 바뀌게 된다.

순항 비행 성능

비행기가 어떤 지점에서 목적지까지 비행하는 경우에, 이륙, 착륙, 상승, 그리고 하강하는 구간을 제외한 비행 구간에서 수평 비행을 하게 되며, 이와 같은 비행을 순항(cruising)이라 한다. 비행기가 나는 시간 중에서 순항하는 시간이 가장 길기 때문에 순항 시의 비행기의 성능이 가장 중요한 기준이 된다.

비행기가 순항할 때 연료 소비가 적고, 소요 비행 시간이 짧을수록 항속 성능이 좋다고 한다. 필요 동력이 최소인 상태로 비행하는 경우에 연료 소비가 적어지므로 이 속도를 경제속도라 한다. 경제속도로 비행하는 경우, 연료의 소모는 적으나 이 속도는 너무 느리기 때문에 일반적으로 비행기가 수평 비행으로 순항할 때는 이 속도보다 빠르게 비행을 하며, 이 속도를 순항 속도라 한다.

순항 비행 방식에는 두 가지가 있다. 하나는 항공회사의 가격지표(cost index)에 따라 순항 속도를 조절하여 경제적으로 비행하는 경제 순항 방식(economic cruise method)으로서 항공회사의 가격지표를 높게 잡으면 연료 소모율이 커지고 순항시간이 짧아진다. 가격지표를 낮게 잡으면 연료 소모율은 작아지고 순항시간이 길어진다.

다른 하나는 최대 항속 거리를 비행할 수 있는 조건으로 비행속도를 결정하는 장거리 순항 방식(long range cruise method)이다.

일반적으로 항속시간과 항속거리는 다음 식으로 표현할 수가 있다.

$$\text{항속시간} = \text{비 항속시간} \times \text{연료량}$$
$$\text{항속거리} = \text{비 항속거리} \times \text{연료량}$$

여기서, 비 항속시간(specific endurance)이란 단위 연료량으로 비행할 수 있는 비행시간을 의미하며, 비 항속거리(specific range)란 단위 연료량으로 비행할 수 있는 비행거리를 의미한다. 따라서 다음 식도 유용하게 활용할 수 있다.

$$\text{비 항속시간} = \frac{\text{항속시간}}{\text{연료량}}, \quad \text{비 항속거리} = \frac{\text{항속거리}}{\text{연료량}}$$

1 프로펠러 항공기의 항속시간 및 항속거리

프로펠러 항공기 기관의 정격은 출력(power)이다. 항속시간은 비행기가 출발할 때부터 탑재한 연료를 다 사용할 때까지의 시간을 말하며, 이것은 기관의 연료 소모율과 밀접한 관계를 가진다. 프로펠러 항공기의 경우, 연료 소모율은 일반적으로 단위시간 동안의 기관 출력당에 소비하는 연료 소비 중량을 의미한다.

프로펠러 항공기의 연료 소비량 W_f은 다음 식과 같이 연료 소모율 c_p에 기관 출력 P와 비행시간 t를 곱한 값이다.

$$W_f = c_p \cdot P \cdot t$$

따라서 프로펠러 항공기의 항속시간(endurance) E_p는 위 식으로부터 다음과 같이 표현할 수 있다.

$$E_p = t = \frac{W_f}{c_p \cdot P} \tag{5.28}$$

그리고 항속거리(range)는 비행속도 V를 이용하여 다음과 같이 나타낼 수 있다.

$$R_p = V \cdot t = \frac{W_f \cdot V}{c_p \cdot P} \tag{5.29}$$

프로펠러 항공기가 단위 연료량으로 비행할 수 있는 비 항속시간(specific endurance) e_p와 비 항속거리(specific range) r_p는 식 5.28과 식 5.29를 연료량 W_f로 나누면 구할 수가 있다.

$$e_p = \frac{1}{c_p \cdot P}$$
$$r_p = \frac{V}{c_p \cdot P} \tag{5.30}$$

그러나 항공기가 비행하는 동안 연료를 지속적으로 소비하기 때문에 연료 무게가 시간에 따라 달라지고 항공기의 중량이 달라지며 비행고도에 따라 밀도도 달라지므로 프로펠러 항공기의 항속시간과 항속거리는 식 5.28과 식 5.29를 이용하여 정확하게 구할 수가 없다. 좀 더 정확한 항속시간과 항속거리를 구하는 식으로서 다음과 같은 Brequet 공식을 알아야 할 필요가 있다.

Brequet 공식에 의한 프로펠러 항공기의 항속시간 및 항속거리는 다음과 같이 표현된다. 이 식의 유도는 심화 과정에서 다루기로 한다.

$$E_p = \frac{\eta_p}{c_p}\left(\frac{C_L^{3/2}}{C_D} \right) \sqrt{2\rho S} \left(\frac{1}{\sqrt{W_1}} - \frac{1}{\sqrt{W_0}} \right) \tag{5.31}$$

$$R_p = \frac{\eta_p}{c_p}\left(\frac{C_L}{C_D} \right) \ln \frac{W_0}{W_1} \tag{5.32}$$

여기서, 항속시간 E_p와 항속거리 R_p는 프로펠러 항공기의 연료 소모율 c_p, 공기 밀도 ρ, 날개 면적 $S[\text{ft}^2]$, 항공기 총 중량 W_0 및 연료를 제외한 항공기 중량 W_1으로 표현할 수가 있다. 그리고 η_p는 프로펠러 효율이다.

참고로 평균 중량을 이용한 프로펠러 항공기의 항속거리는 다음과 같이 주어진다.

$$R_p = \frac{2\eta}{c_p \cdot P}\left(\frac{C_L}{C_D}\right)\frac{1 - \dfrac{W_1}{W_0}}{1 + \dfrac{W_1}{W_0}}$$

이 식의 유도는 심화 학습에서 다루도록 한다.

예제 5.12 >>> **프로펠러 항공기의 최대 항속시간**

프로펠러 항공기의 총하중이 $10,000\text{kg}_\text{f}$이고, 연료 탑재량이 $3,000\text{kg}_\text{f}$이며, 날개 면적이 $S = 32\,\text{m}^2$이고, 양항 관계식이 $C_D = 0.02 + 0.05\,C_L^2$이다. 프로펠러 효율이 80%, 연료 소모율이 $c_p = 2.5\,\text{kg}_\text{f}/\text{HP}\cdot\text{h}$이다. 이 항공기가 공기밀도 $\rho = 1/8\,\text{kg}_\text{f}\cdot\text{s}^2/\text{m}^4$인 해면고도를 비행하고 있다. 이 항공기의 최대 항속시간을 구하라.

풀이 ┃ 최대 항속시간의 조건은 다음과 같다.

$$3C_{Dp} = C_{Di}, \ 3 \times 0.02 = 0.05 C_L^2, \ C_L = 1.095$$
$$C_D = C_{Dp} + C_{Di} = 4C_{Dp} = 4 \times 0.02, \ C_D = 0.08$$
$$\left(\frac{C_L^{3/2}}{C_D}\right)_{\max} = \left(\frac{1.095^{3/2}}{0.08}\right) = 14.32$$

$W_0 = 10,000\text{kg}_\text{f}$이고, $W_f = 3,000\text{kg}_\text{f}$이므로 $W_1 = 7,000\text{kg}_\text{f}$이다. 따라서

$$E = \frac{\eta_p}{c_p}\left(\frac{C_L^{3/2}}{C_D}\right)\sqrt{2\rho S}\left(\frac{1}{\sqrt{W_1}} - \frac{1}{\sqrt{W_0}}\right)$$

$$= \frac{0.8}{2.5\text{kg}_\text{f}/\text{HP}\cdot\text{h} \times \left(\dfrac{1\text{HP}}{75\,\text{kg}_\text{f}\cdot\text{m/s}}\right)^{=1}} \times 14.32$$

$$\times \sqrt{2 \times \frac{1}{8}\text{kg}_\text{f}\cdot\text{s}^2/\text{m}^4 \times 32\text{m}^2} \times \left(\frac{1}{\sqrt{7,000}} - \frac{1}{\sqrt{10,000}}\right) = 1.9\text{h}$$

프로펠러 항공기의 최대 항속시간과 최대 항속거리의 조건은 다음과 같이 정리할 수가 있다.

① 프로펠러의 효율을 최대로 할 것
② 연료 소모율을 최소로 할 것

③ W_0와 W_1의 차이를 최대로 할 것. 즉 연료를 많이 실을 것

④ 최대 항속시간의 조건으로 $\left(C_L^{3/2}/C_D\right)_{\max}$ 상태를 유지할 것. 이 경우는 식 5.9에 의해 3배의 유해항력계수가 유도항력계수와 같아지는 $3C_{Dp} = C_{Di}$인 조건이다.

⑤ 최대 항속거리의 조건으로 $\left(C_L/C_D\right)_{\max}$ 상태를 유지할 것. 이 경우는 식 5.10에 의해 유도항력계수가 유해항력계수와 같아지는 $C_{Dp} = C_{Di}$인 조건이다.

예제 5.13 >>> **프로펠러 항공기의 항속거리**

프로펠러 항공기의 이륙 무게가 $11,300\mathrm{kg_f}$이고, 연료 무게가 $4,345\mathrm{kg_f}$이며, 프로펠러 효율이 77%, 연료 소모율이 $c_p = 0.22\ \mathrm{kg_f/HP \cdot h}$이다. 이 항공기의 항속거리를 구하라. 단, 양항비는 7.8이다.

풀이 ▌ 영 연료무게가 $W_1 = 11,300 - 4,345 = 6,955\mathrm{kg_f}$이므로

$$R_p = \frac{2\eta}{c_p}\left(\frac{C_L}{C_D}\right)\frac{1 - \dfrac{W_1}{W_0}}{1 + \dfrac{W_1}{W_0}}$$

$$= \frac{2 \times 0.77}{0.22\left(\dfrac{\mathrm{kg_f}}{\mathrm{HP \cdot h}}\right) \times \left(\dfrac{1\mathrm{HP}}{75\,\mathrm{kg_f \cdot m/s}}\right)^{=1} \times \left(\dfrac{1\mathrm{h}}{3,600\mathrm{s}}\right)^{=1} \times \left(\dfrac{1,000\mathrm{m}}{1\mathrm{km}}\right)^{=1}}$$

$$\times 7.8 \times \frac{1 - \dfrac{6,955\mathrm{kg_f}}{11,300\mathrm{kg_f}}}{1 + \dfrac{6,955\mathrm{kg_f}}{11,300\mathrm{kg_f}}}$$

$$R_p = 3,509\mathrm{km}$$

---

2 제트 항공기의 항속시간 및 항속거리

제트 항공기 기관의 정격은 추력(thrust)이다. 연료 소모율은 추력, 비행속도, 공기밀도, 대기온도와 관계가 된다. 하지만 제트 항공기의 경우, 연료 소모율은 일반적으로 단위시간 동안의 기관 추력 당에 소비하는 연료 소비 중량을 의미한다.

제트 항공기의 연료 소비량 W_f은 다음 식과 같이 연료 소모율 c_j에 기관 추력 T와 비행시간 t를 곱한 값이다.

$$W_f = c_j \cdot T \cdot t$$

따라서 제트 항공기의 항속시간(endurance) E_j는 위 식으로부터 다음과 같이 표현할 수 있다.

$$E_j = t = \frac{W_f}{c_j \cdot T} \tag{5.33}$$

그리고 항속거리(range)는 비행속도 V를 이용하여 다음과 같이 나타낼 수 있다.

$$R_j = V \cdot t = \frac{W_f \cdot V}{c_j \cdot T} \tag{5.34}$$

제트 항공기가 단위 연료량으로 비행할 수 있는 비 항속시간(specific endurance) e_j와 비 항속거리(specific range) r_j는 식 5.33과 식 5.34를 연료량 W_f로 나누면 구할 수가 있다.

$$e_j = \frac{1}{c_j \cdot T}$$
$$r_j = \frac{V}{c_j \cdot T} \tag{5.35}$$

프로펠러 항공기와 마찬가지로 제트 항공기도 비행하는 동안 연료를 지속적으로 소비하기 때문에 연료 무게가 시간에 따라 달라지고 항공기 중량이 달라지며 비행고도도 달라지므로 항속시간과 항속거리도 식 5.33과 식 5.34를 이용하여 정확하게 구할 수가 없다.

Brequet 공식에 의한 제트 항공기의 항속시간 및 항속거리는 다음과 같이 표현된다. 이 식의 유도는 심화 과정에서 다루기로 한다.

$$E_j = \frac{1}{c_j}\left(\frac{C_L}{C_D}\right)\ln\frac{W_0}{W_1} \tag{5.36}$$

$$R_j = \frac{2\sqrt{2}}{c_j}\left(\frac{C_L^{1/2}}{C_D}\right)\sqrt{\frac{1}{\rho S}}\left(\sqrt{W_0} - \sqrt{W_1}\right) \tag{5.37}$$

제트 항공기에 있어서도 항속시간 E_j와 항속거리 R_j는 제트 항공기의 연료 소모율 c_j, 공기 밀도 ρ, 날개 면적 S, 항공기 총중량 W_0 및 연료를 제외한 항공기 중량 W_1에 의해 표현할 수가 있다.

따라서 제트 항공기의 최대 항속시간과 최대 항속거리의 조건은 다음과 같이 정리할 수가 있다.

① 연료 소모율을 최소로 할 것

② W_0와 W_1의 차이를 최대로 할 것. 즉 연료를 많이 실을 것

③ 최대 항속시간의 조건으로 $(C_L/C_D)_{\max}$ 상태를 유지할 것

이 경우는 식 5.12에 의해 유도항력계수가 유해항력계수와 같아지는 $C_{Dp} = C_{Di}$인 조건이다.

④ 최대 항속거리의 조건으로 $(C_L^{1/2}/C_D)_{\max}$ 상태를 유지할 것

이 경우는 식 5.13에 의해 유해항력계수가 3배의 유도항력계수와 같아지는 $C_{Dp} = 3C_{Di}$인 조건이다.

예제 5.14 ⟫⟫ **제트 항공기의 최대 항속거리**

제트 항공기의 총하중이 $10{,}000\mathrm{kg_f}$, 연료 탑재량이 $3{,}000\mathrm{kg_f}$, 날개 면적 $S = 32\,\mathrm{m}^2$, 양항 관계식이 $C_D = 0.02 + 0.05\,C_L^2$ 이고, 연료 소모율이 $c_j = 2.5\mathrm{kg_f}/\mathrm{kg_f} \cdot \mathrm{h}$ 이다. 이 항공기가 공기밀도 $\rho = \dfrac{1}{8}\,\mathrm{kg_f} \cdot \mathrm{s}^2/\mathrm{m}^4$인 해면고도를 비행하고 있다. 이 항공기의 최대 항속거리를 구하라.

풀이 ▎ 최대 항속거리의 조건은 다음과 같다.

$$C_{Dp} = 3C_{Di}, \quad \frac{0.02}{3} = 0.05\,C_L^2, \quad C_L = 0.365$$

$$C_D = C_{Dp} + C_{Di} = \frac{4}{3}\,C_{Dp} = \frac{4}{3} \times 0.02, \quad C_D = 0.0267$$

$$\left(\frac{C_L^{1/2}}{C_D} \right)_{\max} = \left(\frac{0.365^{1/2}}{0.0267} \right) = 22.63$$

$W_0 = 10{,}000\mathrm{kg_f}$ 이고, $W_f = 3{,}000\mathrm{kg_f}$ 이므로 $W_1 = 7{,}000\mathrm{kg_f}$ 이다.

따라서

$$R = \frac{2\sqrt{2}}{c_j} \left(\frac{C_L^{1/2}}{C_D} \right) \frac{1}{\sqrt{\rho S}} \left(\sqrt{W_0} - \sqrt{W_1} \right)$$

$$= \frac{2\sqrt{2}}{2.5\mathrm{kg_f}/\mathrm{kg_f} \cdot \mathrm{h} \times \left(\dfrac{1\mathrm{h}}{3{,}600\mathrm{s}} \right)^{=1}} \times 22.63 \times \frac{1}{\sqrt{\dfrac{1}{8}\mathrm{kg_f} \cdot \mathrm{s}^2/\mathrm{m}^4 \times 32\mathrm{m}^2}}$$

$$\times \left(\sqrt{10{,}000} - \sqrt{7{,}000} \right) \times \left(\frac{1\mathrm{km}}{1{,}000\mathrm{m}} \right)^{=1}$$

$$= 752.8\,\mathrm{km}$$

Section 03 **이 · 착륙 비행 성능**

1 이 륙

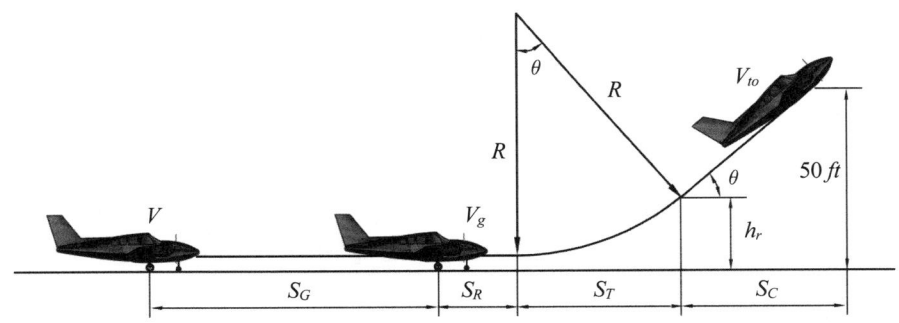

┃그림 5.13 이륙거리 ┃

비행기는 정지 상태에서 기관의 출력을 증가시켜 활주하게 되면 가속이 되고, 어느 속도 이상이 되면 지면에서 이륙하게 된다. 이때의 이륙 속도는 양력과 비행기의 무게가 같아지는 실속 속도이지만, 안전을 고려하여 이 속도보다 약 1.2배되는 속도를 이륙 속도(take off speed)로 지정한다.

일반적으로 이륙거리(take off distance)는 비행기가 정지 상태로부터 출발하여 프로펠러 비행기는 활주로 지면으로부터 50ft(약 15m), 제트 비행기는 35ft(약 11m) 고도에 도달할 때까지의 수평거리로 정의하며 그림 5.13과 같이 다음 식으로 주어진다.

$$S_{TO} = S_G + S_R + S_T + S_C \tag{5.38}$$

여기서, S_G는 지상 활주거리(ground run distance), S_R은 회전거리(rotation distance), S_T는 전이거리(transition distance) 그리고 S_C는 상승거리(climb distance)를 나타낸다.

이륙하는 과정에서 정의되는 속도를 정리하면 다음과 같다.

① 이륙 단념 속도(take-off refusal speed), V_1 : 이륙을 하다가 임계 기관(critical engine)이 정지되었을 때 즉시 이륙을 포기할 수 있는 속도이다. 이 속도에서 정상적인 제동장치를 최대로 작동하면 활주로 끝을 벗어나지 않고 비행기를 정지시킬 수 있는 속도이다. 이 속도를 이륙 결심 속도(take-off decision speed), 이륙 단념 속도(take-off refusal speed) 또는 임계기관 고장속도(critical engine failure speed)라고도 한다.

② 회전 속도(rotation speed), V_R : 이륙과정에서 비행기가 지상 활주를 하다가 상승 자세를 잡기 위해 조종 스틱을 당기는 순간의 속도를 나타낸다.

③ 부양 속도(lift off speed), V_{LOF} : 비행기 바퀴가 활주로 표면으로부터 떨어지는 순간의 속도를 의미한다.

④ 이륙 안전 속도(take-off safety speed), V_2 : 이륙이 완료된 때의 속도로서 실속 속도(V_s)와는 $V_2 = 1.2 V_s$의 관계를 갖는다.

특히 이륙 단념 속도는 다발 기관을 가진 비행기가 이륙하는 과정에서 이 속도에 도달하기 전에 임계 기관이 고장 난 경우, 즉시 이륙을 포기할 수 있는 기준 속도를 말한다. 이때, 출발 지점으로부터 비행기가 정지한 지점까지를 가속 정지 거리(acceleration stop distance)라고 한다.

만약 이륙 단념 속도를 넘어선 상태에서 임계 기관이 고장 난 경우에는 부득이 이륙을 계속 할 수밖에 없다. 비행기를 정상적으로 정지시키려면 활주로를 벗어나기 때문이다. 이때, 비행기가 출발한 지점으로부터 임계 기관이 고장 난 상태로 이륙 고도까지 진행한 수평거리를 가속 진행 거리(acceleration go distance)라고 한다. 그리고 가속 정지 거리와 가속 진행 거리가 동일한 경우의 활주로 길이를 균형 활주로 길이(balance field length)라고 한다. 이 균형 활주로 길이는 이륙하는 비행기의 안전에 대한 기준 활주로 길이라고 볼 수 있다.

앞에서 말한 임계기관이란 기관이 고장 났을 때 비행기의 성능과 조종성에 더 큰 영향을 미치는 기관으로서 오른쪽으로 회전하는 쌍발 프로펠러 비행기에서는 왼쪽 기관을 말하며, 4발 프로펠러 비행기에서는 왼쪽 2개의 기관을 의미한다. 이는 왼쪽 기관이 고장 났을 때 빗놀이 모멘트를 보상하기 위한 방향타의 조작이 오른쪽 기관이 고장 났을 때보다 더 어렵다는 의미이다.

이륙 거리를 계산하는 식은 상당히 복잡하므로 심화 학습에서 다루기로 하고 여기에서는 이륙 활주 거리(take-off run distance)를 구해보도록 하자.

이륙 할 때는 비행기가 가속도 운동을 하여야 하므로 관성력은 가속력으로서 F_a 가 주어져야 한다.

$$F_a = ma = \frac{W}{g}a = \frac{W}{g}\frac{dV}{dt} = \frac{W}{g}\frac{ds}{dt}\frac{dV}{ds} = \frac{W}{g}V\frac{dV}{ds}$$

$$ds = \frac{W}{gF_a}VdV$$

이륙 활주 거리는 비행기가 움직이기 시작하여 $V = V_2$에 도달할 때까지의 수평거리로 보면 다음과 같이 식을 유도할 수 있다.

$$s = \int_0^{V_2} ds \ , \ s = \int_0^{V_2} \frac{W}{gF_a}VdV$$

$$s = \frac{WV_2^2}{2gF_a} \tag{5.39}$$

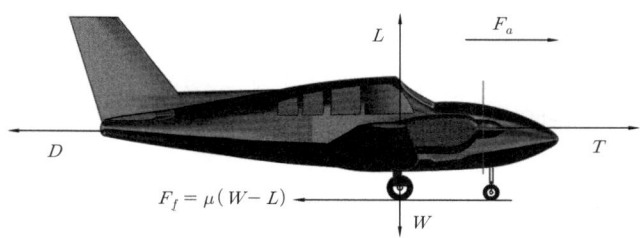

│ 그림 5.14 관성력 │

그림 5.14에서 관성력은 추력 T에서 항력 D와 마찰력 $F_f = \mu(W-L)$을 뺀 힘으로 다음과 같이 표현할 수 있으며, 이때 μ는 활주로 마찰계수를 나타낸다.

$$F_a = T - D - \mu(W-L)$$

따라서

$$s = \frac{WV_2^2}{2g[T-D-\mu(W-L)]}$$

이륙 속도와 실속 속도가 동일하다는 $V_2 = V_s$을 적용하면(원래는 $V_2 = 1.2V_s$),

$$W = \frac{1}{2}\rho V_s^2 SC_{L\max}, \quad V_s^2 = \frac{2W}{\rho SC_{L\max}}$$

이다. 따라서 이륙 활주 거리에 대한 약산 식을 다음과 같이 쓸 수 있다.

$$s = \frac{W^2}{\rho g SC_{L\max}[T-D-\mu(W-L)]}$$
$$s = \frac{W/S}{\rho g C_{L\max}[T/W-D/W-\mu(1-L/W)]} \tag{5.40}$$

이때 W/S를 날개 하중(익면 하중, wing loading)이라고 한다. 만약 이륙할 때 양력과 항력을 무시하면 다음과 같이 식이 간단해진다.

$$s = \frac{W/S}{\rho g C_{L\max}(T/W-\mu)}$$

이륙 할 때 플랩을 사용하면 이륙 거리를 훨씬 더 단축할 수가 있다. 이륙 거리를 짧게 하기 위한 방법을 살펴보면 다음과 같다.

 ① 비행기의 무게가 가벼우면 이륙거리는 짧아지고, 반대로 무게가 무거우면 활주거 리가 길어져서 이륙 성능이 좋지 않다.

 ② 기관의 추진력이 크면, 이륙 활주 중에 가속도가 커져서 이륙 성능이 좋아진다.

 ③ 양력과 항력의 크기는 비행기의 공기에 대한 속도로 결정되므로, 맞바람을 받으면 서 이륙하면 바람의 속도만큼 비행기의 속도가 증가하는 효과를 나타내어 이륙 성 능이 좋아진다.

 ④ 플랩과 같은 고양력 장치를 사용하면 양력이 증가하므로 이륙거리를 단축시킬 수 있다.

2 착 륙

비행기가 착륙하려면 하강하여 활주로에 진입(approach)해야 한다. 이때, 비행기의 하강각 을 약 3° 정도로 유지하여 착륙 자세로 들어가는데, 활주로 위 50ft(제트 항공기의 경우 : 35ft) 높이에서 진입 속도 $1.3 V_s$로 비행기가 하강한다. 이 속도는 지면 부근의 돌풍 등에 의 해 착륙 중에 있는 비행기의 자세가 교란되는 것을 방지하기 위한 속도이며, 30%의 여유를 가지는 것이다.

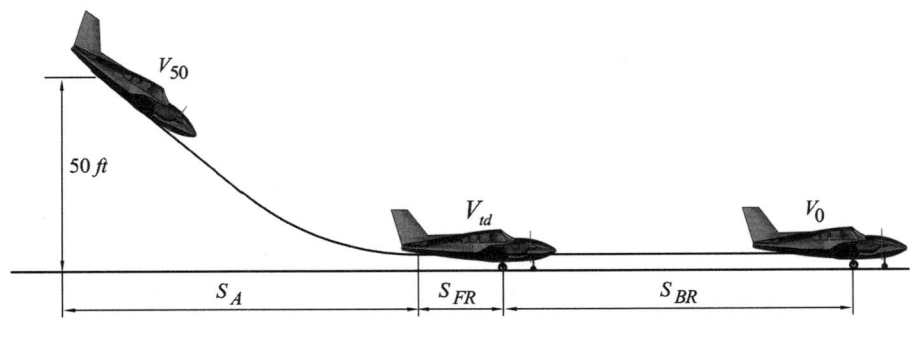

┃그림 5.15 착륙거리┃

50ft 고도에서 기관의 출력을 줄여 활주로에 착지(touch down)하고, 착지할 때 비행경로 가 수평이 되도록 승강타를 조작한 다음, 착지 속도(touchdown speed) $V_{td} = 1.15 V_s$까지 감 속시켜 착지한다. 착지한 후에는 제동장치를 써서 감속 · 정지한다.

착륙거리(landing distance)는 그림 5.15에서 다음 식으로 주어진다.

$$S_L = S_A + S_{FR} + S_B \tag{5.41}$$

여기서, S_A는 공중거리(air born distance), S_{FR}은 자유 활주거리(free roll distance) 그

리고 S_B는 제동거리(braking distance)를 나타낸다.

착륙 거리를 정확히 구하는 방법은 역시 심화 과정에서 다루기로 하고, 착륙 활주 거리를 유도해 보자.

착륙 활주 거리는 착지 속도 V_{td}로 착지한 지점부터 정지할 때까지의 거리로서 식 5.39로부터 구할 수가 있다. 그리고 이륙할 때와 달리 관성력은 감속력으로 작용한다.

$$s = -\int_{V_{td}}^{0} ds, \ \ s = -\int_{V_{td}}^{0} \frac{W}{gF_d} V dV$$

$$s = \frac{WV_{td}^2}{2gF_d}$$

이때, 감속력과 착지 속도를 다음과 같이 정의하면 다음과 같다. 양력은 무시하고, 착지 속도 V_{td}는 실속 속도와 같다고 본다(원래는 $V_{td} = 1.15 V_s$임).

$$F_d = D + \mu W, \ \ V_{td}^2 = \frac{2W}{\rho S C_{L\max}}$$

$$s = \frac{W^2}{\rho g S C_{L\max} (D + \mu W)}$$

따라서 다음과 같이 착륙 활주 거리의 약산식을 구할 수 있다.

$$s = \frac{W/S}{\rho g C_{L\max}(D/W + \mu)}, \ \ s = \frac{W/S}{\rho g C_{L\max}(C_D/C_{L\max} + \mu)} \tag{5.42}$$

착륙할 때에도 플랩을 사용하는 경우 착륙 거리를 훨씬 더 단축할 수 있다. 그리고 비행기의 착륙 거리를 짧게 하기 위한 조건은 다음과 같다.

① 이륙할 때와 마찬가지로 비행기의 착륙 무게가 가벼워야 지상 활주 거리가 짧게 된다.

② 착지 속도가 작을수록 착륙 거리가 짧게 된다. 그러나 허용된 최소 속도 이하로는 착륙할 수 없다. 따라서 고양력 장치 등을 이용하여 수평 비행 시의 실속 속도보다 착륙 시 실속 속도를 더 작게 함으로써 착지 속도를 최소로 할 수 있다.

③ 착륙 활주 중에 항력을 크게 해야 한다. 대형 제트기에서는 날개 위쪽 부분에 속도 제동장치(speed brake)를 장착하여 착륙 직후 작동시킴으로써 항력을 크게 한다.

그리고 착륙하는 과정에서 활주로 가까이 접근할 때, 비행기 받음각(피치각)을 크게 해주면 비행기 바퀴가 활주로에 닿는 충격을 줄여주고, 착륙 활주 거리가 짧아진다. 이러한 조작은 플레어 모드(flare mode)라고 한다. 또한 롤·아웃 모드(roll-out mode)란 비행기 기체 중심선과 활주로 중심을 일치시켜 주는 조작을 말한다.

심화학습

1 프로펠러 항공기의 최장시간 비행 조건 및 최장거리 비행 조건

① 프로펠러 항공기 최장시간 비행 조건

프로펠러 항공기 최장시간 비행 조건은 다음과 같다.

$$\left(\frac{C_D}{C_L^{3/2}}\right)_{\min} = \left(\frac{C_L^{3/2}}{C_D}\right)_{\max}$$

그리고

$$C_D = C_{Dp} + k C_L^2$$

$$\frac{C_D}{C_L^{3/2}} = C_{Dp}\, C_L^{-3/2} + k\, C_L^{1/2}$$

즉, 최소값 $\left(\dfrac{C_D}{C_L^{3/2}}\right)_{\min}$ 을 구하기 위해서는 종속변수를 $\dfrac{C_D}{C_L^{3/2}}$ 로 놓고, 독립변수를 C_L로 놓은 상태에서, 1차 도함수값이 0이 된다는 최소값의 정리를 사용해야 한다.

$$\frac{d\left(\dfrac{C_D}{C_L^{3/2}}\right)}{dC_L} = -\frac{3}{2} C_{Dp}\, C_L^{-5/2} + \frac{1}{2} k C_L^{-1/2} = 0$$

$$3 C_{Dp} = k C_L^2$$

따라서 최장시간 비행 조건은 유해항력계수값의 3배가 유도항력계수값과 동일해지는 다음과 같은 조건이 된다.

$$3 C_{Dp} = C_{Di}$$

$$3 C_{Dp} = k C_L^2 \;,\; C_L = \sqrt{\frac{3 C_{Dp}}{k}}$$

한편, 최장시간 비행 조건에 해당되는 속도 V_b는 다음과 같이 구할 수가 있다.

$$V_b = \left(\frac{2W}{C_L \rho S}\right)^{1/2} = \left(\frac{4kW^2}{3 C_{Dp}\, \rho^2 S^2}\right)^{1/4}$$

그러므로 직선 수평 비행에서 최장시간을 비행하려면 다음과 같은 비행 속도로 비행하여야 한다.

$$V_b = \left(\frac{4kW^2}{3C_{Dp}\,\rho^2 S^2} \right)^{1/4}$$

② 프로펠러 항공기 최장거리 비행 조건

프로펠러 항공기의 최장거리 비행 조건은 다음과 같이 양항비가 가장 큰 조건으로 비행하여야 한다.

$$\left(\frac{C_D}{C_L} \right)_{\min} = \left(\frac{C_L}{C_D} \right)_{\max}$$

그리고

$$C_D = C_{Dp} + kC_L^2$$

$$\frac{C_D}{C_L} = C_{Dp}\,C_L^{-1} + kC_L$$

즉, 최소값 $\left(\dfrac{C_D}{C_L} \right)_{\min}$ 을 구하기 위해서는 종속변수를 $\dfrac{C_D}{C_L}$ 로 놓고, 독립변수를 C_L로 놓은 상태에서, 1차 도함수 값이 0이 된다는 최소값의 정리를 사용해야 한다.

$$\frac{d\left(\dfrac{C_D}{C_L} \right)}{dC_L} = -C_{Dp}\,C_L^{-2} + k = 0$$

$$C_{Dp} = kC_L^2$$

따라서 최장시간 비행 조건은 유해항력계수값이 유도항력계수값과 동일해지는 다음과 같은 조건이 된다.

$$C_{Dp} = C_{Di}$$

$$C_{Dp} = kC_L^2 \ , \ C_L = \sqrt{\frac{C_{Dp}}{k}}$$

한편, 최장거리 비행 조건에 해당되는 속도 V_c는 다음과 같이 구할 수가 있다.

$$V_c = \left(\frac{2W}{C_L \rho S} \right)^{1/2} = \left(\frac{4kW^2}{C_{Dp} \rho^2 S^2} \right)^{1/4}$$

그러므로 직선 수평 비행에서 최장거리를 비행하려면 다음과 같은 비행 속도로 비행하여야 한다.

$$V_c = \left(\frac{4kW^2}{C_{Dp} \rho^2 S^2} \right)^{1/4}$$

2 제트 항공기의 최장시간 비행 조건 및 최장거리 비행 조건

1 제트 항공기 최장시간 비행 조건

제트 항공기의 최장시간 비행 조건은 다음과 같다.

$$\left(\frac{C_D}{C_L} \right)_{\min} = \left(\frac{C_L}{C_D} \right)_{\max}$$

이는 프로펠러 항공기의 최장거리 비행 조건과 동일하므로 유해항력계수값과 유도항력계수값이 동일한 조건이며, 해당되는 비행 속도도 프로펠러 항공기의 경우와 동일하다.

$$C_{Dp} = C_{Di}$$

$$C_{Dp} = kC_L^2 \;,\;\; C_L = \sqrt{\frac{C_{Dp}}{k}}$$

그리고 직선 수평 비행에서 최장시간을 비행하려면 프로펠러 항공기 최장거리 비행조건과 같은 다음 비행 속도로 비행하여야 한다.

$$V_d = \left(\frac{4kW^2}{C_{Dp} \rho^2 S^2} \right)^{1/4}$$

2 제트 항공기 최장거리 비행 조건

제트 항공기의 최장거리 비행 조건은 다음과 같은 비율이 가장 큰 조건으로 비행하여야 한다.

$$\left(\frac{C_D}{C_L^{1/2}} \right)_{\min} = \left(\frac{C_L^{1/2}}{C_D} \right)_{\max}$$

그리고

$$C_D = C_{Dp} + kC_L^2$$

$$\frac{C_D}{C_L^{1/2}} = \frac{C_{Dp}}{C_L^{1/2}} + kC_L^{3/2}$$

즉, 최소값 $\left(\dfrac{C_D}{C_L^{1/2}}\right)_{\min}$ 을 구하기 위해서는 종속변수를 $\dfrac{C_D}{C_L^{1/2}}$ 로 놓고, 독립변수를 C_L로 놓은 상태에서, 1차 도함수 값이 0이 된다는 최소값의 정리를 사용해야 한다.

$$\frac{d\left(\dfrac{C_D}{C_L^{1/2}}\right)}{dC_L} = -\frac{1}{2}C_{Dp}C_L^{-3/2} + \frac{3}{2}kC_L^{1/2} = 0$$

$$C_{Dp} = 3kC_L^2$$

즉, 다음과 같이 유해항력계수값이 3배의 유도항력계수값과 동일한 조건이 된다.

$$C_{Dp} = 3C_{Di}$$

$$C_{Dp} = 3kC_L^2, \quad C_L = \sqrt{\frac{C_{Dp}}{3k}}$$

그리고

$$V_e = \left(\frac{2W}{C_L \rho S}\right)^{1/2} = \left(\frac{12kW^2}{C_{Dp}\,\rho^2 S^2}\right)^{1/4}$$

그러므로 제트 항공기가 직선 수평 비행에서 최장거리를 비행하려면 다음과 같은 비행 속도로 비행하여야 한다.

$$V_e = \left(\frac{12kW^2}{C_{Dp}\,\rho^2 S^2}\right)^{1/4}$$

3 항속시간과 항속거리의 Brequet 공식

1 프로펠러 항공기 항속시간

프로펠러 항공기의 항속시간에 대한 Brequet 공식을 유도하기 위해서는 항공기 탑재 연료

량이 시간에 따라 줄어들기 때문에 다음과 같이 시간에 대한 변수값으로 정의한다.

$$dW = c_p \cdot P \cdot dt$$
$$dW = W_0 - W_1$$

여기서, W_1은 연료량을 제외한 항공기의 무게이며, W_0는 연료량과 더불어 시간에 따라 줄어드는 항공기의 총 중량을 나타낸다. 여기서, 연료량은 dW로 표현한다.

항속시간, $dt = \dfrac{dW}{c_p \cdot P}$을 적분으로 표현하면 다음과 같다.

$$E_p = -\int_{W_0}^{W_1} dt = -\int_{W_0}^{W_1} \frac{dW}{c_p \cdot P}$$

위 식에서 음(−)의 부호를 붙인 것은 총 중량 W_0가 연료량을 제외한 항공기 무게 W_1보다 크기 때문이다. 즉 시간이 갈수록 무게가 줄어들기 때문이다.

이때, 프로펠러 효율 η_p 및 $P = \dfrac{DV}{\eta_p}$을 도입하면

$$\frac{dW}{c_p \cdot P} = \frac{\eta_p}{c_p} \frac{dW}{DV} = \frac{\eta_p}{c_p} \frac{W}{D} \frac{dW}{VW}$$

순항비행은 수평 비행 조건 $L = W$을 적용하므로

$$V = \sqrt{\frac{2W}{\rho S C_L}} \quad , \quad \frac{W}{D} = \frac{L}{D} = \frac{C_L}{C_D}$$

따라서

$$\frac{dW}{c_p \cdot P} = \frac{\eta_p}{c_p} \left(\frac{C_L^{3/2}}{C_D} \right) \sqrt{\frac{\rho S}{2}} \, W^{-3/2} dW$$

위 식을 적분 식에 대입하여 다음과 같이 적분하면

$$E_p = -\int_{W_0}^{W_1} \frac{dW}{c_p \cdot P} = -\frac{\eta_p}{c_p} \left(\frac{C_L^{3/2}}{C_D} \right) \sqrt{\frac{\rho S}{2}} \int_{W_0}^{W_1} W^{-3/2} dW$$

다음과 같은 프로펠러 항공기 항속시간에 대한 Brequet 공식을 구할 수 있다.

$$E_p = \frac{\eta_p}{c_p} \left(\frac{C_L^{3/2}}{C_D} \right) \sqrt{2\rho S} \left(\frac{1}{\sqrt{W_1}} - \frac{1}{\sqrt{W_0}} \right)$$

단위를 갖는 Brequet 공식을 유도하기 위해서는 다음과 같이 수식 처리를 한다.

$$E_p[\text{h}] = \frac{\eta_p}{c_p \left[\dfrac{\text{lb}}{\text{h} \cdot \text{HP}} \right] \times \left[\dfrac{1\text{HP}}{550\text{lb} \cdot \text{ft/s}} \right]^{=1}} \left(\frac{C_L^{3/2}}{C_D} \right)$$

$$\times \sqrt{2\rho S \left[\left(\frac{\text{slug}}{\text{ft}^3} \right) \times (\text{ft}^2) \times \left(\frac{1\text{lb}}{1\text{slug} \cdot \text{ft/s}^2} \right)^{=1} \right]} \left(\frac{1}{\sqrt{W_1}} - \frac{1}{\sqrt{W_0}} \right) \sqrt{\left(\frac{1}{\text{lb}} \right)}$$

따라서 다음과 같은 Brequet 공식을 얻을 수가 있다.

$$E_p = 778 \frac{\eta_p}{c_p} \left(\frac{C_L^{3/2}}{C_D} \right) \sqrt{\rho S} \left(\frac{1}{\sqrt{W_1}} - \frac{1}{\sqrt{W_0}} \right)$$

여기서도 항속시간 $E_p[\text{h}]$은 연료 소모율 $c_p \left[\dfrac{\text{lb}}{\text{h} \cdot \text{HP}} \right]$, 공기 밀도 $\rho \left[\dfrac{\text{slug}}{\text{ft}^3} \right]$, 날개 면적 $S[\text{ft}^2]$, 항공기 총 중량 $W_0[\text{lb}]$ 및 연료를 제외한 항공기 중량 $W_1[\text{lb}]$을 각각 설정된 해당 단위 값으로 처리하는 것이 중요하다. 그리고 η_p는 프로펠러 효율로서 단위가 없다.

② 프로펠러 항공기 항속거리

프로펠러 항공기의 항속거리에 대한 Brequet 공식을 유도해보자. 단, 항속거리는 비행 속도와 항속시간, $dt = \dfrac{dW}{c_p \cdot P}$ 의 곱으로 표현된다.

$$R_p = - \int_{W_0}^{W_1} V dt = - \int_{W_0}^{W_1} \frac{V dW}{c_p \cdot P} = - \int_{W_0}^{W_1} \frac{\eta_p}{c_p} \left(\frac{C_L}{C_D} \right) \frac{dW}{W}$$

단, $P = \dfrac{DV}{\eta_p}$, $\dfrac{V dW}{c_p \cdot P} = \dfrac{\eta_p}{c_p} \dfrac{V dW}{DV} = \dfrac{\eta_p}{c_p} \dfrac{W}{D} \dfrac{dW}{W}$, $\dfrac{W}{D} = \dfrac{C_L}{C_D}$

그러므로 다음과 같은 프로펠러 항공기 항속거리에 대한 Brequet 공식을 구할 수 있다.

$$R_p = \frac{\eta_p}{c_p} \left(\frac{C_L}{C_D} \right) \ln \frac{W_0}{W_1}$$

단위를 갖는 Brequet 공식을 구하기 위해 다음과 같이 수식 처리를 한다.

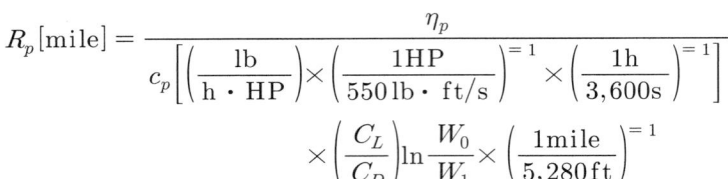

$$R_p[\text{mile}] = \dfrac{\eta_p}{c_p\left[\left(\dfrac{\text{lb}}{\text{h} \cdot \text{HP}}\right) \times \left(\dfrac{1\text{HP}}{550\,\text{lb} \cdot \text{ft/s}}\right)^{=1} \times \left(\dfrac{1\text{h}}{3,600\text{s}}\right)^{=1}\right]}$$

$$\times \left(\dfrac{C_L}{C_D}\right)\ln\dfrac{W_0}{W_1} \times \left(\dfrac{1\text{mile}}{5,280\text{ft}}\right)^{=1}$$

따라서 다음과 같은 Brequet 공식을 얻을 수가 있다.

$$R_p = 375\dfrac{\eta_p}{c_p}\left(\dfrac{C_L}{C_D}\right)\ln\dfrac{W_0}{W_1}$$

여기서도 중요한 것은 항속거리 $R_p[\text{mile}]$는 연료 소모율 $c_p\left[\dfrac{\text{lb}}{\text{h} \cdot \text{HP}}\right]$, 공기 밀도 $\rho\left[\dfrac{\text{slug}}{\text{ft}^3}\right]$, 날개 면적 $S[\text{ft}^2]$, 항공기 총 중량 $W_0[\text{lb}]$ 및 연료를 제외한 항공기 중량 $W_1[\text{lb}]$을 각각 설정한 해당 단위 값으로 처리해야 한다. 그리고 η_p는 프로펠러 효율로서 단위가 없다.

③ 평균 중량을 이용한 프로펠러 항공기 항속거리

참고로 평균 중량을 이용한 프로펠러 항공기 항속거리를 구해보자. 이때 항속시간은 다음과 같이 표현된다.

$$t = \dfrac{W_0 - W_1}{c_p \cdot P}$$

그리고 프로펠러 효율과 기관 이용동력의 곱은 항공기 항력과 비행 속도의 곱과 같고, 양력은 비행 전후의 항공기 평균 중량과 같으므로 다음과 같이 표현할 수 있다.

$$\eta P = DV = \dfrac{1}{2}\rho V^3 SC_D$$

$$L = \dfrac{1}{2}\rho V^2 SC_L = \dfrac{W_0 + W_1}{2}$$

따라서 위 식을 그 아래 식으로 나누면 비행 속도를 구할 수가 있다.

$$V = \dfrac{\eta P}{(W_0 + W_1)/2}\left(\dfrac{C_L}{C_D}\right)$$

이때 항속거리는 비행 속도와 비행 시간의 곱으로 표현된다.

$$R_p = V \cdot t = \frac{\eta P}{(W_0 + W_1)/2}\left(\frac{C_L}{C_D}\right)\frac{W_0 - W_1}{c_p \cdot P}$$

그러므로 평균 중량을 이용한 프로펠러 항공기의 항속 거리는 다음과 같이 표현할 수가 있다.

$$R_p = \frac{2\eta}{c_p \cdot P}\left(\frac{C_L}{C_D}\right)\frac{W_0 - W_1}{W_0 + W_1} = \frac{2\eta}{c_p \cdot P}\left(\frac{C_L}{C_D}\right)\frac{1 - \dfrac{W_1}{W_0}}{1 + \dfrac{W_1}{W_0}}$$

④ 제트 항공기 항속시간

제트 항공기의 항속시간에 대한 Brequet 공식의 유도는 프로펠러 항공기와 같은 개념으로 유도할 수 있다.

$$dW = c_j \cdot T \cdot dt$$
$$dW = W_0 - W_1$$

여기서, 연료량은 dW로 표현한다. 항속시간 $dt = \dfrac{dW}{c_j T}$ 및 $T = \dfrac{C_L}{C_D}W$을 대입하여 적분으로 표현하면 다음과 같다.

$$E_j = -\int_{W_0}^{W_1} dt = -\int_{W_0}^{W_1}\frac{dW}{c_j \cdot T} = -\frac{1}{c_j}\left(\frac{C_L}{C_D}\right)\int_{W_0}^{W_1}\frac{dW}{W}$$

위 적분 식을 적분하면 다음과 같은 제트 항공기 항속시간에 대한 Brequet 공식을 구할 수 있다.

$$E_j = \frac{1}{c_j}\left(\frac{C_L}{C_D}\right)\ln\frac{W_0}{W_1}$$

그리고 단위를 갖는 Brequet 공식은 다음과 같이 수식 처리를 한다.

$$E_j[\mathrm{h}] = \frac{1}{c_j\left[\dfrac{\mathrm{lb}}{\mathrm{h} \cdot \mathrm{lb}}\right]}\left(\frac{C_L}{C_D}\right)\ln\frac{W_0}{W_1}$$

여기서 중요한 것은 항속시간 $E_j[\text{h}]$, 연료 소모율 $c_j\left[\dfrac{\text{lb}}{\text{h}\cdot\text{lb}}\right]$, 항공기 총 중량 $W_0[\text{lb}]$ 및 연료를 제외한 항공기 중량 $W_1[\text{lb}]$을 각각 제시한 해당 단위 값으로 처리해야 한다.

⑤ 제트 항공기 항속거리

제트 항공기의 항속거리에 대한 Brequet 공식을 유도해보자. 단, 항속거리는 비행속도와 시간의 곱으로 표현된다.

$$R_j = -\int_{W_0}^{W_1} V dt = -\int_{W_0}^{W_1} \frac{VdW}{c_j \cdot T} = -\frac{1}{c_j}\left(\frac{C_L^{1/2}}{C_D}\right)\sqrt{\frac{2}{\rho S}}\int_{W_0}^{W_1} W^{-1/2}dW$$

이때, 유도하는 과정에 다음 식을 참고한다.

$$T = \frac{C_L}{C_D}W \ , \ \ V = \sqrt{\frac{2W}{\rho S C_L}}$$

위 적분 식을 적분하면 다음과 같은 제트 항공기 항속시간에 대한 Brequet 공식을 구할 수 있다.

$$R_j = \frac{2\sqrt{2}}{c_j}\left(\frac{C_L^{1/2}}{C_D}\right)\sqrt{\frac{1}{\rho S}}\left(\sqrt{W_0}-\sqrt{W_1}\right)$$

단위를 갖는 Brequet 공식을 구하기 위해 다음과 같이 수식 처리를 한다.

$$R_j[\text{mile}] = \frac{2\sqrt{2}}{c_j\left[\left(\dfrac{\text{lb}}{\text{h}\cdot\text{lb}}\right)\times\left(\dfrac{1\text{h}}{3,600\text{s}}\right)^{=1}\right]}\left(\frac{C_L^{1/2}}{C_D}\right)$$

$$\times\sqrt{\frac{1}{\rho\left[\left(\dfrac{\text{slug}}{\text{ft}^3}\right)\times\left(\dfrac{1\text{lb}}{1\text{slug}\cdot\text{ft/s}^2}\right)^{=1}\right]\times S\,(\text{ft}^2)}}$$

$$\times\left(\sqrt{W_0}-\sqrt{W_1}\right)\left(\sqrt{\text{lb}}\right)\times\left(\frac{1\text{mile}}{5,280\text{ft}}\right)^{=1}$$

따라서 다음과 같은 Brequet 공식을 얻을 수가 있다.

$$R_j = \frac{1.929}{c_j}\left(\frac{C_L^{1/2}}{C_D}\right)\sqrt{\frac{1}{\rho S}}\left(\sqrt{W_0}-\sqrt{W_1}\right)$$

여기서, 항속거리 $R_j[\text{mile}]$은 연료 소모율 $c_j\left[\dfrac{\text{lb}}{\text{h} \cdot \text{lb}}\right]$, 공기 밀도 $\rho\left[\dfrac{\text{slug}}{\text{ft}^3}\right]$, 날개 면적 $S[\text{ft}^2]$, 항공기 총 중량 $W_0[\text{lb}]$ 및 연료를 제외한 항공기 중량 $W_1[\text{lb}]$을 설정한 해당 단위값으로 처리해야 한다.

4 이륙거리

일반적으로 이륙거리(take off distance)는 그림 5.13을 참고로 다음 식으로 계산한다.

$$S_{TO} = S_G + S_R + S_T + S_C$$

여기서, S_G는 지상 활주거리(ground run distance), S_R은 회전거리(rotation distance), S_T는 전이거리(transition distance) 그리고 S_C는 상승거리(climb distance)를 나타낸다. 그리고 $V_g(V_{LOF})$는 부양속도(lift off speed)로서 비행기 바퀴가 활주로 표면으로부터 떨어지는 순간의 속도를 의미하며, 실속 속도(V_s)와는 다음의 관계를 갖는다.

$$V_g = 1.2\,V_s$$

1 지상 활주거리

지상 활주거리(ground run distance)는 항공기가 움직이기 시작하여 $V = V_g$에 도달할 때까지의 수평거리로서 다음과 같이 식을 유도할 수 있다.

$$S_G = \int_0^{V_g} ds$$

$$F_a = \frac{W}{g}a = \frac{W}{g}\frac{dV}{dt} = \frac{W}{g}\frac{ds}{dt}\frac{dV}{ds} = \frac{W}{g}V\frac{dV}{ds}$$

$$ds = \frac{W}{gF_a}VdV$$

$$S_G = \int_0^{V_g} \frac{W}{gF_a}VdV, \quad F_a = T - D - \mu(W - L)$$

따라서

$$S_G = \frac{WV_g^2}{2g\{T - D - \mu(W - L)\}}$$

단, $W = \dfrac{1}{2}\rho V_s^2 SC_{L\max}, \quad V_g = 1.2\,V_s$

$$V_g^2 = \frac{2 \times 1.44\, W/S}{\rho C_{L\max}}$$

그러므로 다음과 같은 지상 활주거리에 관한 식을 구할 수 있다.

$$S_G = \frac{1.44\left(\dfrac{W}{S}\right)}{\rho g C_{L\max}\left\{\dfrac{T}{W} - \dfrac{D}{W} - \mu\left(1 - \dfrac{L}{W}\right)\right\}}$$

이때 T, D, L은 $V = 0.7\,V_{to}$일 때의 값이다. 이때, V_{to}는 이륙 속도로서 일반적으로 이륙 안전속도(take off safety speed) V_2를 의미한다.

② 회전거리

회전거리(rotation distance)는 항공기의 지상 활주 속도가 $V = V_g$가 되었을 때 지상에서 이륙하기 위하여 $C_L = 0.8 C_{L\max}$가 되는 받음각을 갖도록 승강타를 조작시키는 데 필요한 지상 활주거리로서 이에 필요한 시간은 3sec로 가정한다.

$$S_R = 3\,V_g = 3.6\,V_s$$

③ 전이거리

전이거리(transition distance)는 항공기가 일정한 상승각을 가질 때까지 반지름 R의 원호를 그리며 수평 비행 자세에서 상승 비행 자세로 바꿀 때까지 진행하는 수평거리를 말한다 ($V = V_g$, $C_L = 0.8 C_{L\max}$). 회전하는 동안의 힘의 관계로부터 다음의 관계를 얻을 수 있다.

$$L = W + \frac{W}{g}\frac{V_g^2}{R}$$

$$L = \frac{1}{2}\rho V_g^2 S C_L = \frac{1}{2}\rho (1.2\,V_s)^2 S(0.8 C_{L\max}) = 1.15\,W$$

따라서

$$1.15 = 1 + \frac{V_g^2}{gR}, \quad R = \frac{V_g^2}{0.15g}$$

이때 상승률은

$$R/C = V_g \sin\theta = \frac{TV_g - DV_g}{W}, \quad \sin\theta = \frac{T - D}{W}$$

210

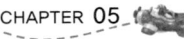
전이거리는 다음과 같이 주어진다.

$$S_T = R \sin\theta$$

$$= \frac{V_g^2}{0.15g} \sin\theta$$

④ 상승거리

상승거리(climb distance)는 지상에서 높이 50ft(제트 항공기의 경우 : 35ft)까지 도달하는데 필요한 공중 수평거리를 말한다. 여기서, h_r은 지면으로부터 반지름 R의 원호가 끝나는 지점까지의 높이이다.

$$h_r = R - R\cos\theta = R(1 - \cos\theta)$$

상승거리는

$$S_C = \frac{50 - h_r}{\tan\theta}$$

따라서

$$S_C = \frac{50 - R(1 - \cos\theta)}{\tan\theta}$$

그러므로 이륙거리는 위 식들을 모두 합쳐 다음과 같이 표현할 수가 있다.

$$S_{TO} = \frac{1.44\left(\dfrac{W}{S}\right)}{\rho g C_{L\max}\left\{\dfrac{T}{W} - \dfrac{D}{W} - \mu\left(1 - \dfrac{L}{W}\right)\right\}}$$

$$+ 3.6V_s + \frac{(1.2V_s)^2}{0.15g}\sin\theta + \frac{50 - \dfrac{(1.2V_s)^2}{0.15\ g}(1 - \cos\theta)}{\tan\theta}$$

단,

$$\theta = \sin^{-1}\left(\frac{T - D}{W}\right)$$

이며, T, D, L은 $V = 0.7V_{to}$일 때의 값이다.

5 착륙거리

착륙거리(landing distance)는 그림 5.15를 참고로 다음 식으로 구할 수가 있다.

$$S_L = S_A + S_{FR} + S_B$$

여기서, S_A는 공중거리(air born distance), S_{FR}은 자유 활주거리(free roll distance) 그리고 S_B는 제동거리(braking distance)를 나타낸다.

① 공중거리

공중거리(air born distance)는 지상 50ft(제트 항공기의 경우 : 35ft)에서 비행기가 지면에 닿을 때까지의 공중 수평 거리이며 다음 식으로 주어진다.

$$S_A = -\int_{V_{50}}^{V_{td}} \frac{WVdV}{gF_a}, \quad F_a = D$$

$$S_A = \frac{W(V_{50}^2 - V_{td}^2)}{2gD} = \frac{W(V_{50}^2 - 1.32V_s^2)}{2gD}$$

여기서,

$$V_{50} = 1.3V_s, \quad V_{td} = 1.15V_s$$

W는 착륙 시 무게이며, D는 $C_L = 0.8C_{L\max}$일 때의 항력을 나타낸다.

② 자유 활주거리

자유 활주거리(free roll distance)는 항공기의 바퀴가 지면에 닿는 순간부터 제동을 걸 때까지 항공기가 활주하는 거리로서 보통 3sec가 걸린다.

$$S_{FR} = 3V_{td} = 3.45V_s$$

③ 제동거리

제동거리(braking distance)는 제동을 걸기 시작해서 항공기가 완전히 정지할 때까지의 거리를 나타내며 다음과 같이 식을 유도할 수 있다.

$$-F_a = -\frac{W}{g}a = D + \mu(W - L)$$

$$a = -g\left\{\frac{D}{W} + \mu\left(1 - \frac{L}{W}\right)\right\} = -g\left\{\frac{L}{W}\left(\frac{D}{L} - \mu\right) + \mu\right\}$$

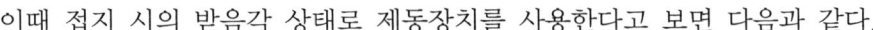

이때 접지 시의 받음각 상태로 제동장치를 사용한다고 보면 다음과 같다.

$$L = \frac{1}{2}\rho V^2 S C_L, \quad W = \frac{1}{2}\rho V_{td}^2 S C_L, \quad \frac{L}{W} = \left(\frac{V}{V_{td}}\right)^2$$

$$a = -g\mu - \frac{g}{V_{td}^2}\left(\frac{C_D}{C_L} - \mu\right)V^2 = A + BV^2$$

여기서, $A = -g\mu, \quad B = -\dfrac{g}{V_{td}^2}\left(\dfrac{C_D}{C_L} - \mu\right)$

$$S_B = \int_{V_{td}}^{0}\frac{WVdV}{gF_a} = \int_{V_{td}}^{0}\frac{VdV}{a} = \int_{V_{td}}^{0}\frac{VdV}{A + BV^2}$$

$$= \frac{1}{B}\int_{V_{td}}^{0}\frac{VdV}{V^2 + A/B} = \left[\frac{1}{2B}\log(V^2 + A/B)\right]_{V_{td}}^{0}$$

$$= -\frac{1}{2B}\log\left(\frac{B}{A}V_{td}^2 + 1\right)$$

따라서

$$S_B = \frac{V_{td}^2}{2g(C_D/C_L - \mu)}\log\left[\frac{1}{\mu}\left(\frac{C_D}{C_L} - \mu\right) + 1\right], \quad V_{td}^2 = \frac{2W}{\rho S C_L}$$

$$S_B = \frac{W}{\rho g S(C_D - \mu C_L)}\log\left[\frac{1}{\mu}\left(\frac{C_D}{C_L} - \mu\right) + 1\right]$$

여기서, μ는 비례상수로서 지면마찰계수라 한다. 따라서 착륙거리는 위 식들을 모두 합쳐 표현할 수가 있다.

$$S_L = \frac{W(V_{50}^2 - 1.32 V_s^2)}{2gD} + 3.45 V_s$$
$$+ \frac{W}{\rho g S(C_D - \mu C_L)}\log\left[\frac{1}{\mu}\left(\frac{C_D}{C_L} - \mu\right) + 1\right]$$

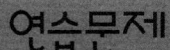
연습문제

5.1 해발고도에서 $500\,\mathrm{HP}$로 수평 비행을 하는 항공기가 받음각을 일정하게 한 상태에서 밀도가 $0.1\,\mathrm{kg_f \cdot s^2/m^4}$인 고도를 수평 비행하기 위해서는 필요 동력이 얼마가 되어야 하는가? (단, $\rho_0 = 0.125\,\mathrm{kg_f \cdot s^2/m^4}$)

풀이 $\dfrac{P_a}{P_0} = \sqrt{\dfrac{\rho_0}{\rho_a}}$

$P_a = P_0 \times \sqrt{\dfrac{\rho_0}{\rho_a}} = 500\,\mathrm{HP} \times \sqrt{\dfrac{0.125}{0.1}} = 559\,\mathrm{HP}$

답 $P_a = 559\,\mathrm{HP}$

5.2 이륙 중량 $1{,}315\,\mathrm{kg_f}$, 기관 출력 $225\,\mathrm{HP}$인 항공기가 출력 60%로서 $270\,\mathrm{km/h}$로 수평 등속도 비행을 하고 있다. 이 항공기의 양항비는 얼마인가?

풀이 $\dfrac{C_L}{C_D} = \dfrac{W}{T} = \dfrac{WV}{\eta \cdot bH_P}$

$= \dfrac{1{,}315\,\mathrm{kg_f} \times 270\,\mathrm{km/h} \times \left(\dfrac{1\,\mathrm{m/s}}{3.6\,\mathrm{km/h}}\right)^{=1}}{0.6 \times 225\,\mathrm{HP} \times \left(\dfrac{75\,\mathrm{kg_f \cdot m/s}}{1\,\mathrm{HP}}\right)^{=1}} = 9.74$

답 $\dfrac{C_L}{C_D} = 9.74$

5.3 하강하는 항공기의 침하각을 올바르게 서술하라.

풀이 침하율

$$w = V\sin\gamma = \dfrac{P_r - P_a}{W}$$

$$\gamma = \sin^{-1}\dfrac{P_r - P_a}{WV}$$

답 $\gamma = \sin^{-1}\left(\dfrac{\text{수평 비행 시의 필요마력} - \text{이용마력}}{\text{항공기 무게} \times \text{속도}}\right)$

5.4 항공기가 선회 속도 $20\,\mathrm{m/s}$ 및 선회각 $30°$로 선회하는 경우 선회 반지름은 얼마인가?

풀이 $R = \dfrac{V_t^2}{g\tan\theta} = \dfrac{20^2}{9.8 \times \tan30°} = 70.7\,\mathrm{m}$

답 $R = 70.7\,\mathrm{m}$

5.5 최대 출력 800HP를 낼 수 있는 기관을 장착한 항공기의 전하중이 2,000kg$_f$이며 20° 상승 비행 시 소요되는 필요 동력이 400HP라고 한다면 이 항공기가 20° 상승 비행 시 낼 수 있는 최대 상승률(rate of climb)은 얼마인가?

풀이 $R/C = \dfrac{P_a - P_r}{W}$

$$= \dfrac{(800-400)\text{HP} \times \left(\dfrac{75\text{kg}_f \cdot \text{m/s}}{1\text{HP}}\right)^{=1}}{2,000\text{kg}_f} = 15\text{m/s}$$

답 $R/C = 15\text{m/s}$

5.6 잉여동력 10HP, 전체 중량 750kg$_f$의 항공기가 수평 속도 4m/s로 비행하고 있다. 상승각은 얼마인가?

풀이 $R/C = V\sin\gamma = \dfrac{\text{잉여마력}}{\text{항공기의 무게}}$

$$= \dfrac{10\text{HP} \times \left(\dfrac{75\text{kg}_f \cdot \text{m/s}}{1\text{HP}}\right)^{=1}}{750\text{kg}_f} = 1\text{m/s}$$

$$\gamma = \sin^{-1}\left(\dfrac{R/C}{V}\right) = \sin^{-1}\left(\dfrac{1}{4}\right) = 14.5°$$

답 상승각은 14.5°이다.

5.7 수평 비행 시의 속도와 필요 동력과의 관계는?

풀이 수평 비행 시 동력은 $P_a = P_r = DV$에서

$$P_r = DV = \dfrac{1}{2}\rho V^3 S C_D$$

$$V = \left(\dfrac{2P_r}{\rho S C_D}\right)^{\frac{1}{3}}, \quad V \smile (P_r)^{\frac{1}{3}}$$

답 수평 비행 속도는 필요 동력의 $\dfrac{1}{3}$ 승수에 비례한다.

5.8 4,000 lb의 항공기가 해발고도에서 잉여동력이 60HP, 10,000ft 고도에서 잉여동력이 17HP이다. 상승률이 선형적으로 감소한다면 실용상승한도와 실용상승한도에서의 잉여동력은? (단, $1\text{HP} = 550\text{ lb} \cdot \text{ft/s}$)

풀이 해발고도에서

$$R/C = \dfrac{60\text{HP}}{4,000\text{ lb}} \times \left(\dfrac{550\text{ lb} \cdot \text{ft/s}}{1\text{HP}}\right)^{=1} \times \left(\dfrac{60\text{s}}{1\text{min}}\right)^{=1} = 495\text{ft/min}$$

10,000ft에서의

$$R/C = \dfrac{17\text{HP}}{4,000\text{ lb}} \times \left(\dfrac{550\text{ lb} \cdot \text{ft/s}}{1\text{HP}}\right)^{=1} \times \left(\dfrac{60\text{s}}{1\text{min}}\right)^{=1} = 140.25\text{ft/min}$$

$$h_s : 10,000 = (495 - 100) : (495 - 140.25)$$
$$h_s = 11,134.6 \text{ft}$$

실용상승한도 내에서의 잉여동력은

$$R/C = \frac{\Delta P}{W}$$

이므로 잉여동력은

$$\Delta P = 4,000 \, \text{lb} \times 100 \, \text{ft/min} \times \left(\frac{1 \text{HP}}{550 \, \text{lb} \cdot \text{ft/s}} \right)^{=1} \times \left(\frac{1 \text{min}}{60 \text{s}} \right)^{=1}$$

$$= 12.12 \text{HP}$$

답 $h_s = 11,134.6 \text{ft}, \ \Delta P = 12.12 \text{HP}$

5.9 프로펠러 항공기의 최대 상승률을 얻기 위한 조건은?

풀이 $R/C = \dfrac{TV}{W} - \dfrac{DV}{W}$

$$\frac{DV}{W} = \frac{\frac{1}{2} \rho V^3 S C_D}{\frac{1}{2} \rho V^2 S C_L} = \frac{C_D}{C_L} \cdot V = \frac{C_D}{C_L} \sqrt{\frac{2W}{\rho S C_L}} = \frac{C_D}{C_L^{3/2}} \sqrt{\frac{2W}{\rho S}}$$

$$(R/C)_{\max} : \left(\frac{C_D}{C_L^{3/2}} \right)_{\min} = \left(\frac{C_D^2}{C_L^3} \right)_{\min}$$

답 $\left(\dfrac{C_D}{C_L^{3/2}} \right)_{\min} = \left(\dfrac{C_D^2}{C_L^3} \right)_{\min}$

5.10 총중량이 $12,500 \text{kg}_\text{f}$ 의 항공기가 $15°$ 의 상승 비행을 하고 있을 때 항공기에 작용하는 양력은 얼마인가?

풀이 $L = W \cos \alpha = 12,500 \text{kg}_\text{f} \times \cos 15° = 12,074 \text{kg}_\text{f}$

답 $L = 12,074 \text{kg}_\text{f}$

5.11 항공기가 $30°$ 로 정상 선회할 때 하중배수는?

풀이 선회 비행 시 하중배수 $n = \dfrac{1}{\cos \theta}$ 에서

$$n = \frac{1}{\cos 30°} = 1.15$$

답 $n = 1.15$

5.12 항공기의 중량이 $5,200 \text{kg}_\text{f}$ 이고 선회각 $30°$ 로 정상 선회를 하고 있을 때 이 항공기의 원심력을 구하라.

풀이 $L_t\cos\theta = W$, $L_t\sin\theta = F_{c.f}$

$$\tan\theta = \frac{F_{c.f}}{W}$$

$$F_{c.f} = W\tan\theta = 5,200\text{kg}_f \times \tan30° = 3,002\text{kg}_f$$

답 $F_{c.f} = 3,002\text{kg}_f$

5.13 실용상승한도란?

풀이 실용상승한도란 상승률이 100ft/min 또는 0.5m/s인 고도를 말한다.

답 상승률이 0.5m/s인 고도

5.14 $5,000\,\text{lb}$의 항공기의 실용상승한도에서의 잉여동력은 얼마인가?

풀이 실용한도란 R/C가 100ft/min인 고도이므로

$$R/C = \frac{\Delta P}{W} = 100\text{ft/min}$$

$$\Delta P = 5,000\,\text{lb} \times 100\text{ft/min} \times \left(\frac{1\text{min}}{60\text{s}}\right)^{=1} \times \left(\frac{1\text{HP}}{550\,\text{lb}\cdot\text{ft/s}}\right)^{=1}$$

$$= 15.15\text{HP}$$

답 $\Delta P = 15.15\text{HP}$

5.15 양력계수 $C_L = 0.35$, 날개 가로세로비 $AR = 6$이며 스팬의 길이 $b = 10\text{m}$인 항공기가 80m/s로 비행하고 있다. 공기밀도가 $\rho_a = 1/8\,\text{kg}_f\cdot\text{s}^2/\text{m}^4$이라면 발생하는 양력은 얼마인가?

풀이 양력 $L = \frac{1}{2}\rho V^2 S C_L$에서 $AR = \frac{b^2}{S} = 6$, $b = 10\text{m}$이므로

$$S = 16.7\text{m}^2$$

$$L = \frac{1}{2} \times \frac{1}{8} \times 80^2 \times 16.7 \times 0.35 = 2,338\text{kg}_f$$

답 $L = 2,338\text{kg}_f$

5.16 항공기 중량이 $2,000\,\text{lb}$이고 양항비가 2.4인 항공기가 200mph로 비행하고 있다. 이 항공기의 동력은 얼마인가? (단, $1\text{mph} = 1.47\text{ft/s}$)

풀이 $T = W\dfrac{C_D}{C_L}$

$$P = TV = W\frac{C_D}{C_L}V = 2,000\,\text{lb} \times \frac{1}{2.4} \times 200\text{mph} \times \left(\frac{1.47\text{ft/s}}{1\text{mph}}\right)^{=1} \times \left(\frac{1\text{HP}}{550\,\text{lb}\cdot\text{ft/s}}\right)^{=1}$$

$$= 445\text{HP}$$

답 $P = 445\text{HP}$

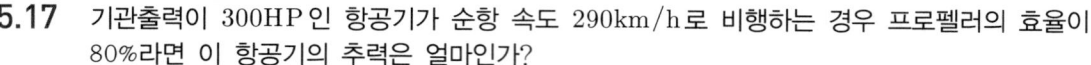

5.17 기관출력이 300HP인 항공기가 순항 속도 290km/h로 비행하는 경우 프로펠러의 효율이 80%라면 이 항공기의 추력은 얼마인가?

풀이 $P = TV = \eta \cdot bHp$

$$T = \frac{\eta \cdot bHp}{V} = \frac{0.8 \times 300\text{HP} \times \left(\dfrac{75\text{kg}_f \cdot \text{m/s}}{1\text{HP}}\right)^{=1}}{290\text{km/h} \times \left(\dfrac{1\text{m/s}}{3.6\text{km/h}}\right)^{=1}} = 223.4\text{kg}_f$$

답 $T = 223.4\text{kg}_f$

5.18 전비중량 $3,800\text{kg}_f$, 기관출력 250HP × 4, 대기 속도 288km/h, 전체 항력 400kg_f, 프로펠러 효율이 80%인 4발 항공기의 상승률은 얼마인가?

풀이 $R/C = \dfrac{\eta \cdot bHp - DV}{W}$

$$= \frac{0.8 \times 250\text{HP} \times 4 \times \left(\dfrac{75\text{kg}_f \cdot \text{m/s}}{1\text{HP}}\right)^{=1} - 400\text{kg}_f \times 288\text{km/h} \times \left(\dfrac{1\text{m/s}}{3.6\text{km/h}}\right)^{=1}}{3,800\text{kg}_f}$$

$$= 7.37\text{m/s}$$

답 $R/C = 7.37\text{m/s}$

5.19 양항 관계식이 $C_D = 0.015 + 0.06 C_L^2$이고 날개 면적이 400ft^2, 총 중량이 20,000 lb의 propeller 항공기가 해면고도에서 최대 항속거리 및 최대 항속시간을 비행하기 위한 등가대기속도를 구하라.

풀이 최대 항속거리는 $C_{Dp} = C_{Di}$이므로 $C_D = C_{Dp} + \dfrac{C_L^2}{\pi e AR}$에서

$$C_{Dp} = 0.015, \quad C_{Di} = 0.06 C_L^2$$

$$C_L = \sqrt{\frac{0.015}{0.06}} = 0.5$$

$$V_e = \sqrt{\frac{2W}{\rho_0 S C_L}} = \sqrt{\frac{2 \times 20,000}{0.002378 \times 400 \times 0.5}} = 290\text{fps}$$

최대 항속시간은 $3C_{Dp} = C_{Di}$이므로

$$C_L = \sqrt{\frac{3 \times 0.015}{0.06}} = 0.866$$

$$V_e = \sqrt{\frac{2W}{\rho_0 S C_L}} = \sqrt{\frac{2 \times 20,000}{0.002378 \times 400 \times 0.866}} = 220.36\text{fps}$$

답 최대 항속거리 : $V_e = 290\text{ft/s}$, 최대 항속시간 : $V_e = 220.36\text{ft/s}$

5.20 비행기 중량이 $W = 1,000\,\text{kg}_\text{f}$, 활주로 마찰계수 $\mu = 0.5$, 최대 양력계수 $C_{L\max} = 0.2$, 날개 면적 $S = 10\,\text{m}^2$, 공기밀도 $\rho = 1/8\,\text{kg}_\text{f} \cdot \text{s}^2/\text{m}^4$일 때 이륙 활주거리는 얼마인가? (단, 이륙 시의 추력 $T = 1,000\,\text{kg}_\text{f}$라고 가정한다.)

> **풀이** 이륙 활주거리는 다음 식으로 표현할 수 있다.
>
> $$S_1 = \frac{W/S}{\rho g C_{L\max}(T/W - \mu)}$$
>
> $$= \frac{1,000/10}{\frac{1}{8} \times 9.8 \times 0.2 \times \left(\frac{1,000}{1,000} - 0.5\right)} = 816\text{m}$$

> **답** 이륙 활주거리 $S_1 = 816\text{m}$

5.21 100 HP 의 프로펠러 항공기의 연료 소모율이 $C_p = 5\,\text{lbs}/\text{h} \cdot \text{HP}$이다. 이 항공기가 50 mph로 비행할 때 단위 연료량으로 비행할 수 있는 이 항공기의 비항속시간(hourage)은 얼마인가?

> **풀이** $H = \dfrac{1}{C_p \cdot P} = \dfrac{1}{5\,\text{lbs}/\text{h} \cdot \text{HP} \times 100\text{HP}} = 0.002\text{h}/\text{lbs}$

> **답** $H = 0.002\text{h}/\text{lbs}$

5.22 활공하고 있는 항공기의 활공각이 $30°$이다. 수평거리 100m를 활공하는 동안의 침하거리는 얼마인가?

> **풀이** $h = s\tan\theta = 100 \times \tan 30° = 57.7\text{m}$
> **답** 57.7m

5.23 다음 중 활공 속도를 나타내는 식 중 옳은 것은? (단, $W = \dfrac{1}{2}\rho V^2 S C_R = \dfrac{1}{2}\rho V^2 S\sqrt{C_L^2 + C_D^2}$, 활공각 : γ)

> ㉮ $V = \sqrt{\dfrac{2W}{\rho S\sqrt{C_L^2 + C_R^2}}}$　　　　㉯ $V = \sqrt{\dfrac{2W}{\rho S C_L}}$
>
> ㉰ $V = \sqrt{\dfrac{2W}{\rho S C_L}\cos\gamma}$　　　　㉱ $V = \sqrt{\dfrac{2W}{\rho S C_L}\sin\gamma}$

> **풀이** $V = \sqrt{\dfrac{2W}{\rho S C_R}} = \sqrt{\dfrac{2W}{\rho S\sqrt{C_L^2 + C_D^2}}} = \sqrt{\dfrac{2W}{\rho S C_L}\cos\gamma}$

> **답** ㉰

5.24 활공기의 활공속도 $V_h = 15\text{m}/\text{s}$, $V_v = 3\text{m}/\text{s}$인 경우, 수평 방향으로 $5\text{m}/\text{s}$의 바람이 불어온다면 활공각은 얼마나 되는가?

풀이 $\tan\theta = \dfrac{V_v}{V_h}$, $\theta = \tan^{-1}\left(\dfrac{3}{15}\right) = 11.3\,°$

답 $11.3\,°$

5.25 양항비 관계가 $C_D = 0.018 + 0.054\,C_L^2$일 경우 최장 활공거리일 때의 활공각을 구하라. (단, 활공각 $\gamma = \tan^{-1}(D/L)$이며, 최장거리 활공 조건은 $\left(C_L/C_D\right)_{\max}$ 이다.)

풀이 $\left(C_L/C_D\right)_{\max}$인 조건은 $C_{Dp} = C_{Di}$이므로

$$0.054\,C_L^2 = 0.018, \quad C_L = 0.5774, \quad C_D = 0.036$$

$$\tan\gamma = \frac{D}{L} = \frac{C_D}{C_L} = 0.06235$$

$$\gamma = \tan^{-1}0.06235 = 3.57°$$

답 $3.57\,°$

5.26 양항비가 5인 활공기가 고도 100m 상공에서 활공한다면 도달거리는 얼마인가?

풀이 $s = h\left(\dfrac{C_L}{C_D}\right)$, $h = 100\text{m}$, $\dfrac{C_L}{C_D} = 5$

$$s = 100 \times 5 = 500\text{m}$$

답 500m

5.27 활공 속도를 표시하는 식을 유도하라.

풀이 $W\cos\theta = L = \dfrac{1}{2}\rho V^2 S C_L$, $\quad W\sin\theta = D = \dfrac{1}{2}\rho V^2 S C_D$

$$W^2(\sin^2\theta + \cos^2\theta) = \left(\frac{1}{2}\rho V^2 S C_D\right)^2 + \left(\frac{1}{2}\rho V^2 S C_L\right)^2$$

$$\sin^2\theta + \cos^2\theta = 1$$

$$W = \sqrt{C_L^2 + C_D^2}\left(\frac{1}{2}\rho V^2 S\right)$$

$$V = \sqrt{\frac{2W}{\rho S\sqrt{C_L^2 + C_D^2}}}$$

답 $V = \sqrt{\dfrac{2W}{\rho S\sqrt{C_L^2 + C_D^2}}}$

CHAPTER

06

특수 비행 성능

CHAPTER
06

항·공·역·학

특수 비행 성능

비행기의 특수 비행 성능이란 일반적인 비행 성능이 아닌 실속 성능 및 스핀 특성 등을 말하며, 여기에서는 전투 비행기의 최대 비행 성능으로서 키돌이 비행 성능에 대하여 서술하고자 한다. 그리고 비행기의 중량에 대한 정의와 하중배수 및 중량과 평형의 개념을 정리할 필요성이 있다.

Section **01** **실속 성능**

비행기가 비행 중에 조종 스틱을 당겨 받음각을 천천히 증가시키면 그림 6.1에 나타낸 것처럼 양력 곡선은 거의 직선 상태로 일정한 기울기를 유지한 후, 곡선 부분으로 변하게 된다. 이것은 날개의 받음각이 일정 각도 이상이 되면 날개를 지나는 흐름이 날개로부터 떨어져 나가는 유동의 박리 현상(flow separation)이 발생되기 때문이다.

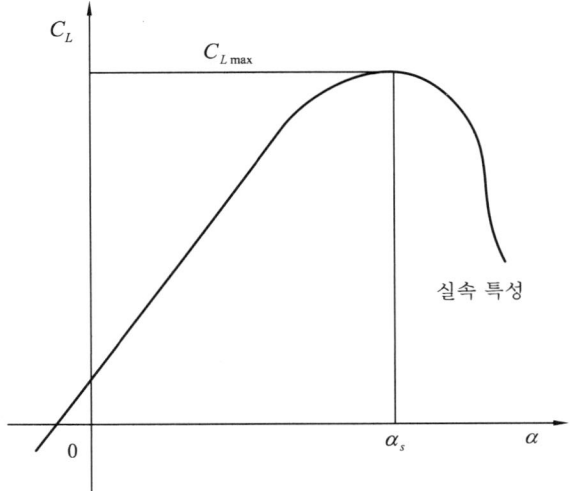

▌그림 6.1 실속 특성▌

유동의 박리 현상이 날개의 뒷전에서부터 발생하여 점차로 박리점이 앞전 쪽으로 이동하게 되면서 그림 6.1과 같이 양력계수가 급격히 감소하게 된다.

양력계수값이 최대일 때의 받음각을 이론적으로 실속 받음각이라 하며, 이때의 양력계수값을 최대 양력계수라 하여 C_{Lmax}로 표시한다. 또, 이때의 비행기 속도를 실속 속도라 하며 다음 식으로 표시한다.

$$V_s = \sqrt{\frac{2W}{\rho S C_{Lmax}}} \tag{6.1}$$

그리고 상승 비행 시의 실속 속도를 구해 보자. 상승각 γ로 상승할 때의 양력을 L_c라 하면 다음 관계가 이루어진다.

$$L_c = W\cos\gamma, \;\; L_c = \frac{1}{2}\rho(V_s)_c^2 S C_{Lmax}$$

$$W = \frac{1}{2}\rho V_s^2 S C_{Lmax}$$

여기서, $(V_s)_c$는 상승 비행할 때의 실속 속도를 나타낸다. 따라서 상승 비행 시의 실속 속도는 다음과 같이 구할 수 있다.

$$(V_s)_c = V_s \sqrt{\cos\gamma} \tag{6.2}$$

일반적으로 비행기의 조종 스틱을 당겨 기수를 들어 실속 속도에 접근하게 되면, 비행기 날개가 흔들리는 버핏 현상(buffeting)이 나타나게 된다. 버핏 현상이란, 공기 흐름이 날개에서 떨어지면서 발생되는 후류(wake)의 진동이 다시 날개나 꼬리 날개에 진동을 유도시키는 현상으로서, 이러한 버핏 현상이 시작되면 실속이 일어나는 징조이다. 유동의 박리가 일어나는 양력계수값에서부터 최대 양력계수값에 가까워질수록 버핏 현상은 강해진다. 이러한 버핏 현상은 조종면을 통해 조종 스틱까지 전해져서 조종사가 실속에 들어가는 현상을 인식할 수 있게 해준다.

그리고 일반적으로 비행기의 양력 곡선이 실속 받음각 이후의 곡선 모양처럼 완만하지 않고 급격히 감소하기 때문에 모든 비행기는 실속 경보(stall warning) 장치를 설치하도록 규정되어 있다. 전투기나 대형 항공기와 같이 유압에 의해 간접적으로 조종면을 작동시키는 항공기는 조종사에게 인위적으로 버핏 현상을 전달해 주기 위해 조종 스틱 진동장치(stick shaker)를 장치하고 있다.

실속이 발생하게 되면 버핏 현상 이외에 승강타의 효율이 감소하고, 조종 스틱에 의해 조종이 불가능해지는 기수 내림(nose down) 현상이 나타난다.

실속은 그림 6.2에 나타낸 것처럼 정상 실속(normal stall)과 완전 실속(complete stall) 등으로 구분할 수 있다.

그림 6.2에 나타낸 것처럼 실제로 실속 상태에 들어가기 위해서는 고도를 일정하게 유지하는 수평 비행 상태에서 조종 스틱을 서서히 당겨서 속도를 천천히 줄인다.

그림 6.2(a)는 정상 실속의 상태로 실속에 들어가자마자 조종 스틱을 풀어주면 비행기의 기수가 내려가게 되고, 이어서 스로틀을 증가시켜 주면 실속 상태를 회복하는 경우를 보여 준 것이다. 이때, 비행기는 고도를 잃게 된다.

완전 실속의 경우는 그림 6.2(b)와 같이 실속 상태에 들어간 후에도 계속 조종 스틱을 당겨서 완전히 실속에 들어간 다음에 기수가 거의 수직 하강 자세가 된 상태에서 조종 스틱을 풀어 주어 회복하는 경우를 나타낸 것이다.

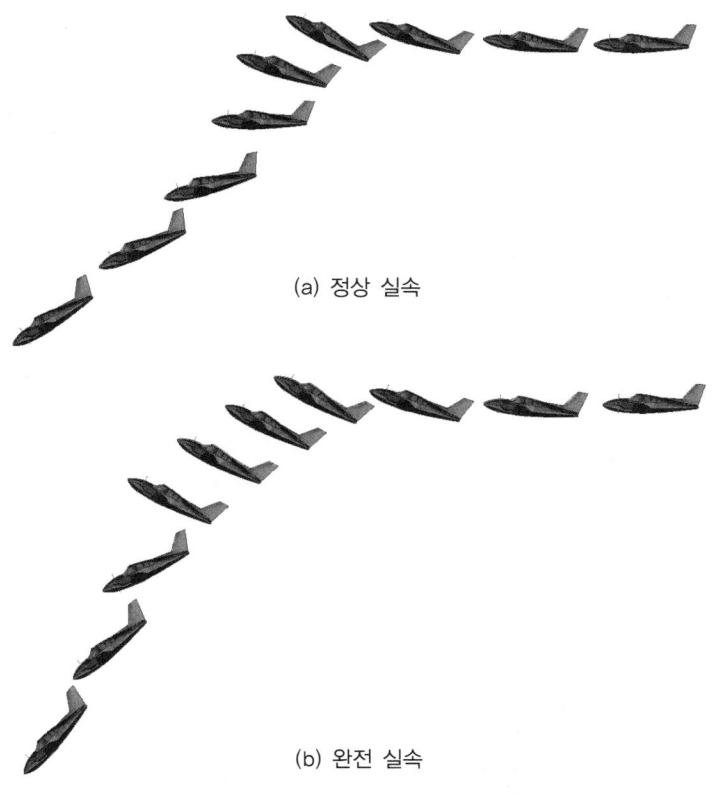

(a) 정상 실속

(b) 완전 실속

┃그림 6.2 실속 종류┃

실속 상태에서 회복하여 정상 수평 비행으로 돌아오게 됐을 때에는 고도가 상당히 낮아지게 된다. 따라서 낮은 고도에서 실속이 일어나는 것은 대단히 위험하다.

예제 6.1 >>> 실속 속도

해면고도($\rho_0 = 0.125\mathrm{kg_f} \cdot \mathrm{s}^2/\mathrm{m}^4$)에서 실속 속도가 $100\mathrm{km/h}$인 비행기의 고도 2,200m ($\rho = 0.1033\mathrm{kg_f} \cdot \mathrm{s}^2/\mathrm{m}^4$) 상공에서의 실속 속도를 계산해 보자.

풀이 해면고도에서의 실속 속도

$$V_s = \sqrt{\frac{2W}{SC_{L\max}}} \times \sqrt{\frac{1}{0.125}}$$
$$= 100\mathrm{km/h}$$

고도 2,200m 에서의 실속 속도

$$V_{sa} = \sqrt{\frac{2W}{SC_{L\max}}} \times \sqrt{\frac{1}{0.1033}}$$

위의 두 식으로부터

$$V_{sa} = V_s \times \sqrt{\frac{0.125}{0.1033}} = 110\mathrm{km/h}$$

Section 02 — 스핀 성능

1 자전 운동

스핀이란, 자전 운동(auto rotation)과 수직 강하가 조합된 비행이다. 여기서는 먼저 자전 운동부터 설명한다.

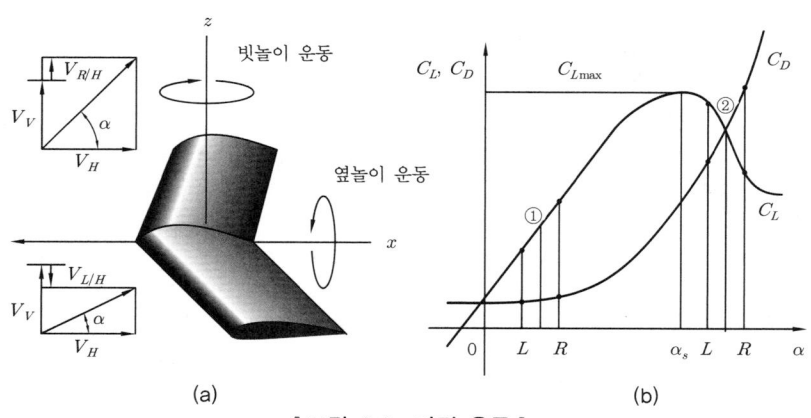

▮그림 6.3 자전 운동▮

그림 6.3(a)와 같이 비행기가 수평 비행을 하다가 돌풍에 의해서나 조종장치의 조작에 의해서 비행기의 진행 방향인 세로축(x축)에 관해 뒤쪽에서 보아 시계방향으로 갑작스러운 옆놀이 운동을 하는 경우를 살펴보자. 이때, 왼쪽 날개는 상향운동을 하고 그 결과 날개를 기준으로 볼 때, 상대바람은 하향 속도 성분($V_{L/H}$)을 가지므로 받음각 α가 감소한다. 오른쪽 날개는 하향운동을 하고 그 결과 날개를 기준으로 볼 때, 상대바람은 상향 속도 성분($V_{R/H}$)을 가지므로 받음각 α가 증가한다.

먼저 그림 6.3(b)에서 실속 받음각(α_s) 이전인 ①의 경우를 살펴보자. 왼쪽 날개의 받음각이 감소하면 양력계수가 감소하고, 오른쪽 날개의 받음각이 증가하면 양력계수가 증가한다. 그리고 왼쪽과 오른쪽 날개의 항력계수는 거의 변화가 없다고 볼 수 있다.

따라서 비행기는 세로축에 관해 뒤쪽에서 보아 시계방향으로 갑작스런 옆놀이 운동이 발생하는 경우에 조종장치의 조작이 없더라도 왼쪽 날개의 양력은 감소하고 오른쪽 날개의 양력은 증가하여 반 시계방향으로의 옆놀이 운동이 발생하여 비행기 자세는 원 상태로 회복(recovery)이 된다. 그리고 반대 방향의 옆놀이 운동에 대해서도 동일한 회복 효과를 가지게 된다.

그림 6.3(b)에서 실속 받음각(α_s) 이후인 ②의 경우를 살펴보자. 비행기의 세로축에 관해 뒤쪽에서 보아 시계방향으로 갑작스런 옆놀이 운동이 발생하는 경우에 왼쪽 날개의 받음각이 감소하면 실속 받음각 이전과 달리 양력계수가 증가하고, 오른쪽 날개의 받음각이 증가하면 양력계수가 감소한다. 따라서 왼쪽 날개의 양력은 증가하고 오른쪽 날개의 양력은 감소하여 비행기 뒤쪽에서 보아 시계방향으로 옆놀이 운동은 더욱 더 증가하게 된다. 그리고 왼쪽 날개의 항력계수는 감소하고 오른쪽 날개의 항력계수는 증가한다. 이 결과 수직축(z축)에 대해 위쪽에서 보아 시계방향으로 빗놀이 운동을 하게 된다. 이러한 현상은 옆놀이 운동과 빗놀이 운동이 결합하여 비행기가 세로축과 수직축에 대한 연속적인 회전 운동으로 나타난다. 즉 세로축에 대한 옆놀이 운동과 수직축에 대한 빗놀이 운동이 조합된 비행기의 회전 운동을 자전 운동이라고 한다.

비행기 받음각이 실속 받음각보다 더 큰 상태, 즉 실속 상태에서 옆놀이 운동을 하면 자전 운동을 하게 되며, 이 상태는 실속에 의한 수직강하와 더불어 그림 6.4와 같은 스핀 운동(spin)으로 이어진다. 이러한 스핀은 조종사가 의도하는 비행 형태가 아니며, 고도가 낮을 때는 치명적인 사고를 초래하는, 조종사가 가장 우려하는 비행 형태 중의 하나이다.

■2 정상 스핀

수평 직선 비행 중인 비행기가 돌풍에 의해 갑자기 실속하는 경우를 생각해 보자. 이때, 가로 방향으로 교란이 주어지지 않았다면, 비행기는 바로 기수를 내려서 급강하에 들어간다. 그러나 약간의 옆놀이 운동을 일으키는 교란이 발생되면 비행기가 실속 상태에서 자전 운동이 발생되고, 동시에 기수를 내리면서 하강하게 한다. 여기서 하강 속도와 옆놀이 각속도가 일정하게 유지되면서 하강이 계속되는 상태를 그림 6.4와 같은 정상 스핀(normal spin)이라 부른다.

비행기의 중심은 수직 방향의 축을 향해 나선을 그리며, 위에서 보면 원을 그린다. 이때, 비행기의 수직 축(스핀 축)에 대한 받음각은 20° ~ 40° 정도이고, 낙하 속도는 약 40 ~ 80m/s 이다. 이와 같은 스핀을 수직 스핀(steep spin)이라 부르며, 회복이 가능한 특수한 비행 방법의 한 가지로 사용되기도 한다.

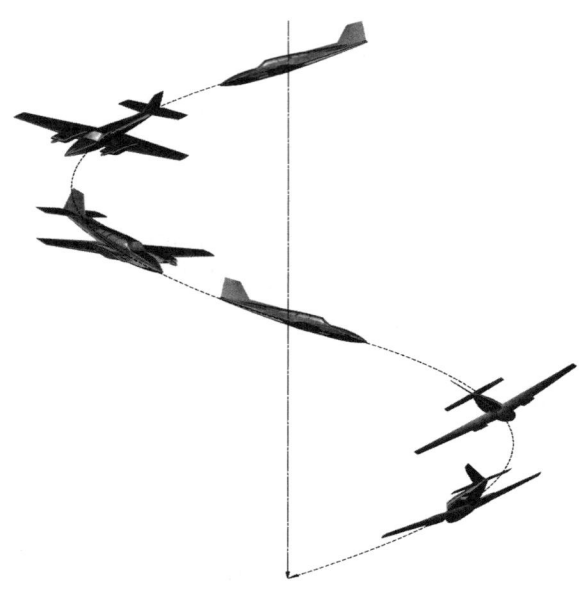

┃그림 6.4 스핀 운동 형태┃

수평 스핀(flat spin)은 스핀 성능이 나쁜 비행기나 또는 보통의 비행기에서도 조종사의 실수나 돌풍 등의 원인으로 발생된다. 이 수평 스핀은 수직 스핀보다 받음각이 증가하여 수직 축(스핀 축)에 대한 받음각이 약 60° 가까이 된다. 비행기 기수가 들린 상태로 수평 자세가 되면서 회전 속도가 빨라지고 회전 반지름이 작아져서 회복이 상당히 어려운 스핀 운동이 나타나게 된다. 수평 스핀의 낙하 속도는 수직 스핀보다 작지만 수평 스핀의 회전 속도는 수직 스핀보다 크기 때문이다.

인위적으로 스핀에 들어가려면 조종 스틱을 당겨서 실속시킨 후, 조종 스틱을 한쪽 방향으로 꺾거나, 방향타 페달(rudder pedal)을 한쪽만 밟아 주면 된다. 이때, 비행기는 도움날개에 의한 옆놀이 모멘트나 방향타에 의한 빗놀이 모멘트 때문에 한쪽 방향으로 기수가 돌아가며, 바깥쪽으로 회전하는 날개는 안쪽 날개보다 속도가 커져서 날개의 양력이 증가하게 되어 안쪽으로 경사지는 선회(bank)를 하게 되고, 이 과정을 거쳐서 비행기는 회전을 하면서 수직 스핀에 들어가게 된다.

스핀에서 탈출하려면, 처음에 생각되는 것이 조종 스틱을 잡아당겨서 기수를 들게 하는 것이 좋을 것 같지만, 조종 스틱을 당기면 받음각이 더욱 커져 스핀은 더 심화 되고 위험한 수평 스핀으로 들어가게 된다. 그러므로 조종 스틱을 반대로 밀어서 받음각을 감소시켜 급강하로 들어가 스핀 회복을 해야 한다.

스핀을 회복하는 절차를 정리하면 다음과 같다. 다만, 이 절차는 실제 스핀의 회복을 해보지 못한 실력에서 확신 없이 정리한 내용이라는 것을 밝혀 둔다. 왜냐하면 스핀이 매우 위험하기 때문이다.

① 스로틀을 완속 상태(idle condition)로 놓는다.
② 승강타를 중립 상태로 위치시킨다.
③ 방향타를 스핀 반대 방향으로 최대로 조작한 후, 고정시킨다.
④ 방향타를 끝까지 이동시킨 상태에서 실속 상태에서 벗어날 수 있도록 조종 스틱을 강하게 밀어 승강타를 하강시킨다.
⑤ 스핀의 회전이 멈출 때까지 조종 입력을 유지한다. 조종 입력을 조급하게 풀게 되면 스핀 회복이 지연된다.
⑥ 스핀의 회전이 멈추면 방향타를 중립으로 위치시키고, 조종 스틱을 부드럽게 당겨 수평 비행 자세로 돌아온다.

스핀 탈출 조작 중에 고도가 떨어지기 때문에 스핀 회복이 용이한 비행기라 할지라도 낮은 고도에서 스핀에 들어가는 것은 매우 위험하다.

Section 03 — 키돌이 성능

항공기 세로 운동 중에 대표적인 것이 키돌이 비행(loop flight)이다. 키돌이 비행의 조작이 용이하고 또 작은 반지름으로 행할 수 있으면, 세로 기동성이 좋다고 한다. 키돌이 비행은 수평선회 비행과 비슷한 운동을 하지만, 이 경우 항공기 속도 및 회전 반지름은 일정하지 않고, 시시각각 변화한다. 키돌이 비행의 초기에 받음각을 크게 해서 항공기를 끌어올리면 속도는 급격히 감소한 상태에서 상승을 하고, 키돌이 비행의 상단점을 지나서 하강할 때 속도는 다시 증가한다.

키돌이 비행의 상단점 부근에서 항공기의 속도가 감소하기 때문에, 비교적 저속의 항공기가 키돌이 비행에 들어가기 위해서는 조종 스틱을 밀어서 일단 항공기를 하강시켜 속도를 크게 한 다음, 그 운동에너지를 이용하여 키돌이 비행에 들어가지 않으면 안 된다. 그러나 고속 항공기는 즉시 키돌이 비행에 들어갈 수가 있고, 어떤 경우에는 회전 반지름을 작게 하기 위하여 속도를 일단 줄이고 키돌이 비행에 들어가기도 한다.

키돌이 비행의 하중배수는 키돌이 비행의 하단점에서 가장 크고, 키돌이 비행의 상단점에서 가장 작다. 그 이유는 상단점에서는 항공기의 중량이 거의 원심력과 같아지고 양력이 적기 때문이다. 만약에 이 점에서 하중배수 $n = 0$이라면 조종사는 조종석에서 떨어져 나가는 것과 같은 무중력 상태가 된다.

키돌이 운동의 궤적은 승강타의 조작 여부에 따라 변한다. 이제 키돌이 비행을 간단히 고찰하기 위하여 그림 6.5와 같이 그 궤적을 원이라 하자. 원의 반지름을 R, 원의 하단점에서의 속도와 양력을 V_1, L_1, 원의 상단점에서 V_2, L_2라고 하면, 힘의 평형식은 원의 하단점에서는

$$L_1 = W + \frac{WV_1^2}{gR}$$

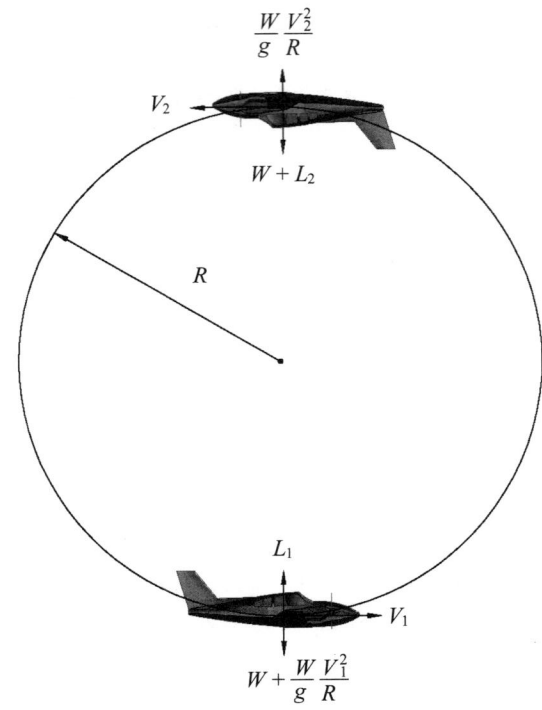

▌그림 6.5 키돌이 비행▌

원의 상단점에서는

$$\frac{WV_2^2}{gR} = W + L_2$$

로 표시된다.

지금 프로펠러 추력이 기체의 항력과 같다면 상승에 의한 운동에너지의 손실은 다음과 같다.

$$\Delta E_K = \frac{WV_1^2}{2g} - \frac{WV_2^2}{2g}$$

그리고 비행기의 키돌이 비행 상단점과 하단점 사이의 위치에너지 차이는 다음과 같이 주어진다.

$$\Delta E_P = 2WR$$

키돌이 비행 하단점에서 비행기가 가지고 있던 운동에너지가 키돌이 비행 상단점에서의 위치에너지로 변환되므로

$$\frac{W}{2g}(V_1^2 - V_2^2) = 2WR$$

즉,

$$V_1^2 - V_2^2 = 4gR$$

이 된다. 키돌이 비행의 상단점에서 하중배수는 작기 때문에 이것을 0이라고 가정하면, $L_2 = 0$이 된다. 그러므로

$$V_2^2 = gR$$

가 되고

$$V_1^2 = 4gR + V_2^2 = 4gR + gR = 5gR$$

이 되며, 이를 사용하여

$$L_1 = W\left(1 + \frac{V_1^2}{gR}\right) = 6W \tag{6.3}$$

가 되므로, 키돌이 비행 시 하단점에서의 하중배수는 $n = L_1/W = 6$ 이 된다. 따라서 이 값이 전투 비행기의 최대 하중배수가 6이 되는 기준으로 활용된다.

Section 04 — 비행 하중

1 항공기 중량

① 설계 하중

비행기가 공중에서 비행하려면 될 수 있는 한 무게가 가벼울수록 좋다. 비행기 무게의 최대값과 최소값은 그 사용목적에 따라서 초기계획과 설계단계에서 결정이 된다. 설계목적으로 사용하는 무게를 설계하중(design load)이라 하고, 설계이륙무게, 설계착륙무게, 설계 영 연료무게 등이 이에 속한다. 비행기의 운용한계에 무게한계(weight limitation)가 정해져 있다.

⑴ 이륙무게(take off weight)

비행기가 비행하는 무게 중에 제일 무거운 값이다. 이 최대값이 최대이륙무게, 즉 설계이륙무게이다. 이륙 이전에 지상활주를 할 때의 비행기의 무게를 이륙활주무게(taxi weight)라고도 한다.

⑵ 착륙무게(landing weight)

이륙무게에서 소비된 연료, 윤활유, 산소 등의 무게를 뺀 무게로서 최소값은 보통 비행 상태에서 최소 무게이다. 최대값은 최대착륙무게, 즉 설계착륙무게가 된다. 이 무게는 최대이륙무게보다 작은 값이 된다. 그 이유는 착륙할 때 강착장치의 구조강도상 안전을 기하기 위한 것이다. 그러나 소형 항공기에서는 구조강도가 무게에 비해서 안전성이 있기 때문에 이륙과 착륙무게에 차이를 두어서 제한하지 않는다.

⑶ 영 연료무게(zero fuel weight)

비행기의 무게에서부터 탑재된 연료와 윤활유를 뺀 무게이다. 이 무게는 주 날개의 강도상 중요한 영향을 미친다. 그 이유는 보통 비행기에서 연료탱크가 날개 속에 들어있기 때문에 연료 무게가 날개에 작용하는 굽힘 모멘트를 결정하게 된다. 따라서 최대 영 연료무게 또는 설계 영 연료무게로 한계를 정해준다.

⑷ 허용 최대이륙무게

허용 최대이륙무게(Allowable Gross Take Off Weight ; AGTOW)는 운용상 비행계획에 따라서 구해지는 것으로 다음의 무게 중에서 최소값을 취한다.

① 비행장의 조건과 이륙 시의 기상조건에 따른 최대 이륙무게
② 허용 착륙무게에 소비연료를 더한 무게
③ 영 연료무게에 이륙 시의 탑재연료를 더한 무게
④ 임계발동기가 정지했을 때에도 이륙 후 비행경로의 상승 기울기가 한계 내에 들어올 수 있도록 제한한 무게인 상승제한무게(climb limited weight)

② 항공기 중량 구분

각 무게에 대해서 설명하면 다음과 같으며, 그 분류는 표 6.1에 구분되어 있다.

① 총하중

항공기의 총하중(gross weight)은 자중(empty weight)과 적재량(useful load)을 합한 항공기의 전체 무게를 의미한다. 이는 항공기의 가장 무거운 상태의 하중을 말하며 전하중, 총중량, 온무게, 전비중량으로 불리기도 한다.

② 자 중

자중(empty weight)은 자기무게, 빈 무게, 공하중, 공허하중 등으로 불리우며, 비행기의 무게를 계산하는 데 있어서 기초가 되는 무게이다. 감항성 기준에 의한 정의를 보면, 자중은 기체구조, 동력장치 및 기본장치 무게에 고정 밸러스트(fixed ballast), 사용 불능의 연료, 배출 불능의 윤활유, 동력장치(발동기) 냉각액의 전량, 유압계통의 작동유의 전량의 무게를 포함한다. 그러나 승무원 및 승객, 화물, 사용 가능의 연료, 배출 가능한 윤활유 및 부가장치 등의 무게는 포함하지 않는다.

그리고 장비 자중(equipped empty weight)이라 함은 기본무게(basic weight) 또는 기본 운항 무게(basic operating weight)에 해당되는 자중에 부가 장치를 더한 무게를 의미한다.

┃표 6.1 무게 구분┃

총하중	자중 (empty weight)	기체구조 (airframe structure)	주 날개, 꼬리 날개, 동체 착륙장치, 낫셀, 기관마운트	장비 자중 (equipped empty weight)
		동력장치 (powerplant)	기관(engine), 프로펠러계통 연료계통, 윤활유계통	
		기본장치 (fundamental equipment)	조종계통, 공유압계통 통신계기계통, 항법계통 전기전자계통, 운용계통	
		고정 밸러스트(fixed balast)		
		사용 불가 연료(residual fuel)		
		배출 불능 윤활유(residual oil)		
	적재량 (useful load)	부가장치 (additional equipment)	항법요원, 응급보완용품 서비스용품, 식량, 음료수	유효 적재량 (disposable load)
		승무원(screw)		
		연료(fuel) 윤활유(lubricating oil)		
		승객(passenger) 화물(cargo)	유상하중(pay load)	

참고로 비행기를 설계할 때 통계 값으로 무게의 기본단위 값을 다음과 같이 규정한다.

① **연료** : $0.72\text{kg}_f/\text{L}$ 또는 $6\,\text{lb}/\text{U.S gallon}$

② 윤활유 : $0.9\mathrm{kg_f}/\mathrm{L}$ 또는 $7.5\,\mathrm{lb}/\mathrm{U.S\ gallon}$

③ 승무원, 승객 : $77\mathrm{kg_f}/1$인 또는 $170\,\mathrm{lb}/1$인

③ 적재량

적재량(useful load)은 총하중에서 항공기의 자중을 제외한 무게로서, 특정한 비행에 요구되는 부가장치, 승무원, 승객, 화물의 무게에 비행에 사용되는 연료와 윤활유의 무게를 합친 무게이다.

특히 적재량에서 일반적인 비행에서 사용하지 않는 부가장치를 제외한 무게를 유효 적재량(disposable load)이라고 한다.

④ 유상하중

유상하중(pay load)은 상업용 항공기에서 사용료를 받고 탑재할 수 있는 하중으로서, 승객과 화물의 무게를 합친 무게이다.

■2 항공기 하중배수

항공기 기체의 각부에 작용하는 하중은 관성력과 관계가 있으므로, 항공기의 운동 상태에 따라 달라진다. 따라서 구조상의 안전을 유지하기 위해서는 항공기의 조작에 제한을 주어야 한다.

항공기 속도와 하중배수를 두 직교 좌표축으로 하였을 때, 그 좌표 위에 그려진 하중배수 선도는 구조 역학적으로 항공기의 안전한 비행 범위를 정해주는 것인데, 이를 $V-n$ 선도, 또는 $V-g$ 선도라 한다. 이 선도는 항공기의 안전 운항을 담당하는 해당 기관에서 제시하는 것으로서, 2가지의 목적이 있다. 그 하나는 항공기 제작자에 대한 지시로서, 어느 정도의 하중에 대하여 구조 역학적으로 안전하게 설계·제작하라는 것이고, 다른 하나는 항공기 사용자에 대한 지시로서, 그 항공기가 구조 역학적으로 안전하기 위해서 어느 정도의 속도 범위 안에서 비행 상태가 보장될 수 있도록 운용하라는 것이다.

어떤 항공기의 $V-n$ 선도가 제시되면 구조 역학적으로 안전한 비행 범위가 제시된 것이며, 그 밖의 비행 상태에 대해서는 구조상의 안전을 보장할 수 없다는 것을 뜻한다.

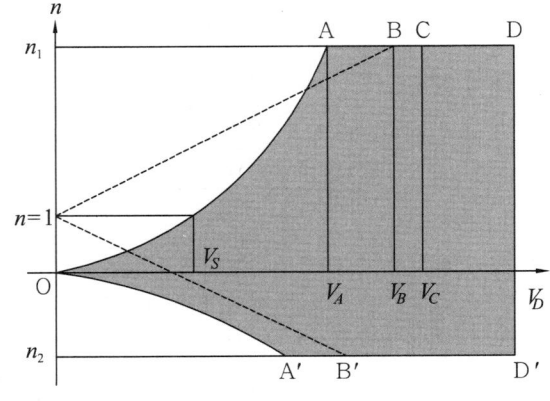

┃그림 6.6 하중배수 선도┃

그림 6.6은 대표적인 $V-n$ 선도를 나타낸 것이다. 이 선도에 나타난 여러 가지 술어에 대하여 설명하면 다음과 같다.

① 하중배수

하중배수(load factor : n)는 어떤 상태에 적용되는 하중이 정하중의 몇 배인가를 정하는 수이다.

정하중은 지구의 중력뿐이지만, 실제로 작용하는 하중은 지구 중력 외에 공기력이나 관성력이 포함된다. 비행 상태에서 발생하는 양력은 작용 하중이 되고, 항공기의 무게는 정하중이 되므로, 하중배수는 양력이 중력의 몇 배가 되는가 하는 뜻을 가진다. 수평 비행을 하고 있을 때에는 양력과 중력이 같으므로, 임의의 비행 시의 하중배수는 수평 비행 시의 양력(항공기 무게)의 몇 배가 되는가 하는 것을 뜻하기도 한다. 하중배수 n은 다음과 같이 정의된다.

$$n = \frac{L}{W} = \frac{\frac{1}{2}\rho V^2 S C_L}{W} \tag{6.4}$$

위 식에서 보는 바와 같이, 하중배수 n은 비행 속도 V의 제곱에 비례하여 증가한다. 항공기가 최대 양력을 얻을 수 있는 비행 자세로 자신의 무게를 들어 올릴 수 있는 최소 속도를 실속 속도(stall speed)라 하는데, 이것은 항공기마다 다르다. 항공기의 실속 속도를 V_S로 나타내면, 양력을 구하는 식에서 L을 W로, C_L을 $C_{L\max}$로 바꾸어 다음과 같이 된다.

$$W = \frac{1}{2}\rho V_S{}^2 S C_{L\max}$$

어떤 항공기가 속도 V로 수평 비행을 하다가 조종 스틱을 앞으로 당겨 최대 양력계수를 가진 상태로 자세를 취했다고 하면, 이 순간에 항공기가 발생하는 양력은 C_L을 $C_{L\max}$로 바꾸어 다음과 같이 된다.

$$L = \frac{1}{2}\rho V^2 S C_{L\max}$$

위 식들로부터 다음과 같이 된다.

$$n = \frac{L}{W} = \frac{V^2}{V_S{}^2} \tag{6.5}$$

각 항공기에 따라 실속 속도 V_S는 상수이므로, 하중배수 n은 $V-n$ 좌표축에서 원점을 지나는 포물선으로 된다. 이 곡선이 그림 6.6의 OA 이다. 곡선 OA 는 최대 양력계수를 가진 상태로 비행할 때의 속도와 하중배수와의 관계를 나타낸다. 위 식에서 보는 바와 같이, 실속 속

도에서는 $C_{L\max}$인 상태로서, $L = W$이므로 하중배수 $n = 1$이다. 따라서 그림 6.6에서 $n = 1$인 실선으로 된 수평선과 곡선 OA의 교점으로 정해지는 속도 V_S가 그 항공기의 실속 속도이다. 항공기는 이 속도 이하의 속도로 비행할 수 없다.

② 설계 제한 하중배수

설계 제한 하중배수(n_1)는 항공기 안전 운항을 담당하는 해당 기관에 의하여 지정된다. 항공기는 사용목적이나 소요 비행 상태의 과격한 정도에 따라 4가지로 분류되고, 각각에 대하여 그 설계 제한 하중배수를 정한다. 이와 같이 정해지는 수치는 국제적인 규정으로 되어 있기 때문에 어느 나라나 모두 같다.

예를 들면, 여객기는 $n_1 = 2.5$이고, 전투기는 $n_1 = 6.0$이다. 이것은 여객기의 n_1을 2.5로 일정하게 하라는 것이 아니라, 그 이상 되는 어떤 특정한 값으로 설계·제작해야만 제조 허가를 받을 수 있는 규정상의 수치이다.

③ 설계 운용 속도

항공기가 어떤 속도로 수평 비행을 하다가 갑자기 조종 스틱을 당겨서 최대 양력계수의 상태로 될 때 큰 날개에 작용하는 하중배수가 그 항공기의 설계 제한 하중배수(n_1)와 같게 되면, 이 수평 속도를 설계 운용 속도(V_A)라 한다.

그림 6.6의 곡선 OA에서 알 수 있는 바와 같이, 설계 운용 속도 이하의 속도에서는 급격한 조작을 해도 하중배수가 설계 제한 하중배수에 미치지 못한다. 즉, 설계 운용 속도 이하에서는 항공기가 어떤 조작을 해도 구조상 안전하다는 것이다. 그러나 설계 운용 속도 V_A 이상의 속도에서는 조작 여하에 따라서 하중배수가 설계 제한 하중배수를 넘을 수 있으므로, 구조상의 안전을 보장받기 위해서는 조심스럽게 조작을 해야 한다.

n을 n_1로 바꾸면 V는 V_A가 되므로 다음 식을 얻는다.

$$V_A = \sqrt{n_1}\, V_S$$

④ 설계 돌풍 운용 속도

항공기가 어떤 속도로 수평 비행을 하다가 돌풍을 만나면, 큰 날개에 대하여 공기가 흘러 들어오는 방향이 달라져서 그림 6.7과 같이 받음각이 증가한다.

항공기의 속도를 V, 돌풍의 속도를 KU라고 하면, 공기의 흐름은 V와 KU의 합성 속도의 방향으로 날개에 작용하고, 받음각은 $\Delta\alpha$ 만큼 증가한다. 따라서 양력계수 C_L이 증가한다. 양력계수가 증가하면 양력이 증가하므로, 하중배수가 증가한다.

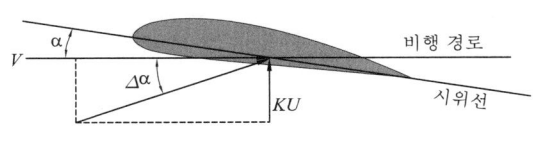

┃그림 6.7 돌풍 속도┃

간단한 기하학적인 처리와 항공역학을 이용하면 돌풍을 만날 때의 하중배수에 대하여 다음과 같은 식을 얻는다.

$$n = 1 \pm \frac{\rho a S K U V}{2W}$$

여기서, a는 그 항공기의 날개단면(airfoil)에 따라 결정되는 수로서, 받음각이 단위 각도만큼 증가하는 데 따른 양력계수의 증가량이다. 그리고 이 식을 다시 정리하면 속도 V에 관한 1차 함수로서 하중배수 선도에서는 직선을 나타내며, 직선의 기울기가 m이 된다.

$$n = 1 \pm mV$$

비행 속도 V와 하중배수 n의 함수 관계로 보면 그림 6.6의 1B 및 1B′가 된다. 1B는 위로 향하는 돌풍을 받는 경우이고, 1B′는 아래로 향하는 돌풍을 받는 경우이다. 이 식에서 기억해야 할 것은, 돌풍에 의한 하중배수 증가는 비행 속도와 돌풍 속도에 비례한다는 것이다.

항공기가 어떤 속도로 수평 비행을 하다가 지정된 속도의 수직 상승 돌풍을 받을 때 하중배수가 그 항공기의 설계 제한 하중배수 n_1과 같아진다면, 그 수평 비행 속도를 설계 돌풍 운용 속도(V_B)라고 한다.

그림 6.6에서 보는 바와 같이, V_B 이하의 속도에서는 지정 속도의 돌풍을 받아도 하중배수가 n_1에 미치지 못하기 때문에, 구조역학상 항공기는 안전하다. 기상 조건이 나빠서 돌풍이 예상 될 때에는, 항공기의 속도를 V_B 이하로 내려야 구조상의 안전을 유지할 수 있다.

⑤ 설계 순항 속도

설계 순항 속도(V_C)는 비행 성능과 연료 소모율 등을 고려하여 결정되는 경제적인 속도이며, 구조 역학적인 문제와는 관계가 없으나 일반적으로 V_B보다 크다.

⑥ 설계 급강하 속도

항공기의 날개단면은 특수한 모양으로 되어 있으므로, 양력이 발생되지 않는 자세에서도 짝힘에 의하여 날개는 비틀림을 받는다. 일정한 비행 자세에서는 날개에 발생하는 비틀림 모멘트가 비행 속도의 제곱에 비례한다.

비틀림 모멘트가 최소값을 가지는 자세를 취해도 날개가 비틀림에 견디지 못하는 최소 속도를 설계 급강하 속도(V_D)라 한다. 급강하를 하는 경우에도 항공기는 그 속도가 V_D를 넘지 않도록 해야 한다.

일반적으로 항공기 유형별 설계 급강하 속도는 다음과 같다.

① 곡기류 항공기(A류) : $V_D \geq 1.55 V_C$
② 운용류 항공기(U류) : $V_D \geq 1.50 V_C$
③ 보통류 항공기(N류) : $V_D \geq 1.40 V_C$
④ 수송류 항공기(T류) : 설계 요건

지금까지의 설명을 종합하면 다음과 같은 것을 알 수 있다. 즉, 항공기가 구조상의 안전을 유지하기 위해서는 그림 6.6의 폐곡선 OADD'A'O 내에서만 운용되어야 한다. 수평축 아래 부분은 항공기가 배면 비행을 할 때에 해당된다. 또, 실속 속도 이하의 부분은 실제로는 별 의미가 없다.

한편 항공기에 있어서 구조상 실제로 제한하는 최대 하중을 제한하중(limit load)이라 하며 설계 시에는 구조강도상의 안전계수(factor of safety)를 사용하여 종극하중(ultimate load)을 다음과 같이 정한다.

제한하중×안전계수＝종극하중

이때 종극하중의 하중배수를 종극하중배수라 한다. 종극하중배수는 항공기의 구조 강도 면에서 최대 제한의 기준으로 한다. 안전계수는 설계목적에 따라 1.2에서 1.5 사이의 값이 사용되며 항공기에서는 주로 1.5를 선택한다. 제한하중배수는 항공기 구조설계 시 구조물의 중량과 강도를 결정하는 데 사용되는 중요한 설계변수이며, 제한하중의 하중배수를 말한다. 항공기 유형별 구조상의 제한하중배수와 운용속도를 표 6.2에서 비교했다.

‖표 6.2 항공기 유형별 특성‖

유형별	내 용	제한하중배수
곡기류 항공기 (Acrobatic category airplane)	최대 이륙무게 5,700kg_f 이하인 항공기로서, 보통형 항공기에 적합한 비행과 곡기비행에 적합한 것	$+6.0 \sim -3.0$
운용류 항공기 (Utility category airplane)	최대 이륙무게 5,700kg_f 이하인 항공기로서, 보통형 항공기에 적합한 비행 및 60° 경사를 넘는 선회, 레지 에이트, 찬델 등의 제한된 곡기비행에 적합한 것	$+4.4 \sim -1.76$
보통류 항공기 (Normal category airplane)	최대 이륙무게 5,700kg_f 이하인 항공기로서, 보통의 비행(60° 경사를 넘지 않는 선회 및 실속)에 적합한 것	$+3.8 \sim -1.52$
수송류 항공기 (Transport category airplane)	항공운송사업용으로 적합한 항공기	$+2.5 \sim -1.0$

3 중심계산

① 무게 중심

무게 중심(center of gravity ; c.g)이란 그 점에 대한 기체 전방의 모멘트와 기체 후방의 모멘트 크기가 똑같은 점을 말한다. 만일 항공기를 그 점에서 매달면 앞뒤 어느 쪽으로도 기울어지지 않고 수평을 유지할 수 있다. 이 점의 위치가 무게 중심이다. 만약에 무게 중심보다 앞쪽에 매달면 뒤쪽의 모멘트가 앞쪽의 모멘트보다 커서 항공기가 뒤로 기울어지고, 무게 중심보다 뒤쪽에 매달면 앞쪽의 모멘트가 뒤쪽의 모멘트보다 커서 항공기가 앞으로 기울어진다.

② 무게 중심 범위

항공기 무게 중심 범위는 항공기 형식 증명 기술서(type certification data sheet)에 명시된 자중의 중심 한계(empty weight c.g range)를 말하며, 항공기 무게와 평형을 기록하는 데 매우 중요한 자료로 사용된다.

그리고 작동무게 중심 범위(operating c.g range)는 해당 항공기 형식 증명 기술도서에 명시된 전방 및 후방 무게 중심한계(forward and rearward center of gravity limits) 사이의 거리이다. 이들 한계는 항공법상의 요건에 따라 하중을 최전방 또는 최후방에 둘 때의 항공기 중심 위치로 결정된다. 또한 이 한계는 평균 공력 시위(MAC)의 퍼센트 또는 기준선으로부터의 거리로 기준선상에 표시되어 있다. 적재된 항공기의 무게 중심은 항상 이들 한계 내에 있어야 한다.

여기서, 평균 공력 시위(Mean Aerodynamic Chord ; MAC)란 항공기 날개의 공기역학적인 특성을 대표하는 시위로서 항공기의 무게 중심은 평균 공력 시위상의 위치로 나타내며, 무게 중심을 표시하는 방법은 평균 공력 시위에 대한 퍼센트(%)로 표시한다. 평균 공력 시위의 퍼센트로 항공기의 무게 중심(%MAC)을 구할 때는 그림 6.8에서 다음과 같은 식으로 구한다.

$$\%\mathrm{MAC} = \frac{\mathrm{C.G} - S}{\mathrm{MAC}} \times 100$$

여기서, C.G는 기준선에서 무게 중심까지의 거리, S는 기준선에서 평균 공력 시위의 앞전까지의 거리, 그리고 MAC는 평균 공력 시위의 길이이다.

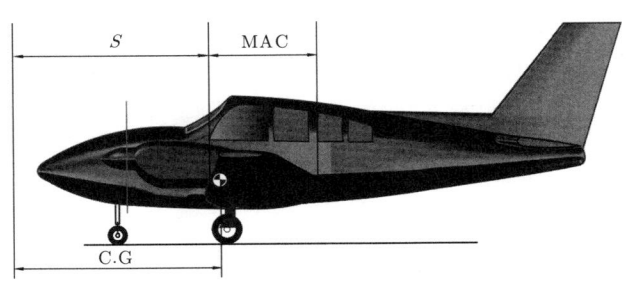

┃그림 6.8 무게 중심 위치┃

예를 들어 4인승(전방석 2인, 후방석 2인)의 소형 항공기에 대한 전방 및 후방 무게 중심한계는 다음과 같이 결정된다.

단, 항공기 자중은 W_e이고, 자중의 무게 중심은 $x_{c.g}$라고 한다.

$\boxed{1}$ 전방 무게 중심 한계

전방석 2명의 조종사 탑승, 화물 미 탑재, 연료 완전 소모

$$(x_{c.g})_f = \frac{W_e\, x_{c.g} + 2\,W_{\mathrm{crew}}\, x_{\mathrm{front}}}{W_e + 2\,W_{\mathrm{crew}}}$$

$\boxed{2}$ 후방 무게 중심 한계

전방석 1명의 조종사 탑승, 후방석 2명의 승객 탑승, 화물 및 연료 탑재

$$(x_{c.g})_b = \frac{W_e\, x_{c.g} + W_{\mathrm{crew}}\, x_{\mathrm{front}} + 2\,W_{\mathrm{pass}}\, x_{\mathrm{back}} + W_{\mathrm{bagg}}\, x_{\mathrm{bagg}} + W_f\, x_f}{W_e + W_{\mathrm{crew}} + 2\,W_{\mathrm{pass}} + W_{\mathrm{bagg}} + W_f}$$

❸ 무게 중심 계산

무게 중심을 계산할 때, 기준선(datum)에 관한 모든 모멘트의 합은 0이다. 여기서, 기준선은 아무데나 설정해도 좋다.

$$\sum M_i = 0, \ \sum W_i\, x_i = 0$$

그리고 이 경우 무게 중심의 위치 $x_{c.g}$는 다음과 같이 구할 수 있다.

$$x_{c.g} = \frac{\sum M_i}{\sum W_i} = \frac{\sum W_i\, x_i}{\sum W_i}$$

하지만 다음과 같은 부호개념을 도입하면 무게 중심 계산이 매우 쉽게 해결된다.

즉, 기준선 뒤쪽의 모멘트 암의 부호는 양(+)으로, 기준선 앞쪽의 모멘트 암의 부호는 음(−)으로 설정한다. 그리고 부착하는 하중은 양(+)의 부호, 제거하는 하중은 음(−)의 부호로 계산한다. 기준선에서 무게 중심까지의 거리 $x_{c.g}$는 부호를 모르기 때문에 항상 양(+)으로 처리한다.

만약 $x_{c.g}$의 계산 값이 음(−)으로 나오면 무게 중심은 기준선 앞쪽에 위치한다는 의미이다. 또한 항공기 하중은 양(+)의 부호, 반력은 음(−)의 부호로 계산한다.

예제 6.2 >>> 무게 중심 계산(I)

전륜식 소형 항공기의 무게 중심에 관련된 치수가 그림 6.9와 같을 경우에 C.G의 위치는 어떻게 표현되겠는가?

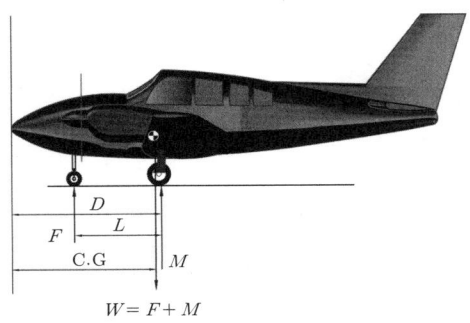

┃그림 6.9 무게 중심 계산┃

풀이 ┃ $C.G \times W - F(D-L) - MD = 0$

$C.G \times W = (F+M)D - FL$

$C.G = \dfrac{(F+M)D}{W} - \dfrac{FL}{W}$

$F + M = W$

$C.G = D - \dfrac{FL}{W}$

예제 6.3 >>> 무게 중심 계산(II)

그림 6.9에서 각각의 치수가 다음과 같을 경우에 C.G의 값을 구하라.

$D = 2m$, $L = 1.8m$, $F = 200kg_f$, $M = 520kg_f$

풀이 ┃ $C.G = D - \dfrac{FL}{W}$

$= 200 - \dfrac{200 \times 180}{200 + 520} = 150cm$

따라서 정(+)의 값이므로 기준선 후방 150cm

별해 ┃ $720 \times C.G - 200 \times 20 - 520 \times 200 = 0$

$C.G = \dfrac{200 \times 20 + 520 \times 200}{720} = 150\,cm$

예제 6.4 ▶▶▶ 무게 중심 계산(Ⅲ)

비행기 무게 중심으로부터 후방으로 6 ft, 3 ft 되는 지점에서 10 lb, 5 lb의 짐을 탑재하였다. 다른 25 lb짜리 짐을 탑재하여 무게 중심이 변하지 않도록 하고자 한다. 어디에 탑재하여야 하는가?

풀이 $\sum M_i = 0$

$$10 \times 6 + 5 \times 3 + 25 \times x = 0$$
$$x = -3 \, \text{ft}$$

따라서 무게 중심 전방 3 ft에 탑재하여야 한다.

예제 6.5 ▶▶▶ 무게 중심 계산(Ⅳ)

그림 6.9에서 C.G = 340 cm, S = 300 cm, MAC = 160 cm 일 때, 무게 중심을 평균 공력 시위의 퍼센트로 나타내어라.

풀이 $\%\text{MAC} = \dfrac{\text{C.G} - S}{MAC} \times 100 = \dfrac{340 - 300}{160} \times 100$

$$= 25\%$$

심화학습

1 하중배수 선도 해석 예제

항공기의 총중량이 $25,000\,\text{lb}$이고 날개 면적이 250ft^2이며, 돌풍 속도가 $\pm 66\text{ft/s}$인 항공기의 실속 속도와 설계 운용 속도 및 설계 돌풍 운용 속도를 구하라. 단, 설계제한 하중배수는 $+4$, -1.5이며, 실속각 $18°$에서 최대 양력계수가 $C_{L\max} = 2.10$, 최소 받음각 $-6°$에서 최소 양력계수가 $C_{L\min} = -1.12$이다. 설계 요건으로부터 하중배수 선도의 변수값을 계산하고 하중배수 선도를 완성한다.

- 항공기 총중량 : $W = 25,000\,\text{lb}$
- 항공기 날개 면적 : $S = 250\text{ft}^2$
- 상승 및 하강 돌풍 속도 : $KU = \pm 66\text{ft/s}$
- 설계 순항 속도 : $V_C = 320\text{knots}$
- 설계 급강하 속도 : $V_D = 400\text{knots}$
- 설계 제한 하중배수 : $n_1 = +4.0$, $n_2 = -1.5$
- 최대 받음각일 때의 최대 양력계수 : $\alpha_{\max} = 18°$일 때, $C_{L\max} = 2.10$
- 최소 받음각일 때의 최소 양력계수 : $\alpha_{\min} = -6°$일 때, $C_{L\min} = -1.12$

해석 ▌

해면고도의 밀도는 $\rho_0 = 0.002378\text{slug/ft}^3$이다. 실속 속도는 $L = W$일 때이며, $1\text{knot} = 1.6878\text{ft/s}$ 이므로

$$V_S = \sqrt{\frac{2W}{\rho S C_{L\max}}} = \sqrt{\frac{2 \times 25,000}{0.002378 \times 250 \times 2.10}} = 200\text{ft/s} = 118\text{knots}$$

정상비행 시의 설계 운용 속도는 $C_{L\max} = 2.10$일 때, $n_1 = 4$이므로

$$n_1 W = L = \frac{1}{2}\rho V_A^2 S C_{L\max}$$

$$V_A = \sqrt{\frac{2n_1 W}{\rho S C_{L\max}}} = \sqrt{\frac{2 \times 4 \times 25,000}{0.002378 \times 250 \times 2.10}} = 400\text{ft/s} = 237\text{knots}$$

배면비행 시의 설계 운용 속도는 $C_{L\max} = -1.12$일 때, $n_2 = -1.5$이므로

$$n_2 W = L = \frac{1}{2}\rho V_A'^2 S C_{L\min}$$

$$V_A' = \sqrt{\frac{2n_2 W}{\rho S C_{L\min}}} = \sqrt{\frac{2 \times (-1.5) \times 25,000}{0.002378 \times 250 \times (-1.12)}} = 336\text{ft/s} = 199\text{knots}$$

그리고 양력곡선의 기울기

$$a = \frac{\Delta C_L}{\Delta \alpha} = \frac{C_{L\max} - CL_{\min}}{\alpha_{\max} - \alpha_{\min}} = \frac{2.10 - (-1.12)}{\{18° - (-6°)\} \times \frac{\pi}{180}} = 7.69\,[1/\mathrm{rad}]$$

하중배수의 증가량

$$\Delta n = m V_B$$

$$m = \frac{\rho a S K U}{2W} = \frac{0.002378 \times 7.69 \times 250 \times 66}{2 \times 25,000} = 0.006034$$

하중배수

$$n_1 = 1 + \Delta n, \ \ n_2 = 1 - \Delta n$$

따라서 정상비행 시의 설계 돌풍 운용 속도는

$$4 = 1 + 0.006034\,V_B$$

$$V_B = \frac{4-1}{0.006034} = 497\,\mathrm{ft/s} = 294\mathrm{knots}$$

그리고 배면비행 시의 설계 돌풍 운용 속도는 다음과 같다.

$$-1.5 = 1 - 0.006034\,V_B{}'$$

$$V_B{}' = \frac{1+1.5}{0.006034} = 414\,\mathrm{ft/s} = 245\mathrm{knots}$$

이를 정리하면 다음 표와 같다.

변수값	계산 결과	변수값	계산 결과
실속 속도	118knots	정상비행 설계 운용 속도	237knots
배면비행 설계 운용 속도	199knots	양력곡선의 기울기	7.69[1/rad]
돌풍 하중배수 비례계수	0.006034	정상비행 돌풍 운용 속도	294knots
배면비행 돌풍 운용 속도	245knots	–	–

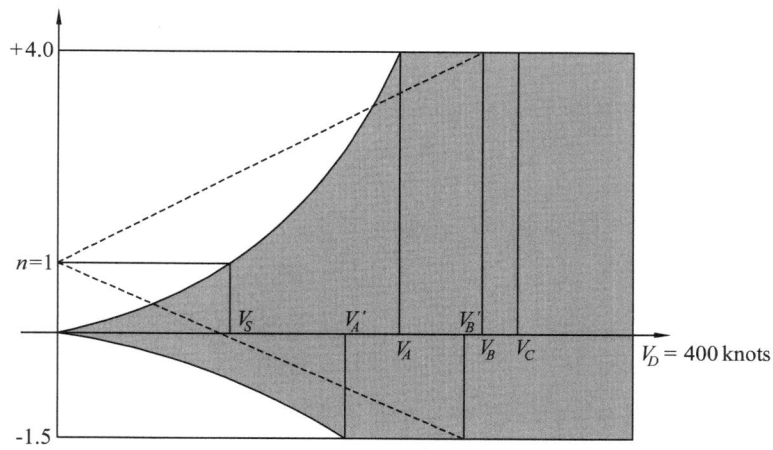

┃심화 그림 6.1 산출 하중 배수 선도┃

2 전방 및 후방 무게 중심 계산 예제

다음의 조건에서 날개의 평균 공력 시위에 대한 전방 및 후방 무게 중심 한계의 백분율을 계산한다. (단, 한 사람의 무게는 170 lb로 계산한다.)

- 비행기 자중 및 무게 중심 : $W_e = 1,790\,\text{lb}$, $x_{c.g} = 9.6\,\text{ft}$
- 평균 공력시위의 앞전까지 거리 : $x_{LE} = 8.2\,\text{ft}$
- 평균 공력시위 길이 : $c = 5.18\,\text{ft}$
- 전방 무게 중심 한계
  전방석 2명의 조종사 탑승($x_{\text{front}} = 7.73\,\text{ft}$)
  화물 미 탑재, 연료 완전 소모
- 후방 무게 중심 한계
  전방석 1명의 조종사 탑승($x_{\text{front}} = 7.73\,\text{ft}$)
  후방석 2명의 승객 탑승($x_{\text{back}} = 10.23\,\text{ft}$)
  화물 240 lb 탑재($x_{\text{bagg}} = 11.98\,\text{ft}$)
  연료 480 lb 탑재($x_f = 9.0\,\text{ft}$)

계산 ┃

① 전방 무게 중심 한계

$$(x_{c.g})_f = \frac{W_e\, x_{c.g} + 2\, W_{\text{crew}}\, x_{\text{front}}}{W_e + 2\, W_{\text{crew}}} = \frac{1,790 \times 9.6 + 2 \times 170 \times 7.73}{1,790 + 2 \times 170}$$

$$= 9.3\,\text{ft}$$

② 날개시위에 대한 전방 무게 중심 한계의 백분율

$$(x_{LE} = 8.2\,\text{ft}, \quad c = 5.18\,\text{ft})$$

$$
\begin{aligned}
(\overline{x}_{c.g})_f &= \frac{(x_{c.g})_f - x_{LE}}{c} \times 100 = \frac{9.3 - 8.2}{5.18} \times 100 \\
&= 21.24\%
\end{aligned}
$$

③ 후방 무게 중심 한계

$$
\begin{aligned}
(x_{c.g})_b &= \frac{W_e\,x_{c.g} + W_{\text{crew}}\,x_{\text{front}} + 2\,W_{\text{pass}}\,x_{\text{back}} + W_{\text{bagg}}\,x_{\text{bagg}} + W_f\,x_f}{W_e + W_{\text{crew}} + 2\,W_{\text{pass}} + W_{\text{bagg}} + W_f} \\
&= \frac{1{,}790 \times 9.6 + 170 \times 7.73 + 340 \times 10.23 + 240 \times 11.98 + 480 \times 9.0}{1{,}790 + 170 + 340 + 240 + 480} \\
&= 9.66\,\text{ft}
\end{aligned}
$$

④ 날개시위에 대한 후방 무게 중심 한계의 백분율

$$(x_{LE} = 8.2\,\text{ft}, \quad c = 5.18\,\text{ft})$$

$$
\begin{aligned}
(\overline{x}_{c.g})_b &= \frac{(x_{c.g})_b - x_{LE}}{c} \times 100 = \frac{9.66 - 8.2}{5.18} \times 100 \\
&= 28.19\%
\end{aligned}
$$

6.1 전비중량 2,000 lb의 항공기가 15° 상승하는 경우 실속 속도는 수평비행 시에 비해 몇 % 감소되는가?

풀이 $V_s = \sqrt{\dfrac{2W}{\rho S C_{L\max}}}$

$(V_s)_{\text{climb}} = \sqrt{\dfrac{2W}{\rho S C_{L\max}}} \times \sqrt{\cos\gamma}$

$\dfrac{(V_s)_{\text{climb}}}{V_s} = \sqrt{\cos\gamma} = 0.983$

$1 - 0.983 = 0.017$

답 1.7% 감소

6.2 반지름 $R = 500\,\text{ft}$로 키돌이 비행(loop flight)을 하는 항공기가 최대 상승점에서의 양력 $L_2 = 0$일 때, 최저 하강점에서의 속도는 얼마인가?

풀이 $V_1 = \sqrt{5gR} = \sqrt{5 \times 32.2 \times 500} = 283.72\,\text{ft/s}$

답 $283.72\,\text{ft/s}$

6.3 5 lb의 무게가 무게 중심 후방 2 ft, 10 lb의 무게가 무게 중심 후방에 4 ft에 작용하고 있다. 적절한 평형을 이루려면 20 lb의 무게를 무게 중심 전방 어느 위치에 두어야 하는가?

풀이 무게 중심의 위치가 변화하지 않으므로

$x_{cg} = \sum \dfrac{W_i x_i}{W_i} = 0$

$= \dfrac{5\,\text{lb} \times 2\,\text{ft} + 10\,\text{lb} \times 4\,\text{ft} + 20\,\text{lb} \times (-x)\,\text{ft}}{5\,\text{lb} + 10\,\text{lb} + 20\,\text{lb}} = 0$

따라서 분자가 0이 되어야 하므로

$20x = 5\,\text{lb} \times 2\,\text{ft} + 10\,\text{lb} \times 4\,\text{ft} = 2.5\,\text{ft}$

답 2ft 6in

6.4 2,500 lb의 자중을 갖는 어떤 비행기의 전체 모멘트가 100,000in · lb이다. 각각 15 lb인 좌석 2개를 STA 70에서 떼어내고, 그 곳에 90 lb의 캐비닛과 20 lb의 좌석을 설치하였다. 그리고 30 lb의 통신장치를 STA 90에 설치하였다. 새로운 자중의 무게 중심은 어디인가?

풀이 STA 70은 동체 위치선(fuselage station : STA)으로서 비행기 동체의 맨 앞쪽으로부터 70in 떨어진 위치를 나타낸다. 따라서 무게 중심의 기준선을 비행기 맨 앞쪽에 설정한다. 원래의 무게 중심은

$$x_{c.g} = \frac{\sum M}{\sum W} = \frac{100{,}000\text{in} \cdot \text{lb}}{2{,}500\text{ lb}} = 40\text{in}$$

$$x'_{c.g} = \sum \frac{W_i x_i}{W_i}$$

$$= \frac{100{,}000\text{in} \cdot \text{lb} + (-30\text{ lb}) \times 70\text{in} + (90+20)\text{lb} \times 70\text{in} + 30\text{ lb} \times 90\text{in}}{2{,}500\text{ lb} - 30\text{ lb} + (90+20)\text{lb} + 30\text{ lb}}$$

$$= 41.49\text{in}$$

답 새로운 무게 중심은 원래의 c.g보다 1.49in 뒤쪽으로 이동한다.

6.5 전륜식 착륙장치를 가진 항공기 공하중의 무게중심 위치를 구하라. 주 착륙장치에 작용하는 무게는 753 lb이고 앞 착륙장치에 작용하는 무게는 22 lb이다. 그리고 주 착륙장치와 앞 착륙장치 사이의 간격은 87.5in이다. 또 앞 착륙장치의 위치는 기준선에서 +9.875in 떨어진 곳이다. 그리고 잘못하여 중량 계산에서 제외해야 할 윤활유가 −21.0in 지점에 1U.S gallon이 들어 있다.

풀이 윤활유 1U.S gallon은 7.5 lb이며, 잘못 포함된 윤활유의 무게를 제외시켜야 한다. 따라서

$$x_{c.g} = \sum \frac{W_i x_i}{W_i}$$

$$= \frac{22 \times 9.875 + 753 \times (9.875 + 87.5) + (-7.5) \times (-21.0)}{22 + 753 - 7.5}$$

$$= 96.02\text{in}$$

답 96.02in

6.6 어떤 항공기의 처음 자중이 5,862 lb, 전체 모멘트가 887,957in · lb이다. 달라진 항공기의 중량을 재보니 +84in 위치에 20 lb의 알코올과 +101in 위치에 23 lb의 윤활유가 추가되었다. 그러면 이 항공기 무게 중심의 위치는 어디인가?

풀이 $x_{c.g} = \sum \dfrac{W_i x_i}{W_i}$

$$= \frac{887{,}957\text{in} \cdot \text{lb} + 20\text{ lb} \times 84\text{in} + 23\text{ lb} \times 101\text{in}}{5{,}862\text{ lb} + 20\text{ lb} + 23\text{ lb}} = 151.05\text{in}$$

답 $x_{c.g} = 151.05\text{in}$

6.7 항공기 상에서 다음과 같은 변동사항이 생겼다. −62in의 위치에 있는 175 lb 무게의 B형 기관을 185 lb 무게의 D형 기관과 바꿨다. 이 항공기의 중량과 평형(weight & balance) 기록카드에 따르면 이전의 공하중은 998 lb이고, 공하중의 무게 중심은 13.48in이다. 새로운 무게 중심은 어디인가?

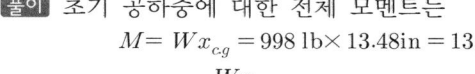

풀이 초기 공하중에 대한 전체 모멘트는

$$M = W x_{c.g} = 998\,\text{lb} \times 13.48\,\text{in} = 13{,}453\,\text{in} \cdot \text{lb}$$

$$x'_{c.g} = \sum \frac{W_i x_i}{W_i}$$

$$= \frac{13{,}453\,\text{in} \cdot \text{lb} + (-175)\text{lb} \times (-62)\text{in} + 185\,\text{lb} \times (-62)\text{in}}{998\,\text{lb} - 175\,\text{lb} + 185\,\text{lb}}$$

$$= 12.73\,\text{in}$$

답 12.73 in

6.8 항공기 무게가 $1{,}800\,\text{lb}$이고 무게 중심이 $+31.5\,\text{in}$인 항공기에 다음과 같은 변경사항이 있었다.

- $+72\,\text{in}$ 지점에 있던 $15\,\text{lb}$ 무게의 승객용 좌석 2개를 떼어냈다.
- $+76\,\text{in}$ 지점에 $14\,\text{lb}$의 무게를 증가시켜 구조를 수정하였다.
- $+73.5\,\text{in}$ 지점에 $20\,\text{lb}$ 무게의 좌석과 안전벨트를 설치하였다.
- $+30\,\text{in}$ 지점에 $30\,\text{lb}$ 무게의 라디오장비를 설치하였다.

새로운 항공기 무게의 무게 중심은?

풀이 $M = W x_{c.g} = 1{,}800 \times 31.5 = 56{,}700$

$$x_{c.g} = \sum \frac{W_i x_i}{W_i}$$

$$= \frac{56{,}700 - (15 \times 2) \times 72 + 14 \times 76 + 20 \times 73.5 + 30 \times 30}{1{,}800 - (15 \times 2) + 14 + 20 + 30}$$

$$= 31.61\,\text{in}$$

답 $+31.61\,\text{in}$

memo

CHAPTER

07

안정 · 조종

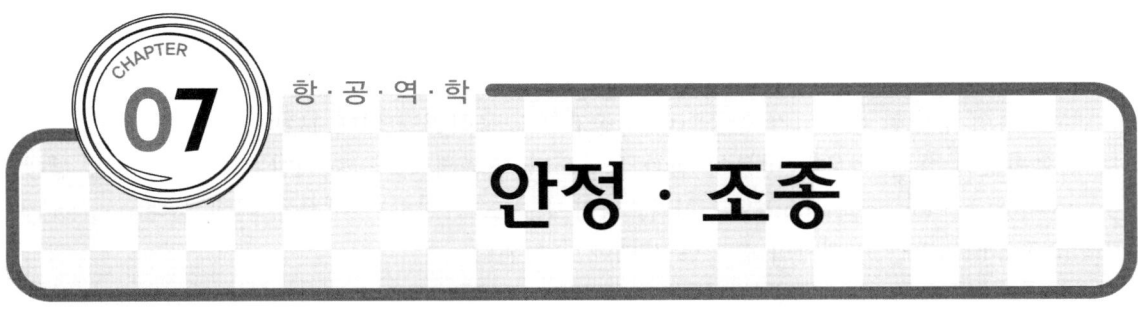

안정 · 조종

항공기의 안정과 조종은 항공기의 특성 가운데 가장 민감하고 중요한 항목이라 할 수 있으며, 항공기가 안전하고도 효율적으로 운용되기 위해서는 항공기 설계 단계에서 이러한 특성을 중요하게 다룰 수밖에 없다. 그리고 항공기를 조종하기 위해서도 항공기의 안정성과 조종성에 대한 내용을 잘 이해해야 한다.

항공기 안정성은 조종성과의 역작용 관계가 있다고 볼 수 있다. 안정성이 증가하면 조종성이 감소하고, 안정성이 감소하면 조종성이 증가하므로 이러한 특성을 최적으로 설정하는 것이 항공기 설계에서 중요하다.

Section 01 ── 안정 · 조종 일반

비행기가 경제적이면서도 안전하게 운항되기 위해서는, 첫째 비행기 성능이 우수해야 하며, 둘째 만족스러운 안정성을 가져야 한다. 그리고 비행기는 적당한 조종성을 가지고 있어야 한다.

비행기 안정성이라 함은 비행기가 일정한 비행 상태를 계속해서 유지할 수 있는 정도를 말한다. 비행기가 돌풍과 같은 외부 교란에 의해 정적 비행 상태에서 벗어난 경우, 원래 상태로 회복이 가능해야 한다. 특히, 비행기는 비행 중에 조종사의 지속적인 조작이 필요하지 않도록 자체적으로 원래 상태로 회복되는 충분한 안정성이 있어야 할 뿐 아니라, 조종사의 조작에 따라 즉시 반응하여 움직여 주는 조종성도 가져야 한다.

1 정적 안정

물체에 작용하는 모든 힘의 합과 무게중심에 대한 모멘트의 합이 각각 0인 경우를 평형 상태(equilibrium condition)라 한다. 비행기가 평형 상태에 있다는 것은 힘의 변화가 없으므로 속도의 변화가 없는 정상 비행 상태(steady flight condition)를 포함한다.

만일, 평형 상태인 비행기가 돌풍이나 조종계통의 움직임에 의해 교란을 받으면, 힘과 모멘트에 불평형이 생겨 속도와 더불어 힘과 모멘트가 변하게 된다. 이러한 상태를 불평형 상태(non-equilibrium condition)라고 한다. 따라서 속도가 변하는 비정상 비행 상태(unsteady flight condition)는 비행기의 불평형 상태에 포함된다.

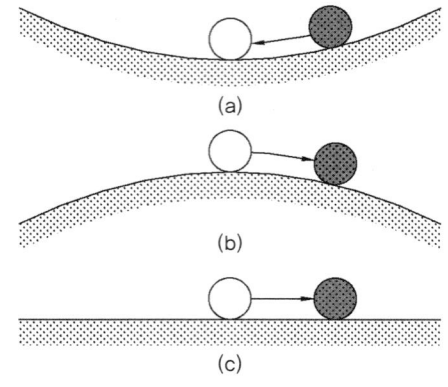

┃그림 7.1 정적 안정┃

정적 안정(static stability)이란, 평형 상태로부터 벗어난 뒤에 어떠한 형태로든 움직여서 원래의 평형 상태로 되돌아가려는 비행기의 초기 경향을 말한다.

어떤 물체가 평형 상태에서 벗어난 뒤에 다시 평형 상태로 되돌아가려는 경향을 나타낼 때 이것을 양(+)의 정적 안정(positive static stability), 또는 정적 안정이라 한다. 그러나 평형 상태에서 벗어난 물체가 처음 평형 상태로부터 더 벗어나려는 경향이 있다면 음(-)의 정적 안정(negative static stability) 또는 정적 불안정이라 한다.

그리고 평형 상태에서 벗어난 물체가 교란된 위치에서 그대로 그 상태를 유지한다면, 다시 말해서 평형 상태에서 벗어난 물체가 원래의 평형 상태로 되돌아오지도 않고, 평형 상태에서 벗어난 방향으로도 이동하지 않는 경우, 이를 정적 중립(neutral stability)이라 한다. 정적 안정에 대한 이들 3가지의 경우를 그림 7.1에 나타내었다.

그림 7.1(a)의 경우, 공이 초기 위치에서 변위되었을 때 다시 원래 위치로 되돌아오려는 경향이 있음을 보여 준다. 이것이 양(+)의 정적 안정이다. 그림 7.1(b)의 경우, 공이 초기 위치에서 변위되었을 때 초기 위치로부터 더 멀어지려는 경향이 있음을 보여 준다. 이것이 음(-)의 정적 안정이다. 그림 7.1(c)는 정적 중립을 나타낸 것으로서, 공이 변위된 위치에서 또 다른 평형 상태가 되었음을 보여준다.

▋2 동적 안정

정적 안정이 평형 상태에서 벗어난 뒤 어떤 형태로든 움직여서 다시 본래 위치로 되돌아가려는 초기 경향에 대한 것이라면, 동적 안정(dynamic stability)은 시간이 지남에 따라서 운동이 어떻게 변화하는가를 설명해 준다. 즉, 어떤 물체가 평형 상태에서 이탈된 후 시간이 지남에 따라 나타나는 운동의 변화를 설명해 주는 것이 동적 안정이다. 일반적으로, 운동의 진폭이 시간이 지남에 따라 감소되는 것을 양(+)의 동적 안정(positive dynamic stability)이라 하고, 반대로 시간이 지남에 따라 진폭이 커진다면 이것을 음(−)의 동적 안정(negative dynamic stability) 또는 동적 불안정이라 한다. 그리고 운동의 진폭이 시간이 경과되어도 변화가 없다면 이것을 동적 중립(neutral dynamic stability)이라 한다. 정적 및 동적 안정에 대한 각각의 3가지 경우를 그림 7.2에 나타내었다.

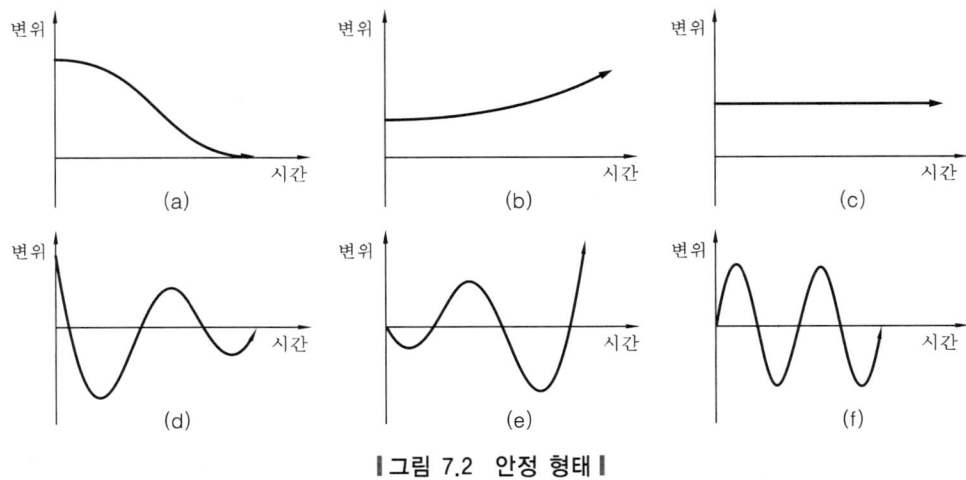

┃그림 7.2 안정 형태┃

그림 7.2(a)와 같이 비행기의 교란에 의한 변위가 진동을 하지 않고 점차적으로 사라진다면 안정하다고 한다. 이러한 비행기 운동은 평형 상태로 돌아가려는 초기의 경향 때문에 정적 안정을 나타냄과 동시에, 시간이 지남에 따라 교란의 크기가 감소한다.

그림 7.2(b)는 시간이 경과함에 따라 비행기의 교란에 의한 변위가 발산의 형태로 나타난다면, 비행기의 평형 상태에서 점점 멀어지고, 초기의 이동 방향으로 계속 움직이게 되는 정적 불안정을 나타내는 것이다. 그리고 교란의 크기는 증가한다.

그림 7.2(c)는 정적 중립을 나타낸 것이다. 즉, 비행기가 교란 받은 후의 그 상태를 유지하며 그 크기도 일정하므로, 이것을 정적 중립이라고 한다.

그림 7.2(d)는 시간이 지남에 따라 비행기의 교란에 의한 변위가 진동을 하며 줄어드는 상태로서 진폭이 감소하는 감쇠 진동을 나타낸 것이다. 여기서 진폭이 시간에 따라 감소하는 것은 운동이 제한되고, 교란을 일으킨 에너지가 소멸된다는 것을 의미한다. 에너지의 감쇠는 동적 안정을 위하여 필요한 것이다.

그림 7.2(e)는 발산하는 진동을 나타낸 것이다. 이것은 초기의 평형 위치로 돌아가려는 경향 때문에 정적으로는 안정하지만, 시간이 지남에 따라 진폭이 증가하므로 동적으로는 불안정하다. 발산하면서 진동하는 경우에는 에너지가 소모되는 감쇠의 경우와 달리 에너지가 운동에

공급될 때 발생된다. 발산하면서 진동하는 가장 좋은 예는, 조종사가 비행기를 조종할 때 조종 계통의 사용 시기를 알지 못해서 키놀이 운동의 고유 진동수에 가깝게 조종하면 에너지가 비행기에 추가되는 현상이 일어나고, 이로 인해 비행기는 발산 진동을 하게 되는 것이다. 그림 7.2(f)는 동적 중립 상태를 의미한다.

일반적으로 정적 안정이 있다고 해서 동적 안정이 있다고는 할 수 없지만, 동적 안정이 있는 경우에는 정적 안정이 있다고 할 수 있다.

3 비행기 기준축

비행기에서 안정과 조종, 그리고 운동에 나타나는 힘과 모멘트의 작용을 가시화하기 위해서 무게 중심을 원점에 둔 좌표축을 사용한다. 이 좌표는 동체 축(body axis)과 바람 축(wind axes)으로 구분하며, 이때 동체 축은 동체의 중심축을 기준으로 하며, 바람 축은 비행기에 상대바람이 불어 들어오는 방향을 기준으로 한다.

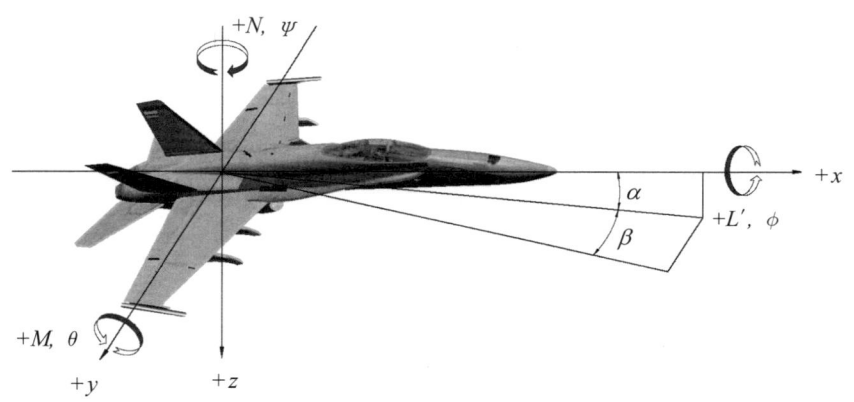

│그림 7.3 비행기 기준축│

동체 축은 안정성을 다루는 데 편리하며, 그림 7.3에서와 같이 세로 축, 가로 축, 수직 축으로 나누어지는데, 각 축에 관해 회전하는 경향인 모멘트가 존재한다.

세로 축(종축, 縱軸)은 비행기의 전후 축을 말하며, x축이라고도 하는데, 이 축에 관한 모멘트를 옆놀이 모멘트(rolling moment), L'이라 한다. 가로 축(횡축, 橫軸)은 비행기의 좌우 축을 가리키며, y축이라고도 하는데, 이 축에 관한 모멘트를 키놀이 모멘트(pitching moment), M이라 한다. 수직 축(垂直軸)은 비행기의 상하 축을 말하며, z축이라고도 하는데, 이 축에 관한 모멘트를 빗놀이 모멘트(yawing moment), N이라 정의한다. 그리고 직선 축에 대한 각각의 모든 양(+)의 모멘트는 오른손 법칙을 따른다. 즉 엄지 손가락을 각 축의 양(+)의 방향으로 향한 상태에서 나머지 손가락 방향이 양(+)의 모멘트를 나타낸다.

비행기는 동체 축에 대하여 회전 운동을 하는데, 각 축에 대한 회전 각운동, 모멘트 등 동체 축에 관한 정의는 표 7.1과 같다.

▌표 7.1 비행기 동체 축에 대한 정의▐

축	축방향 속도	축방향 각속도	축방향 모멘트	축방향 힘	축의 각변위
x : 세로 축	U	P : 옆놀이	L' : 옆놀이 모멘트	F_x	ϕ
y : 가로 축	V	Q : 키놀이	M : 키놀이 모멘트	F_y	θ
z : 수직 축	W	R : 빗놀이	N : 빗놀이 모멘트	F_z	ψ

동체 축과 달리 비행기의 성능 특성을 다루는 데 편리한 바람 축(wind axis)이라는 것이 있는데, 이것은 상대바람의 방향을 x축으로 하고, y축은 동체 축의 y축과 같으며, 양력의 방향을 z축으로 한다.

◢4 안정과 조종 정의

비행기의 안정성은 3가지로 정의될 수 있다. 첫째로 세로 안정성(longitudinal stability)은 가로 축에 대한 키놀이 효과의 안정성을 다루는 키놀이 안정성(pitching stability)을 의미한다. 둘째로 가로 안정성(lateral stability)은 세로 축에 대한 옆놀이 효과의 안정성을 다루는 옆놀이 안정성(rolling stability)을 의미한다. 그리고 셋째로 방향 안정성(directional stability)은 수직 축에 대한 빗놀이 효과의 안정성을 다루는 빗놀이 안정성(yawing stability)을 의미한다. 또한 방향 안정성을 수직 안정성 또는 풍향계 안정성(weathercock stability)이라고도 한다.

비행기 조종도 역시 3개의 기준 축에 대해 비행기를 운동시키기 위하여 일반적으로 승강타, 도움날개 및 방향타로 구성된 주 조종면(primary control surface)을 조작하는 행위라고 말할 수 있다.

세로 조종면은 승강타(elevator)로써 키놀이 운동을 발생시키는 조종면이며, 비행기 기수를 높이거나 낮추는 데 사용된다. 승강타는 수평꼬리날개에 발생하는 양력을 변화시킨다.

가로 조종면은 도움날개(aileron)로써 옆놀이 운동을 발생시키는 조종면이며, 비행기를 왼쪽 또는 오른쪽으로 선회시키는 데 사용된다. 도움날개는 양쪽 날개에 발생하는 양력을 변화시킨다.

방향 조종면은 방향타(rudder)로써 빗놀이 운동을 발생시키는 조종면이며, 비행기 기수를 왼쪽 또는 오른쪽으로 돌리는 데 사용된다. 방향타는 수직꼬리날개에 발생하는 측분력을 변화시킨다.

그리고 3축에 대한 미세한 조종은 각각의 조종면에 달린 탭(tab)을 이용한다. 따라서 각각의 조종면에 장착된 탭은 부 조종면(secondary control surface)이라고 일컫는다.

안정성과 조종성은 서로 상반되는 성질을 나타내기 때문에, 조종성과 안정성을 동시에 만족시킬 수는 없다. 실제로 비행기를 안정성에 중점을 두고 설계하면 비행기의 조종성은 나빠진다. 즉 안정성이 좋아지면 조종성이 나빠지고, 조종성이 좋아지면 안정성이 나빠진다.

Section 02 ─ 세로 안정

1 정적 세로 안정

비행기가 비행 중 외부 교란의 영향이나 조종사 의도에 의해 승강타가 조작되어 키놀이 모멘트가 변화되었을 때, 처음 평형 상태로 되돌아가려는 경향을 정적 세로 안정이라 한다. 세로 안정성은 그림 7.4와 같이 받음각 변화에 따른 키놀이 모멘트 변화로 그 특성을 나타낼 수 있다.

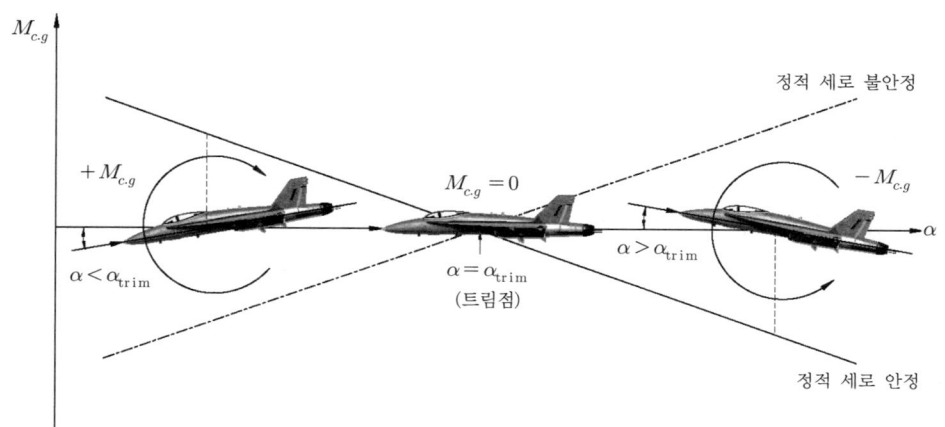

┃그림 7.4 정적 세로 안정┃

그림 7.4에서 무게 중심(c.g)에 관한 키놀이 모멘트 값, $M_{c.g} = 0$인 경우에는 비행기에 키놀이 모멘트가 발생하지 않는다. 그러므로 비행기는 키놀이 자세에 변화가 없이 받음각이 일정한 상태로 지속적인 비행을 하게 된다.

이러한 평형 상태가 유지되는 점을 트림점(trim point)이라고 한다. 이때 비행기 받음각은 $\alpha = \alpha_{\text{trim}}$, 즉 트림 받음각(trim angle of attack)으로 유지된다.

돌풍 등과 같이 외부 교란이 없을 때는 승강타를 조작하지 않는 한, 트림 받음각은 변화하지 않는다. 승강타를 내리면 수평꼬리날개의 양력이 증가하므로 비행기 기수가 내려가고 트림 받음각이 적어진다. 반대로 승강타를 올리면 수평꼬리날개의 양력이 감소하므로 비행기 기수가 올라가고 트림 받음각이 커진다. 즉 승강타를 조작하는 것은 비행기의 트림 받음각을 변화시켜 날개 양력의 크기를 변화시킨다는 것이다. 하지만 승강타를 조작하지 않는 한 트림 받음각은 절대로 변화하지 않는다는 것을 명심해야 한다. 다만 돌풍 등과 같은 외부의 교란이 있을 때는 순간적으로 받음각이 변화할 수 있다.

받음각은 비행기 진행방향에 대해 비행기 기수가 상승하면 양(+)의 값을 가지고, 비행기 기수가 하강하면 음(−)의 값을 갖는다. 비행기 무게 중심에 관한 키놀이 모멘트 $M_{c.g}$ 또한 비행기 기수가 올라가는 방향이 양(+)의 값이고, 비행기 기수가 내려가는 방향이 음(−)의 값이다.

모든 공기 역학적인 힘들과 마찬가지로 가로 축에 관한 키놀이 모멘트는 식 7.1과 같이 계수형으로 나타낼 수 있다.

$$M = qScC_M, \quad C_M = \frac{M}{qSc} \tag{7.1}$$

여기서, C_M은 키놀이 모멘트계수(pitching moment coefficient)를 의미한다.

그림 7.4에서 돌풍 등과 같은 외부 교란에 의해 받음각이 트림 받음각보다 감소할 때($\alpha < \alpha_{\text{trim}}$), 양(+)의 키놀이 모멘트가 발생하면 세로 안정성이 있고, 받음각이 트림 받음각보다 증가할 때($\alpha > \alpha_{\text{trim}}$), 음(−)의 키놀이 모멘트가 발생하면 세로 안정성이 있다. 비행기가 외부 교란을 받았을 때 원래의 평형 상태로 회복되기 위해서는 이러한 조건이 충족되어야만 하며, 이러한 특성을 정적 세로 안정이라 한다.

따라서 그림 7.4에서 받음각에 대한 키놀이 모멘트의 기울기가 음(−)의 값을 가져야 정적 세로 안정성이 있다고 본다. 만약, 받음각에 대한 키놀이 모멘트의 기울기가 양(+)의 값을 가진다면 정적 세로 안정성이 없다고 보며, 이를 정적 세로 불안정이라 한다. 즉 정적 세로 안정성을 갖기 위해서는 다음 식을 만족시켜야 한다.

$$\frac{dM_{c.g}}{d\alpha} < 0, \quad \frac{dC_{Mc.g}}{d\alpha} < 0 \tag{7.2}$$

여기서, $M_{c.g}$는 무게 중심에 관한 키놀이 모멘트이며, $C_{Mc.g}$는 무게 중심에 관한 키놀이 모멘트계수이다. 그리고 $C_{Mc.g} = 0$이 되는 받음각(α)을 트림점(trim point)이라 하고 비행기가 평형 상태에서 정상 비행(steady flight)이 유지되는 점이다.

정적 세로 안정성에 관련된 무게 중심에 관한 키놀이 모멘트에 영향을 미치는 요소는 여러 가지가 있다. 이 중에서 가장 크게 영향을 미치는 요소로는 그림 7.5와 같이 날개 공력 중심에 작용하는 키놀이 모멘트($M_{a.c}$)와 날개 양력(L_w) 및 수평꼬리날개에 발생하는 양력(L_t)을 들 수 있다. 그림 7.5로부터 무게 중심에 관한 키놀이 모멘트를 구하면 다음과 같다.

$$M_{c.g} = M_{a.c} + L_w(l_{c.g} - l_{a.c}) - L_t l_t \tag{7.3}$$

각각의 모멘트와 힘은 다음과 같이 계수로 나타낼 수가 있다.

$$M_{c.g} = qSc\,C_{Mc.g} \quad , \quad M_{a.c} = qSc\,C_{Ma.c}$$
$$L_w = qS\,C_{Lw} \qquad , \quad L_t = q_t S_t\,C_{Lt}$$

여기서, $q = \dfrac{1}{2}\rho V^2$, $q_t = \dfrac{1}{2}\rho V_t^2$를 나타낸다.

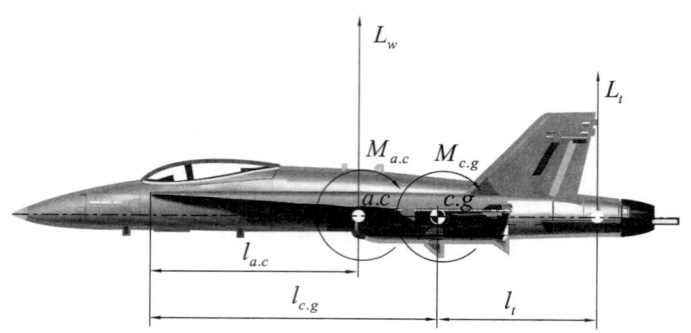

┃그림 7.5 세로 안정 관계식 ┃

그리고 키놀이 모멘트 관계식을 계수 값으로 나타내면 다음과 같다.

$$C_{Mc.g} = C_{Ma.c} + \left(\frac{l_{c.g}}{c} - \frac{l_{a.c}}{c}\right)C_{Lw} - \frac{q_t}{q}\frac{S_t l_t}{Sc}C_{Lt}$$

그리고 위 식을 식 7.2에 적용하기 위해 받음각에 대해 미분하면 다음 식을 구할 수 있는데, 이 과정은 심화 학습 '세로 안정 방정식 유도 과정'을 참조하기 바란다.

$$\frac{dC_{Mc.g}}{d\alpha} = (h_c - h_a)\frac{dC_{Lw}}{d\alpha} - \eta_H V_H \frac{dC_{Lt}}{d\alpha_t} < 0 \tag{7.4}$$

단, 무차원 수 $h_c = l_{c.g}/c$, 그리고 $h_a = l_{a.c}/c$을 나타낸다. 위 식에서 수평꼬리날개 부피계수(tail volume coefficient : V_H)와 수평꼬리날개 효율계수(tail efficiency factor : η_H)를 다음과 같이 정의한다.

$$V_H = \frac{S_t l_t}{Sc}, \quad \eta_H = \frac{q_t}{q}$$

이때, $S_t l_t$를 꼬리날개부피(tail volume)라고 한다.

비행기의 세로 안정성을 좋게 하기 위한 방법을 알아보면 다음과 같다.

　① 무게 중심이 날개의 공력 중심보다 앞에 위치한다면($h_c - h_a < 0$) 안정성이 좋아진다.

　② 무게 중심이 공력 중심보다 아래에 있을 때 안정성이 좋아진다. 즉 날개가 무게 중

심보다 높은 위치에 있을 때(high wing) 안정성이 좋다.

③ V_H은 수평꼬리날개 부피계수라 하며, 이 값이 클수록 안정성이 좋다.

④ η_H을 수평꼬리날개 효율계수라 하며, 이 값이 클수록 안정성이 좋다.

그리고 기준점에서부터 중립점(neutral point)까지의 거리를 날개 시위길이로 나눈 무차원수 $h_n = l_{n.p}/c$를 도입하면 식 7.4는 다음과 같이 변형할 수 있다.

$$\frac{dC_{Mc.g}}{d\alpha} = -(h_n - h_c)\frac{dC_{Lw}}{d\alpha} < 0 \tag{7.5}$$

이때, $(h_n - h_c)$을 정적 여유(static margin)라 한다. 정적 여유란 무게 중심에서 중립점까지의 길이를 시위길이로 나눈 값으로 정의된다.

비행기의 정적 세로 안정성은 정적 여유에 비례하며, 정적 여유가 클수록 안정성이 좋아진다. 그리고 식 7.5를 살펴보면 중립점이 항상 무게 중심 후방에 있어야 정적 여유가 양(+)의 값을 가지며 세로 안정성이 있다. 식 7.5을 다시 정리하면 다음과 같다.

$$\frac{dC_{Mc.g}}{dC_{Lw}} = -(h_n - h_c) < 0 \tag{7.6}$$

중립점은 항공기 전체의 공력 중심이라고도 일컬으며, 날개의 공력 중심과 유사한 특성을 가지고 있다. 결론적으로 항공기가 세로 안정성을 갖기 위해서는 무게 중심($c.g$)이 중립점($n.p$) 앞에 있어야 한다.

2 동적 세로 안정

정적 세로 안정이 돌풍 등의 외부 영향을 받아 키놀이 모멘트가 변화된 경우 비행기가 평형 상태로 되돌아가려는 초기 경향에 관한 것이라면, 동적 세로 안정(dynamic longitudinal stability)은 외부 교란의 영향을 받아 키놀이 모멘트가 변화된 경우, 비행기에 나타나는 시간에 따른 진폭 변위에 관한 것이다.

동적 안정은 운동의 진폭이 시간에 따라 감소하는 경우를 말하고, 동적 불안정은 진폭이 시간에 따라 증가하는 경우를 말한다. 이때, 교란을 받은 비행기의 반응은 조종 스틱을 자유롭게(stick free)하거나 조종 스틱을 고정(stick fixed)하는 경우에 따라 각각 다르게 나타난다.

비행기의 동적 세로 안정은 일반적으로 장주기 운동과 단주기 운동의 기본 진동 형태로 나타나며, 각 진동 형태의 특성들이 독특하여 각각의 진동 경향을 분리해서 생각할 수 있다.

① 장주기 운동

장주기 운동은 휴고이드 진동(phugoid oscillation)이라고도 하며 동적 세로 안정 가운데 주기가 매우 긴 진동으로 나타난다. 그리고 초기 경향의 효과는 천천히 이루어진다. 장주기 운동에서는 키놀이 자세(피치자세 또는 피치각), 비행 속도, 그리고 비행 고도에 상당한 변화가 있지만 받음각은 거의 일정하다. 이러한 진동 운동은 평형된 비행 속도와 고도에 대하여 운동에너지(속도 변화)와 위치에너지(고도 변화)가 천천히 교대로 교환되는 것으로 생각할 수 있다.

그림 7.6은 장주기 운동의 특성을 나타낸 것으로, 장주기 운동은 진동 주기가 상당히 길며, 대개 20초에서 60초 사이의 값을 가진다.

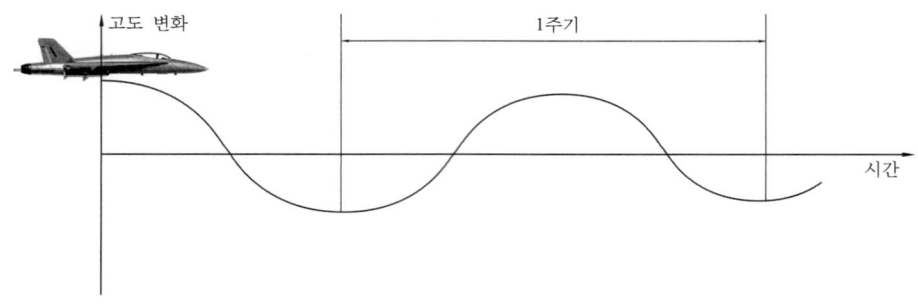

▌그림 7.6 장주기 운동▌

② 단주기 운동

동적 세로 안정 가운데 단주기 운동은 그림 7.7에 나타낸 것처럼, 상대적으로 주기가 짧은 운동이다.

즉, 단주기(short period) 운동으로서 속도 변화에 거의 무관하다.

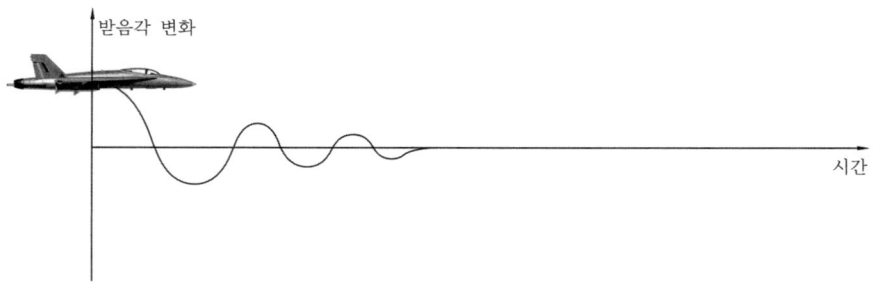

▌그림 7.7 단주기 운동▌

단주기 운동은 비행기 무게 중심에 관한 빠른 키놀이 진동이며, 교란을 받은 비행기는 급격한 키놀이 감쇠에 의해 진동의 진폭이 감쇠되어 평형 상태로 복귀된다. 주기가 너무 짧아 속도가 변화할 시간 여유가 없으며 진동은 주로 받음각의 변화로 나타난다. 전형적인 진동주기는 0.5초에서 5초 사이이다.

Section 03 ┤ 가로 안정 및 방향 안정

1 정적 가로 안정

비행기의 정적 가로 안정성(static lateral stability)은 비행기의 옆놀이 운동에 대한 안정성을 의미하며, 옆 미끄럼 각에 대한 옆놀이 모멘트를 해석하는 안정 이론이다.

먼저 옆 미끄럼 각의 부호로서 그림 7.8과 같이 비행기 기수에 대해 오른쪽에서 상대바람이 불어 들어오면 옆 미끄럼 각은 양(+)의 값을 가지며, 비행기 기수에 대해 왼쪽에서 상대바람이 불어 들어오면 옆 미끄럼 각은 음(−)의 값을 가진다. 빗놀이각(yaw angle)은 옆 미끄럼 각과 크기는 같고, 부호는 서로 반대이다.

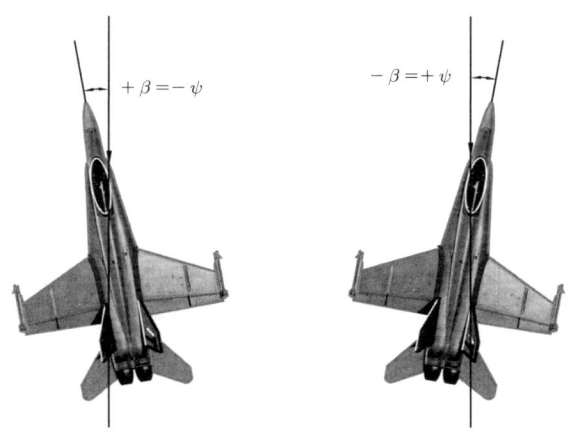

┃그림 7.8 옆 미끄럼 각과 빗놀이각┃

가로 안정성은 옆 미끄럼 각(β) 변화에 따른 옆놀이 모멘트 변화로 그 특성을 나타낸다. 그리고 옆놀이 모멘트(L')는 비행기를 앞에서 볼 때, 반시계 방향이면 양(+)의 값이고, 시계 방향이면 음(−)의 값이다.

옆놀이 모멘트도 다음 식과 같이 계수형으로 나타낼 수 있다. 여기서, L'은 옆놀이 모멘트 (rolling moment)이며, C_L'은 옆놀이 모멘트 계수를 나타낸다.

$$L' = qSb\,C_L', \quad C_L' = \frac{L'}{qSb} \tag{7.7}$$

그림 7.9에서 옆 미끄럼 각이 $\beta = 0$인 경우, 옆놀이 모멘트 값이 0이면 비행기는 평형 상태로 비행한다.

비행기가 돌풍 등에 의해 옆놀이 운동을 하게 되면, 비행기에 발생하는 양력은 하강 날개 쪽으로 기울어진다. 따라서 비행기는 상승 날개 쪽으로부터 하강 날개 쪽으로 옆 미끄럼 운동을 하게 된다. 따라서 옆 방향의 상대 바람은 상대적으로 하강 날개 쪽으로부터 상승 날개 쪽으로 불어오게 된다.

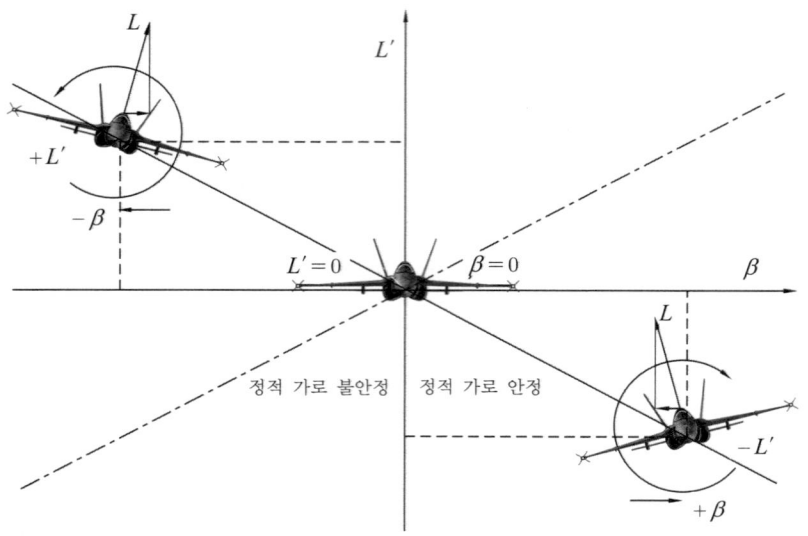

┃그림 7.9 정적 가로 안정┃

그림 7.9의 오른쪽 그림과 같이 비행기가 비행기 오른쪽으로 옆놀이 운동을 하면 양력이 비행기 오른쪽으로 기울어지고, 양력의 수평성분에 의해 비행기는 비행기 오른쪽으로 옆 미끄럼 운동을 한다. 그 결과, 상대 옆바람은 비행기 오른쪽으로부터 왼쪽으로 불어오기 때문에 양 (+)의 옆 미끄럼 각, $+\beta$ 값을 갖는다. 이때 음(−)의 옆놀이 모멘트 값 $-L'$을 갖게 되면 정적 가로 안정성을 갖추게 된다.

그림 7.9의 왼쪽 그림과 같이 비행기가 비행기 왼쪽으로 옆놀이 운동을 하면 양력이 비행기 왼쪽으로 기울어지고, 양력의 수평성분에 의해 비행기는 비행기 왼쪽으로 옆 미끄럼 운동을 한다. 그 결과, 상대 옆바람은 비행기 왼쪽으로부터 오른쪽으로 불어오기 때문에 음(−)의 옆 미끄럼 각, $-\beta$ 값을 갖는다. 이때 양(+)의 옆놀이 모멘트 값 $+L'$을 갖게 되면 정적 가로 안정성을 갖추게 된다.

따라서 그림 7.9에서 옆 미끄럼 각에 대한 옆놀이 모멘트의 기울기가 원점을 지나면서 음 (−)의 값을 가지면 정적 가로 안정성이 있다고 본다. 만약, 기울기가 양(+)의 값을 가지면 정적 가로 안정성이 없다고 보며, 정적 가로 불안정이라고 한다. 이러한 의미를 수식으로 나타내면 다음과 같다.

$$\frac{dL'}{d\beta} < 0 \ , \ \frac{dC_L'}{d\beta} < 0 \tag{7.8}$$

정적 가로 안정성에 관련된 옆놀이 모멘트에 영향을 주는 요소는 쳐든각 효과(상반각 효과, dihedral angle effect, Γ), 키일 효과(keel effect), 진자 효과(pendulum effect) 및 후퇴각 효과 등을 들 수 있는데, 그 중에서도 쳐든각 효과가 가장 큰 영향을 미치는 요소로 작용한다. 그리고 후퇴각 역시 정적 가로 안정성에 좋은 효과를 가져 온다.

돌풍 등에 의해 비행기가 비행기 오른쪽으로 옆놀이 운동을 하면 비행기 오른쪽으로 옆 미끄럼 운동을 한다. 따라서 그림 7.10과 같이 비행기 오른쪽에서 왼쪽으로 속도가 V_y인 상대 옆바람이 불어 들어와 양(+)의 옆 미끄럼 각을 가진다. 이때, 상대 옆바람이 불어오는 쪽인 비행기 오른쪽 날개는 양력이 증가하고($L+\Delta L$), 상대 옆바람이 불어오는 반대쪽인 비행기 왼쪽 날개는 양력이 감소하여($L-\Delta L$), 그림 7.10과 같은 음(−)의 옆놀이 모멘트가 발생한다. 즉 정적 가로 안정성을 좋게 해주는 쳐든각 효과가 나타난다. 이를 식으로 나타내면 다음과 같다.

$$L' = -(L+\Delta L)\bar{y} + (L-\Delta L)\bar{y} = -2\Delta L \tag{7.9}$$

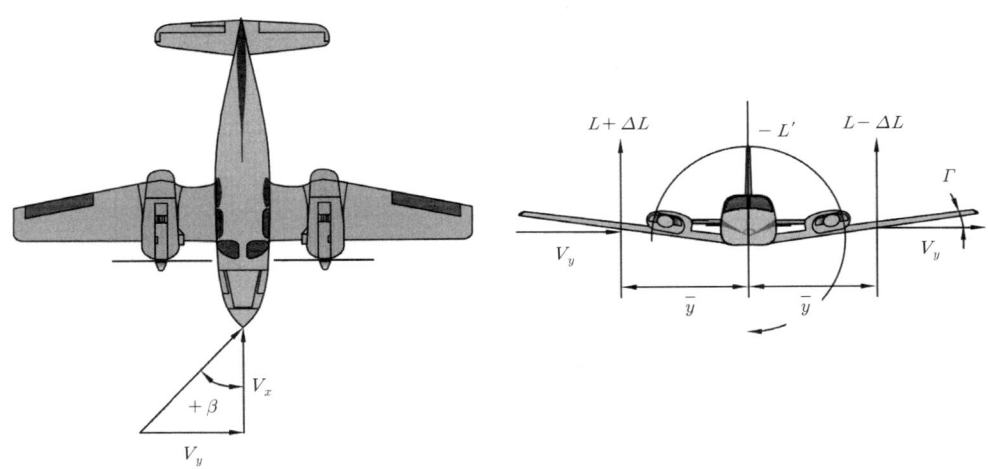

┃그림 7.10 쳐든각 효과┃

후퇴각의 효과(sweep back angle effect)는 그림 7.11로 간략하게 설명할 수가 있다. 비행기가 돌풍에 의해 비행기 오른쪽으로 옆놀이 운동($+L'$)을 하면, 양력이 비행기 오른쪽으로 기울어져 오른쪽으로 옆 미끄럼 운동을 하게 된다. 따라서 상대바람은 비행기의 오른쪽에서 왼쪽으로 불어오게 된다. 이때 후퇴날개에 발생하는 양력에 영향을 미치는 비행속도는 날개 앞전에 수직으로 불어오는 속도이다. 따라서 오른쪽 날개의 비행속도 V_R이 왼쪽 날개의 비행속도 V_L보다 커지고, 오른쪽 날개의 양력이 왼쪽 날개의 양력보다 커진다. 또한 옆놀이 모멘트를 결정하는 모멘트 암의 길이로서 오른쪽 날개의 모멘트 암 l_{large}가 왼쪽 날개의 모멘트 암 l_{small}보다 크기 때문에 결국 오른쪽 날개에 발생하는 옆놀이 모멘트가 왼쪽 날개의 옆놀이 모

멘트보다 크게 된다. 그 결과 음(−)의 옆놀이 모멘트, − L'이 발생하여 정적 가로 안정성을
좋게 하는 결과를 가져온다.

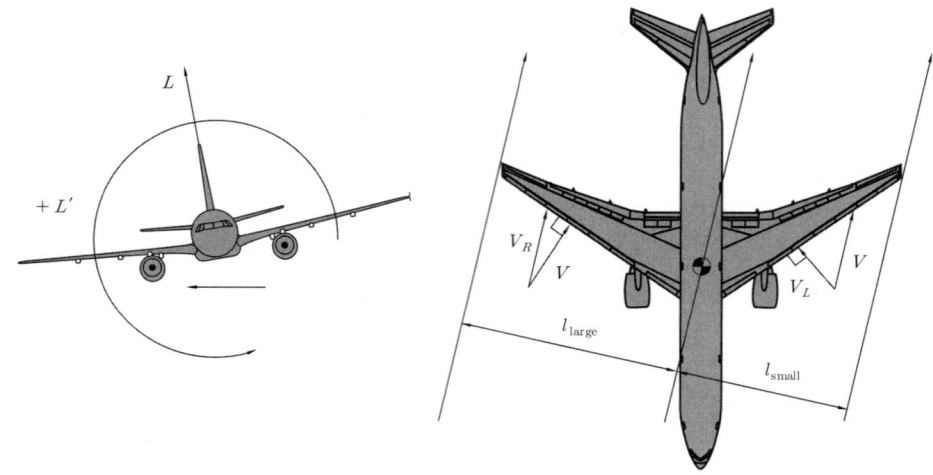

■그림 7.11 정적 가로 안정의 후퇴각 효과■

그림 7.12는 정적 가로 안정성에 도움이 되는 키일 효과(keel effect)를 보여 준다. 낮은 날
개 비행기(low wing airplane)의 경우, 무게 중심이 대체로 아래에 있다.

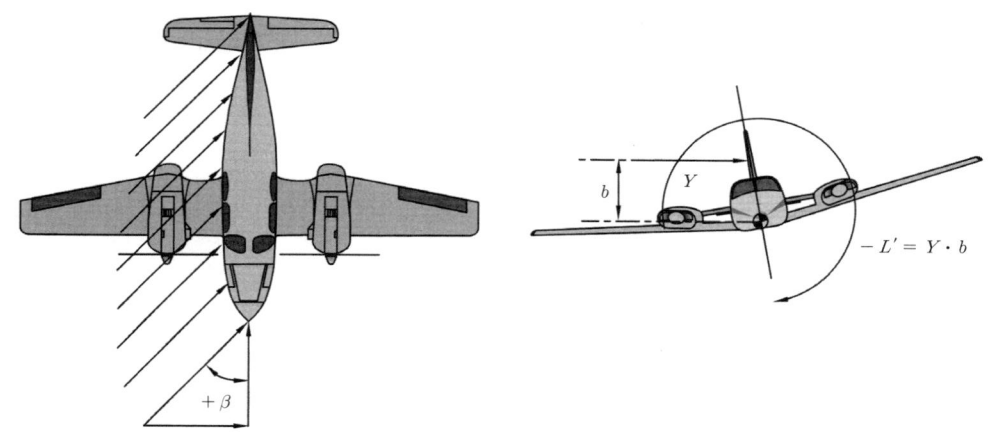

■그림 7.12 키일 효과■

비행기 오른쪽으로 옆놀이 운동을 하면, 비행기 오른쪽으로 옆 미끄럼 운동을 하게 된다. 따
라서 비행기의 동체, 수직꼬리날개 및 도살 핀(dorsal fin) 등의 오른쪽 면에 측분력 Y가 작
용한다. 만일 측분력의 압력 중심보다 비행기 무게 중심이 아래쪽에 위치한 경우에는 측분력
과 수직방향의 모멘트 암(arm)에 의해서 음(−)의 옆놀이 모멘트가 발생하여 정적 가로 안정
성을 갖게 된다. 이러한 효과를 키일 효과라고 한다.

그리고 높은 날개 비행기(high wing airplane)는 그림 7.13과 같은 진자 효과(pendulum effect)에 의해 정적 가로 안정성을 좋게 할 수 있다.

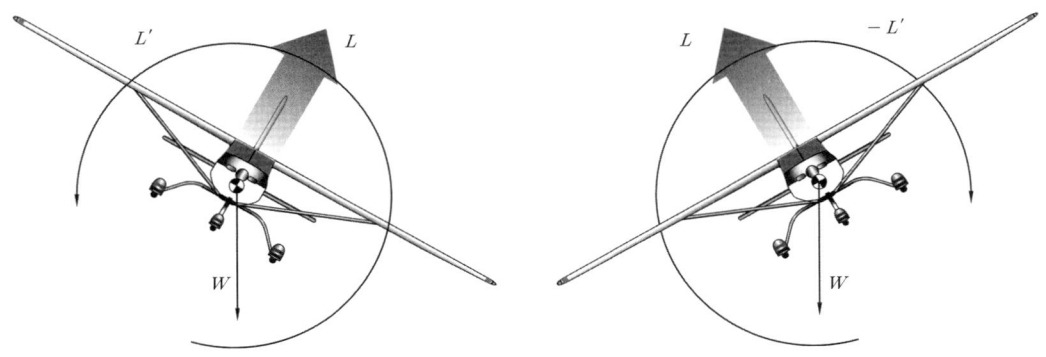

┃그림 7.13 진자 효과┃

보다 구체적인 정적 가로 안정 방정식은 심화 과정에서 다루도록 한다.

2 정적 방향 안정

비행기의 정적 방향 안정성(static directional stability)은 빗놀이 운동에 대한 안정성을 의미한다. 방향 안정성은 옆 미끄럼 각의 변화에 따른 빗놀이 모멘트 변화로 그 특성을 나타낼 수 있다.

그림 7.14에서 옆 미끄럼 각이 $\beta = 0$인 경우, 빗놀이 모멘트가 0이면 비행기는 평형 상태로 비행한다.

빗놀이 모멘트는 위에서 비행기를 볼 때, 시계방향이면 양(+)의 값이고, 반시계방향이면 음(−)의 값이다.

돌풍 등과 같은 외부 교란에 의해 그림 7.14와 같이 양(+)의 옆 미끄럼 각을 가지게 되면 양(+)의 빗놀이 모멘트가 발생하고, 음(−)의 옆 미끄럼 각을 가지게 되면 음(−)의 빗놀이 모멘트가 발생해야만 정적 방향 안정성을 가진다고 말할 수 있다.

즉 그림 7.14에서처럼 원점을 지나는 옆 미끄럼 각에 대한 빗놀이 모멘트의 기울기가 양(+)의 값을 가지면 정적 방향 안정성이 있다고 본다. 만약, 원점을 지나는 옆 미끄럼 각에 대한 빗놀이 모멘트의 기울기가 음(−)의 값을 가지면, 정적 방향 안정성이 없다고 보며, 이를 정적 방향 불안정이라고 한다.

빗놀이 모멘트도 계수형으로 나타내는 것이 편리하다. 빗놀이 모멘트는 식 7.10과 같이 계수형으로 만들어진다.

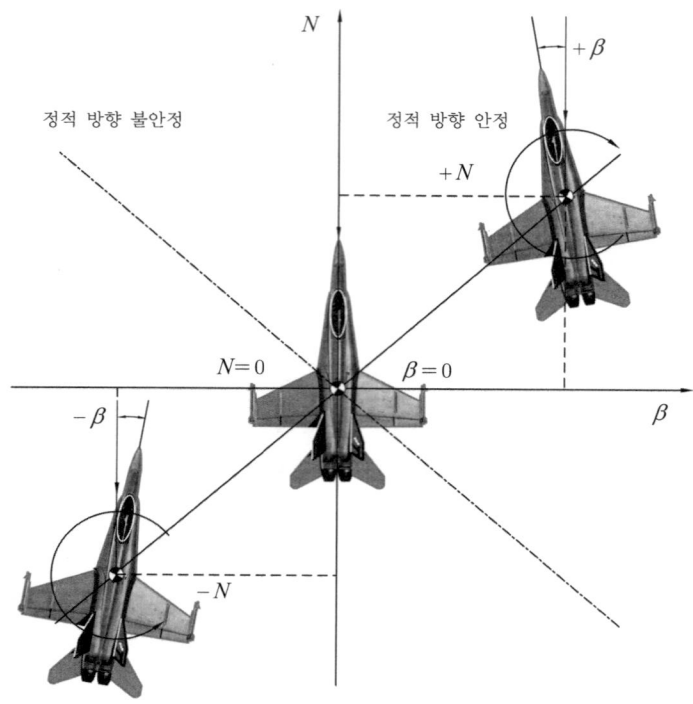

┃그림 7.14 정적 방향 안정┃

$$N = qSb\,C_N, \quad C_N = \frac{N}{qSb} \tag{7.10}$$

위의 식에 나타낸 것처럼 빗놀이 모멘트계수(yawing moment coefficient : C_N)는 날개 면적(S)과 날개 스팬(b)에 의해 결정된다.

따라서 정적 세로 안정성을 갖기 위해서는 다음 식을 만족해야 한다.

$$\frac{dC_N}{d\beta} > 0 \tag{7.11}$$

정적 방향 안정성에 관련된 빗놀이 모멘트에 영향을 미치는 요소에는 여러 가지가 있다. 이 중에서 가장 크게 영향을 미치는 요소는 수직꼬리날개의 영향이다.

그림 7.15와 같이 돌풍 등에 의해 위에서 보아 반시계방향으로 빗놀이 운동을 한 경우이다. 동체의 압력 중심에 작용하는 동체 측분력, F_f에 의해서는 음(−)의 빗놀이 모멘트 , $-N_{c.g}$가 발생하지만, 수직꼬리날개에 작용하는 수직꼬리날개 양력, L_t에 의해서는 양(+)의 빗놀이 모멘트, $+N_{c.g}$을 발생시킴으로써 정적 방향 안정성을 갖는 경우를 보여주고 있다.

그림 7.15로부터 무게 중심에 관한 빗놀이 모멘트를 구하면 다음과 같다.

$$N_{c.g} = - F_f l_f + L_t l_t \tag{7.12}$$

여기서, 동체 측분력에 의한 빗놀이 모멘트를 구할 때 동체의 압력 중심과 무게 중심까지 거리를 구해야 하지만 이를 정확하게 구할 수가 없기 때문에 동체길이, l_f을 모멘트 암으로 사용한다.

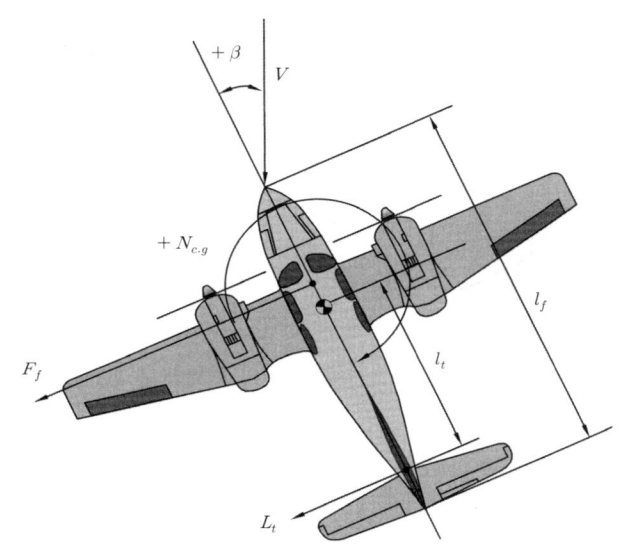

▎그림 7.15 정적 방향 안정 관계 ▎

특정한 비행기의 경우에는 동체 윗부분과 수직꼬리날개 사이에 도살 핀(dorsal fin)을 부착하여 방향 안정성을 증대시키기도 한다. 또한 동체의 측면과 수직꼬리날개 및 도살 핀에 의해 방향 안정성을 갖는 경우를 풍향 깃 효과(weather vane effect)라고도 한다.

날개가 후퇴각을 갖게 되면 정적 방향 안정성을 좋게 한다. 후퇴각 효과는 그림 7.16으로 설명할 수가 있다.

비행기가 돌풍 등에 의해 위에서 보아 반시계방향으로 빗놀이 운동을 하게 되면 상대바람은 비행기 오른쪽에서 불어오게 된다. 이때 후퇴날개에 발생하는 양력 및 항력에 영향을 미치는 비행속도는 날개 앞전에 수직으로 불어오는 속도이다. 따라서 오른쪽 날개의 비행속도 V_R이 왼쪽 날개의 비행속도 V_L보다 커지고, 오른쪽 날개의 양력 및 항력이 왼쪽 날개의 양력 및 항력보다 더 커진다. 또한 빗놀이 모멘트를 결정하는 모멘트 암의 길이로서 오른쪽 날개의 모멘트 암 l_{large}가 왼쪽 날개의 모멘트 암 l_{small}보다 크기 때문에 결국 오른쪽 날개에 발생하는 항력에 의한 빗놀이 모멘트가 왼쪽 날개의 빗놀이 모멘트보다 크게 된다. 그 결과 정적 방향 안정성을 좋게 한다. 정적 방향 안정 방정식에 대해서는 심화 학습에서 다루도록 한다.

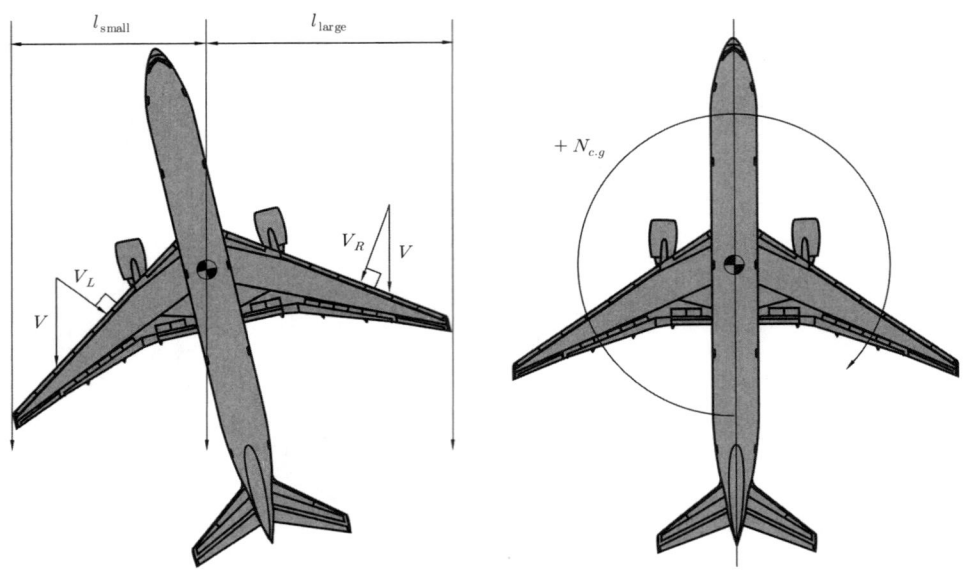

┃그림 7.16 정적 방향 안정의 후퇴각 효과┃

3 동적 가로 안정 및 동적 방향 안정

비행기의 가로 안정과 방향 안정을 자세히 살펴보기 위해서는 분리하여 생각하는 것이 편리할 것 같으나 비행기가 자유 비행 상태에 놓이게 되면 상호 효과(cross effect or coupling effect)에 의해 가로 안정과 방향 안정이 결합되어서 나타난다.

즉, 옆 미끄럼 운동에 의해 옆놀이 모멘트와 빗놀이 모멘트가 동시에 발생된다. 그러므로 자유 비행 시 비행기의 동적 가로 안정 및 방향 안정은 가로 운동과 방향 운동의 효과를 결합한 상호 효과을 고려해야 한다. 비행기의 동적 가로 및 방향 불안정의 특성은 그림 7.17과 같은 3가지의 비행기 운동을 만든다.

① 방향 불안정

방향 불안정(directional divergence)은 옆놀이 침하 현상(roll subsidence)이라고도 하는데 비행 조건이 양(+)의 가로 안정성, $\dfrac{dC_L{'}}{d\beta} < 0$ 및 음(−)의 방향 안정성, 즉 $\dfrac{dC_N}{d\beta} < 0$의 상태가 이루어졌을 때 나타나는 현상이다. 즉 쳐든각 효과가 상당히 클 때 발생한다.

비행기가 옆놀이 운동이나 빗놀이 운동으로 교란된 후, 옆 미끄럼 운동이 생기고 초기의 작은 옆 미끄럼 운동에 대한 반응이 옆 미끄럼 운동을 증가시키는 경향을 가진다. 이때, 비행기의 위치가 상대바람 방향으로 돌아가기 전까지 빗놀이 운동은 계속된다.

이러한 상태는 빠른 수정이 필요하며 동적 안정에서 가장 주의해야 할 요소이다. 물론, 정적 방향 안정성을 증가시키면 방향 불안정이 감소된다.

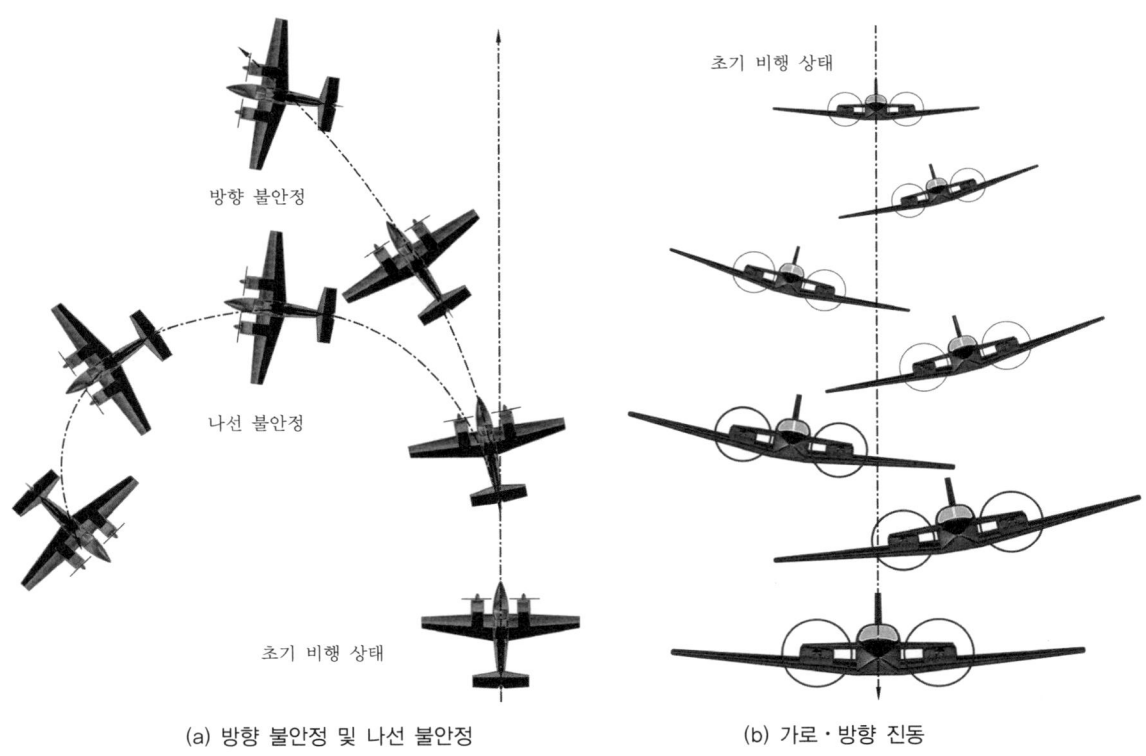

(a) 방향 불안정 및 나선 불안정 　　　　　　 (b) 가로 · 방향 진동

┃그림 7.17　동적 가로 및 방향 불안정 ┃

② 나선 불안정

　나선 불안정(spiral divergence)은 비행기 설계 조건이 아니라 비행 조건이 음(−)의 가로 안정성, $\dfrac{dC_L^{'}}{d\beta}>0$ 및 음(−)의 방향 안정성, $\dfrac{dC_N}{d\beta}<0$의 상태가 형성되었을 때 발생하는 현상이다. 그리고 쳐든각 효과가 매우 미약하여 옆놀이 운동으로 아래로 기울어진 쪽의 날개가 수평 상태로 돌아오지 못해 발생하는 비행 불안정 상태이다.

　비행기가 수평 비행의 평형 상태로부터 외부의 교란을 받으면, 느린 나선형 운동이 시작되어 점차적으로 나선 강하가 이루어진다. 대개의 경우, 나선 운동에서의 발산율이 아주 작기 때문에 조종사가 어려움 없이 회복시킬 수 있으나, 구름 속을 비행하는 조종사가 이를 초기에 인식하지 못한 경우에는 강한 나선 강하 비행 상태로 들어갈 수 있다. 나선 불안정 현상은 스핀과는 또 다른 비행 특성이다.

③ 가로 · 방향 진동

　가로 · 방향 진동은 더치 롤(dutch roll)이라고도 하며, 가로 진동과 방향 진동이 결합된 진동이다. 정적 안정성은 가로 안정성 및 방향 안정성이 모두 양(+)의 안정성을 갖는, $\dfrac{dC_L{'}}{d\beta} < 0,\ \dfrac{dC_N}{d\beta} > 0$인 조건이지만 복원되는 운동에 위상차가 발생하는 경우, 진동하는 형태로 복원이 되면서 옆놀이 운동과 빗놀이 운동의 커플링 효과(coupling effect)가 서로 상호작용하기 때문이다.

즉 옆놀이 운동이 옆 미끄럼 운동을 발생시키고, 옆 미끄럼 운동이 다시 빗놀이 운동을 발생시킨 다음에 옆놀이 운동이 정상 상태로 회복될 때, 빗놀이 운동이 미처 정상 상태로 회복되지 못할 수가 있다. 이를 옆놀이 운동과 빗놀이 운동 사이에 위상 차이가 존재한다고 본다. 이때 빗놀이 운동이 뒤늦게 정상 상태로 회복하는 과정에서 반대 방향으로 옆놀이 운동이 발생하여 빗놀이 운동은 다시 정상 상태를 벗어나 계속 반대 방향으로 진행된다. 그리고 비행기가 가로 및 방향 안정성을 가지고 있으므로 반대 방향으로 진행된 옆놀이 운동 및 빗놀이 운동이 다시 회복되지만, 정상 상태로 회복되는 위상 차이가 달라 초기 방향으로 다시 옆놀이 운동과 빗놀이 운동이 유발된다. 결국 이러한 비행 형태가 반복적인 진동 형태로 나타나는 현상을 가로 · 방향 진동(dutch roll)이라 한다.

이러한 진동은 네덜란드 사람이 스케이트를 타는 듯이 비행기가 진행해가는 형태이며, 진동이 결국은 회복되지만 회복되는 시간이 상당히 길다.

Section 04 — 비행 고속 불안정

음속에 가까운 속도로 비행하는 비행기에는 저속으로 비행하는 비행기에서는 나타나지 않는 특이한 비행 특성이 생기게 된다. 이러한 비행 특성 중에서 세로 방향과 가로 방향에 나타나는 비행기의 고속 불안정에 대해 살펴보기로 한다.

1 세로 고속 불안정

느린 속도로 수평 비행을 하거나 하강 비행을 하는 비행기에서는 나타나지 않던 현상으로서 비행기의 속도가 증가하여 음속 가까이에 이르면 조종력에 역작용을 일으키는 턱 언더(tuck under)라는 현상이 발생하고, 하강 비행에서 조종 스틱을 당기게 되면 기수가 올라가서 회복될 수 없는 피치 업(pitch up) 현상이 발생한다. 또, 수평꼬리날개의 위치에 따라 비행기가 실속에 들어갔을 때 실속에서 회복되기가 어려운 디프 실속(deep stall) 현상도 세로 불안정의 현상으로 발생된다.

① 턱 언더

속도가 느린 저속 비행기는 수평 비행이나 하강 비행을 할 때 속도를 증가시키면 기수가 올라가려는 경향이 커지기 때문에 조종 스틱을 밀어야 한다. 그러나 음속에 가까운 속도로 비행을 하게 되면 속도를 증가시킬 때 날개에 발생하는 충격실속에 의해 기수가 오히려 급격히 내려가는 경향이 생기므로 조종 스틱을 당겨야 한다. 이와 같이, 기수가 내려가는 경향과 조종력의 역작용 현상을 턱 언더라 한다.

턱 언더에 의한 조종력의 역작용은 조종사에 의해서 수정하기가 어렵기 때문에, 제트 항공기에서는 조종 계통에 마하 트리머(mach trimmer)나 피치 트림 보상기(pitch trim compensator)를 설치하여 자동적으로 턱 언더 현상을 수정할 수 있게 한다.

천음속으로 수평 비행하는 비행기는 버핏 현상(buffeting)이 일어나는 경계 속도를 넘어서 비행을 계속 하면 안 된다. 만일, 비행 속도가 증가하게 되면 천음속 영역에서 최대 양력계수가 공기의 압축성 성질 때문에 제한을 받게 될 뿐만 아니라, 공기 역학적 중심이 시위의 25%에서 50%까지 움직이며, 또 하중배수가 커지면 압축성 실속 내지 날개가 이상 진동을 하는 고속 버핏 현상이 나타나게 된다.

수평 비행 속도를 증가시키면, 충격파(shock wave)가 날개 뒤쪽으로 옮겨가면서 버핏 경계 내에서는 받음각이 점차로 감소하게 되고, 버핏 경계를 넘어서면 충격파에 의한 실속이 생기게 되면 양력이 급격히 감소하게 된다. 이에 따라 수평꼬리날개의 내리흐름도 감소하게 되어 비행기의 기수는 급격하게 내려가게 된다. 이때, 비행기의 속도를 줄이기 위해 승강타를 올려서 기수를 들게 되면 받음각이 증가하게 된다.

따라서, 충격 실속이 더 커져서 양력이 더욱 감소하게 되어 비행기는 급격하게 하강하게 된다.

반대로, 기수를 내리도록 조종을 하게 되면 속도가 더욱 증가하게 되고, 충격 실속이 더 크게 된다. 따라서, 충격 실속에서 벗어나기 위해서는 저속 실속에서와 같이 받음각을 감소시켜서는 안 되며, 단지 속도를 줄이는 방법밖에 없다.

속도를 줄이기 위해 받음각을 변화시키는 것은 오히려 역효과가 나타나기 때문에 속도 제동 장치(speed brake), 추력 제동 장치(thrust brake) 등을 사용하여 속도를 줄여야 한다.

② 피치 업

비행기가 하강비행을 하는 동안 조종 스틱을 당겨 기수를 올리려 할 때, 받음각과 각속도가 특정 값을 넘게 되면 예상한 정도 이상으로 기수가 올라가는데, 이를 피치 업(pitch up)이라 하며, 그 원인을 다음의 4가지로 생각할 수 있다.

1 후퇴 날개의 날개 끝 실속

후퇴 날개의 표면에 충격파가 생기게 되면, 아주 작은 받음각에서도 경계층의 흐름이 날개 끝 쪽으로 향하게 되어 날개 끝의 경계층이 두꺼워지고, 결론적으로 날개 끝에 실속이 생기게 된다.

날개 끝에 실속이 생기게 되면 날개 끝 부분의 양력이 감소하게 되고, 날개 뿌리 부분에서의 양력 때문에 풍압 중심이 앞으로 이동하게 되어 기수를 올리는 모멘트가 생기게 된다. 후퇴각이 큰 날개일수록 피치 업도 크다.

2 후퇴 날개의 비틀림

후퇴 날개 위쪽에 큰 공기 압력이 작용하게 되면, 날개의 붙임각이 감소하는 방향으로 비틀리게 된다. 조종 스틱을 당겨서 날개 위쪽에 큰 공기 압력이 작용하게 되면 날개가 비틀리게 되고, 결과적으로 구조 강도가 작은 날개 끝에서의 양력은 더욱 감소하게 되며, 날개 뿌리 부분에서는 양력이 상대적으로 커지므로 기수를 올리는 모멘트가 생긴다.

3 날개의 풍압 중심의 전방 이동

고속으로 하강 비행을 할 때 날개의 뒤쪽으로 후퇴하였던 풍압 중심의 위치가 조종 스틱을 당기게 되면, 속도가 줄어들고 풍압 중심이 앞으로 이동하게 되어 기수를 올리는 모멘트가 발생한다.

4 승강타 효율의 감소

하강 비행을 하는 비행기의 수평꼬리날개에 충격파가 발생하게 되면 승강타의 효율이 떨어지므로, 승강타 각을 크게 해야 한다.

조종 스틱을 당기면 속도가 점점 감소하고, 수평꼬리날개의 충격파도 없어지므로 승강타의 효율은 급격하게 증가되어 기수를 올리는 모멘트가 생기게 된다. 승강타에 트림 탭(trim tab)을 사용할 경우에도 마찬가지의 이유로 기수올림이 된다.

따라서 고속으로 비행하는 비행기에서는 트림 탭을 사용하지 않고 수평 안정판의 각도를 변화시켜 트림을 주든지, 수평 안정판과 승강타가 같이 작동되도록 하든지, 또는 꼬리날개 전체가 움직이는 전동식 꼬리날개(all movable tail)를 사용해야 한다.

③ 디프 실속

수평꼬리날개가 높은 위치에 있거나 T형 꼬리날개(T-tail)를 가지는 비행기가 실속할 때에 생기는 문제로서 디프 실속 또는 슈퍼 실속(super stall)이 있다. 날개가 실속 상태가 되면, 수평꼬리날개가 날개의 후류 속으로 들어가기 때문에 안정을 잃어버리게 되고, 안정성을 회복하려고 승강타에 큰 받음각을 주게 되더라도 효율이 떨어져 실속을 회복하기가 어렵게 된다. 그림 7.18은 디프 실속의 경우를 설명하는 것이다.

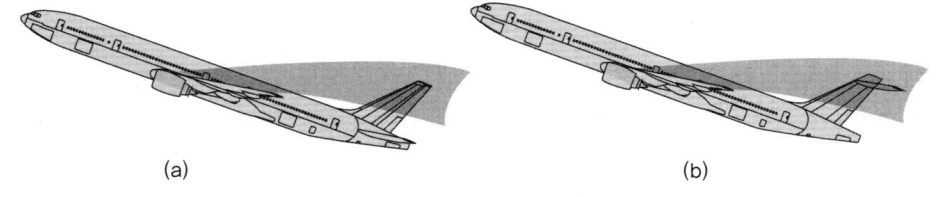

(a)   (b)

┃그림 7.18 디프 실속┃

2 가로 고속 불안정

비행기가 천음속 영역에서 비행을 할 때 발생되는 가로 불안정의 특별한 현상인 날개 드롭 (wing drop)과, 비행기의 한 축의 주위에 교란을 주었을 때 다른 축에도 교란이 생기는 커플 링(coupling)에 대해 살펴보도록 하자.

① 날개 드롭

날개 드롭이란 비행기가 수평 비행이나 급강하로 속도를 증가하여 천음속 영역에 도달하게 되면, 한쪽 날개가 충격 실속을 일으켜서 갑자기 양력을 상실하여 급격한 옆놀이를 일으키는 현상을 말한다.

이 현상은 비행기가 좌우 완전 대칭이 아니거나, 또 날개의 표면이나 흐름의 조건이 좌우가 조금 다르기 때문에 한쪽 날개에만 충격 실속이 생길 때 나타나는 현상이다. 이러한 현상이 생기면 도움 날개의 효율이 떨어지므로 회복하기가 어렵다. 물론, 비행기의 운용 한계 안에서 는 이와 같은 현상이 생기지 않도록 설계를 해야 한다.

날개 드롭은 비교적 두꺼운 날개를 사용한 비행기가 천음속으로 비행할 때 발생하며, 얇은 날개를 가지는 초음속 비행기가 천음속으로 비행할 때에는 발생하지 않는다.

② 옆놀이 커플링

커플링(coupling)이란 비행기의 어떤 한 축에 대한 변화가 생겼을 때 다른 축에도 변화를 일으키는 것을 말하며, 다른 말로 상호 효과(cross effect)라 한다. 예를 들면, 방향타만을 조작 하여 옆 미끄럼 운동을 하였을 때도 빗놀이와 동시에 옆놀이 운동이 생긴다. 그리고 도움날개 에 의해 옆놀이 운동이 생기면 옆 미끄러 운동에 의해 빗놀이 운동이 생긴다. 이러한 현상은 커플링의 일종으로 이를 공력 커플링(aerodynamic coupling)이라 한다. 그러나 비행기의 승 강타를 변위시킨 경우에는 키놀이 운동만 생기고 빗놀이나 옆놀이 운동은 생기지 않는다. 이 경우는 커플링이 발생하지 않는다.

커플링에는 공력 커플링 외에 관성 커플링(inertia coupling)이 있다. 비행기가 고속으로 비행할 때 공기 역학적인 힘과 관성력이 상호 영향을 준 결과로 만들어진 불안정한 비행 상태 가 관성 커플링이다.

그림 7.19(a)는 비행기의 질량 분포에 따른 원심력을 나타낸 것으로서, 그림에서처럼 비행 기의 질량이 무게 중심의 앞과 뒤에 분포되어 있는 것으로 볼 수 있다. 비행기의 기체축과 바 람축이 일치할 때에는 옆놀이 운동을 하더라도 관성 커플링이 생기지 않는다.

만일, 가늘고 긴 동체(slender body)를 가진 항공기의 기체축이 바람축에 대해 경사지게 되 고, 바람축에 대해서 옆놀이 운동을 하게 되면, 원심력에 의해 키놀이 모멘트가 생긴다. 이것 을 관성 커플링이라 한다. 비행기가 기체축 주위로 옆놀이 운동을 할 때에는 관성 커플링이 생기지 않으나 공력 커플링이 생기게 된다.

그림 7.19(b)처럼 비행기가 옆 미끄럼 각을 가지게 되는 경우에 옆놀이 모멘트뿐만 아니라 동체에 작용하는 측분력(Y_{fuselage}) 및 수직 꼬리날개에 작용하는 측분력(Y_{vertical})에 의해 빗놀이 모멘트가 생기는 공력 커플링을 발생시킨다(옆놀이 운동을 하는 경우, 양쪽 날개에 작용하는 항력에 의한 빗놀이 모멘트 차이도 공력 커플링을 발생시킨다).

따라서 공력 커플링과 관성 커플링의 작용 결과로 옆놀이 운동에 의한 키놀이 모멘트와 빗놀이 모멘트, 그리고 옆 미끄럼 힘이 생기게 되며, 이 결과로 나타나는 운동이 옆놀이 커플링 (roll coupling)이다.

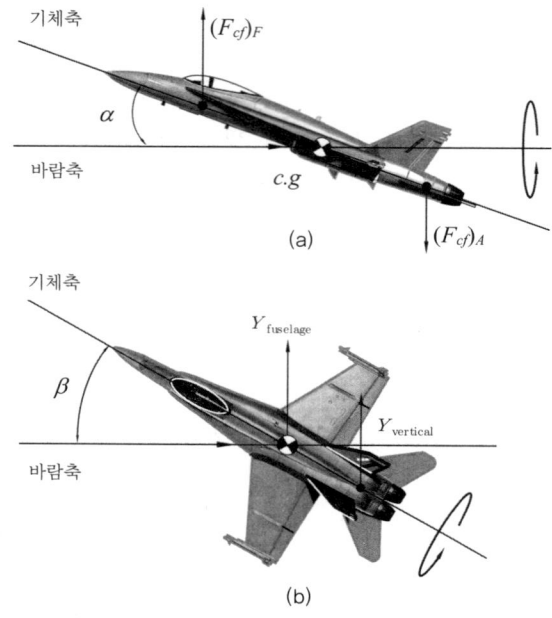

┃그림 7.19 옆놀이 커플링┃

옆놀이 커플링은 비행기의 실제 운동에서 공력 및 관성 커플링이 복잡하게 조합된 결과로 나타나지만, 그 정도는 비행기에 따라 차이가 있다. 관성 커플링으로부터 생긴 모멘트가 공기역학적인 복원 모멘트에 의해서 상쇄되는 경우에는 옆놀이 커플링은 문제가 되지 않는다. 이러한 현상은 보통 아음속 항공기에서 나타난다.

초음속 항공기에서와 같이 날개 길이가 짧고 동체가 가늘고 긴 경우(slender body)에는 기체축 주위의 관성 모멘트는 다른 축 주위보다 대단히 적어지므로 큰 옆놀이 각속도를 가지게 된다. 이 같은 큰 각속도가 받음각을 가지게 되면 큰 관성 커플링을 일으켜 받음각과 옆 미끄럼 각이 계속 증가되어 발산하게 된다. 이러한 현상을 옆놀이 커플링(roll coupling)이라고도 하며, 이와 같은 발산 경향은 비행기의 세로 안정과 방향 안정이 충분히 크다면 극복될 수가 있다.

세로 안정은 초음속 항공기에서는 크게 변화하지 않지만, 방향 안정은 음속을 넘게 되면 크게 감소한다. 이 때문에 옆놀이 운동에 따라 생기는 옆 미끄럼 각의 발산을 막는다는 것은 대단히 어렵다.

옆놀이 커플링을 줄이는 방법에는 여러 가지가 있는데 그 중에서 몇 가지만 예를 들면, 방향 안정성을 증가시키고, 쳐든각 효과를 감소시킨다. 또 정상 비행 상태에서 바람축과의 경사를 최대한 줄이며, 불필요한 공력 커플링을 감소시키고, 옆놀이 운동에서의 옆놀이 속도나 받음각, 하중배수 등을 제한하는 것이다.

최근의 초음속 항공기에서는 수직꼬리날개의 면적을 크게 하거나, 동체 뒷부분의 아래쪽에 설치한 벤트럴 핀(ventral fin)을 붙여서, 고속 비행 시에 도움 날개나 방향타의 변위각을 자동적으로 제한하여 옆놀이 커플링 현상을 막도록 하고 있다.

Section 05 — 조 종

항공기 조종은 많은 훈련에 의한 감각과 경력에 의해서만 이루어질 수 있는 고도의 기술이다. 이러한 항공기의 조종은 공학적으로 정확하게 해석하는 것은 쉽지 않다. 따라서 이 절에서 다루는 조종은 소형 왕복기관 비행기를 기준으로 기본적인 수평, 상승, 하강 및 선회 비행 조종에 대해서 살펴보기로 한다.

1 수평 비행 조종

비행기를 수평 비행 조종을 하기 위해서는 이용 동력과 필요 동력과의 관계를 적절하게 조절하면서 필요한 조종면을 작동시켜야 한다. 즉, 수평 비행을 하기 위해서는 스로틀과 승강타를 조작한다.

먼저 직선 수평 비행을 유지하면서 감속과 가속을 하기 위해서는 수평 비행의 조건을 지켜주어야 한다. 수평 비행을 위해서는 그림 7.20에서 비행 속도를 V_0에서 V_1으로 감소시키거나 V_2로 증가시켜야 한다. 이때, 각각의 조건에서 발생하는 양력은 항공기 무게와 일치하여야 하므로 항상 일정한 값을 가져야 한다. 따라서 다음 식이 성립되어야 한다.

$$W = L = \frac{1}{2}\rho V_0^2 S C_{L0} = \frac{1}{2}\rho V_1^2 S C_{L1} = \frac{1}{2}\rho V_2^2 S C_{L2}$$

$$V_0^2 C_{L0} = V_1^2 C_{L1} = V_2^2 C_{L2} \tag{7.13}$$

다시 말해 비행 속도를 변화시키기 위해 항공기 기관의 이용 동력을 증가, 감소시키더라도 식 7.13을 만족시켜야 한다. 비행 속도를 감소시키면 감소되려는 양력을 증가시켜 주기 위해 승강타를 상승시켜 주 날개의 양력계수를 증가시켜 주어야 한다. 그리고 비행 속도를 증가시키려면 증가되는 양력을 감소시키기 위해 승강타를 하강시켜 주 날개의 양력계수를 감소시켜 준다. 이와 같은 관계는 그림 7.20에서 살펴볼 수가 있다.

그림 7.20에서의 필요 동력 곡선은 식 5.8에 의해 주어지는 다음과 같은 식에 의해 구해진다.

$$P_r = A V^3 + \frac{B}{V} \tag{7.14}$$

그림 7.20의 E_0, E_1, E_2는 각각 정상 비행이 이루어지는 평형조건(equilibrium condition, steady condition)에 해당되는 점이다.

E_0점은 이용 동력이 P_{a0}로 설정되고, 승강타로 주 날개의 양력계수가 C_{L0}가 되도록 설정된 상태에서 비행 속도 V_0로 수평 비행 중인 현재의 평형 상태이다. 이 상태에서 E_1점에 해당하는 V_1으로 속도를 감소시키기 위해서는 이용 동력을 P_{a1}으로 감소시키고, 승강타를 상승시켜 주 날개의 양력계수가 C_{L1} 상태로 증가되도록 하면 직선 수평 비행 상태에서 비행 속도가 감소하게 되는 것이다.

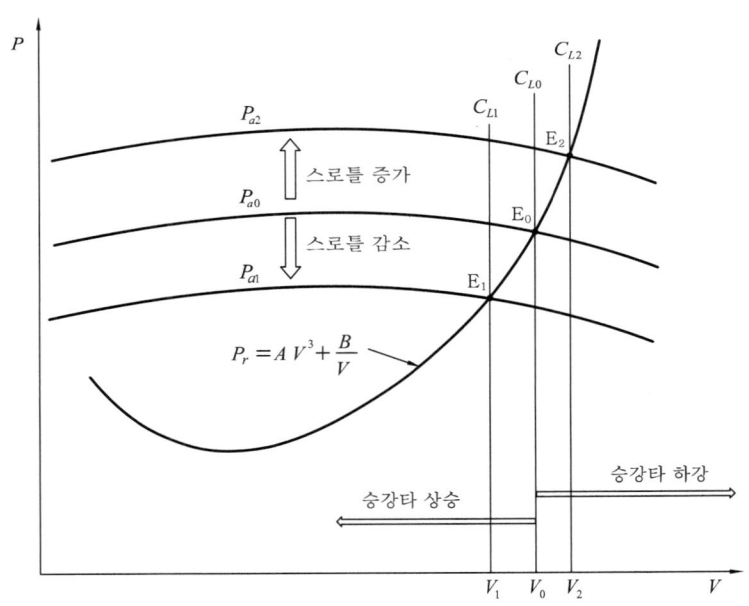

┃그림 7.20 수평 비행 운용 특성┃

그리고 E_2점에 해당하는 V_2로 속도를 증가시키기 위해서는 이용 동력을 P_{a2}으로 증가시키고 승강타를 하강시켜 주 날개의 양력계수가 C_{L2} 상태로 감소시키면 직선 수평 비행 상태에서 비행 속도가 증가하게 되는 것이다. 즉, 등속도로 수평 비행을 하다가 수평 비행 속도를 감소시키기 위해서는 스로틀을 이용하여 이용 동력을 감소시킴과 동시에 승강타를 상승시켜 비행기 앞쪽이 처지는 것을 방지시켜야 한다. 그리고 등속도로 수평 비행을 하다가 수평 비행 속도를 증가시키기 위해서는 스로틀을 이용하여 이용 동력을 증가시킴과 동시에 승강타를 하강시켜 비행기 앞쪽이 들리는 것을 방지시켜야 한다.

그림 7.20에서 양력계수가 일정한 C_{L0}, C_{L1}, C_{L2}의 직선은 원래 곡선으로 주어지지만, 이해를 쉽게 하기 위해 직선으로 설정한 경우이다.

■2 상승 · 하강 비행 조종

수평 비행 시의 필요 동력은 상승각 $\gamma = 0°$일 때의 필요 동력으로 다음과 같이 쓸 수 있다.

$$TV = DV = \left(P_r\right)_l = \left(P_r\right)_{\gamma=0°}$$

그리고 등속도 상승 비행 시의 필요 동력은 다음과 같이 이용 동력과 동일하다고 볼 수 있다.

$$TV = DV + WV\sin\gamma = \left(P_r\right)_c$$

예를 들어, 상승각 $\gamma = 5°$로 상승 비행할 때의 필요 동력 $\left(P_r\right)_{\gamma=5°}$은 다음과 같다.

$$\left(P_r\right)_{\gamma=5°} = DV + WV\sin5°$$

이 값은 수평 비행할 때의 필요 동력 $\left(P_r\right)_{\gamma=0°}$에 잉여 동력 ΔP를 합친 값으로 표현된다.

$$\left(P_r\right)_{\gamma=5°} = \left(P_r\right)_{\gamma=0°} + \Delta P \tag{7.15}$$

등속도 하강 비행 시의 필요 동력도 다음과 같이 이용 동력과 동일하다고 표현할 수 있다.

$$TV = DV - WV\sin\gamma = \left(P_r\right)_d$$

예를 들어, 하강각 $\gamma = -5°$로 하강 비행할 때의 필요 동력$\left(P_r\right)_{\gamma=-5°}$은 다음과 같다.

$$\left(P_r\right)_{\gamma=-5°} = DV - WV\sin(-5°)$$

이 값은 수평 비행할 때의 필요 동력 $\left(P_r\right)_{\gamma=0°}$에 잉여 동력 ΔP를 뺀 값으로 표현된다.

$$(P_r)_{\gamma=-5°} = (P_r)_{\gamma=0°} - \Delta P \tag{7.16}$$

그러므로 상승·하강 비행 조종을 설명하기 위해서는 이러한 3개의 수평, 상승 및 하강할 때의 필요 동력 곡선과 3개의 이용 동력 곡선 및 3개의 승강타 위치 표시 직선으로 구성된 그림 7.21을 가지고 설명할 수 있다.

그림 7.21에서 양력계수가 일정한 C_{L1}, C_{L0}, C_{L2}의 승강타 위치 표시 직선은 원래 곡선의 특성을 가지고 있지만 이해를 쉽게 하기 위해 직선으로 설정한 값이다.

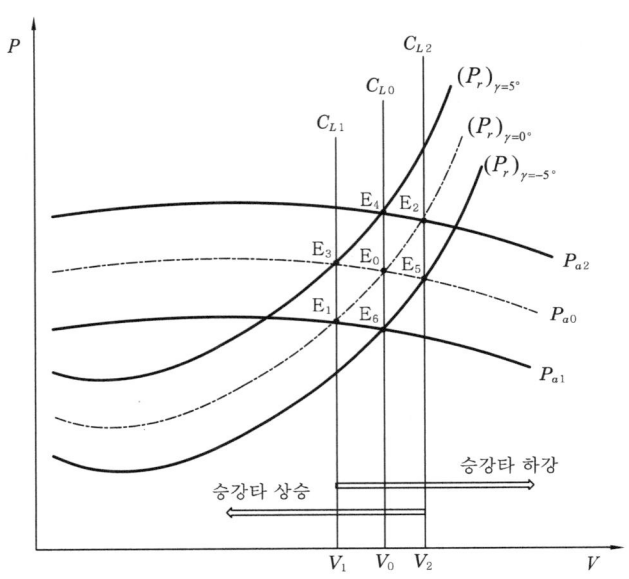

▌그림 7.21 상승·하강 비행 운용 특성 ▌

그림 7.21에서의 1점 쇄선으로 표시된 필요 동력 곡선 $(P_r)_{\gamma=0°}$는 식 7.14로부터 구한 수평비행 시의 필요 동력 곡선이다. 그리고 실선으로 표시된 필요 동력 곡선 $(P_r)_{\gamma=5°}$와 $(P_r)_{\gamma=-5°}$는 식 7.15와 7.16으로부터 구할 수 있는 상승각 5°와 하강각 −5°로 상승 및 하강할 때의 필요 동력 곡선들이다.

1점 쇄선으로 표시된 이용 동력 곡선 P_{a0}은 비행 속도 V_0으로 수평 비행할 때의 설정된 이용 동력 곡선으로 볼 수 있다. 실선으로 표시된 이용 동력 곡선 P_{a2}는 기관의 스로틀(throttle)을 밀어 항공기 기관의 출력을 증가시켜 설정할 수 있는 이용 동력 곡선이다. 또한 실선으로 표시된 이용 동력 곡선 P_{a1}은 기관의 스로틀(throttle)을 당겨 항공기 기관의 출력을 감소시켜 설정할 수 있는 이용 동력 곡선이다.

① 상승 비행 조종

그림 7.21에서의 점 E_0은 승강타를 중립으로 설정한 C_{L0}의 조건과 스로틀을 P_{a0}으로 설정하여, 필요 동력 $(P_r)_{\gamma=0°}$와 일치시킨 상태이므로, 비행 속도 V_0으로 등속 수평 비행 상태를 보여주고 있다.

여기에서 상승각 5°로 상승 비행을 하는 방법은 2가지가 있다. 즉, 점 E_0에서 점 E_4로 거의 등속도를 유지하면서 상승 비행하는 방법과 점 E_0에서 점 E_3으로 속도를 감소시키면서 상승 비행하는 방법을 들 수 있다.

첫째, 점 E_0에서 점 E_4로 상승 비행하는 방법은 스로틀을 P_{a0}에서 P_{a2}로 증가시켜, 상승각 5°로 상승 비행할 때의 필요 동력 $(P_r)_{\gamma=5°}$와 일치시키면 된다. 즉, 스로틀만 증가시키면 잉여 동력이 증가된 만큼 비행기는 상승하게 되며, 상승 속도는 거의 달라지지 않는다고 볼 수 있다.

둘째, 점 E_0에서 점 E_3으로 상승 비행하는 방법은 스로틀을 P_{a0}으로 변화시키지 않고 승강타를 상승시켜, 양력계수를 C_{L0}에서 C_{L1}로 증가시키는 방법이다. 그러면 이용 동력 P_{a0}이 상승각 5°로 상승 비행할 때의 필요 동력 $(P_r)_{\gamma=5°}$와 일치된다고 볼 수 있다. 이때 비행기의 속도는 V_0에서 V_1로 감소된다.

특수한 전술 기동 비행으로서 가속 상승하는 비행 상태를 이해할 수 있다. 이러한 비행을 하기 위해서는, 점 E_1의 수평 비행 상태(승강타 조건 : C_{L1}, 스로틀 조건 : P_{a1}, 비행 속도 : V_1)에서 상승각 5°로 가속 상승 비행하는 점 E_4의 상태(승강타 조건 : C_{L0}, 스로틀 조건 : P_{a2}, 비행 속도 : V_0)로 이동하면 된다. 이때에는 스로틀을 상당히 많이 증가시키면서, 승강타는 오히려 감소시켜야 가속 상승 비행이 이루어진다.

② 하강 비행 조종

그림 7.21에서의 점 E_0(승강타 조건 : C_{L0}, 스로틀 조건 : P_{a0}, 비행 속도 : V_0)의 등속 수평 비행 상태에서 하강각 $-5°$로 하강 비행을 하는 방법도 2가지가 있다. 즉, 점 E_0에서 점 E_6으로 거의 등속도를 유지하면서 하강 비행하는 방법과 점 E_0에서 점 E_5로 속도를 증가시키면서 하강 비행하는 방법을 들 수 있다.

첫째, 점 E_0에서 점 E_6으로 하강 비행하는 방법은 스로틀을 P_{a0}에서 P_{a1}로 감소시켜, 하강각 $-5°$로 하강 비행할 때의 필요 동력 $(P_r)_{\gamma=-5°}$와 일치시키면 된다. 즉, 스로틀만 감소시키면 잉여 동력이 감소된 만큼 비행기는 하강하게 되며, 하강 속도는 거의 달라지지 않는다고 볼 수 있다.

둘째, 점 E_0에서 점 E_5로 하강 비행하는 방법은 스로틀을 P_{a0}으로 변화시키지 않고 승강타를 하강시켜, 양력계수를 C_{L0}에서 C_{L2}로 감소시키는 방법이다. 그러면 이용 동력 P_{a0}이 하강각 $-5°$로 하강 비행할 때의 필요 동력 $(P_r)_{\gamma=-5°}$와 일치된다고 볼 수 있다. 이때 비행기의 속도는 V_0에서 V_2로 가속된다.

비행기가 활주로에 접근하여 안전하게 착륙하기 위해서는 감속 하강 비행을 하여야 한다. 이러한 비행 상태를 이해하기 위해서 점 E_2의 수평 비행 상태(승강타 조건 : C_{L2}, 스로틀 조건 : P_{a2}, 비행 속도 : V_2)에서 하강각 $-5°$로 감속 하강 비행하는 점 E_6의 상태(승강타 조건 : C_{L0}, 스로틀 조건 : P_{a1} , 비행 속도 : V_0)로 이동하면 된다. 이때에는 스로틀을 상당히 많이 감소시키면서, 승강타는 오히려 증가시켜야 감속 하강 비행이 이루어진다. 즉, 착륙하는 항공기는 스로틀을 완속(idle) 상태로 설정한 상태에서 승강타를 이용하여 받음각을 증가시킬 수록 속도가 감소하면서 하강할 수 있는 것이다. 특히 바퀴가 활주로에 닿기 직전에 승강타로 최대 받음각 가까운 상태가 되도록 조작하면, 비행기를 사뿐히 활주로에 안착시킬 수 있는데, 이 방법을 플레어 착륙(flare landing)이라 한다. 단, 이때에 실속 상태로 들어가지 않도록 주의해야 한다.

3 선회 비행 조종

선회 비행을 하기 위해 먼저 도움날개(aileron)를 이용하여 선회하고자 하는 방향으로 비행기를 경사시켜야 한다. 이러한 경우를 선회경사각(bank angle)으로 롤·인(roll in)한다고 하며, 선회가 끝나고 직선 비행으로 되돌아 오는 경우를 롤·아웃(roll out)한다고 한다. 단, 비행기가 착륙하기 직전에 활주로의 중심선과 비행기의 중심선을 일치시키는 조작도 롤·아웃(roll out)이라 하기도 한다.

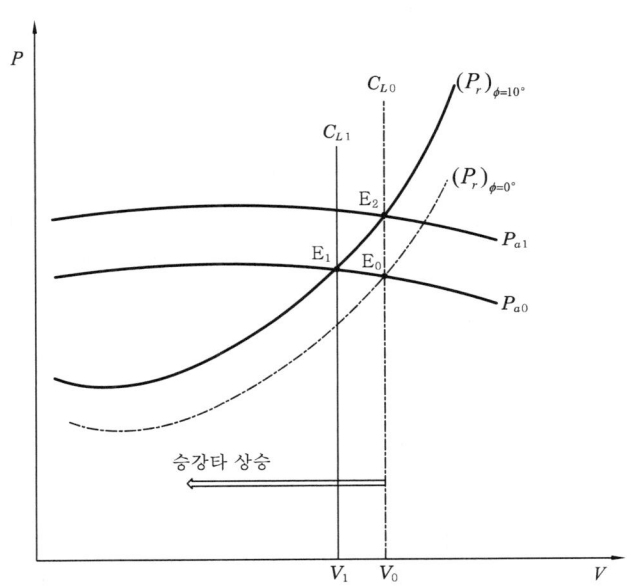

┃그림 7.22 선회 비행 운용 특성┃

비행기가 직선 비행 상태에서 선회 비행을 하기 위해 롤·인하는 순간, 비행기는 수직 방향의 양력이 감소하기 때문에 하강 선회로 들어가게 된다. 이를 수평 상태로 만들기 위해서는 승강타를 올려 수평 선회 비행을 유지해야 한다.

이러한 선회 비행 특성은 필요 동력 곡선과 이용 동력 곡선을 이용하여 설명할 수도 있다. 그림 7.22에서 선회경사각 $10°$로 선회할 때의 필요 동력 $(P_r)_{\theta\,=\,10°}$는 직선 비행할 때의 필요 동력 $(P_r)_{\theta\,=\,0°}$보다 크다. 따라서 점 E_0의 직선 비행에서 점 E_1의 선회 비행으로 변환하기 위해서는 승강타를 C_{L0} 상태에서 C_{L1}로 증가시켜야 하지만 비행 속도는 V_0에서 V_1로 감소되게 된다. 만약 선회경사각이 상당히 큰 경우나 긴 시간 동안 선회를 하는 경우에는 스로틀을 P_{a0}에서 P_{a1}로 증가시켜 부족한 양력을 보완해 주기도 한다.

비행기가 수평 선회 비행을 하더라도 비행기의 비행 속도에 따라 정확한 선회경사각을 설정하지 못하면 비행기는 옆 미끄럼 운동(side slip)을 하게 되며, 이러한 비행 상태를 수정하기 위해서는 방향타를 사용하게 된다.

그림 7.23은 오른쪽으로 선회하는 비행기의 비행 상태를 보여 준다. 그림 7.23(a)는 옆 미끄럼 운동이 생기지 않는 정상적인 균형 선회비행(coordinate turning flight)을 보여주고 있다.

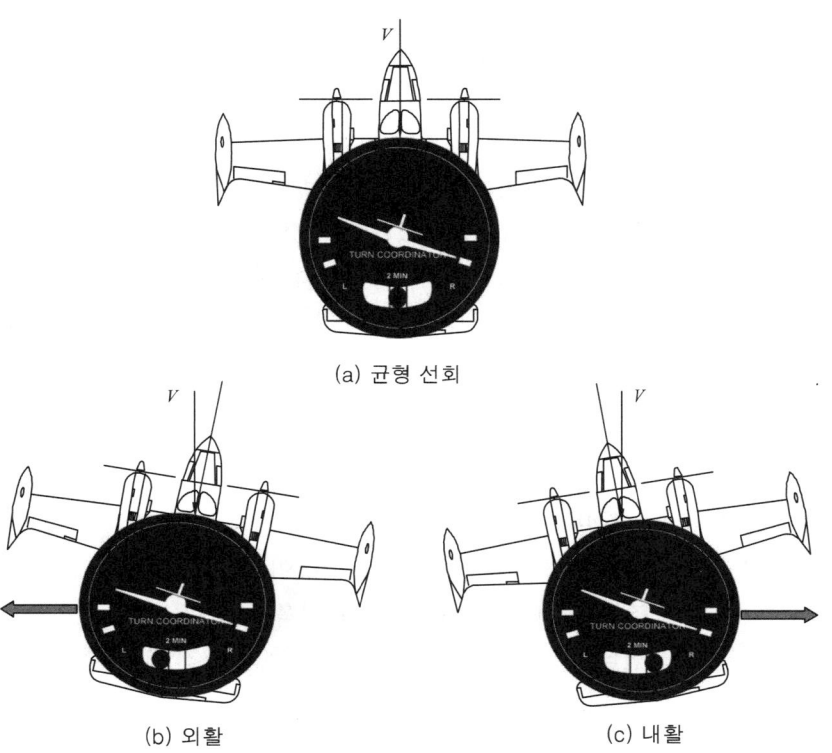

(a) 균형 선회

(b) 외활　　　　　　　　　　　　(c) 내활

┃그림 7.23　빗놀이 선회┃

그림 7.23(b)는 오른쪽으로 선회 비행하는 비행기가 바깥쪽인 왼쪽으로 옆 미끄럼 운동을 하는 외활 상태(skidding)의 비행기를 보여준다. 이때 조종사는 선회경사계 속의 아래쪽에 있는 슬립 지시계(slip indicator)의 공기(돌) 볼(agate ball)이 왼쪽으로 쏠리게 됨을 보고 알 수 있으며, 이 외활을 수정하기 위해서는 공기(돌) 볼이 쏠리는 쪽인 왼쪽 방향타 페달을 차주면 균형 선회로 돌아온다.

그림 7.23(c)는 오른쪽으로 선회 비행하는 비행기가 안쪽인 오른쪽으로 옆 미끄럼 운동을 하는 내활 상태(slipping)의 비행기를 보여준다. 이때 조종사는 선회경사계 속의 아래쪽에 있는 슬립 지시계의 공기(돌) 볼이 오른쪽으로 쏠리게 됨을 보고 알 수 있으며, 이 내활을 수정하기 위해서는 공기(돌) 볼이 쏠리는 쪽인 오른쪽 방향타 페달을 차주면 균형 선회로 돌아온다.

내활과 외활을 수반하는 선회비행을 빗놀이 선회라 하며, 외활과 내활을 옆 미끄럼 운동(side slip)이라고 한다.

Section 06 — 조종면 특성

비행기의 주 날개에는 도움 날개, 수평꼬리날개에는 승강타, 그리고 수직꼬리날개에는 방향타가 부착되어 있는데, 이 3가지를 비행기의 조종에 필요한 주 조종면(primary control surface)이라 한다. 조종석에는 손으로 조작하는 조종 스틱 또는 조종 휠과, 발로 조작하는 조종 페달이 있다.

조종사는 조종석에서 조종 스틱이나 페달을 작동하여 주 조종면을 움직여줌으로써 비행기를 조종한다. 이 밖에, 비행기에는 탭(tab)이 있는데 이것도 조종면의 일부분이며, 부 조종면(secondary control surface)이라 한다. 그리고 플랩(flap)과 공기 제동 장치(speed brake) 등을 보조 조종면(auxiliary control surface)이라고 분류하거나, 탭과 더불어 부 조종면에 포함시키는 경우도 있다.

1 조종면의 효율

조종면은 날개단면의 캠버를 변화시켜 그 효과를 발생시킨다. 그림 7.24는 조종면의 시위가 날개 시위의 15%가 되는 조종면($c_f = 0.15c$)을 나타낸 것이다. 여기에서는 조종면이 자유롭게 움직일 수 있도록 날개와 조종면 사이에 $0.005c$의 간격을 준 경우이다.

또한, 그림 7.24는 조종면의 변위각 δ가 변화함에 따라 주어진 받음각 α에 대한 양력계수 C_L이 변화하는 관계를 나타낸 곡선이다.

그림 7.24에서 곡선들을 보면 δ가 10°가 될 때까지는 거의 직선으로 변화한다. 이 직선 범위에서 조종면 변위의 효과는 δ에 대한 C_L의 곡선 기울기 $\dfrac{dC_L}{d\delta}$로 표시된다. $\dfrac{dC_L}{d\delta} = C_{L\delta}$의

값을 조종면 효율 계수(control surface effectiveness parameter)라 부르고, 조종면의 변위에 따른 날개 전체의 양력계수 증가율을 나타낸다.

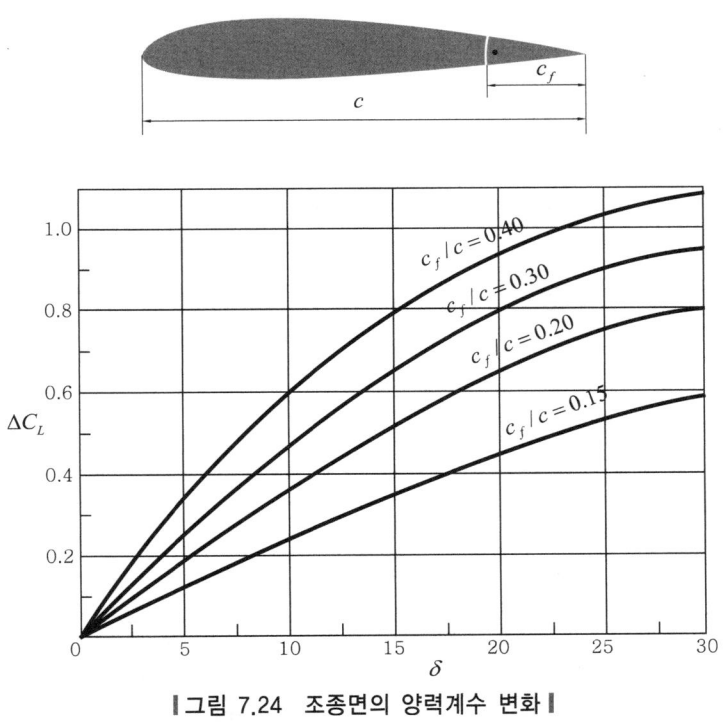

┃그림 7.24 조종면의 양력계수 변화┃

따라서 특정한 받음각에서 조종면의 변위에 따른 양력계수의 변화는 다음과 같이 표현할 수가 있다.

$$\frac{dC_L}{d\alpha} = \left(\frac{dC_L}{d\alpha}\right)_{\delta=0} + \left(\frac{dC_L}{d\delta}\right)\delta \quad , \quad C_{L\alpha} = (C_{L\alpha})_{\delta=0} + C_{L\delta} \cdot \delta$$

2 힌지 모멘트와 조종력

조종면은 힌지축을 중심으로 위·아래로, 또는 좌·우로 변위하도록 되어 있다. 조종면이 변위하면 캠버가 변하여 조종면의 윗면과 아랫면, 또는 좌측면과 우측면의 공기 흐름 속도가 달라지게 되므로 조종면의 압력 분포에 차이가 생기게 된다. 이로 인하여 힌지축에 힌지 모멘트가 발생한다. 조종면을 회전시키거나 원하는 위치에 고정하려면 이 힌지 모멘트보다 큰 조종력을 가해야 한다.

조종력은 그림 7.25와 같이 조종사에 의해 조종 스틱이나 페달을 작동시켜 조종계통을 통하여 힌지축에 전달된다. 조종면에 발생되는 힌지 모멘트를 식으로 나타내면 다음과 같다.

$$H = \frac{1}{2} \rho V^2 b \, \bar{c}^{\,2} C_h = q b \bar{c}^{\,2} C_h \qquad (7.17)$$

또는 다음 식과 같다.

$$C_h = \frac{H}{q b \bar{c}^{\,2}} \qquad (7.18)$$

여기서, H는 힌지 모멘트, C_h는 힌지 모멘트계수, b는 조종면의 폭 그리고 $\bar{c}$는 조종면의 평균 시위를 나타낸다.

조종면을 조작하기 위한 조종력은 힌지 모멘트의 크기에 관계되며, 힌지 모멘트는 식 7.17 에서 힌지 모멘트계수, 동압 그리고 조종면의 크기에 비례한다.

비행 속도가 빠르고 조종면의 크기가 큰 비행기의 조종면을 조작하려면 큰 조종력이 필요하다. 따라서, 조종사의 힘으로는 조종하기가 어렵기 때문에 조종계통에 조종력을 감소시킬 수 있는 특별한 장치가 필요하다.

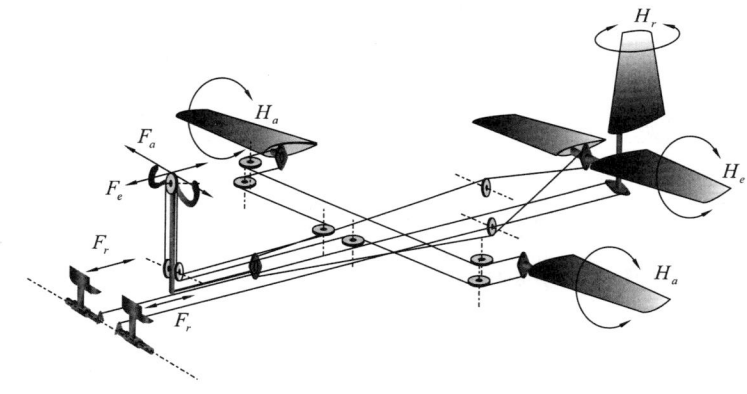

┃그림 7.25 조종계통┃

조종력 F는 조종면 힌지 모멘트 H에 직접 비례하므로, 식 7.19로 나타낼 수 있다.

$$F = KH \qquad (7.19)$$

여기서, F는 조종력, H는 조종면 힌지 모멘트 그리고 K는 조종계통의 기계적 장치에 의한 이득(gain)을 나타낸다. K값은 조종 장치의 설계 및 구성에 따라 결정되는 값이다. 따라서 조종력은 식 7.18과 7.19로부터 다음과 같이 서술할 수 있다.

$$F = K q b \bar{c}^{\,2} C_h$$

조종력에 관한 식에서 힌지 모멘트는 비행 속도의 제곱에 비례함을 알 수 있다. 즉, 속도가

2배가 되면 조종력은 4배가 필요하게 된다. 또, $b\bar{c}^2$에 비례하므로, 조종면 시위의 크기를 2배로 하면 조종력은 4배가 되어야 한다. 그러므로 고속 비행기에서는 조종력이 대단히 커야 하므로 공력 평형 장치 및 탭 등을 이용하여 조종력을 경감시켜야 한다.

■3 공력 평형 장치

플랩이나 조종면의 힌지 모멘트는 힌지 축 주위의 압력 분포에 의해 발생하므로, 압력 분포를 변화시키면 힌지 모멘트 값도 변화하게 된다. 조종력을 경감시키는 공력 평형 장치로서 여러 가지 밸런스(balance)가 사용되고 있다. 특히 조종면의 질량 밸런스(mass balance)는 조종력을 경감시키려는 목적도 있지만, 주된 목적은 조종면의 질량 불균형에 의해 발생되는 진동을 제거하는 것이다.

① 오버행 밸런스

조종면의 대부분은 힌지 축 뒤쪽에 위치하므로, 힌지 축 앞쪽의 면적을 증가시키면 압력 분포 변화에 따른 모멘트의 변화를 가져올 수 있다. 그림 7.26과 같은 오버행 밸런스(overhang balance)는 조종면의 힌지 중심에서 앞쪽을 길게 한 것으로, 그 부분에 작용하는 공기력이 힌지 모멘트를 감소시키는 방향으로 작용하여 조종력을 경감시킨다.

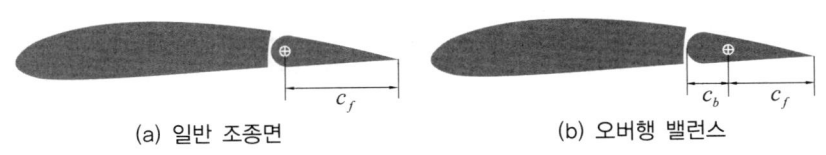

(a) 일반 조종면   (b) 오버행 밸런스

┃그림 7.26 오버행 밸런스┃

이와 같이, 조종면의 앞전을 길게 하여 조종력을 감소시키는 장치를 앞전 밸런스(leading edge balance)라고도 한다. 앞전 밸런스는 받음각이 증가하면 조종면의 위와 아래의 압력 차이에 의해, 조종면을 내릴 때 생기는 힌지 모멘트와 반대되는 모멘트가 발생하도록 되어 있다. 따라서, 앞전 밸런스를 장치한 경우 이러한 원리를 이용하여 조종력을 감소시켜 준다.

② 혼 밸런스

혼 밸런스(horn balance)는 밸런스 역할을 하는 조종면을 그림 7.27과 같이 조종면의 일부분에 집중시킨 것을 말한다.

그림 7.27에서 밸런스 부분이 앞전까지 뻗쳐 나온 것을 비차폐 혼(unshielded horn)이라 하며, 앞에 고정면을 가지는 것을 차폐 혼(shielded horn)이라 한다. 혼 밸런스의 작동 원리는 앞전 밸런스와 같다.

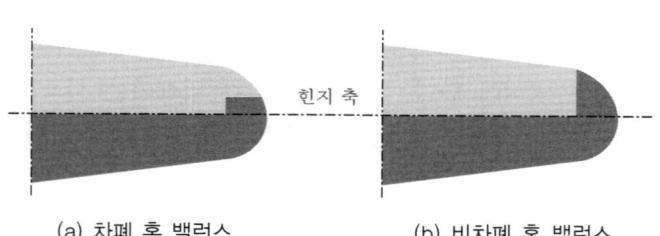

| (a) 차폐 혼 밸런스 | (b) 비차폐 혼 밸런스 |

┃그림 7.27 혼 밸런스 ┃

③ 내부 밸런스

내부 밸런스(internal balance)는 독특한 형태의 밸런스로서, 그림 7.28과 같이 조종면의 앞전이 밀폐되어 있어서 조종면의 아랫면과 윗면의 압력차에 의해 앞전 밸런스와 같은 역할을 하도록 설계되어 있다.

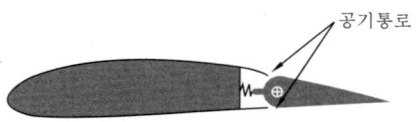

┃그림 7.28 내부 밸런스 ┃

④ 프리즈 밸런스

도움 날개에 자주 사용되는 밸런스로서 그림 7.29와 같은 프리즈 밸런스(frise balance)가 있다.

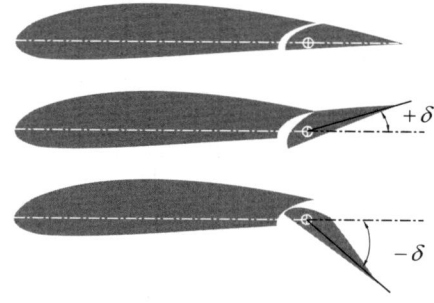

┃그림 7.29 프리즈 밸런스 ┃

이것은 연동되는 도움 날개에서 발생되는 힌지 모멘트가 서로 상쇄되도록 하여 조종력을 경감시키는 장치이다. 올라가는 도움 날개는 내려가는 도움 날개보다 더 큰 조종력이 작용하므로 올라가는 도움 날개는 오버행 밸런스의 기능을 주어 조종력을 감소시킨다. 특히 이러한 프리즈 밸런스는 역 빗놀이 효과(adverse yaw)를 감소시켜 준다.

4 탭

탭은 조종면의 뒷전 부분에 부착시키는 작은 조종면의 일종이다. 탭의 목적은 조종면 뒷전 부분의 압력 분포를 변화시키는 역할을 함으로써 힌지 모멘트에 변화를 생기게 하는 것이다. 탭의 종류에는 다음과 같은 것들이 있다.

① 트림 탭

트림 탭(trim tab)은 조종면의 힌지 모멘트를 감소시켜 조종사의 조종력을 0으로 조정해 주는 역할을 하며, 조종사가 조종석에서 임의로 탭의 위치를 조절할 수 있도록 되어 있다.

② 평형 탭

평형 탭(balance tab)은 조종면이 움직이는 방향과 반대 방향으로 움직일 수 있도록 기계적으로 연결되어 있다. 탭이 위쪽으로 올라가면 탭에 작용하는 공기력 때문에 조종면이 아래로 내려오게 된다. 탭이 올라감에 따라 조종면에는 조종면을 아래로 내려오게 하는 힘이 생기게 된다. 즉, 조종면에 작용하는 힘과 반대 방향으로 탭에 작용하는 힘이 평형을 이룰 때까지 조종면이 움직이도록 해주는 탭이 평형 탭이다.

③ 서보 탭

서보 탭은 조종석의 조종 장치와 직접 연결되어 탭만 작동시켜 조종면을 움직이도록 설계된 것이다. 이 탭을 사용하면 조종력이 감소되며, 이 서보 탭은 대형 비행기나 고속 전투기에 주로 사용된다. 서보 탭은 조종 탭(control tab)이라고 부르기도 한다.

④ 스프링 탭

스프링 탭(spring tab)은 조종 장치와 조종면 사이에 스프링 장치를 설치하여 저속일 때는 조종면이 작동되도록 하고, 고속에서는 스프링의 강도보다 조종면에 작용하는 공기력이 커져서, 조종면이 작동하지 않고 탭만이 작동되도록 하는 조종장치의 탭을 말한다.

심화학습

1 세로 안정 방정식

심화 그림 7.1은 수평 비행을 할 때에 비행기에 작용하는 힘과 모멘트를 나타낸 것으로서 식을 보다 간편하게 유도하기 위하여 항력에 의한 키놀이 모멘트를 무시한 경우이다. 이 경우에 항력도 상당히 큰 힘이지만 공력 중심과 무게 중심이 동일 수평선상에 있다고 가정하면 항력이 작용하는 모멘트 암을 무시할 수 있기 때문이다.

심화 그림 7.1에서 $h_c = l_{c.g}/c$, $h_a = l_{a.c}/c$, $h_l = l_{t.a.c}/c$ 을 나타내며, 여기에서 $l_{c.g}$는 날개 앞전에서 무게 중심($c.g$)까지의 거리, $l_{a.c}$는 날개 앞전에서 공력 중심($a.c$)까지의 거리, $l_{t.a.c}$는 날개 앞전에서 수평꼬리날개 공력 중심($t.a.c$)까지의 거리, 그리고 l_t는 무게 중심에서 수평꼬리날개의 공력 중심까지의 거리를 각각 나타낸다.

그리고 ε은 주 날개의 하향흐름속도(down wash velocity : w)에 의해 유발되는 하향흐름각(down wash angle)을 나타내며, α_t는 수평꼬리날개에 유입되는 상대바람의 받음각으로서 수평꼬리날개의 붙임각 i_t와 더불어 다음과 같이 표현할 수가 있다.

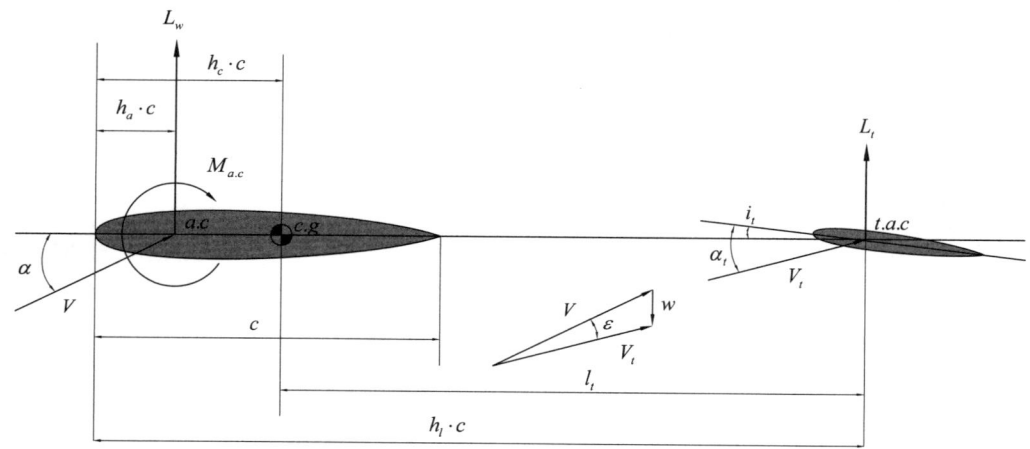

| 심화 그림 7.1 세로 안정 |

$$\alpha_t = \alpha + i_t - \varepsilon$$

$$\varepsilon = \frac{d\varepsilon}{d\alpha}\alpha$$

$$\frac{d\varepsilon}{d\alpha} = 20\frac{dC_{Lw}}{d\alpha} \cdot \frac{\lambda^{0.3}}{AR^{0.725}}\left(\frac{3c}{l}\right)^{0.25}$$

위 식에서 $\lambda = c_t/c_r$로서 날개 끝 시위를 날개 뿌리 시위로 나눈 테이퍼 비(taper ratio)를 나타내며, AR는 날개의 가로세로비를 나타내고, l은 주 날개의 공력 중심에서부터 수평꼬리날개의 공력 중심까지의 거리를 나타낸다. 따라서 수평꼬리날개의 받음각은 다시 다음과 같이 정리된다.

$$\alpha_t = \alpha\left(1 - \frac{d\varepsilon}{d\alpha}\right) + i_t$$

양력과 항력이 발생시키는 모멘트를 계산할 때, 양력과 항력 모멘트 암(arm)은 무게 중심 ($c.g$)으로부터 양력 작용점인 공력 중심($a.c$)까지의 거리를 잡는데, 양력 모멘트 경우에 무게 중심이 공력 중심 뒤에 있는 경우를 양(+)의 값으로 선정하고, 항력 모멘트 경우에 무게 중심이 공력 중심 위에 있는 경우를 양(+)의 값으로 선정한다.

심화그림 7.1에서 무게 중심에 관한 키놀이 모멘트 관계식을 유도하면 다음과 같다.

$$M_{c.g} = L_w(h_c - h_a)c - L_t l_t + M_{a.c} \tag{1}$$

위 식에서 L_w는 주 날개의 양력, L_t는 수평꼬리날개의 양력, $M_{c.g}$는 무게 중심에 관한 키놀이 모멘트, $M_{a.c}$는 공력 중심에 관한 키놀이 모멘트를 각각 나타내며, 이들을 풀어 쓰면 다음과 같이 표현할 수가 있다.

$$L_w = qSC_{Lw} = qS\frac{dC_{Lw}}{d\alpha}\alpha$$

$$L_t = q_t S_t C_{Lt} = q_t S_t \frac{dC_{Lt}}{d\alpha_t}\alpha_t$$

$$= q_t S_t \frac{dC_{Lt}}{d\alpha_t}\left\{\alpha\left(1 - \frac{d\varepsilon}{d\alpha}\right) + i_t\right\}$$

$$M_{a.c} = qScC_{Ma.c}$$

$$M_{c.g} = gScC_{Mc.g}$$

위 식들을 식 (1)에 대입하고 양변을 gSc로 나누면 다음 식을 구할 수가 있다.

$$C_{Mc.g} = C_{Ma.c} + (h_c - h_a)\frac{dC_{Lw}}{d\alpha}\alpha - \frac{q_t S_t l_t}{qSc}\frac{dC_{Lt}}{d\alpha_t}\left\{\alpha\left(1 - \frac{d\varepsilon}{d\alpha}\right) + i_t\right\}$$

받음각 α에 대해 미분하면 다음 식을 구할 수 있다. 단, 미분을 할 때, 키놀이 모멘트계수 $C_{Mc.g}$는 받음각의 함수가 아니며 수평꼬리날개의 붙임각, i_t는 상수라는 사실을 염두에 두어야 한다.

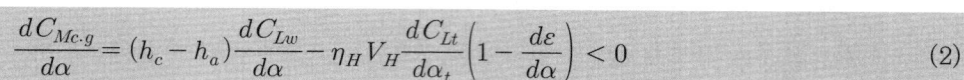

$$\frac{dC_{Mc.g}}{d\alpha} = (h_c - h_a)\frac{dC_{Lw}}{d\alpha} - \eta_H V_H \frac{dC_{Lt}}{d\alpha_t}\left(1 - \frac{d\varepsilon}{d\alpha}\right) < 0 \tag{2}$$

위 식을 비행기의 정적 세로 안정 방정식(equation of static longitudinal stability)이라 하며, 위 식에서 V_H은 수평꼬리날개 부피계수(tail volume coefficient), η_H는 수평꼬리날개 효율계수(tail efficiency factor)를 나타낸다.

① 트림점

트림점(trim point)은 비행기가 일정한 받음각으로 정상비행을 하기 위한 조건을 말한다. 즉, 조종사가 승강타를 고정시킨 상태에서 받음각의 변화 없이 지속적인 비행이 가능한 점으로 $C_{Mc.g} = 0$으로서 키놀이 모멘트가 발생하지 않는 점이라고 할 수 있다.

식 (2)로부터

$$C_{Mc.g} = 0$$

$$C_{Ma.c} + (h_c - h_a)\frac{dC_{Lw}}{d\alpha}\alpha - \eta_H V_H \frac{dC_{Lt}}{d\alpha_t}\left\{\alpha\left(1 - \frac{d\varepsilon}{d\alpha}\right) + i_t\right\} = 0$$

이며, 위 식으로부터 수평꼬리날개의 붙임각 i_t에 관해 정리하면 다음과 같은 관계를 구할 수가 있다.

$$i_t = \frac{(h_c - h_a)\frac{dC_{Lw}}{d\alpha}\alpha + C_{Ma.c}}{\eta_H V_H \frac{dC_{Lt}}{d\alpha_t}} - \alpha\left(1 - \frac{d\varepsilon}{d\alpha}\right)$$

위 식은 승강타를 중립에 위치시킬 때, 수평꼬리날개의 붙임각에 의해 트림 상태의 받음각이 결정되는 것을 보여준다. 만약 조종사가 승강타를 조작하면 그 정도에 따라 수평꼬리날개의 붙임각을 변화시킴으로써 트림 상태의 받음각을 변화시키는 개념으로 조종을 하게 된다. 즉, 상승 및 하강 비행을 하기 위해 받음각을 변화시키고자 하면 조종사는 승강타를 조작하여 수평꼬리날개의 붙임각을 변화시킨다는 개념으로 보면 이해가 쉬울 것이다.

② 중립점

중립점(neutral point)은 비행기의 무게 중심의 위치를 변화시킬 때, 받음각에 따른 항공기 전체의 키놀이 모멘트가 변화하지 않는 무게 중심의 위치점을 의미한다. 중립점은 일반적으로 비행기의 무게 중심보다 후방에 위치하며, 비행기 전체의 공력 중심(aerodynamic center of airplane)으로서 수학적으로는 다음과 같이 표현할 수 있다.

$$\frac{dC_{Mc.g}}{d\alpha} = 0$$ 이 되는 $c.g$ 위치

$h_c = h_n$ 이면 $\dfrac{dC_{Mc.g}}{d\alpha} = 0$

여기서, $h_c = l_{c.g}/c$, $h_n = l_{n.p}/c$ 이며, $l_{c.g}$ 는 날개 앞전에서 무게 중심($c.g$)까지의 거리, $l_{n.p}$ 는 날개 앞전에서 중립점($n.p$)까지의 거리를 나타낸다.

식 (2)로부터

$$\frac{dC_{Mc.g}}{d\alpha} = 0$$

$$(h_n - h_a)\frac{dC_{Lw}}{d\alpha} - \eta_H V_H \frac{dC_{Lt}}{d\alpha_t}\left(1 - \frac{d\varepsilon}{d\alpha}\right) = 0$$

$$\eta_H V_H \frac{dC_{Lt}}{d\alpha_t}\left(1 - \frac{d\varepsilon}{d\alpha}\right) = (h_n - h_a)\frac{dC_{Lw}}{d\alpha}$$

위 식을 다시 식 (2)에 대입하면 다음과 같다.

$$\frac{dC_{Mc.g}}{d\alpha} = (h_c - h_a)\frac{dC_{Lw}}{d\alpha} - (h_n - h_a)\frac{dC_{Lw}}{d\alpha}$$

$$\frac{dC_{Mc.g}}{d\alpha} = -(h_n - h_c)\frac{dC_{Lw}}{d\alpha} < 0 \qquad (3)$$

이때, $(h_n - h_c)$ 을 정적 여유(static margin)라 하고 비행기의 세로 정적 안정성은 정적 여유에 비례하며, 정적 여유가 클수록 안정성이 좋아진다고 본다. 그리고 정적 여유란 무게 중심에서 중립점까지의 길이를 시위(chord)로 나눈 값으로 정의된다. 중립점이 항상 무게 중심 후방에 있어야 정적 여유가 양(+)의 값을 가지며 세로 안정성이 있다. 식 (3)을 다시 정리하면 다음과 같다.

$$\frac{dC_{Mc.g}}{dC_{Lw}} = -(h_n - h_c) < 0 \qquad (4)$$

■2 가로 안정 방정식

양(+)의 옆 미끄럼 각에 대해 음(−)의 옆놀이 모멘트가 발생하거나 음(−)의 옆 미끄럼 각에 대해 양(+)의 옆놀이 모멘트가 발생하면 정적 가로 안정성을 갖는다. 이를 식으로 나타내

면 식 (5)와 같다.

$$\frac{dC_L{'}}{d\beta} < 0 \tag{5}$$

정적 가로 안정성에 관련된 옆놀이 모멘트에 영향을 주는 요소는 쳐든각 효과(상반각 효과, dihedral angle effect, Γ), 키일 효과(keel effect), 진자 효과(pendulum effect) 및 후퇴각 효과 등을 들 수 있는데, 그 중에서도 쳐든각 효과가 가장 큰 영향을 미치는 요소로 작용한다. 그리고 후퇴각 역시 정적 가로 안정성에 좋은 효과를 가져 온다.

① 날개 쳐든각 효과

심화 그림 7.2에 나타낸 것처럼 쳐든각을 가지는 날개는 옆 미끄럼 운동에 대한 안정한 옆놀이 모멘트를 발생시킨다. 심화 그림 7.2에서처럼 오른쪽으로 옆 미끄럼 운동을 하게 되면 상대바람이 오른쪽에서 왼쪽으로 불어오게 되어 상대바람 쪽의 날개는 받음각이 증가하여 양력이 증가되며, 반대쪽의 날개는 받음각이 감소하여 양력이 감소된다. 이를 수식으로 전개하면 다음과 같다.

$$\tan\Delta\alpha = \frac{V\sin\beta \cdot \sin\gamma}{V\cos\beta}$$

여기서, $\Delta\alpha$, β, γ가 0에 수렴하면, $\tan\Delta\alpha$는 $\Delta\alpha$, $\sin\beta$는 β, $\sin\gamma$는 γ 그리고 $\cos\beta$는 1에 수렴하므로 다음 식이 성립된다.

$$\Delta\alpha = \beta \cdot \gamma$$

한쪽 날개의 미소 양력 증가는 다음과 같다.

$$\Delta C_L = \Delta\alpha\frac{dC_L}{d\alpha} = \beta \cdot \gamma\frac{dC_L}{d\alpha}$$

따라서 증가된 오른쪽 날개의 양력($+\Delta L$)과 감소된 왼쪽 날개의 양력($-\Delta L$)은 각각 다음과 같이 주어진다.

$$+\Delta L = +\Delta C_L qS = +\beta \cdot \gamma\frac{dC_L}{d\alpha}q\frac{S_\gamma}{2}$$

$$-\Delta L = -\Delta C_L qS = -\beta \cdot \gamma\frac{dC_L}{d\alpha}q\frac{S_\gamma}{2}$$

여기서, S_γ는 쳐든각을 가진 날개를 수평면에 투영한 날개 면적을 의미한다. 이때, 쳐든각에 의해 발생하는 옆놀이 모멘트는 다음과 같이 표현할 수 있다.

$$L'_{dih} = qSb\, C'_{L\,dih}$$

$$L'_{dih} = -(L'_{R/H}) + (L'_{L/H}) = -(\Delta L)\overline{y} + (-\Delta L)\overline{y} = -2\Delta L\overline{y}$$

$$= -2\beta \cdot \gamma\frac{dC_L}{d\alpha}q\frac{S_\gamma}{2}\overline{y} = -\beta \cdot \gamma\frac{dC_L}{d\alpha}qS_\gamma\overline{y}$$

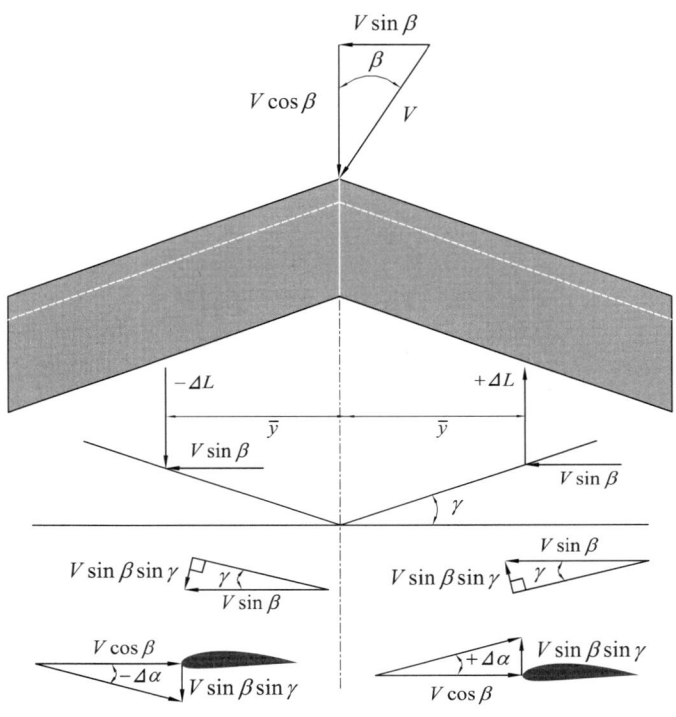

│심화 그림 7.2 쳐든각 효과│

위 식에서 양변을 qSb로 나눈 다음에 정리하고, 옆 미끄럼 각 β에 대해 미분하면 다음 식과 같은 옆 미끄럼 각에 대한 쳐든각 효과를 구할 수가 있다.

$$\frac{dC'_{L\,dih}}{d\beta} = -\gamma\frac{dC_L}{d\alpha} \cdot \frac{S_\gamma\overline{y}}{Sb} \tag{6}$$

② 날개 후퇴각 효과

날개의 후퇴각 효과(sweep back effect)도 정적 가로 안정에 큰 기여를 한다. 심화 그림 7.3에 나타낸 것처럼 옆 미끄럼 운동에서 후퇴각을 가지는 날개를 살펴보자. 진행 방향의 각각 오른쪽과 왼쪽 날개에서 양력은 평균 공력 시위 상에서 날개 표면의 위쪽으로 작용한다. 따라서 진행 방향에 대한 오른쪽 날개의 옆놀이 모멘트가 음(−)의 방향으로 작용하는 반면, 왼쪽

날개의 옆놀이 모멘트는 양(+)의 방향으로 작용한다.

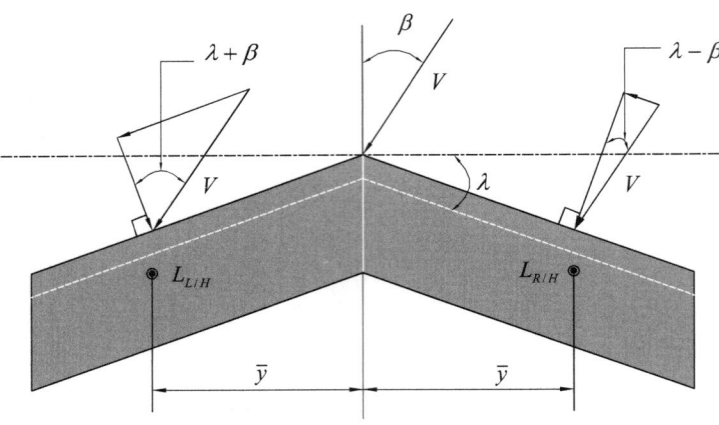

|심화 그림 7.3 후퇴각 효과|

그리고 후퇴각(sweep back angle)을 가지고 있기 때문에 양쪽 날개에 발생하는 양력이 서로 다르다. 그 이유는 날개의 항공역학적인 특성은 날개 앞전에 수직한 속도에만 영향을 받고, 날개 스팬 방향으로의 속도는 영향을 미치지 않기 때문이다. 즉, 오른쪽 날개는 상대바람에 대한 날개 앞전의 수직 방향으로의 유입각이 작아져서 양력이 증가되고, 왼쪽 날개는 더 유입각이 커져서 양력이 감소한다.

오른쪽 날개와 왼쪽 날개에 발생하는 양력은 다음 식으로 주어진다.

$$L_{R/H} = q\frac{S}{2}C_L\cos^2(\lambda - \beta)$$

$$L_{L/H} = q\frac{S}{2}C_L\cos^2(\lambda + \beta)$$

후퇴 날개(swept back wing)에 의해 발생되는 옆놀이 모멘트는 다음과 같이 표현할 수가 있다.

$$L'_{sb} = qSbC'_{L\,sb}$$

$$L'_{sb} = -L_{R/H}\bar{y} + L_{L/H}\bar{y}$$

$$= -q\frac{S}{2}C_L\bar{y}\{\cos^2(\lambda - \beta) - \cos^2(\lambda + \beta)\}$$

$$= -q\frac{S}{2}C_L\bar{y}\{4\sin\lambda\cos\lambda\sin\beta\cos\beta\}$$

이때, 옆 미끄럼 각 β가 0에 수렴하면, $\cos\beta$는 1, $\sin\beta$는 β에 수렴한다. 그리고 $2\sin\lambda\cos\lambda = \sin2\lambda$이므로 뒤젖힘 날개에 의해 발생되는 옆놀이 모멘트는 다음과 같이 표현할 수가 있다.

$$L'_{sb} = -qSC_L \overline{y} \beta \sin 2\lambda$$

위 식을 qSb로 나눈 후 옆 미끄럼 각 β에 대해 미분하면, 옆 미끄럼 각에 대한 후퇴각 효과를 다음과 같이 구할 수가 있다.

$$\frac{dC'_{L\,sb}}{d\beta} = -C_L \frac{\overline{y}}{b} \sin 2\lambda \tag{7}$$

③ 동체 효과

동체만의 가로 안정성의 영향은 동체의 무게 중심과 동체에 작용하는 측분력(side force : Y)의 크기 및 작용점(center of pressure : $c.p$)과의 관계로 해석할 수가 있다. 심화 그림 7.4에서 동체의 무게 중심과 작용점까지의 거리 h는 무게 중심이 작용점보다 위에 위치할 때를 양(+)의 값으로 잡는다.

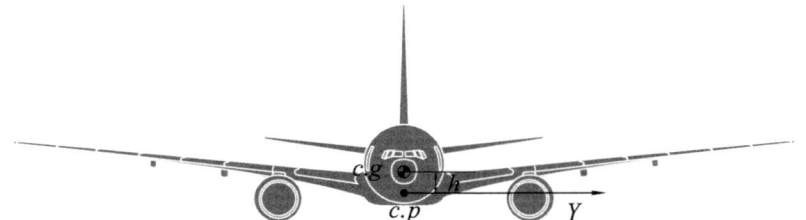

┃심화 그림 7.4 동체 효과┃

$$Y = qSC_Y, \quad C_Y = \beta \frac{dC_Y}{d\beta}$$
$$L_f{}' = qSb C_{Lf}{}'$$
$$L_f{}' = Yh$$

위 식들을 정리한 후에 양변을 qSb로 나눈 후, 옆 미끄럼 각 β에 대해 미분하면 다음과 같은 가로 안정성에 관한 동체의 효과를 구할 수가 있다.

$$\frac{dC_{Lf}{}'}{d\beta} = \frac{dC_Y}{d\beta} \frac{h}{b} \tag{8}$$

④ 정적 가로 안정 방정식

정적 가로 안정성은 수직꼬리날개에 의해서도 어느 정도 영향을 받지만 주로 주 날개의 처

든각 효과, 후퇴각 효과 및 동체 효과에 의해 주로 영향을 받는다고 볼 수 있다. 따라서 정적 가로 안정방정식은 식 (5)를 근거로 식 (6), (7), (8)로부터 다음과 같이 표현할 수가 있다.

$$\frac{dC_L^{'}}{d\beta} = \frac{dC_L^{'}{}_{dih}}{d\beta} + \frac{dC_L^{'}{}_{sb}}{d\beta} + \frac{dC_{Lf}^{'}}{d\beta}$$

따라서 다음과 같이 정리할 수 있다.

$$\frac{dC_L^{'}}{d\beta} = -\Gamma \frac{dC_L}{d\alpha} \cdot \frac{S_\Gamma \bar{y}}{Sb} - C_L \frac{\bar{y}}{b} \sin 2\lambda + \frac{dC_Y}{d\beta} \frac{h}{b} < 0$$

위 식을 정적 가로 안정 방정식(equation of static lateral stability)이라고 한다.

3 방향 안정 방정식

비행기의 방향 안정은 수직축에 관한 빗놀이 모멘트와 옆 미끄럼 각(sideslip angle)과의 관계를 포함한다. 비행기에서 옆 미끄럼 각에 대한 빗놀이 모멘트계수의 변화가 다음과 같을 때 안정성을 갖는다.

$$\frac{dC_N}{d\beta} > 0 \tag{9}$$

1 수직꼬리날개 효과

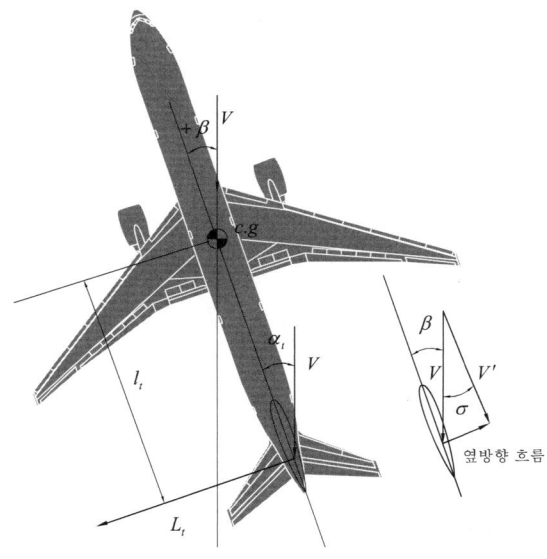

┃심화 그림 7.5 수직꼬리날개 효과┃

심화 그림 7.5에 나타낸 것처럼 비행기가 옆 미끄럼운동에 들어가면 수직꼬리날개의 받음각이 변화된다. 프로펠러 후류 등에 의한 옆방향 흐름(side wash)이 존재한다면 옆방향 흐름각(side wash angle) σ와 수직꼬리날개의 받음각 α_t와의 관계는 다음과 같다.

$$\alpha_t = \beta - \sigma = \beta - \frac{d\sigma}{d\beta}\beta = \beta\left(1 - \frac{d\sigma}{d\beta}\right)$$

수직꼬리날개에 의한 빗놀이 모멘트는 다음과 같다.

$$N_t = L_t l_t$$
$$N_t = qSb\,C_{Nt}$$

그리고 수직꼬리날개에 발생하는 양력은 다음과 같이 주어진다.

$$L_t = q_t S_t C_{Lt}$$
$$C_{Lt} = \alpha_t \frac{dC_{Lt}}{d\alpha_t} = \beta\left(1 - \frac{d\sigma}{d\beta}\right)\frac{dC_{Lt}}{d\alpha_t}$$

위 식들에 의해 다음 식을 구할 수 있다.

$$N_t = \beta\left(1 - \frac{d\sigma}{d\beta}\right)\frac{dC_{Lt}}{d\alpha_t}q_t S_t l_t$$

양변을 qSb로 나눈 다음, 다음과 같은 수직꼬리날개 효율계수(tail efficiency factor of vertical stabilizer : η_V)와 꼬리날개 부피계수(tail volume coefficient of vertical stabilizer : V_V)를 도입하고

$$\eta_V = \frac{q_t}{q}, \quad V_V = \frac{S_t l_t}{Sb}$$

이를 옆 미끄럼 각 β에 대해 미분하면, 수직꼬리날개에 의한 정적 방향 안정성의 효과를 서술할 수 있다.

$$\frac{dC_{Nt}}{d\beta_t} = \left(1 - \frac{d\sigma}{d\beta}\right)\frac{dC_{Lt}}{d\beta_t}\eta_V V_V \tag{10}$$

② 동체 효과

동체는 방향 안정에 있어 불안정한 영향을 끼치는 가장 큰 요소들이다. 아음속에서의 동체의 풍압 중심은 심화 그림 7.6과 같이 동체 길이의 1/4이나 그 앞에 위치하고, 비행기의 무게

중심은 대개 풍압 중심보다 상당히 후방에 위치하므로 동체는 불안정한 영향을 끼친다.

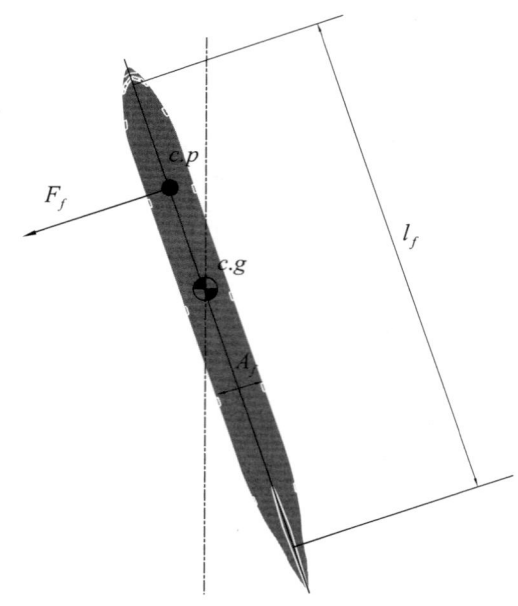

┃심화 그림 7.6 동체 효과┃

동체에 의해 발생되는 빗놀이 모멘트(N_f)는 다음과 같다.

$$N_f = qSbC_{Nf}$$
$$N_f = -qA_f l_f C_{Nfv}$$

여기서, C_{Nf}는 동체에 의해 발생되는 빗놀이 모멘트계수, C_{Nfv}는 동체 체적(fuselage volume)에 의해 발생되는 빗놀이 모멘트계수, A_f는 동체의 최대 단면적, l_f는 동체 길이를 나타낸다. 위 식으로부터

$$C_{Nf} = -C_{Nfv} \frac{A_f l_f}{Sb}$$

그리고 옆 미끄럼 각에 대해 미분하면 동체 효과에 관한 다음 식을 얻을 수 있다.

$$\frac{dC_{Nf}}{d\beta} = -\frac{dC_{Nfv}}{d\beta} \frac{A_f l_f}{Sb} \tag{11}$$

③ 날개 후퇴각 효과

날개의 후퇴각 효과(sweep back effect)도 정적 방향 안정에 큰 기여를 한다. 심화 그림 7.7에 나타낸 것처럼 옆 미끄럼 운동 상태에서 후퇴각을 가지는 날개를 살펴보자. 진행 방향의 각각 오른쪽 날개와 왼쪽 날개에서 항력은 평균 공력 시위 상에 작용한다. 따라서 진행 방향에 대한 오른쪽 날개의 빗놀이 모멘트가 양(+)의 방향으로 작용하는 반면, 왼쪽 날개의 빗놀이 모멘트는 음(−)의 방향으로 작용한다.

오른쪽 날개와 왼쪽 날개에 발생하는 항력은 다음 식으로 주어진다.

$$D_{R/H} = q\frac{S}{2}C_D\cos^2(\lambda - \beta)$$

$$D_{L/H} = q\frac{S}{2}C_D\cos^2(\lambda + \beta)$$

후퇴 날개(swept back wing)에 의해 발생되는 빗놀이 모멘트는 다음과 같이 표현할 수가 있다.

$$N_{sb} = qSbC_{N_{sb}}$$

$$N_{sb} = D_{R/H}\,\overline{y} - D_{L/H}\,\overline{y}$$

$$= q\frac{S}{2}C_D\overline{y}\left\{\cos^2(\lambda - \beta) - \cos^2(\lambda + \beta)\right\}$$

$$= q\frac{S}{4}C_D\,\overline{y}\left\{4\sin\lambda\cos\lambda\sin\beta\cos\beta\right\}$$

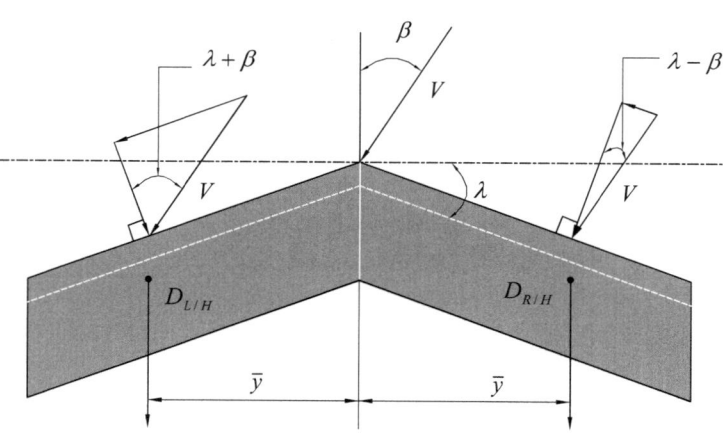

┃심화 그림 7.7 후퇴각 효과┃

이때, 옆 미끄럼 각 β가 0에 수렴하면, $\cos\beta$는 1, $\sin\beta$는 β에 수렴하게 된다. 그리고 $2\sin\lambda\cos\lambda = \sin2\lambda$이다. 따라서 후퇴 날개에 의해 발생되는 옆놀이 모멘트는 다음과 같이 표현할 수가 있다.

$$N_{sb} = qSC_D\,\overline{y}\,\beta\sin2\lambda$$

위 식을 qSb로 나눈 후 옆 미끄럼 각 β에 대해 미분하면, 옆 미끄럼 각에 대한 후퇴각 효과를 다음과 같이 구할 수가 있다.

$$\frac{dC_{N_{sb}}}{d\beta} = C_D\,\frac{\overline{y}}{b}\sin2\lambda \tag{12}$$

④ 정적 방향 안정 방정식

정적 방향 안정성은 수직꼬리날개의 효과, 동체 효과 및 주 날개의 후퇴각 효과 등에 의해 주로 영향을 받는다고 볼 수 있다. 따라서 정적 방향 안정방정식은 식 (9)를 근거로 식 (10), (11), (12)로부터 다음과 같이 표현할 수가 있다.

$$\frac{dC_N}{d\beta} = \frac{dC_{Nt}}{d\beta} + \frac{dC_{Nf}}{d\beta} + \frac{dC_{Nsb}}{d\beta}$$

따라서 다음 식을 구할 수 있다.

$$\frac{dC_N}{d\beta} = \left(1 - \frac{d\sigma}{d\beta}\right)\frac{dC_{Lt}}{d\beta_t}\eta_V V_V - \frac{dC_{Nfv}}{d\beta}\frac{A_f l_f}{Sb} + C_D\,\frac{\overline{y}}{b}\sin2\lambda > 0$$

위 식을 정적 방향 안정 방정식(equation of directional static stability)이라고 한다.

연습문제

7.1 날개의 공력 중심이 비행기의 무게 중심 앞 $0.05c$에 있으며, 공력 중심 주위의 키놀이 모멘트계수가 -0.016이다. 만일 양력계수값이 0.45인 경우에 무게 중심에 관한 키놀이 모멘트계수는 얼마인가? (단, 항력에 의한 키놀이 모멘트 값은 무시한다.)

풀이 식 7.6으로부터
$$C_{M_{c\cdot}g} = C_L(h_c - h_a) + C_{M_{a\cdot}c} = 0.45 \times 0.05 - 0.016 = 0.0065$$

답 $C_{M_{c\cdot}g} = 0.0065$

7.2 후퇴각이 $10°$인 비행기의 양력계수가 0.15, 평균 공력 시위가 날개 스팬의 50% 상에 위치하고 있다면, 후퇴각이 미치는 옆 미끄럼 각에 대한 옆놀이 모멘트계수의 변화율은 얼마인가?

풀이 심화학습 식 (7)로부터 $\dfrac{\overline{y}}{b} = 0.5$이므로
$$\frac{dC_{L\,sb}^{'}}{d\beta} = -C_L \frac{\overline{y}}{b} \sin 2\lambda = -0.15 \times 0.5 \times \sin 20° = -0.0257$$

답 $\dfrac{dC_{L\,sb}^{'}}{d\beta} = -0.0257$

7.3 후퇴각이 $10°$인 비행기의 항력계수가 0.15, 평균 공력 시위가 날개 스팬의 45% 상에 위치하고 있다면, 후퇴각이 미치는 옆 미끄럼 각에 대한 빗놀이 모멘트계수의 변화율은 얼마인가?

풀이 심화학습 식 (12)로부터 $\dfrac{\overline{y}}{b} = 0.45$이므로
$$\frac{dC_{N_{sb}}}{d\beta} = -C_D \frac{\overline{y}}{b} \sin 2\lambda = -0.15 \times 0.45 \times \sin 20° = -0.023$$

답 $\dfrac{dC_{N_{sb}}}{d\beta} = -0.023$

7.4 다음 중 정적 방향 안정성을 갖는 조건으로서 옳은 것은?

㉮ $\dfrac{dC_N}{d\beta} > 0, \quad \dfrac{dC_N}{d\psi} > 0$ ㉯ $\dfrac{dC_N}{d\beta} > 0, \quad \dfrac{dC_N}{d\psi} < 0$

㉰ $\dfrac{dC_N}{d\beta} < 0, \quad \dfrac{dC_N}{d\psi} > 0$ ㉱ $\dfrac{dC_N}{d\beta} < 0, \quad \dfrac{dC_N}{d\psi} < 0$

답 ㉯

7.5 수평 비행을 하고 있는 전투기가 적기를 추적하기 위해 가속 상승하기 위해서는 어떠한 조작을 하여야 하는가?

답 스로틀로 최대 출력을 설정하되, 승강타를 하강시킨다.

7.6 수평 비행을 하고 있는 비행기가 속도를 줄이면서 하강하여 활주로에 착륙하고자 한다. 비행기를 어떻게 조작을 하여야 하는가?

답 스로틀을 완속 상태로 줄인 상태에서 실속에 들어가지 않는 범위 내에서 승강타를 상승시킨다.

7.7 승강타의 힌지 모멘트 $C_h = 0.002$ 이고 기계적인 이득이 $K = 0.3$ 이다. 한쪽 승강타의 폭이 1m, 평균 공력 시위가 0.3m 이고 비행 속도는 150km/h 이다. 공기 밀도가 $\rho = 0.125\text{kg}_\text{f} \cdot \text{s}^2/\text{m}^4$ 일 때, 승강타를 조작하는 조종력은 얼마인가?

풀이 $H = \dfrac{1}{2}\rho V^2 b \bar{c}^2 C_h = q b \bar{c}^2 C_h$

$\qquad = \dfrac{1}{2} \times 0.125\text{kg}_\text{f} \cdot \text{s}^2/\text{m}^4 \times \left(\dfrac{150}{3.6}\text{m/s}\right)^2 \times 1\text{m} \times (0.3\text{m})^2 \times 0.02$

$\qquad = 0.195\text{kg}_\text{f}$

$\quad F = KH = 0.3 \times 0.195 = 0.059\text{kg}_\text{f} = 59\text{g}_\text{f}$

답 $F = 59\text{g}_\text{f}$

CHAPTER

08

프로펠러 추진이론

항·공·역·학

프로펠러 추진이론

CHAPTER 08

프로펠러는 왕복 기관이나 터보 프롭 기관으로부터 회전 동력을 전달받아 추진력으로 변화시켜 비행기를 추진하도록 만드는 추진 장치이다. 이때의 추진력은 프로펠러가 회전하면서 공기를 프로펠러의 뒤쪽으로 밀어냄으로써 그 반작용으로 얻어진다.

이 장에서는 프로펠러의 일반적인 특성과 추진 이론에 대해 살펴보고자 한다.

Section 01 ─ 프로펠러 일반

비행 중에 프로펠러에 작용하는 힘은 추력(thrust)에 의한 굽힘 모멘트(bending moment), 저항력에 의한 굽힘 모멘트, 깃의 회전에 따른 원심력(centrifugal force)에 의한 인장응력, 그리고 프로펠러에 작용하는 공기력에 의한 비틀림 모멘트(twisting moment) 및 깃 자신만의 원심력에 의한 비틀림 모멘트를 주로 받는다.

이와 같이 프로펠러에 작용하는 힘에 의해 프로펠러의 단면적이 허브(hub)로 갈수록 커지게 되므로, 프로펠러의 각 단면은 그림 8.1과 같이 위치에 따라 두께와 폭이 다르다. 또한 프로펠러 허브로 갈수록 깃의 선속도(접선 속도 : line velocity)가 작아지므로, 깃 각(blade angle)이 커지도록 만든다. 여기서, 깃 각이란 프로펠러의 회전면과 깃의 무양력 시위선(zero lift chord line)이 이루는 각을 말한다.

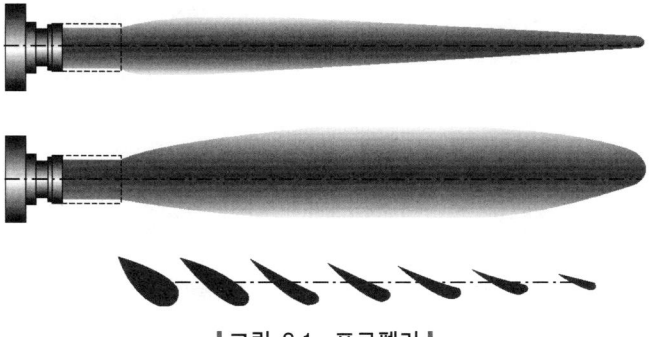

┃그림 8.1 프로펠러┃

프로펠러에 작용하는 5가지 힘을 구체적으로 살펴 볼 필요성이 있다. 첫째, 추력은 프로펠러 깃에 의해 발생하는 공기력 중에 항공기 진행 방향과 평행하게 발생하는 힘으로서 항공기 날개의 양력에 비교된다. 추력은 프로펠러에 추력에 의한 굽힘 모멘트(thrust bending moment)를 유발한다(그림 8.2(a)).

둘째, 저항력은 프로펠러 깃에 의해 발생하는 공기력 중에 프로펠러 회전 방향에 대해 반대 방향으로 발생하는 힘으로서 항공기 날개의 항력에 비교된다. 이 힘에 프로펠러 반지름을 곱하면 프로펠러에 작용하는 회전력(torque)으로 나타나며, 이 힘 역시 프로펠러 깃에 저항력에 의한 굽힘 모멘트(torque bending moment)를 발생시킨다(그림 8.2(b)).

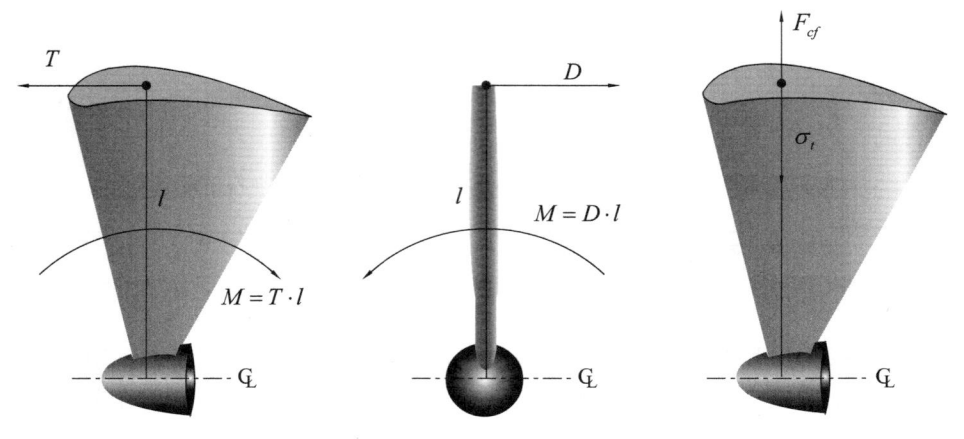

(a) 추력에 의한 굽힘 모멘트   (b) 저항력에 의한 굽힘 모멘트   (c) 원심력에 의한 인장 응력

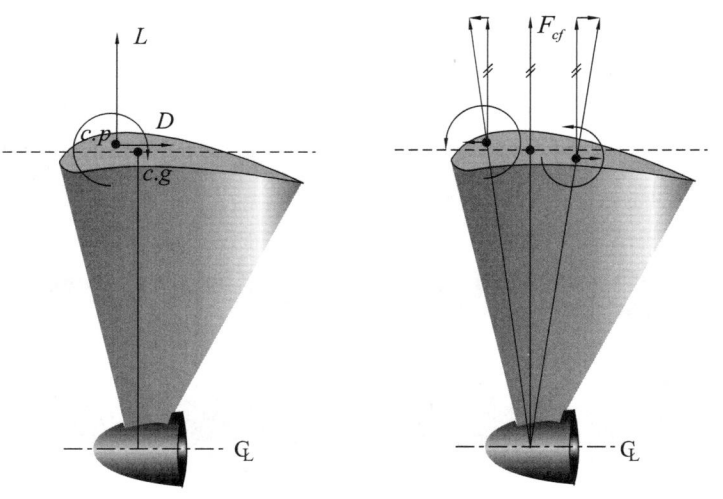

(d) 공기력에 의한 비틀림 모멘트   (e) 원심력에 의한 비틀림 모멘트

┃그림 8.2 프로펠러에 작용하는 힘┃

셋째, 원심력은 프로펠러 회전에 의하여 깃의 허브로부터 바깥 방향(방사 방향 : radial direction)으로 발생하는 힘으로서 프로펠러에 원심력에 의한 인장응력(centrifugal tensile stress)을 발생시킴으로써 이 응력을 견디기 위해 깃 뿌리 쪽으로 갈수록 깃의 단면적을 크게 한다. 그리고 이 원심력에 의한 인장응력은 추력에 의한 굽힘 효과를 감소시킨다(그림 8.2(c)).

넷째, 프로펠러에 작용하는 공기 합성력이 프로펠러의 중립축에 작용하지 않을 뿐만 아니라 프로펠러의 질량 중심이 중립축에 위치하지 않음으로써 발생하는 힘이다. 이 힘에 의해 프로펠러에 공기력에 의한 비틀림 모멘트(aerodynamic twisting moment)를 유발한다. 이 경우에 프로펠러의 깃은 고 깃각(high blade angle), 고 피치각을 만들려고 한다(그림 8.2(d)).

다섯째, 깃 자신만의 원심력으로 인한 비틀림 모멘트가 발생되며, 이 원심력에 의한 비틀림 모멘트(centrifugal twisting moment)는 프로펠러 깃을 항상 저 깃각(low blade angle), 즉 저 피치각으로 만들려고 한다(그림 8.2(e)).

1 프로펠러 종류

프로펠러를 구분할 때는 목재 및 금속 등 사용 재료에 의해 구분하거나, 유압식, 전동식, 기계식 등 피치 변경 방식에 의해 구분할 수 있다. 그리고 깃 수에 따라 구분할 수 있지만, 보통은 피치(pitch)에 따른 고정 피치, 조정 피치, 가변 피치, 정속 및 역 피치 프로펠러로도 구분한다.

① 고정 피치 프로펠러(fixed pitch propeller)

주로 경비행기에 사용되며 깃 각을 변경시킬 수 없는 프로펠러로서, 순항 속도에서 가장 좋은 효율이 되도록 프로펠러 깃 각을 설정한다.

② 조정 피치 프로펠러(adjustable pitch propeller)

특정 속도에서 가장 좋은 효율이 되도록 미리 지상에서 깃 각을 변경시킬 수 있는 프로펠러이다.

③ 가변 피치 프로펠러(variable pitch propeller)

기관 작동 중에 조종사의 필요에 따라 임의로 또는 어떤 범위 안에서 깃 각을 변경시킬 수 있는 프로펠러이다.

이 중에 2단 가변 피치 프로펠러는 조종사가 다만 2개의 위치만을 선택하도록 되어 있는 프로펠러로, 이륙 시에는 저 피치(low pitch)에 놓고, 순항 시에는 고 피치(high pitch) 위치에 놓는다. 통상적으로 이륙할 때에는 보통 피치각을 10°~25°로 설정하며, 순항 비행을 할 때에는 20°~45°에 설정한다. 이는 프로펠러 진행률(비행 속도)에 대한 프로펠러 효율을 극대화하기 위함이며, 이에 대한 이론적 배경은 심화 학습에서 다루기로 한다.

프로펠러의 피치 조절은 프로펠러 조속기(propeller governor)에 있는 평형 추(counter weight)에 의해 피치 조절이 가능하다.

④ 정속 프로펠러(constant speed propeller)

가변 피치 프로펠러 중 가장 효율이 좋은 프로펠러이다. 회전수를 임의로 선정할 수 있으며, 일단 조종사에 의해 선정된 회전수는 기관의 출력과 비행 속도 및 비행 고도의 변화에 관계없이 일정하게 유지된다. 작동은 기관 윤활유를 사용하여 기관 회전 속도를 감지하는 조속기(governor)에 의해 이루어진다. 조종사가 피치 레버를 요구하는 회전수에 맞추었을 때, 조속기에 의해 피치 변경 작동기에 유압을 공급 또는 배출시켜 깃 각이 증감되도록 함으로써 일정한 회전수가 유지되도록 자동 조절되는 프로펠러이다.

⑤ 역 피치 프로펠러(reverse pitch propeller)

깃 각이 0° 위치를 지나 음(−)의 깃 각으로 변경할 수 있는 프로펠러로서, 동일한 프로펠러의 회전 방향을 유지하면서도 프로펠러에 발생되는 추력을 반대로 하기 위한 것이다. 주로 착륙 후의 제동을 목적으로 사용된다. 그 밖에 기관이 고장 났을 때 프로펠러의 깃 각을 90°로 만들어 풍차 작용(windmill action)에 의한 항력 증가를 막기 위한 페더링 프로펠러(feathering propeller)가 있다.

2 프로펠러 힘과 동력

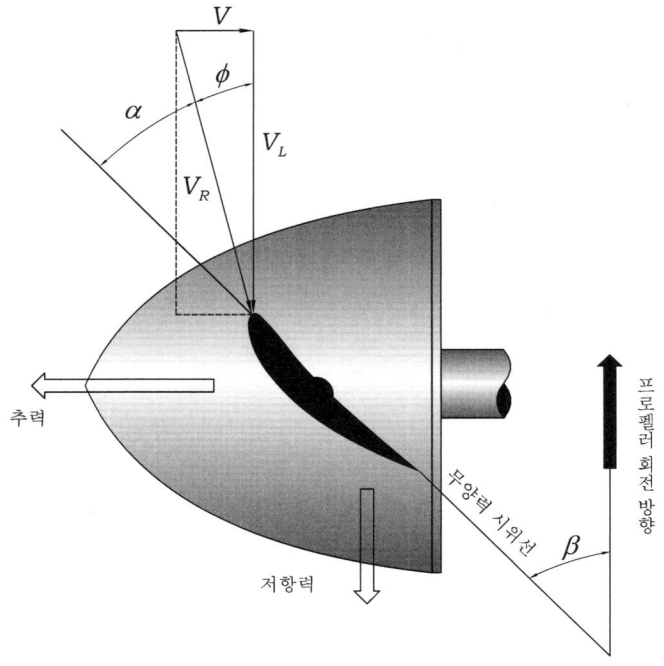

┃그림 8.3 프로펠러 단면┃

그림 8.3의 경우는 비행기 뒤쪽에서 보았을 때, 시계 방향으로 회전하는 프로펠러 깃의 단면과 이에 작용하는 추력(thrust)과 저항력(resistance)을 보여 주고 있다.

그림 8.3에서 프로펠러 회전면(회전 방향)과 프로펠러 깃의 무양력 시위선(zero lift line)이 이루는 각 β를 깃 각(blade angle)이라 하며, 합성 상대 속도(resultant relative velocity) V_R와 무양력 시위선이 이루는 각 α를 프로펠러 깃의 받음각(angle of attack)이라 한다. 여기에서 합성 상대 속도란 비행기 진행 속도와 프로펠러 회전 속도에 의해 프로펠러 깃을 향해 흘러 들어오는 공기의 상대 속도(relative speed)를 말한다. 따라서 이 속도는 비행 속도(airspeed), V와 깃의 선속도(line velocity), V_L로 분할할 수가 있다. 그리고 합성 상대 속도와 프로펠러 깃의 회전면(회전 방향)과 이루는 각 ϕ를 피치각(pitch angle)이라 한다.

① 추 력

프로펠러의 단면이 날개단면과 같으므로 항공기 날개단면 이론을 적용하면 날개에 발생되는 양력, 즉 공기력은 다음과 같은 비례식으로 나타낼 수 있다.

$$F \propto \rho S v^2 \tag{8.1}$$

식 8.1에 따르면 날개에 발생되는 공기력은 공기밀도 ρ, 면적 S 및 속도 v의 제곱에 비례함을 알 수 있다.

프로펠러에 있어서는 날개의 양력이 추력에 해당된다. 프로펠러 회전면(propeller disk)의 지름을 D, 초당 회전수를 n(rps : revolutions per second)이라고 하면, 항공기 날개 면적에 해당하는 프로펠러가 회전할 때 만들어지는 회전면의 면적은 다음과 같다.

$$S = \pi r^2 = \frac{\pi D^2}{4}$$

그리고 프로펠러 깃의 접선 속도는 다음과 같다.

$$v = r\omega = \frac{D}{2} \times 2\pi n = \pi D n$$

따라서 날개에 발생되는 공기력에 해당되는 프로펠러의 추력 T는 식 8.1로부터 다음과 같이 표현할 수 있다.

$$T \propto \rho \times \frac{\pi D^2}{4} \times (\pi D n)^2$$

위 식에서 비례 상수인 추력 계수(thrust coefficient) C_T을 써서 등식을 만들면 다음과 같은 프로펠러 추력에 관한 식을 구할 수 있다.

$$T = C_T \rho n^2 D^4 \tag{8.2}$$

❷ 회전력

프로펠러의 회전력 Q는 다른 말로 토크(torque)라고 하는 회전 모멘트이므로, 프로펠러의 추력 T에 모멘트 암(arm of moment)으로서 프로펠러 회전면의 지름 D를 곱한 값이다. 따라서 회전력계수(torque coefficient) C_Q을 써서 표시하면 다음과 같이 된다.

$$Q = C_Q \rho n^2 D^5 \tag{8.3}$$

❸ 동 력

일반적으로 동력은 힘×속도 또는 회전력×각속도로 표현할 수 있다. 그러므로 프로펠러의 공급 동력은 회전력 Q에 각속도 $\omega = 2\pi n$를 곱하여 구하되, 모든 상수는 동력 계수(power coefficient) C_P를 써서 표시하면 다음과 같다.

$$P = C_P \rho n^3 D^5 \tag{8.4}$$

프로펠러가 항공기 추진력 T를 발생시켜 비행 속도 V로 진행시킬 때를 출력 $P_o = TV$이라 하고, 프로펠러의 소요마력을 입력 $P_i = P$라 할 때, 프로펠러 효율은 다음과 같이 표현할 수 있다.

$$\eta = \frac{P_o}{P_i} = \frac{C_T \rho n^2 D^4 \times V}{C_P \rho n^3 D^5} = \frac{C_T}{C_P} \times \frac{V}{nD}$$

즉,

$$\eta = \frac{C_T}{C_P} \times \frac{V}{nD} = \frac{C_T}{C_P} J \tag{8.5}$$

식 8.5에서 J는 프로펠러의 진행률(advance ratio)이라 하며, 프로펠러의 효율은 진행률에 비례한다.

$$J = \frac{V}{nD} \tag{8.6}$$

다시 말해 프로펠러의 진행률은 항공기 비행 속도(airspeed) V에 비례하고, 프로펠러의 초당 회전수(revolutions per second) n과 프로펠러 회전면(propeller disk)의 지름 D에 반비례한다.

３ 프로펠러 피치와 미끄럼

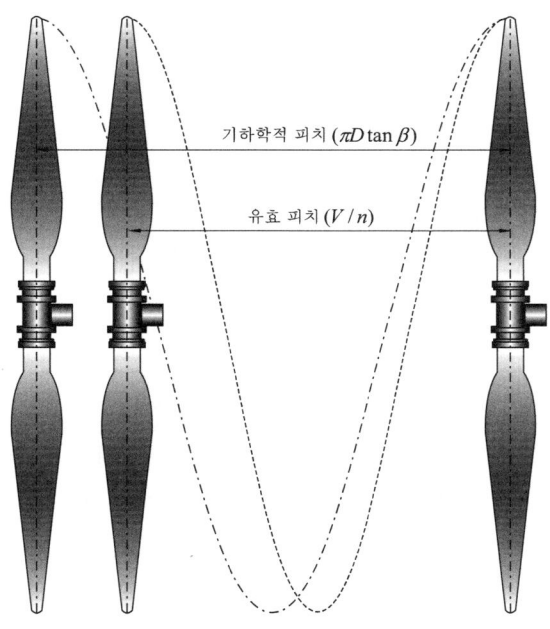

기하학적 피치 ($\pi D \tan \beta$)

유효 피치 (V/n)

┃그림 8.4 프로펠러 피치┃

프로펠러 피치(pitch)는 나사의 피치와 같이 프로펠러가 1회전할 때 진행하는 거리를 말한다. 즉, 그림 8.4와 같이 프로펠러 회전수 n, 전진 속도 V라 하면, 프로펠러가 1회전 할 때 실제로 전진하는 거리를 유효 피치(effective pitch)라 하며, 다음과 같이 표현할 수 있다.

$$e.p = \frac{V}{n} \tag{8.7}$$

초당 회전수(n)와 분당 회전수(N)는 $n = N/60$의 관계를 갖는다. 그리고 프로펠러 1회전당 항공기가 실제로 전진하는 거리는 비행 속도에 따라 변한다.

기하학적 피치(geometric pitch)는 그림 8.4와 같이 공기를 강체로 볼 때, 프로펠러 1회전당 이론적으로 전진한 거리로서 나사의 피치와 같으며, 보통 피치라고 하면 이 기하학적 피치를 말한다.

$$g.p = \pi D \tan\beta \tag{8.8}$$

실제 프로펠러에서는 유효 피치와 기하학적 피치가 차이가 있는데, 이는 공기가 강체가 아니기 때문에 나타나는 현상이다. 이 차이의 백분율을 프로펠러 미끄럼(slip)이라 한다.

즉, 다음과 같이 프로펠러 미끄럼을 정의한다.

$$slip = \frac{g.p - e.p}{g.p} \times 100\% \tag{8.9}$$

4 프로펠러 고형비

프로펠러에 영향을 주는 요소로는 깃의 수, 깃의 폭과 두께, 그리고 깃 끝의 실속 영향 등을 들 수 있다.

현재의 프로펠러는 2깃, 3깃 및 4깃 등이 있다. 2깃 프로펠러는 구조가 간단하고 효율이 좋으므로 많이 사용되고 있다. 마력이 큰 기관에서는 소요 마력이 큰 프로펠러를 사용해야 하는데, 2깃의 경우에는 소요 마력을 크게 하기 위해 지름을 크게 해야 한다.

이때에는 깃 끝 실속과 진동의 위험성 및 지면과의 거리가 문제가 되므로, 깃 수를 증가시켜 3깃 또는 4깃으로 한다. 그러나 1~2%의 프로펠러 효율 감소가 생긴다.

프로펠러가 기관으로부터의 공급 동력의 흡수 능력을 표시하는 지표로서 고형비(solidity ratio, σ)는 다음과 같이 프로펠러 원판 면적(disk area)에 대한 깃의 전체 면적비, $BcR/\pi R^2$로 정의하고 있다.

$$\sigma = \frac{\text{깃 수}(B) \times \text{깃 시위길이}(c)}{\pi R}$$

고형비에서 사용되는 깃 시위길이 c와 깃의 반지름 R는 일반적으로 회전축 중심으로부터 약 70% 위치의 값을 사용한다. 그리고 고형비는 프로펠러 원주 길이(πR)에 대한 프로펠러 깃의 전체 시위길이의 비로도 나타낼 수도 있다.

이때 깃의 전체 면적은 회전축 중심으로부터 약 15%까지의 면적을 제외한 나머지 깃의 면적으로 계산하는 것이 일반적이다.

단, 헬리콥터 주 회전날개의 고형비를 산출할 때에는 주 회전날개 깃의 전체 면적으로 산출한다.

참고로 프로펠러 깃의 위치를 나타내는 프로펠러 스테이션(propeller station : PS)이란 프로펠러 구동축 중심으로부터 깃 끝 방향으로 떨어진 거리를 인치(inch)로 나타낸 수치이다.

Section 02 — 프로펠러 추진이론

프로펠러를 장착한 기관의 효율은 프로펠러와 기관이 항공기 기체 구조와 얼마나 적합하게 구성되는가 뿐만 아니라 프로펠러와 기관이 서로 얼마나 정확하게 구성되는가에 따라 달라진다. 제트 시대가 열린 현재에도 프로펠러의 거동에 대한 이해가 중요하다. 그 이유는 가스터빈 기관이 경항공기나 일반 항공기에 사용되는 경우 가격의 장점을 갖지 못하며, 터보 프롭 기관이 터보 제트 기관이나 터보 팬 기관에 비해 낮은 연료 소모율을 갖기 때문이다.

1 운동량 이론

프로펠러는 유체에 운동량 변화를 주어 추력을 발생시키는 장치이다. 운동량 원리만으로는 프로펠러 이론을 완전하게 해석할 수는 없으나, 그 특성을 나타내는 중요한 관계식을 유도할 수 있다.

그림 8.5는 프로펠러 주위의 공기 유동 형태를 보여주고 있다. 프로펠러가 상대적으로 정지 상태에 있고, 공기가 왼쪽에서 오른쪽으로 흐른다고 가정한다. 프로펠러 상류 단면 1에서의 압력과 속도가 각각 p_0, V이며, 이때의 압력은 대기압과 동일하고 속도는 실제에 있어서 비행 속도와 일치한다.

프로펠러 앞에 이르러서는 압력은 p_a로 감소하고, 속도는 V_1로 증가한다. 프로펠러를 지나면서 다시 압력은 p_b로 증가하지만, 속도는 그대로 V_1 상태이다. 여기서 압력 상승이 일어나는 것은 프로펠러에 의한 기계적인 에너지가 공기흐름 속으로 전달되기 때문이다.

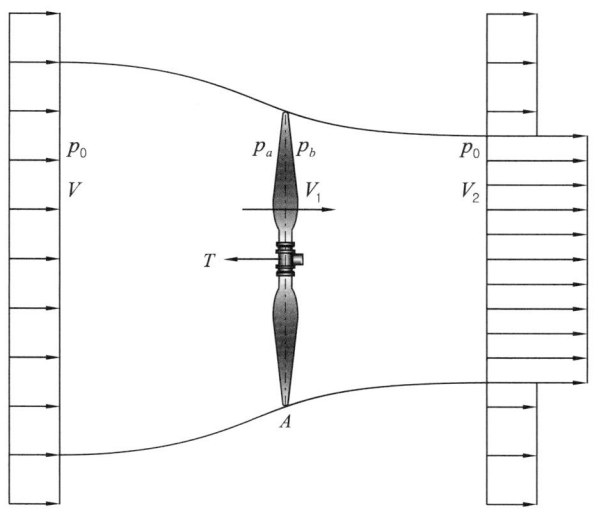

‖그림 8.5 프로펠러 공기 유동‖

프로펠러를 지나고 나면 다시 압력은 감소하기 시작하여 하류 단면에 이르러, 이 압력은 다시 대기압과 동일한 상태인 p_0로 바뀌며, 이때의 속도는 V_2로 증가한다.

운동량의 원리를 프로펠러 상류 및 하류로 둘러싸인 흐름에 적용하면, 이에 미치는 힘은 프로펠러가 발생시키는 추력 T뿐이고, 이 힘은 압력차 $p_b - p_a$가 프로펠러의 회전 면적 A에 미치는 전압력과 같다.

따라서 운동량 원리에 의해 다음과 같이 주어진다.

$$T = \rho Q(V_2 - V) = (p_b - p_a)A \tag{8.10}$$

여기서, A는 프로펠러 회전면 면적(propeller disk area)이라고 하며, 프로펠러 회전면을 통과하는 공기 유량은 $Q = AV_1$이므로 식 8.10으로부터 다음 식을 구할 수 있다.

$$p_b - p_a = \rho V_1 (V_2 - V)$$

한편, 각 단면 사이에 Bernoulli 방정식을 적용하면 다음과 같다.

$$p_0 + \frac{1}{2}\rho V^2 = p_a + \frac{1}{2}\rho V_1^2$$

$$p_b + \frac{1}{2}\rho V_1^2 = p_0 + \frac{1}{2}\rho V_2^2$$

이를 정리하면

$$p_b - p_a = \frac{1}{2}\rho(V_2^2 - V^2)$$

이며, 다음의 관계를 가지므로

$$\rho V_1(V_2 - V) = \frac{1}{2}\rho(V_2^2 - V^2)$$

프로펠러를 통과할 때의 속도 V_1는 다음과 같이 된다.

$$V_1 = \frac{V + V_2}{2} \tag{8.11}$$

즉, 프로펠러를 지나는 공기 유동속도는 상류 쪽과 하류 쪽의 속도를 산술 평균한 값과 같다.

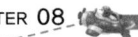

프로펠러가 단위시간에 수행한 유효동력(useful power)은 항공기 추력에 비행 속도를 곱한 값이므로 다음과 같이 표현된다.

$$P_{\text{out}} = TV = \rho Q(V_2 - V)V$$

프로펠러가 단위시간에 입력한 공급 동력(input power)은 항공기 추력에 프로펠러를 통과하는 공기의 유동속도를 곱한 값이다.

$$P_{\text{in}} = TV_1 = \rho Q(V_2 - V)V_1$$

이 값은 또한 공기를 V에서 V_2까지 증가시키기 위한 단위시간당의 운동에너지 차이와 같다.

$$P_{\text{in}} = \frac{1}{2}\rho Q(V_2^2 - V^2)$$

따라서 프로펠러의 이론 효율은 프로펠러의 입력 동력에 대한 출력 동력의 비로써 나타낼 수 있다.

$$\eta = \frac{P_{\text{out}}}{P_{\text{in}}} = \frac{\rho Q(V_2 - V)V}{\rho Q(V_2 - V)V_1} = \frac{V}{V_1}$$

$$\eta = \frac{P_{\text{out}}}{P_{\text{in}}} = \frac{2\rho Q(V_2 - V)V}{\rho Q(V_2^2 - V^2)V_1} = \frac{2V}{V_2 + V} \tag{8.12}$$

예제 8.1 ⟫⟫ **프로펠러 고형비**

3깃을 가진 프로펠러가 프로펠러 회전축으로 75% 위치의 깃의 시위길이가 20cm이다. 깃의 길이가 1.2m라면 75% 고형비는 얼마인가?

풀이

$$\sigma = \frac{B \times 75\%\,\text{위치의 시위길이}}{2\pi \times 0.75R}$$

$$\sigma = \frac{3 \times 0.2}{2\pi \times 0.75 \times 1.2}$$

$$= 0.106$$

>>> **프로펠러 효율과 동력**

밀도가 1.33kg/m^3인 정지 공기 속을 400km/h로 비행기가 날고 있다. 2개의 지름 2.1m인 프로펠러를 통하여 $890\text{m}^3/\text{s}$의 공기량을 배출할 때, 이론 효율과 추력 및 공급 동력을 구하라.

풀이 ▌
$$V = 400\text{km/h} \times \left(\frac{1\text{m/s}}{3.6\text{km/h}}\right)^{=1} = 111.1\text{m/s}$$

$$V_1 = \frac{Q}{\pi D^2/4} = \frac{890\text{m}^3/\text{s}}{2 \times \dfrac{\pi}{4} \times (2.1\text{m})^2} = 128.5\text{m/s}$$

식 8.12로부터

$$\eta = \frac{V}{V_1} = \frac{111.1}{128.5} = 0.864 = 86.5\%$$

$$V_2 = 2V_1 - V = 2 \times 128.5 - 111.1 = 145.9\text{m/s}$$

추력은 식 8.10으로부터

$$T = \rho Q(V_2 - V) = 1.33 \times 890 \times (145.9 - 111.1) = 41,192\text{N} = 41.192\text{kN}$$

공급 동력은

$$P_{\text{in}} = \frac{P_{\text{out}}}{\eta} = \frac{41.192 \times 10^3 \times 111.1}{0.865} = 5,290,672\text{W} = 5.29\text{MW}$$

▣2 유도 속도와 유도 동력

프로펠러 유도 속도(induced velocity)는 프로펠러 단면에 흐르는 공기 속도에서 항공기 비행 속도(airspeed)를 뺀, 다시 말해 프로펠러 단면에서 프로펠러에 의해 순수하게 가속된 공기 속도로서 기호는 w로 나타낸다.

그리고 심화 학습에서 다루겠지만 하류 단면에서의 유도 속도는 프로펠러 단면에서의 유도 속도의 2배가 된다. 따라서 비행 중인 프로펠러 단면에서의 공기 속도와 하류 단면에서의 공기 속도는 각각 다음과 같이 비행 속도와 유도 속도로 나타낼 수 있다.

$$V_1 = V + w \tag{8.13}$$

$$V_2 = V + 2w \tag{8.14}$$

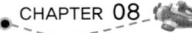
식 8.14는 식 8.11과 8.13으로부터 구할 수가 있다. 결국 프로펠러에 의해 순수하게 가속된 최종 공기 속도는 $2w$가 된다.

식 8.10으로부터

$$T = \rho Q(V_2 - V) = \rho V_1 A(V_2 - V) = \rho(V+w)A \cdot 2w$$

즉,

$$T = 2\rho A(V+w)w$$

위 식을 유도 속도에 관해 전개하면 다음과 같다.

$$w^2 + Vw - \frac{T}{2\rho A} = 0$$

이를 2차 방정식의 근의 공식을 이용하면 다음과 같이 나타낼 수 있다.

$$w = \frac{1}{2}\left\{ -V \pm \sqrt{V^2 + \left(\frac{2T}{\rho A}\right)} \right\}$$

$w > 0$이므로 비행 속도 V로 비행할 때의 유도 속도는 다음과 같다.

$$w = \frac{1}{2}\left\{ -V + \sqrt{V^2 + \left(\frac{2T}{\rho A}\right)} \right\} \tag{8.15}$$

유도 속도에 의한 유도 동력(induced power)은 다음과 같이 표현할 수 있다.

$$P_i = Tw$$

이 동력은 다음과 같이 공급 동력 P_{in}과 유효 동력 P_{out}과의 차이를 나타낸다.

$$P_{\text{in}} = TV = T(V+w) = TV + Tw$$
$$P_{\text{out}} = TV$$
$$P_i = P_{\text{in}} - P_{\text{out}}$$

비행기가 정지 상태라면 비행 속도 $V = 0$이므로 따라서 정지비행 시의 유도 속도는 식 8.15로부터 다음과 같이 쓸 수 있다.

$$w_0 = \sqrt{\frac{T}{2\rho A}} \tag{8.16}$$

그리고 정지 상태에서의 유도동력은 다음과 같이 표현된다.

$$P_{i0} = Tw_0 = \frac{T^{\frac{3}{2}}}{\sqrt{2\rho A}}$$

비행 속도 V로 비행할 때의 프로펠러의 효율은 다음과 같이 나타낼 수도 있다.

$$\eta = \frac{TV}{TV_1} = \frac{V}{V+w}, \quad \eta = \frac{1}{1+w/V}$$

예제 8.3 >>> **프로펠러 추력, 동력, 진행률 및 효율**

밀도가 $0.125\mathrm{kg_f} \cdot \mathrm{s}^2/\mathrm{m}^4$인 해면고도를 360km/h로 단발 프로펠러 비행기가 날고 있다. 지름 2m인 프로펠러의 추력계수와 동력계수가 각각 $C_T = 0.6$, $C_P = 0.9$이고 프로펠러의 회전수는 $N = 2,400\mathrm{rpm}$이다. 프로펠러의 추력, 동력, 진행률, 유도속도 및 효율을 구하라.

풀이 ▌

$$n = 2,400\left(\frac{\mathrm{rev}}{\mathrm{min}}\right) \times \left(\frac{1\mathrm{min}}{60\mathrm{s}}\right)^{=1} = 40\mathrm{rps}$$

$$V = 360\mathrm{km/h} \times \frac{1}{3.6} = 100\mathrm{m/s}$$

$$T = C_T \rho n^2 D^4$$

$$= 0.6 \times 0.125 \times 40^2 \times 2^4 = 1,920\mathrm{kg_f}$$

$$P = C_P \rho n^3 D^5$$

$$= 0.9 \times 0.125 \times 40^3 \times 2^5 = 230,400\mathrm{kg_f} \cdot \mathrm{m/s}$$

$$= 230,400\mathrm{kg_f} \cdot \mathrm{m/s} \times \left(\frac{1\mathrm{HP}}{75\mathrm{kg_f} \cdot \mathrm{m/s}}\right)^{=1} = 3,072\mathrm{HP}$$

$$J = \frac{V}{nD} = \frac{100}{40 \times 2} = 1.25$$

$$w = \frac{1}{2} \times \left[-100 + \sqrt{100^2 + \left(\frac{2 \times 1,920}{0.125 \times \pi \times 2^2/4}\right)}\right] = 20.318\mathrm{m/s}$$

$$\eta = \frac{V}{V_1} = \frac{V}{V+w}$$

$$= \frac{100}{120.318} = 0.8311 = 83.1\%$$

심화학습

1 유도 속도

프로펠러가 작동하는 상태에서 비행기가 정지해 있다면 그림 8.5는 심화 그림 8.1과 같은 유동 속도가 이루어진다.

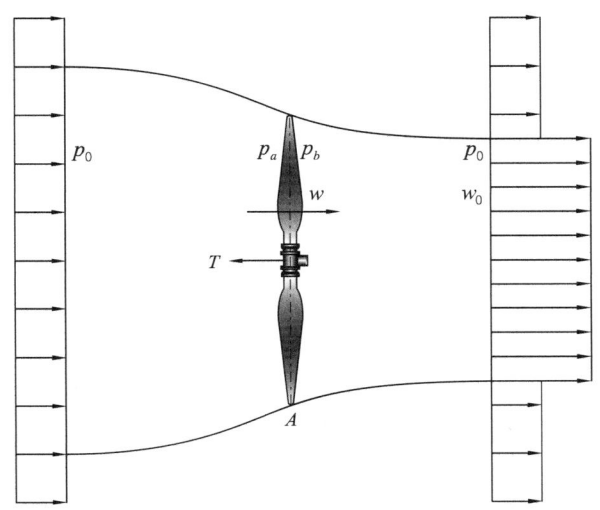

┃심화 그림 8.1 유도 속도┃

Bernoulli 방정식을 적용하면 다음과 같다.

$$p_0 = p_a + \frac{1}{2}\rho w^2$$

$$p_b + \frac{1}{2}\rho w^2 = p_0 + \frac{1}{2}\rho w_0^2$$

그러므로

$$p_b - p_a = \frac{1}{2}\rho w_0^2 \tag{1}$$

그리고 운동량 법칙을 적용하면

$$p_b - p_a = \rho w(w_0 - 0) = \rho w w_0 \tag{2}$$

식 (1)과 (2)가 동일하므로 다음 식이 성립된다.

$$w_0 = 2w$$

즉 하류 단면에서의 유도 속도는 프로펠러에서의 유도 속도가 2배가 된다.

■2 깃 요소 이론

프로펠러를 이론적으로 해석하는 방법은 운동량 이론 이외에 깃 요소 이론 등을 들 수 있다. 여기에서는 대표적인 깃 요소 이론(blade element theory)을 다루고자 한다.

심화 그림 8.2에서 프로펠러 깃은 비행기 앞쪽에서 볼 때 반시계 방향으로 회전한다고 하자. 따라서 깃이 정지되어 있다면 항공기 진행 속도 V와 프로펠러 회전 속도(선 속도) V_L에 의해 상대바람(relative wind)은 받음각 α 방향으로 합성대기속도(resultant air velocity) V_R로 유입된다. 이때 β는 프로펠러 깃의 무양력 시위선(zero lift line)과 프로펠러 회전면이 이루는 깃 각(blade angle)이며, ϕ는 프로펠러 회전면과 합성 대기 속도가 이루는 피치각 (pitch angle)이다.

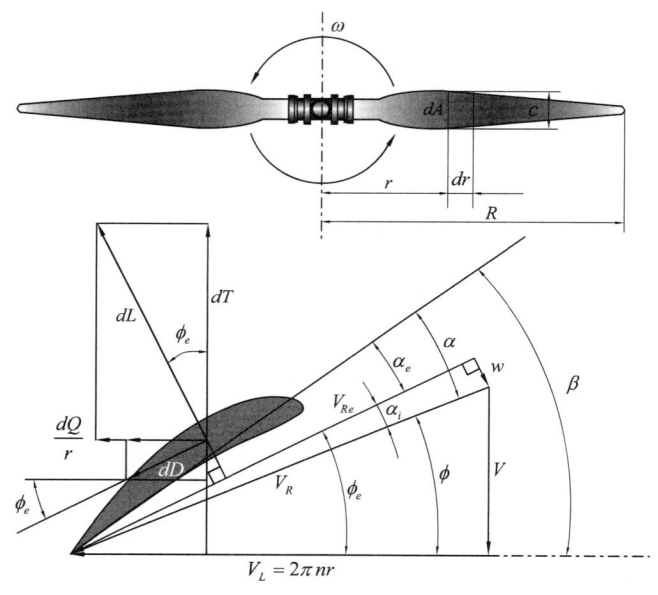

┃심화 그림 8.2 프로펠러 깃 요소┃

그리고 프로펠러의 회전에 의해 유도 속도(induced velocity) w가 발생하고, 이에 따라 상대바람의 유입 방향은 유효 합성대기속도(effective resultant air velocity) V_{Re}로 유입된다. 따라서 프로펠러 깃에 직접적으로 영향을 주는 유효받음각(effective angle of attack) α_e는 유도받음각(induced angle of attack)과 다음과 같은 관계를 갖는다.

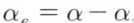
$$\alpha_e = \alpha - \alpha_i$$

또한 유효 피치각(effective pitch angle) ϕ_e도 다음과 같은 관계를 갖는다.

$$\phi_e = \phi + \alpha_i$$

프로펠러에 발생하는 미소 양력 dL은 유효 합성대기속도에 수직 방향으로 발생하고, 미소 항력 dD는 유효 합성대기속도에 평행하게 발생한다. 그러므로 심화 그림 8.2에서 프로펠러 허브 중심으로부터 반지름 r이 되는 점에서의 깃 미소 단면 dA에 발생하는 미소 추력과 미소 회전력(토크)은 다음과 같이 주어진다.

$$dT = dL\cos\phi_e - dD\sin\phi_e, \quad dQ = (dL\sin\phi_e + dD\cos\phi_e)r$$

이때 미소 양력과 항력은 다음과 같다.

$$dL = q_e\,dA\,C_L = q_e\,cdr\,C_L, \quad dD = q_e\,dA\,C_D = q_e\,cdr\,C_D$$

여기서, C_L과 C_D는 깃의 날개단면(무한날개, 2차원 날개)의 양력계수와 항력계수를 나타 내며, 유효 동압은 다음과 같이 주어진다.

$$q_e = \frac{1}{2}\rho V_{Re}^2$$

$$V_{Re} = V_R\cos\alpha_i, \quad V_R = \frac{V_L}{\cos\phi} = \frac{2\pi nr}{\cos\phi}$$

그러므로 다음과 같이 정리할 수 있다.

$$V_{Re} = \frac{2\pi nr\cos\alpha_i}{\cos\phi}, \quad q_e = \frac{1}{2}\rho\left(\frac{2\pi nr\cos\alpha_i}{\cos\phi}\right)^2$$

여기서, α_i는 Glauert의 와동 이론(vortex theory)에 따른 유한 날개(3차원 날개)에서의 하향흐름 각(down wash angle)으로서 다른 값에 비해 매우 작다고 본 결과, $\cos\alpha_i = 1$이라 고 보면 다음 식을 사용할 수 있다.

$$q_e = \frac{1}{2}\rho\left(\frac{2\pi nr}{\cos\phi}\right)^2$$

위 식들을 정리하고, 프로펠러 깃의 수를 B라고 하면

$$dT = \frac{1}{2}\rho B(2\pi n)^2 \left(\frac{C_L \cos\phi_e - C_D \sin\phi_e}{\cos^2\phi} \right) cr^2 dr$$

$$dQ = \frac{1}{2}\rho B(2\pi n)^2 \left(\frac{C_L \sin\phi_e + C_D \cos\phi_e}{\cos^2\phi} \right) cr^3 dr$$

이며, 여기서

$$\lambda_T = \frac{C_L \cos\phi_e - C_D \sin\phi_e}{\cos^2\phi}, \quad \lambda_Q = \frac{C_L \sin\phi_e + C_D \cos\phi_e}{\cos^2\phi}$$

라고 정의함으로써 다음과 같이 표현할 수 있다.

$$dT = \frac{1}{2}\rho B(2\pi n)^2 \lambda_T cr^2 dr \tag{3}$$

$$dQ = \frac{1}{2}\rho B(2\pi n)^2 \lambda_Q cr^3 dr \tag{4}$$

이들 값을 실제로 구하기 위해서는 Goldstein 이론에 따라 α_i을 도표에 의해 계산하여 확장하고, $\phi_e = \phi + \alpha_i$을 구한 다음, 프로펠러 날개단면 특성에 따라 C_L과 C_D를 결정하여 식 (3)과 (4)에 의해 계산한다.

무차원 반지름(dimensionless radius)을 x로 놓으면 다음과 같다.

$$r = Rx, \quad x = \frac{r}{R}$$

이것을 미분하면

$$dr = Rdx$$

따라서 식 (3)과 (4)는 다음과 같이 표현할 수 있다.

$$dT = \frac{1}{2}\rho B(2\pi n)^2 \lambda_T cR^3 x^2 dx, \quad dQ = \frac{1}{2}\rho B(2\pi n)^2 \lambda_Q cR^4 x^3 dx$$

그런데 일반적으로 추력과 회전력은 다음과 같은 실용적인 식으로 표시한다.

$$T = C_T \rho n^2 D^4 = C_T \rho n^2 (2R)^4 = 16\rho n^2 R^4 C_T$$

$$Q = C_Q \rho n^2 D^5 = C_Q \rho n^2 (2R)^5 = 32\rho n^2 R^5 C_Q$$

그러므로

$$dT = 16\rho n^2 R^4 dC_T, \quad dQ = 32\rho n^2 R^5 dC_Q$$

되므로 위 식들로부터 다음과 같이 나타낼 수 있다.

$$\frac{dC_T}{dx} = \frac{Bc\pi^2 x^2}{8R}\lambda_T, \quad \frac{dC_Q}{dx} = \frac{Bc\pi^2 x^3}{16}\lambda_Q$$

이때, 프로펠러 깃의 고형비(solidity ratio)는 다음과 같이 정의된다.

$$\sigma = \frac{Bc}{\pi R}$$

그러므로 다음과 같이 나타낼 수 있다.

$$\frac{dC_T}{dx} = \frac{\pi^3}{8}x^2\sigma\lambda_T, \quad \frac{dC_Q}{dx} = \frac{\pi^2}{16}x^3\sigma\lambda_Q$$

프로펠러 진행률 $J = \dfrac{V}{nD}$와 깃 각 β가 정해지면 위 식을 적분함으로써 그때의 추력계수 (thrust coefficient)와 회전력계수(torque coefficient)를 다음과 같이 이론적인 계산에 의해 구할 수 있다.

$$C_T = \int \frac{dC_T}{dx}dx = \int \frac{\pi^3}{8}x^2\sigma\lambda_T dx, \quad C_Q = \int \frac{dC_Q}{dx}dx = \int \frac{\pi^2}{16}x^3\rho\lambda_Q dx$$

실제로 이들 값을 구하기 위해서는 각 단면 위치(station) x에 대한 미분계수 $\dfrac{dC_T}{dx}$와 $\dfrac{dC_Q}{dx}$를 그래프 용지에 그려서 곡선화한 다음, Simpson 방식에 의해서 도식적으로 적분하는 방식을 공학에서는 많이 사용한다. 이렇게 구한 값에 의해 해당 진행률과 깃 각에서의 추력과 회전력을 구할 수 있게 된다.

추력계수와 회전력계수는 식에서도 알 수 있는 바와 같이 전제가 되는 조건인 진행률 $J = \dfrac{V}{nD}$와 깃 각 β에 따라 다르며 그 경향은 심화 그림 8.3과 같다.

심화 그림 8.3은 깃 단면이 Clark-Y형인 3깃 프로펠러 진행률에 대한 추력계수의 실험값에 의한 자료이며, 그림 상에서의 ⊙은 이론적으로 계산한 값을 나타낸다.

지상 운전 시 추력계수 C_T는 받음각이 최대일 때이므로 특정 깃 각에서 최대이며, 이보다 깃 각을 크게 하면 깃의 뿌리 근방에서부터 실속 현상이 생기므로 추력계수 C_T는 증가시키지 못한다. 또한 깃 각의 증가는 진행률이 큰 곳, 즉 비행 속도가 클 때에는 피치각의 증가로 인

한 받음각의 감소를 보완할 수 있기 때문에 영 추력점(zero thrust point)을 오른쪽으로 옮길 수 있다.

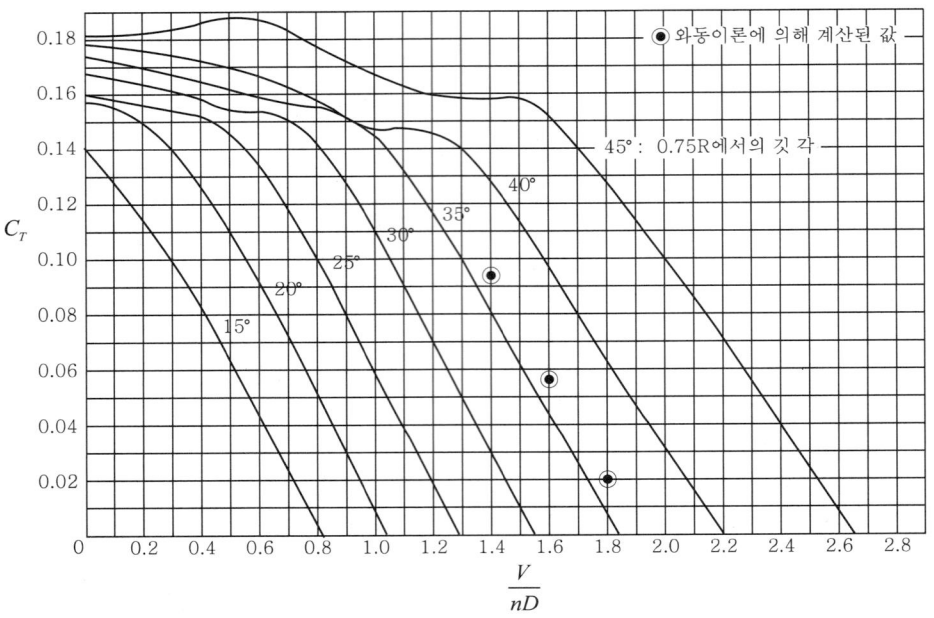

┃심화 그림 8.3 프로펠러 추력계수┃

프로펠러를 회전시키는 동력은 앞에서 서술하였듯이 회전력과 각속도의 곱으로 표시되므로 다음과 같다.

$$P = Q\omega = C_Q \rho n^2 D^5 \times 2\pi n = 2\pi C_Q \rho n^3 D^5, \quad P = C_P \rho n^3 D^5$$

따라서 동력계수와 회전력계수는 다음의 관계를 갖는다.

$$C_P = 2\pi C_Q$$

이때의 동력계수 C_P 역시 추력계수 C_T나 회전력계수 C_Q와 마찬가지로 진행률 $J = \dfrac{V}{nD}$와 깃 각 β의 함수이다.

그리고 프로펠러의 효율은 항공기 기관이 프로펠러에 가해준 동력에 대한 프로펠러의 추진 동력의 비를 말하는 것으로 식 8.5와 같이 주어지며, 다음 식과 같다.

$$\eta = \frac{C_T}{C_P} \cdot J \tag{5}$$

그리고 다음과 같이 표현할 수도 있다.

$$\eta = \frac{1}{2\pi} \cdot \frac{C_T}{C_Q} \cdot J$$

위 식에서 프로펠러 효율 η는 진행률 J의 1차 함수 같이 보이지만, C_T와 C_Q 및 C_P 등도 J의 함수이므로 η는 J에 대해 선형적이지 못하고 심화 그림 8.4와 같이 곡선이 된다.

심화 그림 8.4에서 보다시피 지상 운전 시에는 V가 0이므로 $J = 0$, 따라서 효율 $\eta = 0$이며, 어떤 깃 각에 대해 속도를 증가시키면, 즉 J를 증가시키면 η는 점점 증가하다가 식 (5)에서 $\frac{C_T}{C_P}$값이 급감함에 따라 η는 감소한다. $\eta_{\max}$에 해당하는 J에서의 비행 속도가 그 깃 각에서의 가장 좋은 비행 속도(최량 비행 속도)이며, 여기서, 또 다시 깃 각을 증가시키면 효율이 개선될 수 있음과 동시에 최량 비행 속도도 높아진다.

이와 같은 이유에서 저속에서는 작은 깃 각, 즉 저 피치각(low pitch angle)을 사용하고, 고속에서는 큰 깃 각, 즉 고 피치각(high pitch angle)을 사용하는 것이 효율상 유리하다. 다시 말해 비행속도(진행률)에 대한 피치각의 설정은 각각에 프로펠러에 해당하는 심화 그림 8.4와 같은 진행률에 대한 프로펠러 효율 곡선을 보고 명확하게 결정할 수 있다.

고정 깃 각을 갖는 고정 피치 프로펠러보다 피치각을 가변할 수 있는 가변 피치 프로펠러나 정속 프로펠러(constant speed propeller)가 유리한 점이 바로 이런 이유에 연유한 것이다.

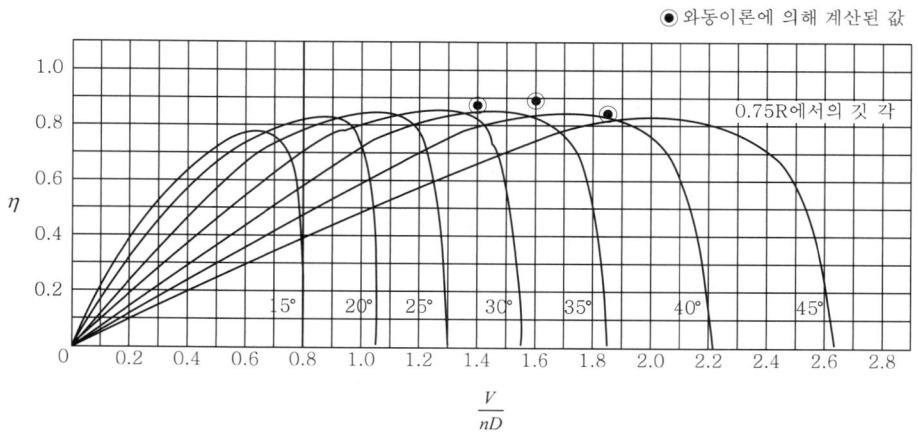

∥ 심화 그림 8.4 프로펠러 효율 ∥

정속 프로펠러는 비행 속도에 관계없이 프로펠러 회전수를 일정하게 유지하는 프로펠러이다. 이것은 비행 속도가 빨라지면 깃 각을 크게 해서 회전수의 증가를 억제시키고, 비행 속도가 늦어지면 깃 각을 작게 해서 회전수의 저하를 방지함으로써 최량의 효율을 언제나 얻고자 하는 것이다.

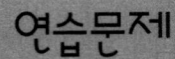

8.1 프로펠러 효율은 어떤 식으로 나타낼 수 있는가? (단, C_T : 추력계수, C_P : 동력계수, J : 진행률, D : 프로펠러 지름, V : 비행 속도, w : 유도 속도)

답 $\eta = \dfrac{C_T}{C_P} J$, $\eta = \dfrac{TV}{P} = \dfrac{C_T}{C_P} \cdot \dfrac{V}{nD}$, $\eta = \dfrac{V}{V+w}$

8.2 프로펠러의 동력계수(power coefficient)를 나타내는 식을 서술하라.

답 $C_P = \dfrac{P}{\rho n^3 D^5}$

8.3 1,800rpm으로 회전하는 프로펠러의 지름이 2m이다. 이 비행기 기관의 출력이 500HP이라면 이 프로펠러의 동력계수는 얼마인가?

풀이 $C_P = \dfrac{P}{\rho n^3 D^5} = \dfrac{500\text{HP} \times \left(\dfrac{75\,\text{kg}_\text{f} \cdot \text{m/s}}{1\text{HP}}\right)^{=1}}{\dfrac{1}{8}\text{kg}_\text{f} \cdot \text{s}^2/\text{m}^4 \times \left(\dfrac{1,800}{60}\text{rev/s}\right)^3 \times (2\text{m})^5} = 0.347$

단, n은 초당 회전수(rps)를 나타낸다.

답 $C_P = 0.347$

8.4 프로펠러의 추력계수(thrust coefficient)를 $C_T = \dfrac{T}{\rho n^2 D^4}$ 이라고 정의하면 프로펠러의 회전력계수(torque coefficient) C_Q는 어떻게 표현할 수가 있는가?

풀이 $Q = TD$, $T = C_T \rho n^2 D^4$
$Q = C_Q \rho n^2 D^5$

답 $C_Q = \dfrac{Q}{\rho n^2 D^5}$

8.5 100km/h로 비행하는 프로펠러 비행기의 프로펠러를 통과하는 공기 속도가 50m/s이다. 이 프로펠러의 효율은 얼마인가?

풀이 $\eta = \dfrac{V_1}{V} = \dfrac{100\text{km/h} \times \left(\dfrac{1\text{m/s}}{3.6\text{km/h}}\right)^{=1}}{50\text{m/s}} \times 100\% = 55.6\%$

답 $\eta = 55.6\%$

8.6 다음 프로펠러의 진행률은 어떠한 비로 표현할 수 있는가?

풀이 $J = \dfrac{V}{nD} = \dfrac{V/n}{D} = \dfrac{1\text{회전당 진행 거리}}{\text{프로펠러 지름}}$

단, n은 초당 회전수(rps)를 나타낸다.

답 $\dfrac{1\text{회전당 진행 거리}}{\text{프로펠러 지름}}$

8.7 프로펠러의 깃 각이 β일 때 기하학적 피치와 유효피치는 어떻게 표현할 수 있는가?

풀이 • 기하학적 피치(geometric pitch) : 프로펠러 1회전당 이론적인 진행 거리

$g \cdot p = 2\pi r \tan\beta$

• 유효 피치(effective pitch) : 프로펠러 1회전당 실제 진행 거리

$e \cdot p = \dfrac{V}{n} = \dfrac{60\,V}{N}$

여기서, V : m/s, n : rps, N : rpm, $n = N/60$

답 $g \cdot p = 2\pi r \tan\beta$, $e \cdot p = V/n$

8.8 30m/s로 비행하는 프로펠러 비행기의 프로펠러 회전수가 1,800rpm이다. 이 프로펠러의 유효 피치는 얼마인가?

풀이 프로펠러의 회전수 $n = \dfrac{N}{60} = \dfrac{1,800}{60} = 30\text{rps}\,(\text{revolutions per second})$

유효 피치 $e \cdot p = \dfrac{V}{n} = \dfrac{30\text{m/s}}{30\,\text{rev/s}} = 1\text{m/rev}$

답 $e \cdot p = 1\text{m/rev}$: 프로펠러 1회전당 1m를 진행한다.

8.9 프로펠러의 깃 끝에서의 슬립(slip)은 어떻게 표현할 수 있는가?

풀이 $g \cdot p = 2\pi r \tan\beta$, $e \cdot p = \dfrac{V}{n}$

$\text{slip} = \dfrac{g \cdot p - e \cdot p}{g \cdot p} \times 100 = \dfrac{2\pi R \tan\beta - V/n}{2\pi R \tan\beta} \times 100$

답 $\text{slip} = \dfrac{2\pi R \tan\beta - V/n}{2\pi R \tan\beta} \times 100$

8.10 지름 2m인 프로펠러의 회전 속도가 400rpm이며 항공기 진행 속도가 200km/h인 경우 진행률을 구하라.

풀이 $n = \dfrac{N}{60}\text{rps}$

$J = \dfrac{V}{nD} = \dfrac{200\text{km/h} \times \left(\dfrac{1,000\text{m}}{1\text{km}}\right)^{=1} \times \left(\dfrac{1\text{h}}{3,600\text{s}}\right)^{=1}}{\dfrac{400}{60}\text{rps} \times 2\text{m}} = 4.17$

답 $J = 4.17$

8.11 프로펠러에서 페더링(feathering)이란 어떠한 상태인가?

답 프로펠러의 회전면과의 깃 각이 90°인 상태

8.12 프로펠러가 1,000rpm으로 회전하고 있다. 이 프로펠러의 각속도는 몇 rad/s인가?

풀이 $\omega = \dfrac{2\pi N}{60} = \dfrac{2\pi \times 1,000}{60} = 104.7 \text{rad/s}$

답 $\omega = 104.7 \text{rad/s}$

8.13 프로펠러로 들어오는 공기의 흐름 방향과 프로펠러의 회전면과 이루는 각을 무엇이라고 일컫는가?

답 유입각(advance angle or angle of flow) 또는 피치각(pitch angle)

CHAPTER

09

헬리콥터 비행원리

헬리콥터 비행원리

우리가 알고 있듯이 헬리콥터는 정지비행, 수직비행, 전진비행, 후진비행, 측면비행을 하는 복잡한 항공기이다. 헬리콥터는 고정날개 항공기에서는 불가능한 기동성을 가진 능력에도 불구하고 동일한 비행원리를 적용할 수 있다.

고정날개 항공기와 마찬가지로, 헬리콥터도 날개단면(airfoil) 때문에 공기 중을 비행할 수 있다. 헬리콥터의 주 회전날개(main rotor)도 날개단면으로 이루어진다. 따라서 이러한 이유로 헬리콥터를 회전날개 항공기로 분류한다.

Section 01 → 엘리콥터 일반

1 헬리콥터 기체구조

헬리콥터 기체구조형식은 주 회전날개의 배열 방식에 따라 분류한다. 주 회전날개 배열 방식에 따라 단일 회전날개 헬리콥터, 직렬 회전날개 헬리콥터, 병렬 회전날개 헬리콥터 및 동축 회전날개 헬리콥터 등으로 분류한다.

단일 회전날개(single rotor) 헬리콥터는 주 회전날개(main rotor)와 꼬리 회전날개(tail rotor)로 구성된다. 꼬리 회전날개가 주 회전날개에 의해 발생하는 회전력(torque)을 상쇄시키고, 헬리콥터 기수를 변경하는 데 사용한다. 이 헬리콥터 형식은 주 회전날개가 하나이기 때문에 조종계통이 단순하다. 비교적 널리 사용되고 있는 헬리콥터이다.

직렬 회전날개(tandem rotor) 헬리콥터는 주 회전날개 2개가 동체 앞과 뒤에 장착되어 있는 형식이다. 병렬 회전날개(side-by-side) 헬리콥터는 가로 방향으로 2개의 주 회전날개를 가진 형식이다. 2개의 주 회전날개는 서로 반대 방향으로 회전함으로써 각각의 주 회전날개에서 발생하는 회전력을 상쇄시킬 수가 있다. 그리고 병렬 회전날개 헬리콥터의 장점을 발전시켜 경사 회전날개 항공기(tilt rotor aircraft)가 개발되고 있다.

동축 회전날개(co-axle contra rotating rotor) 헬리콥터는 단일 축에 2개의 주 회전날개를 겹쳐 장착하여 서로 반대 방향으로 회전시키는 형식이다. 각각의 주 회전날개 회전으로 인한

회전력을 서로 상쇄시킬 수가 있다.

꼬리 회전날개

꼬리 회전날개 파일론

주 회전날개

회전날개 헤드

동체

꼬리 붐

동력장치

강착장치

┃그림 9.1 헬리콥터 기체구조┃

그림 9.1은 전투용으로 사용되고 있는 단일 회전날개 헬리콥터를 보여주고 있다. 전투 장비를 제외한 기본적인 기체구조로는 동체, 주 회전날개 및 회전날개 헤드, 꼬리 붐(tail boom), 꼬리 회전날개, 꼬리 회전날개 파일론(pylon), 동력장치 및 강착장치 등으로 구성되어 있다.

그리고 기체 내부에 구성되어 있는 동력전달장치(power training system)는 동력장치, 변속기, 주 회전날개 구동축, 꼬리 회전날개 구동축 및 꼬리 회전날개 기어박스(gear box) 등으로 이루어져 있다.

2 헬리콥터에 작용하는 힘

1 양력 · 중력 · 추력 · 항력

헬리콥터에서도 고정날개 항공기와 마찬가지로 양력, 항력, 추력, 중력의 4가지 힘이 작용한다. 양력은 상대바람의 수직 방향으로 날개단면에 생기는 힘이고 중력과 반대 방향의 힘이다. 중력은 헬리콥터 무게에 의한 힘이다.

회전날개는 양력 이외에 헬리콥터 진행 방향으로 전진하는 힘을 만들어야 하므로 추력도 발생하여야 한다. 추력은 헬리콥터의 비행 방향을 결정하게 된다. 항력은 헬리콥터에서 추력에 저항하는 힘으로 볼 수 있다.

② 원심력

회전날개가 돌기 시작하면 회전날개 구동축으로부터 바깥 방향으로 원심력이 작용한다. 이 원심력은 깃의 무게와 회전속도에 의해 정해진다. 작은 회전날개 깃일 경우에는 20,000 lb 정도 되고, 큰 회전날개 깃일 경우에는 100,000 lb를 넘는 정도이다.

원심력에 대해 양력이 회전날개의 수직으로 작용하면 그 결과는 그림 9.2와 같이 원심력과 양력의 합성력이 작용하는 방향으로 회전날개 깃이 향하게 된다. 이러한 깃의 운동을 회전날개의 코닝(coning)이라 하고, 이때 회전날개 깃 끝 경로면(tip path plane)과 회전날개 깃이 이루는 각을 코닝 각(coning angle)이라 한다.

코닝 각의 크기는 양력과 헬리콥터의 무게에 따라 정해진다. 그림 9.2와 같이 가벼운 헬리콥터가 무거운 헬리콥터보다 코닝 각이 작다.

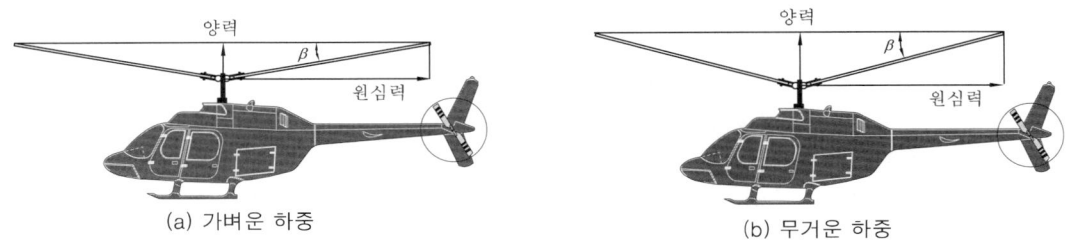

(a) 가벼운 하중 | (b) 무거운 하중

┃그림 9.2 회전날개 코닝 각┃

깃의 끝단은 회전날개 깃에 의해 만들어지는 원형 표면을 통과한다. 이 원형 표면을 깃 끝 경로면(tip path plane) 또는 회전날개 회전면(rotor disc)이라고 한다.

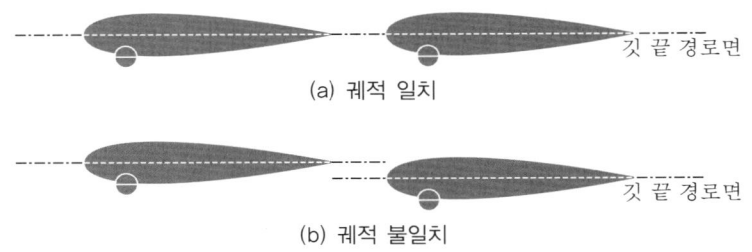

(a) 궤적 일치

(b) 궤적 불일치

┃그림 9.3 회전날개 깃의 궤적┃

회전날개 깃 끝 경로면의 궤적 상에서 주 회전날개 각각의 깃 끝들이 그림 9.3(a)와 같이 일치하는 경우를 깃의 궤적 일치(in track)이라 하고, 그림 9.3(b)와 같이 깃 끝 경로면의 궤적이 일치하는 않는 경우를 깃의 궤적 불일치(out of track)라고 하며, 이러한 상태는 회전날개계통에 진동을 발생시키게 된다.

회전날개 헤드에 깃이 붙어 있다. 깃은 다소 유연성이 있기 때문에 코닝 현상과 반대로 정

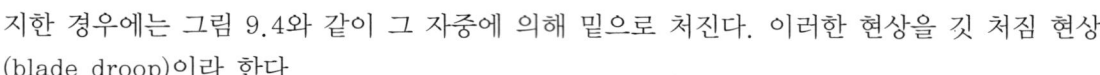

지한 경우에는 그림 9.4와 같이 그 자중에 의해 밑으로 처진다. 이러한 현상을 깃 처짐 현상(blade droop)이라 한다.

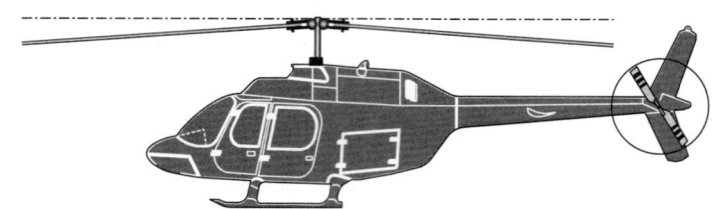

┃그림 9.4 회전날개 깃 처짐┃

③ 회전력

Newton의 운동 제3법칙은 작용과 반작용 법칙으로서 작용력이 존재하면 반대쪽으로 반작용력이 항상 존재한다는 것이다.

그러므로 기관 동력에 의해 주 회전날개를 회전시키면 기관을 장착하고 있는 헬리콥터 기체는 주 회전날개의 반대 방향으로 회전하려는 경향이 있다. 이러한 모멘트를 헬리콥터의 회전력(torque)이라고 하고 이러한 효과를 토크 효과(torque effect)라고 한다. 그리고 토크 효과를 없애기 위해 반 회전력(anti torque)을 주어야 한다.

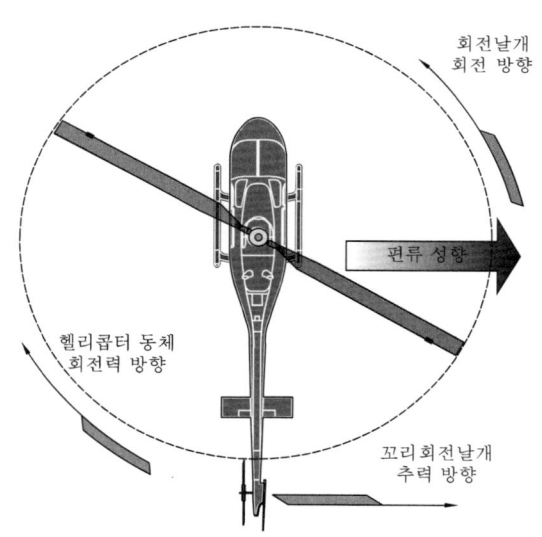

┃그림 9.5 헬리콥터 회전력┃

토크 효과를 없애는 가장 기본적인 방식은 그림 9.5와 같이 단일 회전날개 헬리콥터의 꼬리에 수직 방향으로 회전하는 꼬리 회전날개를 갖추는 경우이다. 단일 회전날개 헬리콥터는 동력의 유용성을 크게 높일 수 있다. 단점은 주 회전날개에 의한 헬리콥터의 회전력을 꼬리 회

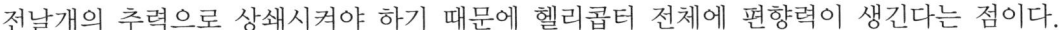

전날개의 추력으로 상쇄시켜야 하기 때문에 헬리콥터 전체에 편향력이 생긴다는 점이다.

수직꼬리날개를 사용하는 일반 헬리콥터는 필요 동력을 줄이기 위한 방법 중에 하나가 수직 핀(vertical fin)이다. 이것은 동체가 전진 비행을 할 때 정면을 유지시켜 주는 역할을 한다.

④ 편향력

헬리콥터의 항공역학적 특성 중의 하나가 편류 성향(drift tendency)이다. 이 성향은 그림 9.5와 같이 헬리콥터 전체가 꼬리 회전날개 추력 방향으로 편향(drift)되려는 현상이다.

이러한 편류 성향은 헬리콥터 전체에 작용하는 꼬리 회전날개 추력의 결과로서, 회전날개 회전축을 보상(offset)하여, 회전날개의 깃 끝 경로면(tip path plane)을 꼬리 회전날개 추력의 반대 방향으로 약간 기울임으로써 정상으로 조정할 수 있다. 일반적으로 회전날개에 미리 설정한 경사(built-in tilt)를 부여하여, 정지비행 시의 편류 성향을 제거하지만, 어떤 헬리콥터에서는 주기피치 조종 스틱을 수평 상태로 놓았을 때, 깃 끝 경로면이 꼬리 회전날개 추력의 반대 방향으로 약간 기울어지게 주기피치 조종장치 계통을 조정하기도 한다.

③ 헬리콥터 주 회전날개 계통

단일 회전날개 헬리콥터의 주 회전날개 계통은 기본적으로 회전날개 깃(rotor blade)과 헤드(head)로 구성되어 있다. 회전날개 헤드는 회전날개 허브(rotor hub)를 포함한다.

주 회전날개 깃은 대칭 날개단면을 사용하는 것이 일반적이다. 그 이유는 회전날개에 의한 진동을 줄이려는 목적이다.

단일 회전날개 헬리콥터의 주 회전날개 계통은 회전날개 깃(main rotor blade)의 개수에 따라 달라지며, 회전날개 헤드 구성방식에 따라 다양한 종류로 분류되고 있다. 기본적으로는 완전관절식(fully articulated type) 회전날개 헤드, 반 고정식(semi-rigid type) 회전날개 헤드 및 고정식(rigid type) 회전날개 헤드 등으로 구분할 수 있다.

완전관절식 회전날개 헤드는 모든 헬리콥터에 사용할 수 있지만 일반적으로는 3개 이상의 회전날개 깃을 가진 헬리콥터에 사용하는 형식이다. 이 형식은 기본적인 3개의 축에 대한 플래핑 운동(flapping motion), 페더링 운동(feathering motion) 및 리드·래그 운동(lead-lag motion)을 허용할 수가 있어야 한다.

그림 9.6은 4개의 회전날개 깃을 가진 완전관절식 회전날개 헤드로서 4개의 회전날개 깃의 플래핑 운동, 페더링 운동 및 리드·래그 운동을 허용하는 각각 4개의 플래핑 힌지(flapping hinge), 페더링 힌지(feathering hinge) 및 리드·래그 힌지(lead-lag hinge)를 갖추고 있다. 리드·래그 힌지를 항력 힌지(drag hinge)라고도 한다.

또한 리드·래그 운동을 제한하기 위하여 회전날개 깃 수만큼의 댐퍼(damper)를 부착하기도 한다.

반 고정식 회전날개 헤드는 시·소식(see-saw type) 회전날개 헤드라고도 한다.

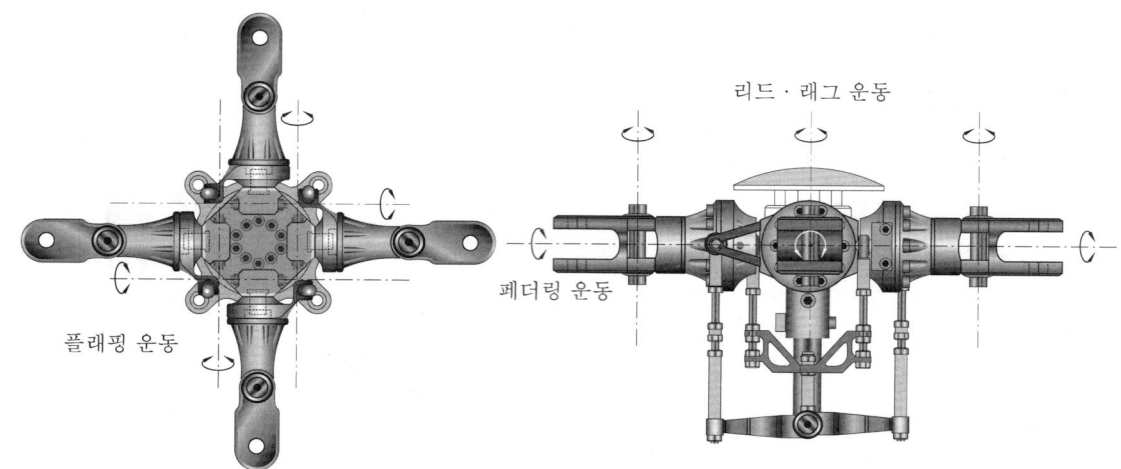

┃그림 9.6 완전관절식 회전날개 헤드┃

그림 9.7은 기본적인 반 고정식 회전날개 헤드로서 2개의 회전날개 깃의 페더링 운동을 허용해주는 페더링 힌지와 시·소 운동(see-saw motion)을 허용해주는 티더링 힌지(플래핑 힌지 : teetering hinge)를 갖추고 있다. 시·소 운동은 일종의 플래핑 운동으로서 전진 비행을 할 때, 한쪽 깃이 하강하고 반대쪽 깃이 상승하는 플래핑 운동을 동시에 이뤄지게 하는 운동이다.

티더링 힌지가 설치되는 기구를 짐발(gimbals)이라고도 하는데, 그것에는 그림 9.7과 같이 2개의 코닝 힌지(coning hinge)를 갖추는 경우도 있다. 또한 회전날개 구동축(rotor drive shaft)은 회전날개 헤드와 주 회전날개 깃을 구동시키는 축이다.

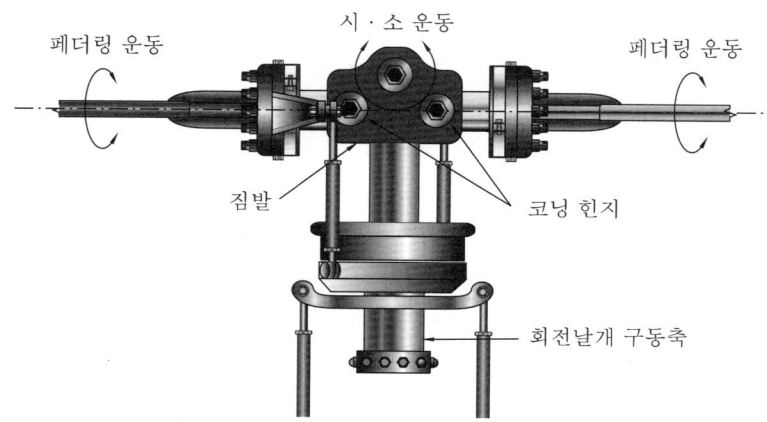

┃그림 9.7 반 고정식 회전날개 헤드┃

고정식 회전날개 헤드는 일반적으로 플래핑 힌지와 리드·래그 힌지 등을 없애고, 회전날개 깃의 유연성을 이용하여 플래핑 운동과 리드·래그 운동을 허용하도록 구성함으로써 회전날

개 헤드의 복잡한 구성을 단순화시키기 위한 형식이다. 그 종류는 매우 다양하고 새롭게 개발되고 있다.

4 헬리콥터 조종 계통

헬리콥터 조종 계통은 주기피치 조종 계통(cyclic pitch control system), 동시피치 조종 계통(collective pitch control system) 및 방향 조종 계통(directional control system)으로 구분할 수 있다.

① 주기피치 조종 계통

헬리콥터가 그림 9.8과 같이 앞, 뒤 또는 옆 방향으로 비행하기 위해서는 깃 끝 경로면을 원하는 방향으로 기울여야 한다. 이러한 조작이 헬리콥터의 비행 방향으로 추력을 발생시킨다.

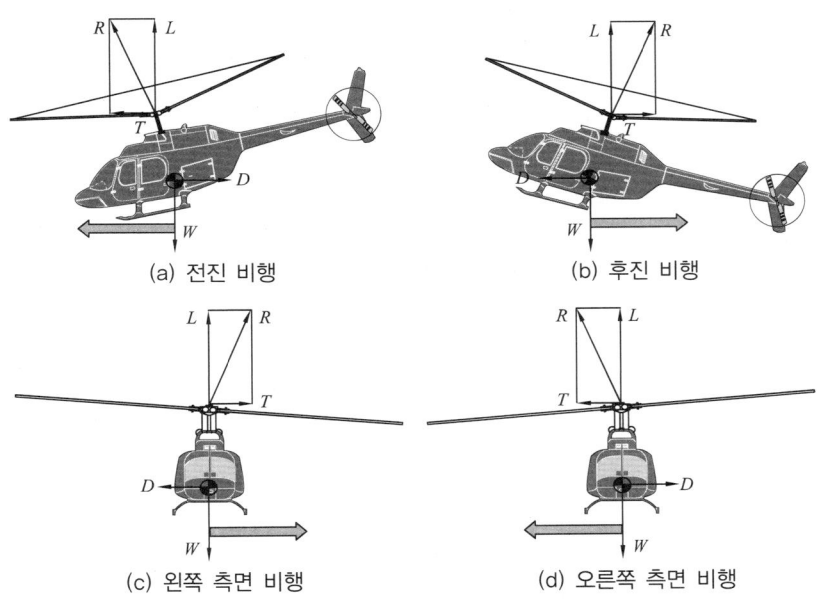

(a) 전진 비행   (b) 후진 비행

(c) 왼쪽 측면 비행   (d) 오른쪽 측면 비행

┃그림 9.8 헬리콥터 비행 방향┃

그림 9.9와 같은 시·소식 회전날개에서 고정 경사판(stationary swash plate), 회전 경사판(rotation swash plate), 피치 변경 로드(pitch change rod) 및 피치 혼(pitch horn) 등은 회전날개 깃의 피치 각을 변경시키는 데 사용되는 조종 장치이다. 고정 경사판은 정지 상태에서 회전 경사판을 기울어지게 하거나 상승, 하강하게 하는 부품이다. 고정 경사판은 헬리콥터 조종장치에 연결되어 있다. 회전 경사판은 회전 상태에서 회전날개 깃의 피치 각을 변경시키기 위해 기울어지거나 상승, 하강하는 부품이다. 회전 경사판은 피치 변경 로드와 피치 혼을 거쳐 회전날개 깃의 피치 각을 변경시키며 회전날개 구동축에 연결되어 회전한다.

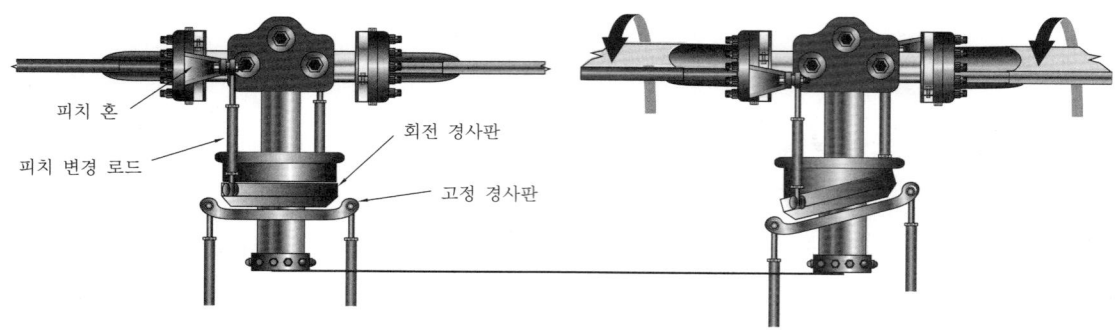

┃그림 9.9 주기피치 조종┃

예를 들어 위에서 보아 반시계 방향으로 회전하는 회전날개를 가진 단일 회전날개 헬리콥터가 전진 비행을 하기 위해서는 깃 끝 경로면이 앞으로 기울어져야 한다. 그러면 깃 끝 경로면에 발생하는 추력이 앞으로 기울어진다.

그림 9.9에서 고정 경사판의 왼쪽이 아래로 내려가고 오른쪽이 위로 올라가면 후진하는 왼쪽 회전날개 깃의 피치각은 감소하고, 전진하는 오른쪽 회전날개 깃의 피치각은 증가한다. 따라서 왼쪽 회전날개 깃에는 아래쪽으로 힘이 작용하고 오른쪽 회전날개 깃에는 위쪽으로 힘이 작용한다. 그 결과 깃 끝 경로면은 앞으로 기울어지는데, 그 이유는 자이로의 섭동성(세차성) 때문이다. 자이로의 섭동성이란 회전하는 물체에 힘을 가하면 회전방향으로 90° 지난 후에 그 힘에 의한 변위가 나타난다는 특성이다. 자이로의 섭동성은 헬리콥터 항공역학적 특성에서 다루기로 한다.

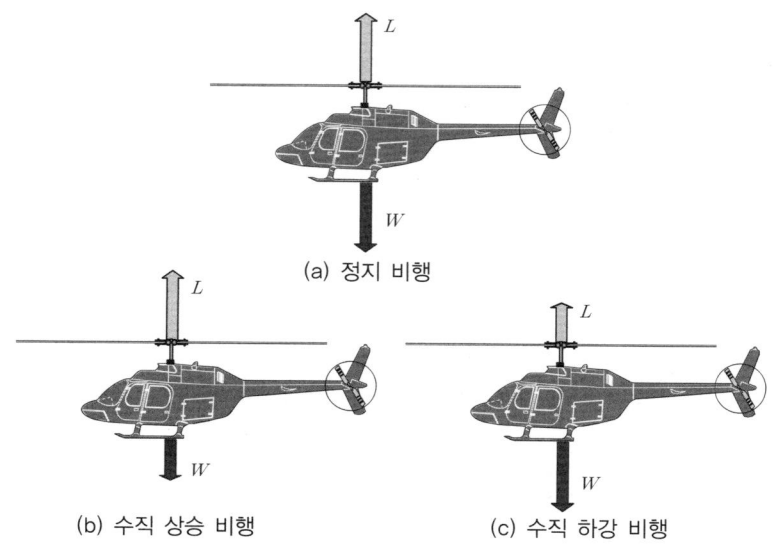

(a) 정지 비행

(b) 수직 상승 비행

(c) 수직 하강 비행

┃그림 9.10 헬리콥터 추력 방향┃

② 동시피치 조종 계통

그림 9.10과 같이 헬리콥터가 상승·하강비행이나 정지비행(hovering)할 때에는 양력과 추력은 동일한 수직 방향이다.

헬리콥터의 추력을 증가·감소시키기 위해서는 각각의 깃의 피치각 크기를 동시에 변화시켜야 한다. 이와 같이 깃의 피치각을 동시에 증가·감소시키는 운동을 페더링 운동이라 하고, 이러한 운동을 하기 위해서는 회전날개 헤드에 페더링 힌지를 갖추고 있어야 한다.

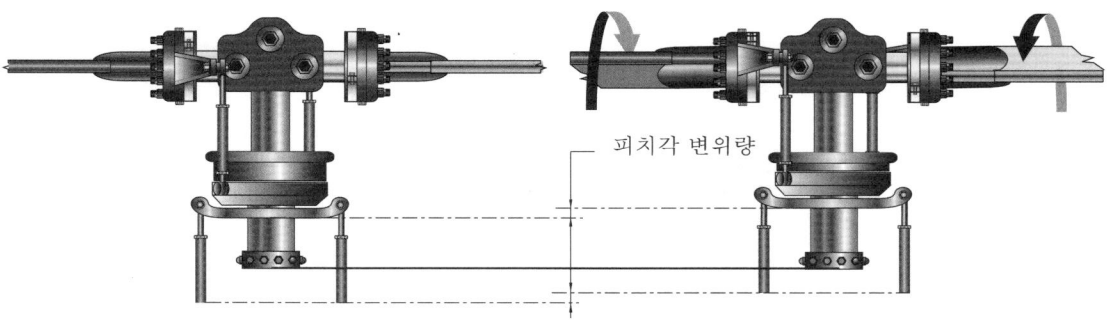

피치각 변위량

┃그림 9.11 동시피치 조종┃

헬리콥터가 수직 하강비행을 할 때에는 그림 9.11과 같이 왼쪽과 오른쪽 회전날개 깃의 피치각이 동시에 증가되어야 한다. 이와 같이 피치각을 동시에 증가시키거나 감소시키기 위해서는 고정 경사판이 수직 상승하거나 하강하여야 한다. 또 다른 헬리콥터 종류에서는 컬렉티브 슬리브(collective sleeve)라는 부품을 이용하기도 한다.

③ 방향 조종 계통

헬리콥터의 방향 조종을 하기 위해서는 헬리콥터 꼬리에 수직으로 설치되어 있는 꼬리 회전날개의 피치각을 변화시킨다.

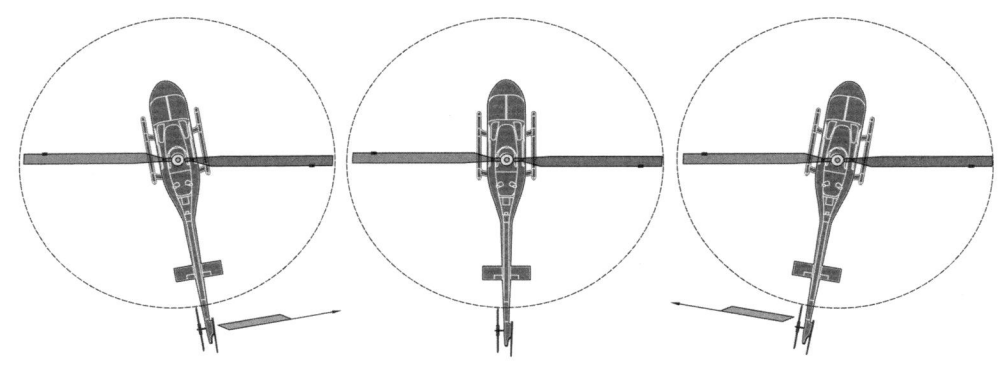

┃그림 9.12 방향 조종┃

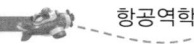

그림 9.12와 같이 꼬리 회전날개 깃의 피치각을 증가·감소시킴에 따라 헬리콥터 기수 (heading)가 왼쪽과 오른쪽으로 방향 전환이 이루어진다. 그리고 이러한 조작은 조종사의 방향 조종 페달(directional control pedal)에 의해서 이루어진다.

④ 헬리콥터 조종장치

헬리콥터 조종장치는 그림 9.13과 같이 각각 2개의 주기피치 조종스틱, 동시피치 조종스틱 및 방향 조종 페달로 구성되어 있다.

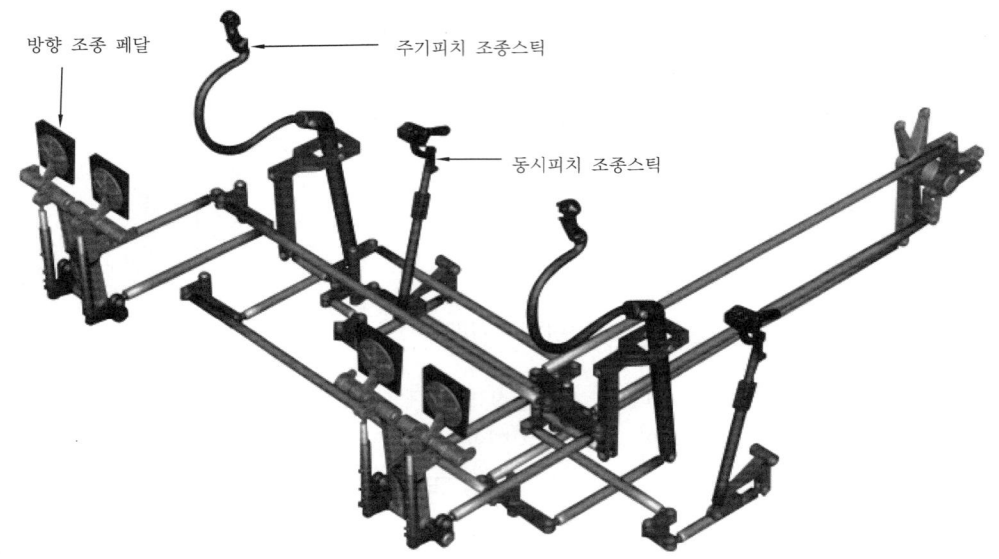

┃그림 9.13 헬리콥터 조종장치┃

헬리콥터의 조종석은 오른쪽 위치가 주 조종사가 조종하는 위치이다. 주기피치 조종스틱은 헬리콥터 비행방향을 앞, 뒤 왼쪽과 오른쪽으로 설정하기 위해 전후좌우로 조종하는 조종스틱 이다. 조종스틱을 움직이면 그 방향으로 주 회전날개 깃의 깃 끝 경로면이 기울어지게 된다. 이때 조종 계통은 자이로 섭동성을 생각하여 설계되어야 한다.

동시피치 조종스틱은 위로 당기거나 아래로 밀어 주 회전날개 깃의 피치각을 동시에 증가 또는 감소시키는 조종스틱이다. 주 회전날개 깃의 피치각이 증가하면 양력과 더불어 항력도 증가하고, 피치각이 감소하면 양력과 더불어 항력도 감소한다. 그러므로 주 회전날개의 회전 속도를 일정하게 유지하기 위해서는 피치각이 증가할 때 기관 출력을 증가시키고, 피치각이 감소할 때는 기관 출력을 감소시켜야 한다. 따라서 동시피치 조종스틱 끝에는 그립(grip) 형 식의 스로틀(throttle)이 부착되어 동시피치 조종스틱과 연동되어 기관 출력이 조절된다. 또한 동시피치 조종스틱과 스로틀을 분리하여 작동시킬 수도 있다.

방향 조종 페달은 꼬리 회전날개 깃의 피치각을 변화시켜 헬리콥터의 기수를 변경한다.

Section **02** ─ **헬리콥터 항공역학적 특성**

1 회전날개 회전 속도

회전날개는 원운동을 하기 때문에 회전 중심으로부터 깃의 위치가 멀어질수록 원주 속도(선속도 : line velocity)가 증가하게 된다. 따라서 회전날개 깃 끝의 원주 속도가 가장 크다.

그리고 그림 9.14와 같이 전진 깃(advancing blade)과 후진 깃(retreating blade)의 원주 속도의 방향은 서로 반대방향이다. 그림에서 ϕ는 방위각이라 한다.

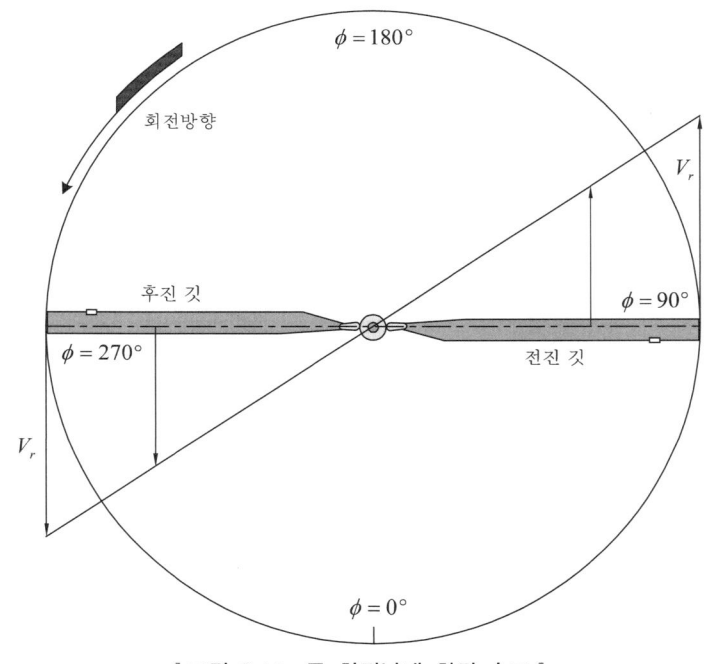

┃그림 9.14 주 회전날개 회전 속도 ┃

특히 헬리콥터가 전진비행을 하게 되면, 회전날개 깃의 원주 속도와 전진비행 속도가 결합이 되어 회전날개에 발생하는 양력의 비대칭 현상을 포함한 여러 가지 문제를 일으키게 된다.

2 양력 비대칭 현상

헬리콥터의 주 회전날개는 깃의 회전 속도뿐만 아니라 전진비행 속도에 의해서도 영향을 받는다. 그림 9.15는 정지비행 및 100 mph로 전진비행을 하는 경우의 주 회전날개 깃의 속도 분포를 보여주고 있다.

전진 방향의 오른쪽 반원을 전진 반원(advancing half)이라고 하고, 전진 방향의 왼쪽 반원을 후진 반원(retreating half)이라고 한다. 헬리콥터가 100 mph로 전진비행 시는 전진 반원

과 후진 반원의 속도가 최대 200mph 정도 차이가 나게 된다.

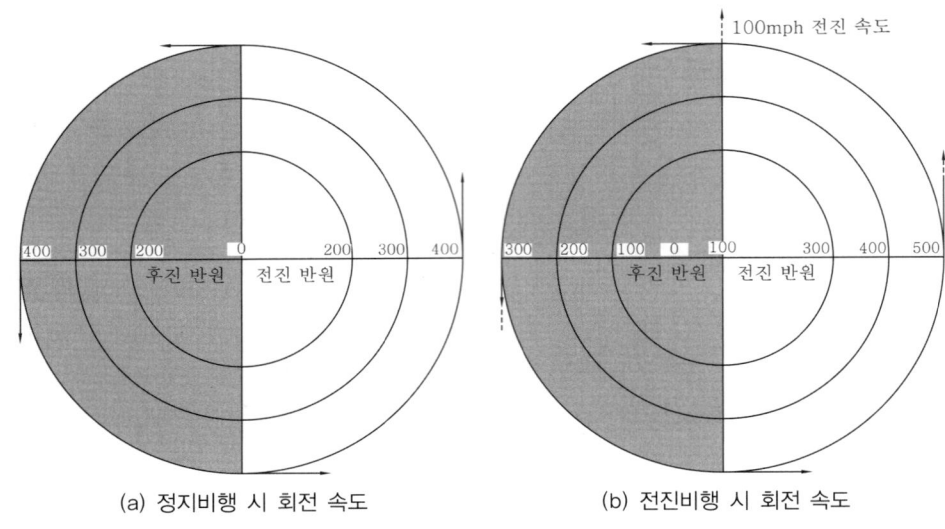

(a) 정지비행 시 회전 속도   (b) 전진비행 시 회전 속도

┃그림 9.15 회전날개 깃의 회전 속도┃

따라서 이러한 속도 차이에 의해 전진 반원과 후진 반원에 발생하는 양력이 차이가 생겨 양력 비대칭(dissymmetry of lift) 현상이 발생하는 것은 당연한 일이다. 초창기 헬리콥터 설계자들은 이러한 문제점으로 전진비행이 가능한 헬리콥터를 개발할 수가 없었다. 이러한 양력 비대칭 현상을 극복한 사람이 시에르바(Juan De Cierva)이며, 그는 각각의 회전날개 깃에 플래핑 힌지(flapping hinge)를 장착하여 플래핑 운동을 허용함으로써 그 문제점을 해결하였다.

① 플래핑 운동

플래핑 힌지가 없는 초기의 헬리콥터는 양력의 비대칭 현상에 의해 발생된 모멘트가 동체에 그대로 전달되기 때문에 전진 속도가 거의 제한되었거나 전진비행에 실패할 수밖에 없었다.

이와 같은 양력 비대칭 현상은 전진 깃과 후진 깃의 받음각을 바꾸어줌으로써 상대 속도의 차이에 의한 힘의 비대칭 현상을 상쇄시켜 양력 분포의 균형을 유지할 수 있다. 즉, 전진 깃의 피치각을 감소시켜 받음각을 작게 하고, 후진 깃의 피치각을 크게 하여 받음각을 크게 함으로써 양력 분포의 평형이 이루어진다.

헬리콥터는 대부분 플래핑 힌지에 의한 플래핑 운동을 허용함으로써 양력 비대칭 현상에 의해 발생되는 비대칭 모멘트가 동체에 전달되지 않도록 한다.

그림 9.16은 플래핑 운동을 할 때의 받음각의 변화를 나타낸 것이다. 즉, 방위각 0°와 180°에서는 전진 속도의 영향을 받지 않으므로 정지비행 시와 마찬가지로 그림 9.16(a)와 같이 중립 깃으로서 받음각의 변화가 없다.

그림 9.16(b)와 같이 전진 깃의 경우에는 공기 흐름 속도가 증가하기 때문에 양력이 증가하

고, 그 결과 주 회전날개 깃이 상승하게 된다. 주 회전날개 깃이 상승한다는 것은 상대적으로 주 회전날개 깃을 통과하는 수직 방향의 공기흐름은 하향 속도를 갖게 된다. 이는 전진비행을 하는 비행기의 날개를 고정시키면, 상대바람의 방향은 비행 속도의 반대 방향이 된다는 사실과 동일한 관점이다. 그림 9.16(b)에서 수직 하향 흐름이 생기면 전진 깃의 받음각은 중립 깃의 받음각보다 작아진다($\alpha_{adv} < \alpha$). 따라서 전진 깃의 양력은 다시 감소하게 된다.

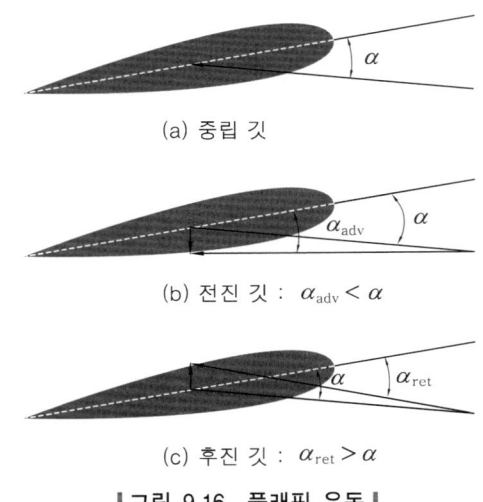

(a) 중립 깃

(b) 전진 깃 : $\alpha_{adv} < \alpha$

(c) 후진 깃 : $\alpha_{ret} > \alpha$

┃그림 9.16 플래핑 운동┃

그림 9.16(c)와 같이 후진 깃의 경우에는 공기 흐름 속도가 감소하기 때문에 양력이 감소하고, 그 결과 회전날개 깃이 하강하게 된다. 회전날개 깃이 하강한다는 것은 상대적으로 회전날개 깃을 통과하는 수직 방향의 공기흐름은 상향 속도를 갖게 된다. 그림 9.16(c)에서 수직 상향 흐름이 생기면 후진 깃의 받음각은 중립 깃의 받음각보다 커진다($\alpha_{ret} > \alpha$). 따라서 후진 깃의 양력은 다시 증가하게 된다.

그 결과 양력의 비대칭 현상이 해소된다. 이와 같은 일련의 과정을 거쳐 전진비행 시에 양력 비대칭 현상이 해결되기 위해서는 플래핑 힌지가 필요하고, 이와 같은 운동을 회전날개 플래핑 운동이라 한다. 플래핑 힌지를 가지는 헬리콥터의 경우, 이와 같은 현상에 의해 조종사의 조종에 무관하게 자동적으로 양력의 비대칭 현상에 의한 모멘트의 변화가 없어진다.

② 코리오리스 효과

헬리콥터가 전진비행을 할 때, 양력 비대칭 현상이 나타나며, 이는 주 회전날개의 플래핑 운동으로 문제점을 해결할 수 있다. 그러나 플래핑 운동 시에 그림 9.17과 같이 전진 깃이 상승하면, 전진 깃의 질량 중심이 회전축 안쪽 방향으로 움직이고, 후진 깃이 하강하면 후진 깃의 질량 중심이 회전축 바깥 방향으로 움직인다. 이와 같이 회전하는 질량체의 질량 중심이 회전축으로부터 가까워지거나 멀어지면, 회전하는 접선 방향(tangential direction)으로의 선속도(line velocity)가 빨라지거나 느려진다.

즉, 질량 중심이 회전축에 가까이 이동하면 회전 속도가 빨라지고, 질량 중심이 회전축으로부터 멀어지면 회전 속도가 느려진다. 이 현상은 피겨 스케이팅 선수가 회전할 때, 양팔을 오므리면 회전 속도가 빨라지고, 양팔을 펼치면 회전 속도가 느려지는 현상에서도 볼 수 있다. 이러한 효과를 코리오리스 효과(coriolis effect)라고 한다.

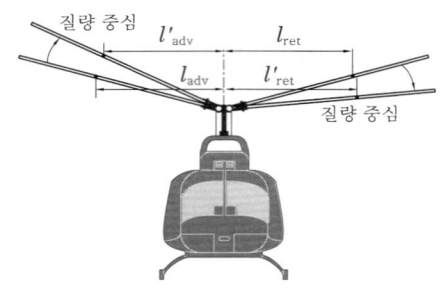

┃그림 9.17 질량 중심의 이동┃

헬리콥터에서 플래핑 힌지에 의해 양력의 비대칭 현상은 해결하였지만, 플래핑 운동에 따른 주 회전날개 깃의 질량 중심이 변화하므로 코리오리스 현상이 나타나게 된다. 다시 말해 전진 깃의 경우에는 깃이 상승하여 질량 중심이 회전축에 가까워지므로 코리오리스 가속력을 받는다. 반면에 후진 깃의 경우에는 깃이 하강하여 질량 중심이 회전축에서 멀어지므로 코리오리스 감속력을 받는다. 이와 같이 전진비행을 하는 헬리콥터의 전진 깃은 앞서려고 하고(lead), 후진 깃은 뒤서려고(lag) 하는 운동을 리드·래그 운동(lead-lag motion)이라고 한다.

리드·래그 운동을 제한하면 전진 깃과 후진 깃 사이에 발생하는 힘의 비대칭 현상을 유발하여 주 회전날개의 진동이 발생한다. 따라서 새로운 힌지를 회전면에 대해 수직으로 장착하여 리드·래그 운동을 자유롭게 허용해주면, 주 회전날개의 깃뿌리 부분에 발생되는 휨 모멘트가 제거되어 주 회전날개의 진동을 없앨 수가 있다. 이러한 목적으로 설치한 힌지를 리드·래그 힌지(lead-lag hinge)라고 부른다. 이 힌지를 항력 힌지(drag hinge)라고도 한다.

리드·래그 힌지를 장착한 경우에도 회전 중인 회전날개에 작용하는 힘은 균일하지 않으므로 기하학적인 힘이 완전히 균형이 이루어지지 않는다. 이러한 결과도 회전면에서의 진동을 발생시킨다. 이 현상을 제거하기 위해 오늘날의 헬리콥터들은 리드·래그 힌지의 뒤쪽에 리드·래그 감쇠기(lead-lag damper)를 장착하고 있다.

플래핑 힌지와 리드·래그 힌지를 장착한 헬리콥터의 헤드를 완전관절식(fully articulated type) 헤드라 부른다. 그리고 헤드에는 깃의 피치각을 동시에 증가·감소시킬 수 있는 페더링 힌지도 갖추어져야 한다. 최근에는 힌지가 없거나(hingeless) 베어링이 없는 헬리콥터가 개발되고 있으나, 이전의 대부분의 헬리콥터들은 완전관절식 허브나 시·소형(see saw type) 헤드를 사용하였다.

시·소형 주 회전날개는 미국 벨(Bell)사의 특허품으로 초기의 헬리콥터에서 많이 이용되었다. 모양은 놀이터의 시·소와 같은 형태로 플래핑 운동에 의해 한쪽 깃이 올라가면 반대쪽은 내려가도록 되어서 양력 비대칭 현상을 없애는 방법을 사용한 것이다.

③ 자이로 섭동성

회전하는 자이로에 힘이 작용되면 그 힘에 따른 변위는 그 힘의 작용점으로부터 자이로의 회전 방향으로 90° 이후의 지점에 나타난다는 자이로의 성질을 섭동성(세차성 : precession) 이라고 한다.

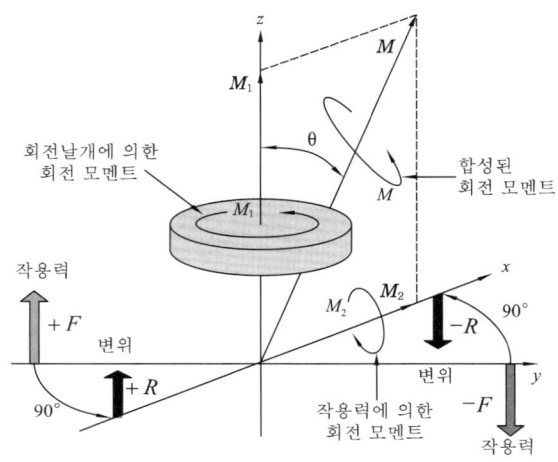

┃그림 9.18 자이로 섭동성 ┃

그림 9.18에서 회전축 z에 대한 회전 모멘트 M_1로 회전하고 있는 자이로가 있다고 하자. 이 회전 모멘트 M_1을 직선인 모멘트 벡터 M_1이라고 하되, 벡터의 방향은 오른손 법칙을 적용한다. 그리고 이 회전하는 자이로의 가로축(y축)상의 양쪽에 힘 $+F$와 $-F$를 부가하면, 자이로의 세로축(x축)에 대한 회전 모멘트 M_2가 발생한다. 이 회전 모멘트를 직선의 모멘트 벡터 M_2로 표현하되, 벡터의 방향은 오른손 법칙을 적용한다.

회전 모멘트 M_1과 M_2를 합치면 합성한 회전 모멘트는 M이 된다. 그 이유는 회전 모멘트 M_1과 M_2을 각각 직선 모멘트 벡터 M_1과 M_2로 대체하고, 힘의 평형사변형 법칙을 적용하여 2개의 벡터를 합하면 직선 모멘트 벡터 M이 된다. 이 직선 모멘트 벡터 M은 회전 모멘트는 M을 나타낸다. 따라서 회전 모멘트 M_1과 M_2을 합치면 합성한 회전 모멘트는 M이 된다는 것이다. 이렇게 벡터를 합칠 때의 벡터 방향은 오른손 법칙을 적용한다.

그 결과 그림 9.18에서와 같이 합성한 회전 모멘트 M의 회전축이 세로축(x축) 방향으로 기울어진다. 다시 말해, 회전 모멘트 M_1과 M_2를 합성하면 새로운 회전 모멘트 M이 되고, 회전 모멘트 M의 회전축은 x축 방향인 앞쪽 방향으로 θ 만큼 기울어지게 된다.

결론적으로, 회전하는 자이로에서 y축(옆쪽)상에 힘 $+F$와 $-F$을 부가하면 그 결과로 자이로는 x축(앞쪽)으로 θ만큼 기울어져 돌게 된다. 즉, 힘 $+F$와 $-F$는 자이로의 회전 방향으로 $90°$ 지난 후에 각각의 작용력 $+R$와 $-R$로 나타나게 되는 것이다. 이러한 성질을 자이로의 섭동성이라 한다.

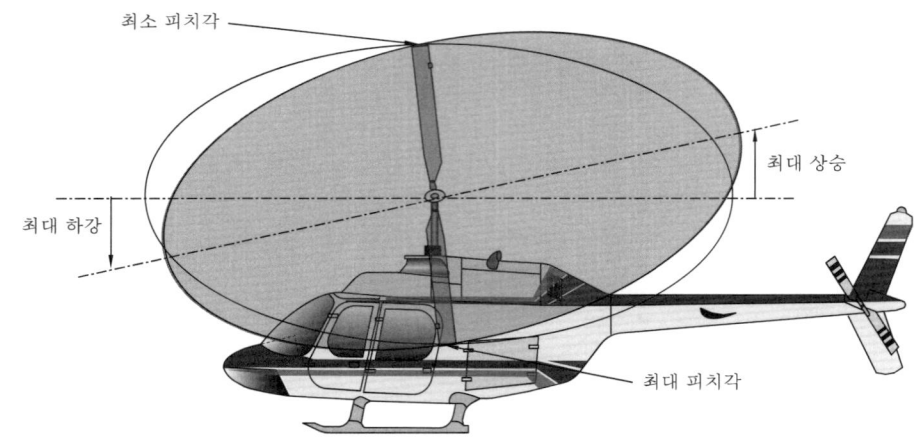

┃그림 9.19 헬리콥터 주 회전날개 섭동성┃

헬리콥터에 있어서의 자이로의 섭동성은 그림 9.19와 같다. 즉, 왼쪽에서 최대 피치각이 되고, 오른쪽에서 최소 피치각이 되도록 하면, 깃이 앞쪽에서 최대 하강하고 뒤쪽에서 최대 상승하게 된다. 그 결과 깃 끝 경로면은 앞으로 기울어져 전진비행을 하게 된다.

4 지면 효과

헬리콥터도 비행기와 마찬가지로 이·착륙을 할 때 지면과 거리가 가까워지면 양력이 더 커지는 현상이 일어나는데, 이것을 지면 효과(ground effect)라 한다. 여기서 지면과 가깝다는 뜻은 회전날개의 회전면이 낮은 고도에 있어서 회전날개의 후류가 지면에 의해 영향을 받을 수 있는 높이 이내에 있다는 의미이다.

헬리콥터가 지면에 가까이 있으면 그림 9.20에 나타낸 것처럼 회전날개를 지난 공기 흐름이 지면에 부딪혀서 헬리콥터와 지면 사이의 공기를 압축하므로 회전면과 지면 사이의 공기의 대기압이 증가된다.

따라서 같은 동력을 가지고 지면에서 멀리 있을 경우보다 지면 효과가 나타나는 낮은 고도에서 많은 무게를 지탱할 수 있다.

회전날개의 회전면이 회전날개의 반지름 정도의 높이에 있는 경우에 지면 효과에 의한 추력의 증가는 $5 \sim 10\%$ 정도가 되며, 반지름의 $\frac{1}{2}$ 정도에서는 약 20%의 추력 증가의 효과가 있다. 회전날개의 회전면의 높이가 회전날개의 지름보다 커지면 거의 지면 효과가 나타나지 않는 것을 알 수 있다.

실제로 회전날개 회전면은 헬리콥터의 동체 위에 있으므로, 회전날개 회전면과 지면 사이의 높이는 회전날개 지름의 $\frac{1}{3}$ 이하로는 될 수 없다. 그리고 이·착륙 장소의 상태에 따라서 지면 효과는 다소 다르게 나타난다.

그러나 지면 가까이에서는 회전날개의 회전면으로부터의 후류가 동체와 지면 사이에서 소용돌이를 발생시켜, 기체의 흔들림이나 추력 변화의 원인이 될 수도 있으므로 항상 지면 효과가 바람직한 것만은 아니라는 것을 알아야 한다.

유도 속도

┃그림 9.20 지면 효과┃

5 전이 양력 및 횡 유동 효과

헬리콥터가 전진비행을 하게 되면 지면 효과는 사라지지만, 전이 양력(translational lift)이라고 하는 새로운 힘이 나타난다. 이 힘은 부가적인 양력으로서 헬리콥터가 전진비행을 하게 됨에 따라 주 회전날개의 가속 효과에 기인한다. 전진비행 시에 회전날개에 유입되는 공기 유량이 증가되고, 이 증가된 공기 유량이 회전날개의 회전면을 통과하는 공기 질량을 증가시키고 순차적으로 양력을 증가시킨다.

이러한 양력의 증가 현상은 헬리콥터가 수평으로 움직일 때는 언제든지 나타나지만, 비행 속도가 15~20mph 정도에서 두드러지며, 이러한 속도에서 활용할 수 있는 부가적인 양력을 유효 전이 양력(effective translational lift)이라고 한다. 이러한 현상은 대기 속도의 영향이므로 정지비행 시에도 바람의 속도가 충분한 경우에 나타날 수 있는 현상이기도 하다. 또한 이러한 부가적인 양력은 동체의 저항 때문에 결국에 가서는 사라지게 된다.

전진비행이 시작될 때, 회전날개 계통에 횡 유동 효과(transverse flow effect)가 나타난다. 그 이유는 회전날개 회전면이 경사져 있으므로, 회전날개 회전면으로 공기가 유도되어 끌려오기 때문이다. 그림 9.21에서 보여 주듯이 회전날개의 뒷부분의 하향 흐름 각(downwash angle)이 앞부분 보다 더 크다. 그 상황 때문에 회전날개 회전면 앞부분과 뒷부분의 양항비(lift drag ratio)가 달라지고 뒷부분의 양력이 앞부분보다 더 크다.

이러한 효과에서 주목할 것은 반 고정식 회전날개(semirigid rotor)의 경우, 주 회전날개

1회전당 2회 진동(2 per revolution beat)으로 나타나며, 이러한 진동은 주 회전날개가 앞뒤 위치를 지나갈 때 나타난다.

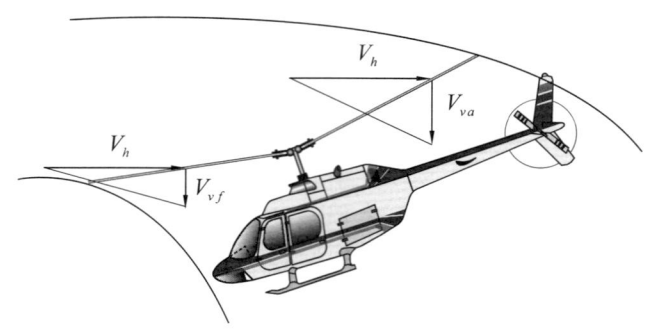

┃그림 9.21 횡 유동 효과┃

또한 가로 방향의 주기 피치 피드백(lateral cyclic feedback)을 느끼게 된다. 이러한 주기 피치 피드백은 회전면 뒤쪽의 양력이 앞쪽보다 크기 때문에 나타난다. 앞뒤의 양력 차이에 의한 회전 모멘트가 발생하므로 자이로의 섭동성 때문에 헬리콥터 진행 방향보다 90° 뒤에 힘이 나타나는 것이다. 결국 횡 유동 효과가 발생할 때, 회전날개 회전면의 앞·뒤 위치에서의 양·항력의 불균형은 왼쪽 방향으로의 옆놀이 힘(roll force)을 발생시킨다. 이러한 현상은 완전관절식 회전날개(fully articulated rotor)에서는 거의 나타나지 않는데, 그 이유는 회전날개 헤드(head)에 있는 힌지들의 효과라고 볼 수 있다.

헬리콥터의 전진비행 속도가 증가하면, 공기 유동의 램 효과(ram effect)가 회전날개 계통의 횡 유동 효과를 감소시키므로 전진비행 속도가 20mph 이상에서는 거의 느낄 수가 없게 된다.

Section 03 ─ 헬리콥터 비행 특성

헬리콥터는 비행기와는 달리 고정된 날개가 아닌 회전하는 날개에서 양력을 발생시킨다. 또, 비행기에서는 수행할 수 없는 여러 가지의 비행 형태가 있다. 즉, 정지비행(hovering), 수직비행(vertical flight), 전진비행(forward flight), 그리고 자동회전(auto rotation) 등이 있으며, 헬리콥터에서만 나타나는 독특한 운동인 플래핑 운동과 페더링 운동이 있다. 그리고 지면 가까이 비행할 때 나타나는 지면 효과가 나타난다.

여기서는 헬리콥터에서만 나타나는 특별한 운동을 포함한 헬리콥터 비행원리에 대해 살펴보도록 한다. 또, 헬리콥터의 수평 최대 속도가 비행기와는 달리 제한되는 이유 등에 대해서도 알아본다.

1 공중 정지비행

헬리콥터의 공중 정지비행(hovering)이란, 헬리콥터가 전후 좌우의 방향으로 이동하지 않고 일정한 고도를 유지하며 공중에 떠 있는 상태로서, 비행기에서의 등속도 수평비행과 공기역학적으로 유사한 특성을 가지고 있다. 그러나 비행기 날개에 작용하는 공기의 흐름과 회전날개의 깃에 작용하는 공기의 흐름은 근본적으로 다르다.

이것은 정지비행을 할 때 회전하는 주 회전날개 깃 단면에 작용하는 공기 흐름의 상대 속도 V_r가 깃 회전축으로부터의 거리에 따라 다르기 때문이다. 정지비행을 할 경우의 회전축 근처의 공기 흐름 속도는 아래 식처럼 거의 0에 가깝지만, 회전날개의 깃 끝 쪽으로 갈수록 회전축으로부터의 거리 r에 비례하여 증가하기 때문이다.

$$V_r = r\omega \tag{9.1}$$

여기서, V_r은 회전날개 회전축으로부터 r 위치에 있는 깃 단면의 선속도(원주 속도 : line velocity), r은 회전축으로부터의 거리, ω는 회전 각속도(angular velocity)이다. 따라서 회전날개의 각 단면에서 발생되는 양력과 항력 크기도 단면의 위치에 따라 다르게 된다.

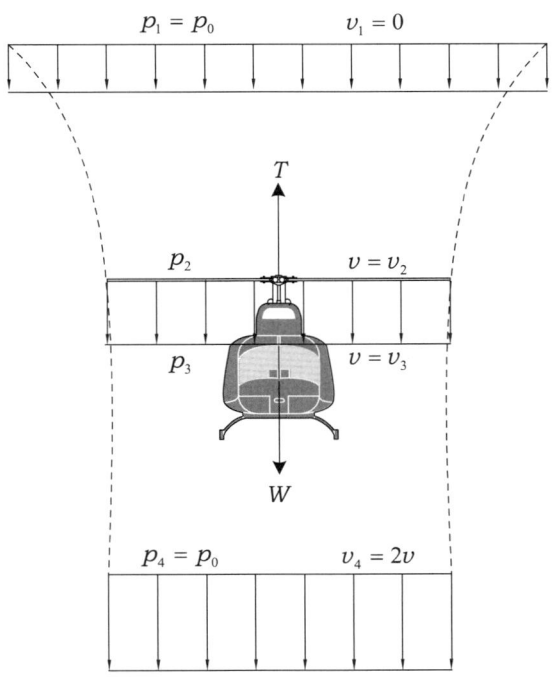

┃그림 9.22 회전날개 주위 유동┃

회전날개에서 발생되는 전체 추력은 각 단면에서 발생되는 공기력의 회전면에 대한 수직 성분만을 택하여 구한다. 회전날개의 추력을 구하는 방법은 운동량 이론(momentum theory), 깃 요소 이론(blade element theory), 와동 이론(vortex theory) 등 여러 가지가 있으나 여기서는 가장 쉽게 추력을 계산할 수 있는 운동량 이론만을 설명하기로 한다.

그림 9.22는 공중에서 정지비행을 하고 있는 헬리콥터에 작용하는 힘과 회전날개를 지나는 공기 흐름의 특성을 나타낸 것이다.

정지비행 상태에서의 작용력은 헬리콥터 무게와 같은 크기의 회전날개 추력 T이고, 반작용력은 합성력과 크기가 같고 방향이 반대인 힘으로 회전면 아래의 공기에 대해 작용하는 힘이다.

그림 9.22와 같이 회전면의 위쪽의 압력이 대기압과 같은 위치에서는 공기 흐름 속도가 $v_1 = 0$인 상태이다. 회전면을 지날 때에는 흐름이 가속이 되어 속도가 $v = v_2 = v_3$이 되고, 점점 가속되어 다시 대기압 상태인 아랫부분에서는 v_4가 되어 흐르게 된다. 이와 같은 압력과 속도 관계를 살펴보면 그림 9.23과 같다.

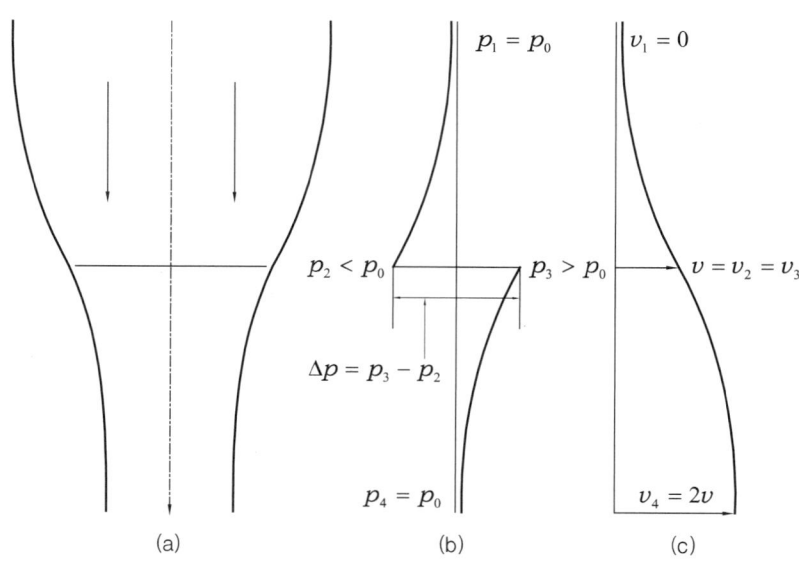

‖그림 9.23 압력과 속도 분포‖

그림 9.23에서 회전면에서의 공기 흐름 속도 v를 유도 속도(induced velocity)라 하고, 전 회전면에 대해 균일하다고 가정한다. 이때, 압력의 변화를 보면, 회전면에서 어느 정도 떨어진 위쪽에서 정압(static pressure)이 $p_1 = p_0$와 같이 대기압과 동일하다가 회전면에 가까이 갈수록 압력이 점점 감소한다. 그러나 감소된 정압은 회전날개 회전면을 지나면서 회전날개로부터 기계적인 에너지를 공급받아 대기압보다 높은 압력으로 상승한다. 회전면에서 아래쪽으로 멀리 떨어진 위치에서 정압은 $p_4 = p_0$와 같이 다시 대기압과 같아져야 하므로 대기압보다 높던 정압은 회전면에서 멀어지면서 대기압으로 감소되고, 압력에너지가 운동에너지로 변환되면서 속도는 v_4가 된다.

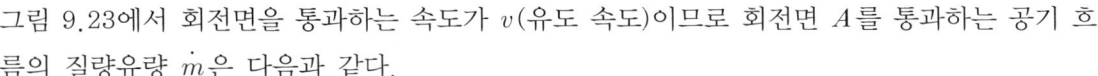

그림 9.23에서 회전면을 통과하는 속도가 v(유도 속도)이므로 회전면 A를 통과하는 공기 흐름의 질량유량 $\dot{m}$은 다음과 같다.

$$\dot{m} = \rho A v$$

운동량 이론에서 추력 T는 $v_1 = 0$이므로 다음과 같이 나타낼 수 있다.

$$T = \dot{m}(v_4 - v_1) = \rho A v(v_4 - v_1) = \rho A v v_4 \tag{9.2}$$

그리고 추력 T는 회전면 앞뒤에 있어서의 압력차와 같다면, 다음과 같이 나타낼 수 있다.

$$T = A(p_3 - p_2)$$

Bernoulli 방정식을 이용하여, 회전면 윗부분에서는

$$p_1 + \frac{1}{2}\rho v_1^2 = p_2 + \frac{1}{2}\rho v_2^2$$

회전면 아랫부분에서는 다음과 같다.

$$p_3 + \frac{1}{2}\rho v_3^2 = p_4 + \frac{1}{2}\rho v_4^2$$

여기에서 $p_1 = p_2 = p_0$, $v_1 = 0$이고 $v_2 = v_3 = v$이므로 $p_3 - p_2$를 구하면 다음과 같다.

$$p_3 - p_2 = \frac{1}{2}\rho v_4^2$$

그러므로

$$T = \frac{1}{2}\rho A v_4^2 \tag{9.3}$$

따라서 식 9.2와 식 9.3으로부터 다음 식을 구할 수 있다.

$$v_4 = 2v$$

추력은 다음 식과 같다.

$$T = 2\rho A v^2 \tag{9.4}$$

따라서 회전날개의 회전면에서의 유도 속도는 다음과 같다.

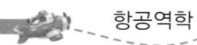
$$v = \sqrt{\frac{T}{2\rho A}} \qquad\qquad (9.5)$$

위의 식에서 회전면의 면적 A로 추력 T를 나눈 값은 회전면 하중(disk loading)으로서, DL로 나타내며 유도 속도를 회전면 하중에 대해 나타내면 다음과 같다.

$$v = \sqrt{\frac{DL}{2\rho}} \qquad\qquad (9.6)$$

회전면 하중은 원판 하중이라고도 하며, 헬리콥터 전체의 무게를 헬리콥터의 회전날개에 의해 만들어지는 회전면의 면적으로 나눈 값으로, 다음 식으로 나타낸다.

$$DL = \frac{W}{\pi R^2} \qquad\qquad (9.7)$$

여기서, W는 헬리콥터의 무게이고, R은 회전날개의 반지름으로서 깃의 길이에 해당한다. 회전날개의 원판 하중은 비행기에서의 날개 하중(wing loading)과 같은 의미이며, 현재 운용되고 있는 헬리콥터 중 헬리콥터의 원판 하중 값은 대개 $12 \sim 60\,\mathrm{kg_f/m^2}$ 정도이다.

원판 하중과 함께 헬리콥터에서 자주 사용되는 용어로 마력 하중(horse power loading)이 있다. 이것은 헬리콥터의 전체 무게를 마력으로 나눈 값으로, 다음 식으로 나타낸다.

$$\text{마력 하중} = \frac{W}{\mathrm{HP}}$$

이상에서 설명한 것처럼, 작용과 반작용의 법칙을 이용하여 헬리콥터의 회전날개에 의해서 만들어지는 회전면에서의 운동량 차이를 이용하여 추력을 구하는 방법을 운동량 이론(momentum theory)이라 한다.

2 전진비행

헬리콥터는 비행기와는 달리 정지비행과 수직비행을 할 뿐만 아니라, 비행기처럼 전진비행을 할 수 있다. 헬리콥터가 전진비행을 하게 되면, 정지비행 때와는 달리 회전날개 깃에 전진 속도에 따른 상대바람이 작용하게 되며, 상대바람의 방향과 크기는 회전날개의 회전 위치에 따라 주기적으로 변화하게 된다.

그림 9.24는 전진비행을 하고 있는 헬리콥터 회전날개에 작용하는 공기 흐름 속도 성분을 나타낸 것이다. 그리고 그림 9.24는 정지비행 상태에서 앞으로 전진하기 위해 깃 끝 경로면이 앞쪽으로 경사진 것을 보여주고 있다.

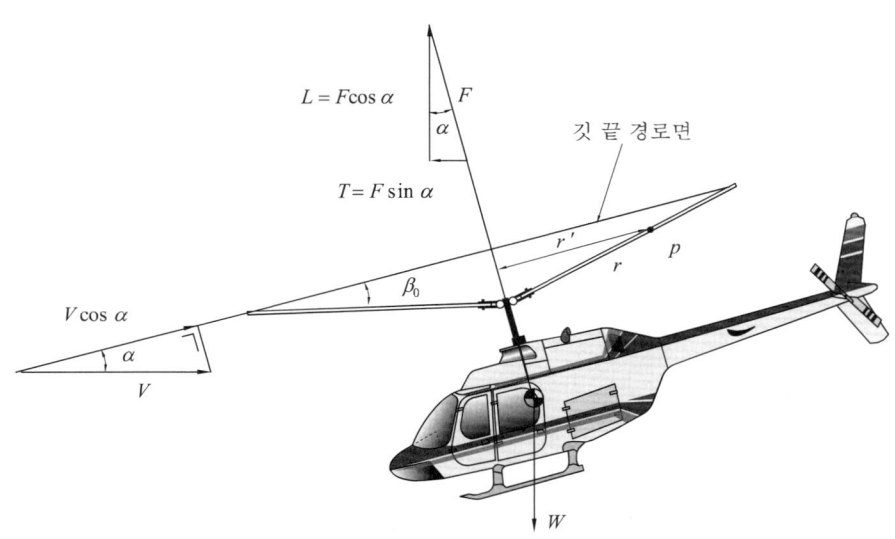

┃그림 9.24 전진비행 ┃

이때 회전날개의 회전면에서 발생하는 힘 F도 앞으로 경사지게 되며, 회전날개의 받음각이 α인 경우, 진행 방향으로의 추력은 힘 F의 진행 방향 성분 $T = F\sin\alpha$가 된다. 이때, 회전면에서 발생하는 힘 F는 회전면에 수직한다.

그림 9.24에서 헬리콥터에 대한 상대바람의 속도는 V이다. 그러나 회전면과 상대바람이 이루는 받음각 때문에 깃 끝 경로면에 대한 상대바람의 속도는 그림 9.24와 그림 9.25에 나타낸 것처럼 $V\cos\alpha$이다.

그림 9.25는 헬리콥터를 위에서 보아 기체 꼬리 방향의 위치를 방위각 0°로 하고, 깃이 회전 방향을 따라 반시계 방향으로 방위가 90°, 180°, 270°의 위치를 나타낸 것이다.

주 회전날개 깃이 방위각 ϕ에 있을 때 깃 허브(hub)로부터 깃 끝 방향으로, 반지름 r의 위치에 있는 깃 요소 점 p를 살펴보자. 그림 9.24에서 회전축에 있는 깃 허브로부터 거리를 r'이라 하고, 회전날개의 회전 각속도를 ω라 하면, 깃 요소 점 p에서의 회전 선속도는 깃의 회전에 의해,

$$r'\omega = r\cos\beta_0\,\omega$$

가 된다. 여기에서 β_0는 코닝 각을 말한다.

또, 헬리콥터가 전진함으로써 회전날개에 작용하는 전진 속도는, 그림 9.25에 나타낸 것처럼 회전날개 상대바람의 속도 $V\cos\alpha$가 깃의 앞전에 수직 방향으로 점 p에 불어들어 오는 속도 성분은 $V\cos\alpha\sin\phi$가 된다. 그러므로 깃 요소가 받는 상대바람 속도 V_ϕ는 다음 식으로 표시된다.

$$V_\phi = V\cos\alpha\sin\phi + r\cos\beta_0\,\omega \tag{9.8}$$

즉 식 9.8은 임의의 방위각에 위치한 주 회전날개 깃의 한점에 흘러 들어오는 상대 바람 속도를 나타낸다.

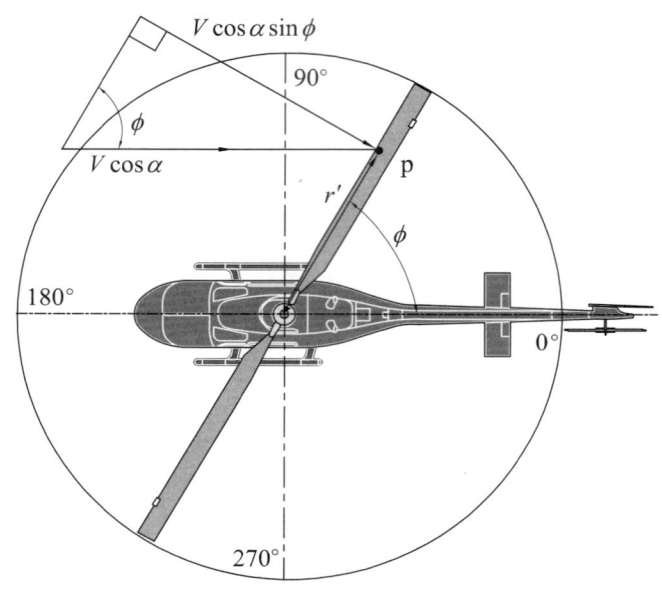

┃그림 9.25 전진비행 속도 성분┃

V_ϕ는 $\phi=90°$일 때 회전 속도와 전진 속도가 같은 방향이므로 합이 되어 최대값을 가지고, 반대로 후진하는 회전날개 쪽인 $\phi=270°$에서는 회전 속도와 전진 속도가 서로 반대 방향이 되어 최소값이 된다. 이때, 깃이 $\phi=0°$에서 $\phi=180°$까지를 전진 깃(advancing blade)이라 하고, $\phi=180°$에서 $\phi=360°$까지를 후진 깃(retreating blade)이라 한다.

다음으로, 깃 뿌리로부터 길이가 r인 위치의 점 p에 작용하는 공기 속도로부터 미소한 깃 요소에 발생하는 양력과 항력은 다음과 같이 주어진다.

$$\Delta L = \frac{1}{2}\rho V_\phi^2\,\bar{c}\,\Delta r\,C_L \tag{9.9}$$

$$\Delta D = \frac{1}{2}\rho V_\phi^2\,\bar{c}\,\Delta r\,C_D \tag{9.10}$$

여기서, ΔL과 ΔD는 미소 깃 요소에 작용하는 양력과 항력 성분이고, C_L와 C_D는 점 p에서의 받음각에 대한 양력 및 항력계수이다. 그리고 Δr는 미소 반지름 성분을 나타낸다.

따라서 전진비행을 하는 헬리콥터에서 발생하는 양력과 항력은 식 9.9와 식 9.10을 적분함으로써 구할 수가 있다.

① 전진비행 시 회전날개의 속도 분포

그림 9.26은 전진 속도 V로 수평 전진비행을 하고 있는 헬리콥터 회전날개의 속도 분포를 보여주고 있다.

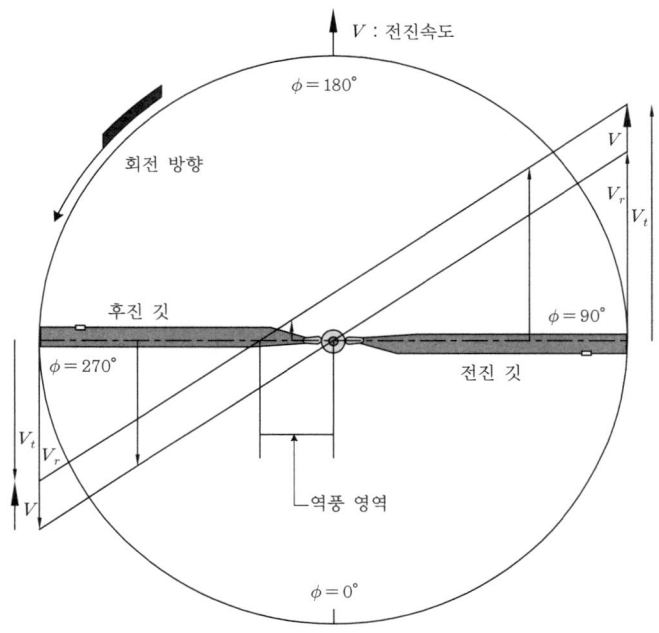

┃그림 9.26 전진비행 시의 회전날개 속도 분포┃

회전날개가 전진하는 부분인 방위각에서 0°에서 180°의 범위에서 식 9.8에 의해, 오른쪽 변 첫째 항에서 $\sin\phi$ 성분의 값이 양(+)의 값을 가지게 된다. 따라서 전진 속도와 회전 속도가 합성된 속도 V_ϕ는 방위각 0°에서부터 점점 커져서 90°에서 가장 커지고, 다시 감소되어 180°의 위치에서 주 회전날개 회전 속도와 다시 같아진다.

회전날개가 후진하는 부분인 방위각에서 180°에서 360°의 범위에서 식 9.8을 보면, 오른쪽 변 첫째 항에서 $\sin\phi$ 성분의 값이 음(−)의 값을 가지게 된다. 따라서 전진 속도와 회전 속도가 합성된 속도 V_ϕ는 방위각 180°에서부터 점점 작아져 270°에서 가장 작아지고, 다시 증가되어 0°의 위치에서 주 회전날개 회전 속도와 다시 같아진다.

이때 회전날개 깃의 뿌리 부분을 보면, 전진 속도가 일정하므로 회전날개의 회전에 의한 속도보다 전진 속도가 더 큰 영역이 생기게 되며, 이곳에서는 주 회전날개의 진행 속도가 회전 속도보다 더 큰 음(−)의 속도가 되는 부분이 존재하게 된다. 이 영역을 회전날개에서의 역풍 지역(revere flow region)이라 하며, 방위각 270°일 때 음(−)의 속도가 가장 큰 경우가 된다. 이 경우에 회전 속도와 전진 속도의 차이가 깃에 작용하며, 방향은 깃의 앞전이 아닌 뒷전에 서 상대바람이 불어오는 상태가 된다. 전진 속도가 커지면 이 역풍 지역이 커지게 되고, 이 부

분의 회전날개는 양력을 발생하지 못하게 되므로 전진 속도에 한계가 생기게 된다.

② 수평 최대 속도

헬리콥터에서도 비행기와 마찬가지로 최대 이용 동력과 필요 동력이 같을 때 수평 최대 속도가 된다. 헬리콥터에서는 다음의 3가지 원인에 의해 최대 속도 부근에서 필요 동력이 급상승하며, 비행기와 같이 빠른 속도를 얻을 수가 없고, 대개 속도 한계를 갖게 된다. 그 이유를 설명하면 다음과 같다.

① 후진하는 깃의 날개 끝 실속

후진하는 깃이 받는 공기흐름 속도는 방위각 $\phi = 270°$에서 식 9.8로부터 다음 식과 같이 최소가 된다.

$$V_\phi = -V\cos\alpha + r\cos\beta_0\,\omega \qquad\qquad (9.11)$$

따라서 전진 속도 V가 커질수록 합성 속도 V_ϕ는 작아진다. 그런데 양력을 얻기 위한 깃의 받음각은 후진하는 깃 끝에서 최대가 되므로 후진하는 깃 끝이 가장 먼저 실속에 도달한다. 그러므로 헬리콥터의 수평 최대 속도는 후진하는 깃 끝의 실속 조건에 의해 제한을 받는다.

② 후진하는 깃뿌리의 역풍 범위

후진하는 깃에서 회전 속도와 전진 속도의 합성 속도는 방위각 270°에서 식 9.11이 되기 때문에 깃 뿌리 부분인 r이 작은 곳에서는 V_ϕ가 음(−)의 값이 되므로 역풍 지역(reverse flow region)이 생기게 된다.

또, 역풍 범위는 전진 속도 V가 커질수록 커지므로 수평 최대 속도가 제한을 받는다.

③ 전진하는 깃 끝의 마하수 영향

공기의 흐름 속도가 음속에 가까워지면 물체의 항력이 급격하게 증가된다. 전진하는 깃이 받는 공기의 속도는 방위각 90°에서 다음 식과 같이 최대가 된다.

$$V_\phi = V\cos\alpha + r\cos\beta_0\,\omega \qquad\qquad (9.12)$$

즉, V_ϕ는 최대가 되고, 깃 끝($r = R$)의 흐름은 전진 속도 V가 커지면 먼저 음속에 도달하므로 충격 실속(shock stall)이 발생되며, 이 결과로 조파 항력에 의한 동력이 커지게 된다. 따라서 필요 동력이 크게 되어 더 이상 속도를 증가시킬 수 없게 된다.

③ 동적 실속

헬리콥터의 전진하는 속도가 커지면, 플래핑 운동하는 속도가 커지게 된다. 이때, 후퇴하는 깃은 방위각 270° 근처에서 아래 방향으로의 플래핑 속도가 가장 커지므로 유효 받음각이 증가하게 되고, 일정한 받음각을 넘게 되면 실속 상태에 들어갈 수 있게 된다. 일반적으로 회전날개에서 발생되는 실속은 비행기에서의 실속보다 큰 받음각에서 발생된다.

실속이 발생되는 과정을 보면, 받음각이 증가함에 따라 깃 끝의 뒷전에서부터 부분적으로 흐름의 박리 현상이 일어나고, 이 현상이 깃 끝의 앞전으로 이동함과 동시에 깃 뿌리 쪽으로 확산되어 전체 깃이 실속에 들어가게 된다.

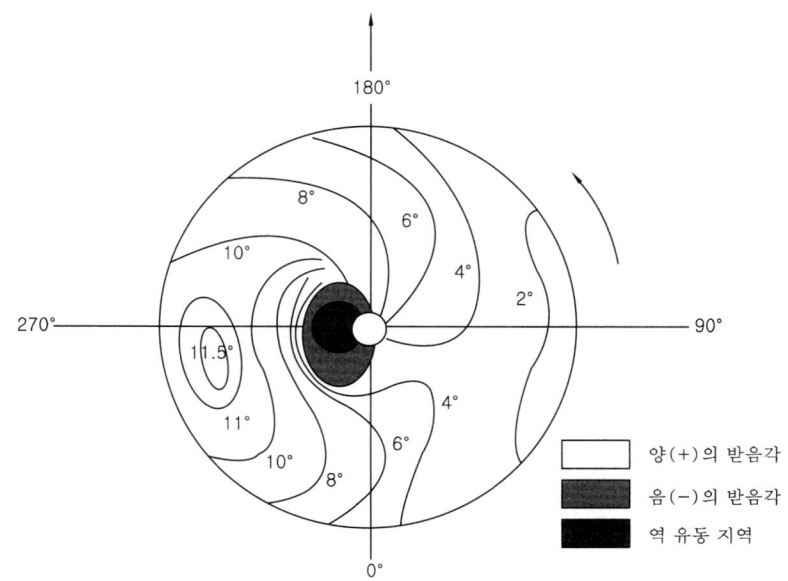

┃그림 9.27 회전날개 깃 받음각 분포┃

그런데 회전날개 깃은 회전하면서 플래핑 운동을 하기 때문에 어떤 위치에서의 받음각이 실속각보다 커지더라도, 깃에 실속 현상이 일어나기 전에 깃이 회전하여 받음각이 작은 상태로 된다. 이 때문에 날개단면의 정상적인 실속각에서는 실속 현상이 나타나지 않고 더 큰 받음각이 되어야 실속 현상이 발생된다.

이와 같이, 받음각이 주기적으로 변화되는 깃에서의 실속을 동적 실속(dynamic stall)이라 한다. 회전날개에서 동적 실속이 일어날 가능성이 큰 영역은 깃이 뒤로 후진하는 영역인 방위각 270° 부근이며, 이곳에서는 전진비행 속도 V와 깃의 회전날개 선속도 $V_r(= \omega r)$와의 차이에 의해 합성 속도가 작고, 아래 방향으로의 플래핑 운동 속도가 크므로 받음각이 가장 커지기 때문이다.

그림 9.27은 헬리콥터의 비행 상태에 따른 회전면에서의 깃의 받음각의 분포를 나타낸 것으로, 후진 깃에서의 받음각을 보면 6°에서 11.5°까지 변화한다. 즉, 같은 회전날개에서도 방위각 위치에 따라 그 크기가 변화하는 것을 알 수 있다.

3 수직비행

비행기와는 달리 헬리콥터는 유일하게 수직으로 상승과 하강비행을 할 수 있다. 이러한 헬리콥터의 수직비행을 이해하기 위하여 수직 상승비행과 수직 하강비행으로 나누어 생각해 보자.

앞에 설명한 정지비행의 경우에는 회전날개의 수직 아래 방향으로만 공기 흐름을 향하게 하는 경우로서 수직 상승 및 수직 하강의 경우와 거의 동일하나, 수직 상승의 경우에는 회전면을 통과하는 공기흐름 속도는 회전날개의 회전에 의해 더욱 빨라지게 된다.

수직 하강의 경우에는 회전면을 통과하는 공기흐름 속도가 정지비행의 경우보다 느려지는 경우로서, 이때의 공기흐름 상태도 정지비행 시와 거의 비슷한 상태가 된다.

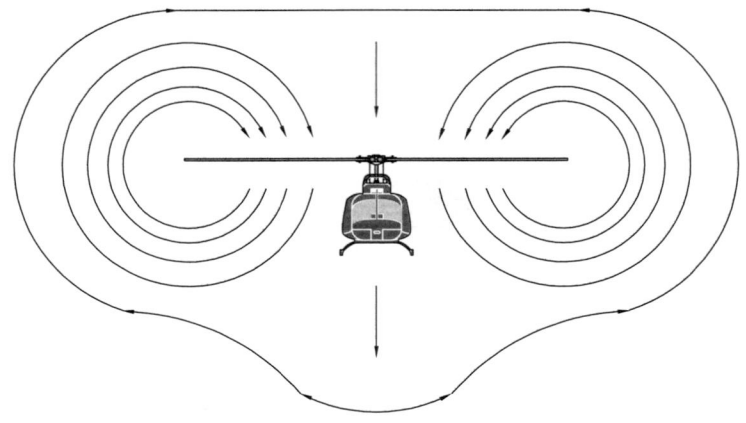

┃그림 9.28 와류 고리 상태┃

그러나 헬리콥터 수직 하강 속도가 커져서 회전면을 통과하는 공기흐름 속도와 거의 같아지면 그림 9.28에 나타낸 것처럼 헬리콥터 주위를 둘러싸는 고리 모양의 흐름이 관찰된다. 이것을 와류 고리 상태(vortex ring condition)라 한다. 이 경우, 회전날개의 깃 끝 와류(tip vortex)는 회전면을 떠나지 못하며 회전날개 가장자리를 둘러싼다.

헬리콥터 수직 하강 속도가 더욱 더 빨라져 위쪽으로 향하는 공기흐름 속도가 회전날개 회전면을 통과하는 공기흐름 속도보다 더 커지게 되면 오히려 공기흐름이 헬리콥터의 회전날개를 회전시키는 풍차식 제동 상태(windmill brake condition)가 된다.

앞에서 설명한 것 중에서 와류 고리 상태의 특성은 설명하기가 아주 어려운 상태로, 단지 실험에 의해서만 피치각과 필요추력이 크다는 것이 알려져 있다. 와류 고리 상태에서는 회전날개를 지나가는 공기흐름이 불균일하고 비정상적인 특성을 가지기 때문에, 이론적인 것보다는 비행시험이나 풍동 실험의 결과로써 이 상태를 설명할 수 있다.

경험에 의하면, 와류 고리 상태는 하강 속도가 정지비행 시 유도 속도의 약 25% 정도에서 공기흐름이 불안정해지고 약 75%에서 최대가 되며, 약 125% 정도일 때 사라진다.

이와 같은 비정상적인 현상 이외에도 와류 고리의 불리한 특징 중의 하나는 회전날개의 추력을 유지하기 위하여 큰 기관 출력이 요구된다는 것이다. 즉, 조종사들에 따르면 어떤 경우 기관의 출력을 최대로 한 경우에도 헬리콥터가 계속 하강한다는 것이다. 특히, 이러한 현상은 날씨가 아주 더워서 이용 동력이 작아지는 경우에 최대 착륙 중량인 상태로 수직으로 착륙하는 헬리콥터에서 많이 발생된다.

4 자동 회전 비행

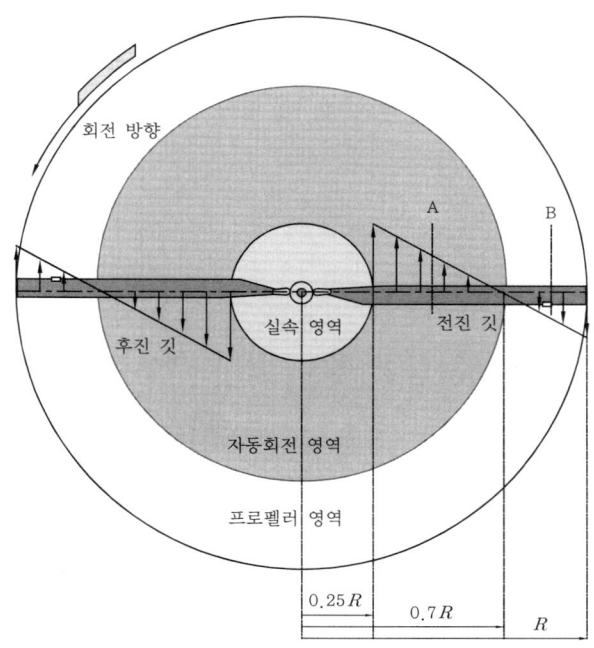

▮그림 9.29 자동 회전 비행▮

비행기가 동력 없이 활공하는 것처럼, 헬리콥터의 경우 비행 중 갑자기 기관이 정지하면, 자동 회전(auto rotation)의 원리를 통해 하강하면서 회전날개의 회전수가 감소하다가 일정한 상태에서 더 이상 회전수가 감소하지 않고 일정한 하강률이 되어 안전하게 착륙하게 된다.

자동 회전 비행이란, 회전날개 축에 회전력이 작용하지 않는 상태에서도 회전날개 깃의 풍차 효과에 의해 일정한 회전수를 유지하면서 하강하는 비행 상태를 말한다.

그림 9.29는 헬리콥터가 전진 비행을 하지 않는 경우에, 자동 회전하는 회전날개에 발생되는 공기역학적 영역을 나타낸 것이다.

여기서, 깃 요소(blade element) A 영역은 회전날개의 회전력을 증가시키는 자동 회전 영역(auto rotation region)이며, 깃 요소 B 영역은 회전날개의 회전력을 감소시키는 프로펠러 영역(propeller region)이다.

A 영역과 B 영역에서의 속도의 크기를 그림 9.30에 나타내었다. 그림 9.30에서 깃 요소

(blade element) A 영역의 회전날개 선속도(line velocity) V_A는 깃 요소 B 영역의 회전날개 선속도 V_B보다 느리지만 헬리콥터 하강 속도에 따른 상향흐름 속도 v는 깃 요소 A 영역, B 영역 모두 동일하다. 따라서 합성 속도에 의한 각각의 받음각은 깃 요소 A 영역의 경우가 깃 요소 B 영역의 경우보다 크다.

결과적으로, 깃 요소 A 영역에서는 그림 9.30(a)에서와 같이 양력과 항력의 합성력 R은 회전축에 대해 앞쪽으로 경사지게 되어 회전날개를 앞쪽으로 회전시키려는 힘(auto rotative force) F_1을 발생시켜, 회전날개를 회전 방향으로 가속시키게 된다.

그러나 회전날개의 반지름 방향으로 약 70% 바깥쪽에 위치하는 깃 요소 B 영역에서는 받음각이 비교적 작아, 그림 9.30(b)에 나타낸 것처럼 양력과 항력의 합성력 R 방향이 회전축에 대해 뒤쪽으로 경사지게 되어, 회전날개의 깃 끝 쪽에서는 회전날개를 후진시키려는 힘 F_2를 발생시킨다.

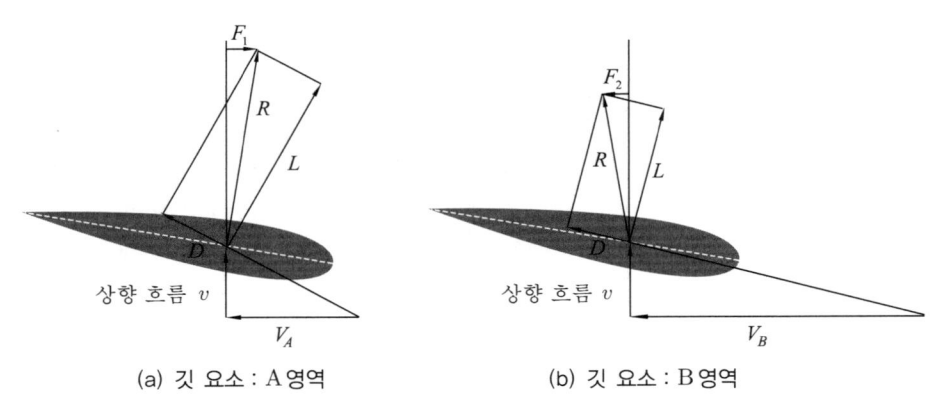

(a) 깃 요소 : A 영역   (b) 깃 요소 : B 영역

┃그림 9.30 자동 회전 작용력┃

또, 회전날개의 안쪽 약 25% 영역에서는 깃 요소가 최대 양력계수를 발생시키는 받음각보다 큰 값으로 회전하므로 실속이 일어나게 된다. 따라서 이 부분을 실속 영역(stall range)이라 하며, 회전날개의 회전수를 감소시키려는 작용을 한다.

여기서, 자동 회전을 하려고 하는 힘과 방해하는 힘이 상쇄가 되면 회전날개는 안정된 일정한 회전수를 가지고 자동회전을 하게 된다.

자동회전을 하고 있을 때, 돌풍 등의 외부 교란에 의해 회전날개의 회전수가 증가하게 되면 회전 속도는 증가하게 되어, 회전날개의 받음각이 감소하게 된다. 따라서 깃 요소의 양력계수가 작아져 깃 요소의 합성력은 자동 회전을 시키는 힘을 감소시키므로 회전날개의 회전수는 원래 상태로 돌아온다.

반대로 회전날개의 회전수가 감소할 경우, 회전 속도의 감소에 따른 받음각의 증가로 깃 요소의 양력계수가 커지므로 회전날개를 회전시키려는 힘이 커져 원래의 회전수로 돌아오게 한다.

헬리콥터가 전진 비행을 하는 경우의 자동 회전에 대해 그림 9.31에 나타냈다.

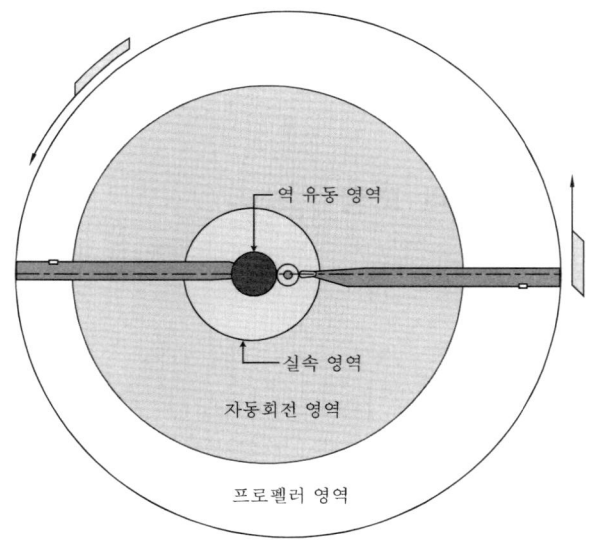

역 유동 영역

실속 영역

자동회전 영역

프로펠러 영역

┃그림 9.31 전진비행 중의 자동 회전┃

그림 9.32는 헬리콥터가 자동 회전을 할 수 있는 영역에 대해, 고도와 속도의 함수로서 나타낸 것이다.

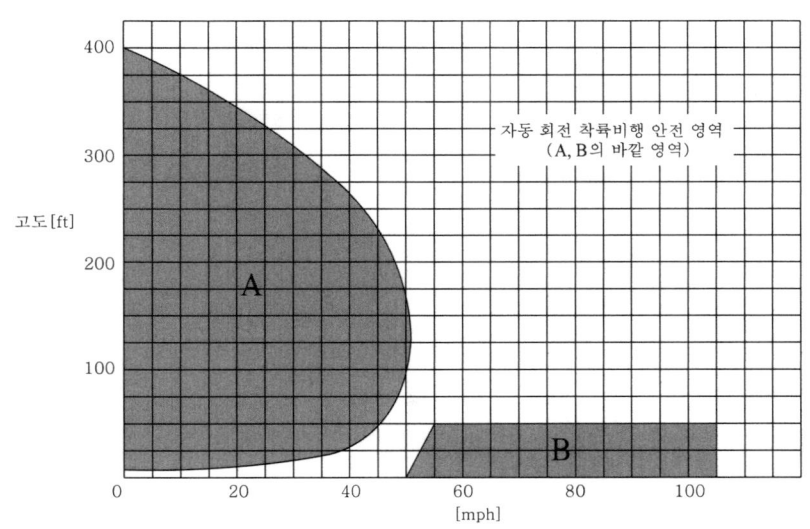

자동 회전 착륙비행 안전 영역
(A, B의 바깥 영역)

고도[ft]

A

B

[mph]

┃그림 9.32 자동 회전 비행 범위┃

이 도표는 헬리콥터의 기종마다 다르며, 그림 9.32에서 A, B 부분이 비행 금지 범위를 나타낸 것이다. 다시 말해 A, B 부분은 자동 회전 상태에 들어가려 해도 적절한 하강률과 전진

속도를 얻을 수 없어 위험한 상태를 초래하는 영역이다. 영역 A는 적당한 전진 속도를 얻을 수 없는 속도 범위를 나타내고, 영역 B는 적당한 속도로 감속하기 이전에 고도가 낮아 지면에 충돌하는 영역을 나타낸다.

Section 04 ─ 헬리콥터 안정과 조종

1 헬리콥터 안정

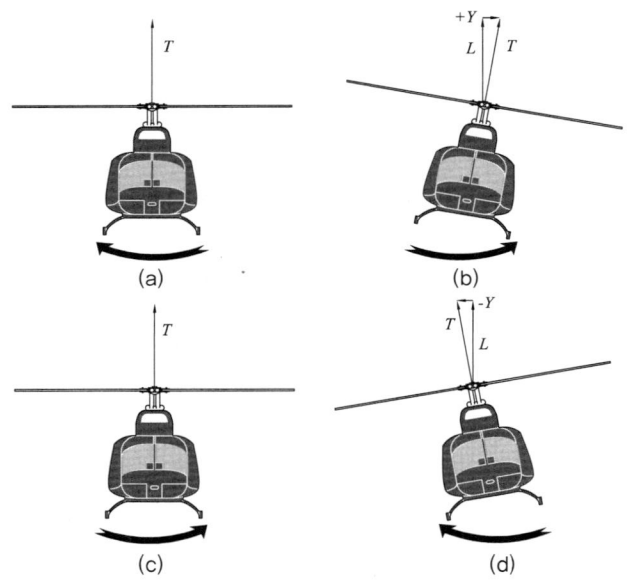

┃그림 9.33 헬리콥터 안정┃

헬리콥터의 안정성을 판단하기 위해서는 헬리콥터의 회전면의 자세에 따라 발생되는 여러 가지 상황을 살펴보아야 한다. 돌풍 등에 의해 그림 9.33(a)처럼 헬리콥터에 화살표 방향으로 헬리콥터 회전면이 기울어지면 추력 T가 기울어져서, 그림 9.33(b)처럼 회전날개가 회전날개에 발생되는 측분력 $+Y$가 발생하여 헬리콥터가 원래의 자세로 되돌아가도록 복원력을 발생시킨다.

그러나 정상 자세로 돌아오더라도 헬리콥터 동체의 관성에 의해 그림 9.33(c)처럼 원래의 방향으로 계속 운동을 하게 되므로 그림 9.33(d)처럼 회전면은 새로운 위치에 놓이게 되고, 새로운 측분력 $-Y$를 발생시켜 처음과 반대 운동을 반복하게 된다.

이 운동이 계속 반복되더라도 진동의 진폭이 줄어들면, 정적 및 동적 안정성을 갖게 되지만, 만약 진폭이 점점 증가하면, 정적으로는 안정하나 동적으로는 불안정성을 나타낸다.

이와 같은 불안정성은 여러 가지의 원인에 기인하며, 헬리콥터에서는 될 수 있는 한 그 원인을 제거하여 안정된 비행 성능을 가지게 할 필요가 있다. 특히, 미국 벨(Bell)사의 헬리콥터는 주 회전날개 아래에 안정바(stabilizer bar)를 설치하여 헬리콥터의 안정성을 도모하고 있다.

2 헬리콥터 평형과 조종

헬리콥터에서 평형 상태(trim condition)의 의미는 고정날개 항공기의 평형과 마찬가지로, 3개의 축에 대하여 힘과 모멘트의 합이 각각 0이 된다는 것을 의미한다.

고정날개 항공기의 경우에는 세로 운동이 가로 운동 및 방향 운동과 서로 영향을 주지 않는 것으로 생각하고 평형 상태를 해석하지만, 헬리콥터의 경우는 세로 운동과 가로 운동, 그리고 방향 운동이 서로 결합하여 발생되기 때문에 운동의 해석이 훨씬 복잡해진다. 그러나 헬리콥터의 경우도 고정날개 항공기처럼 세로 운동과 가로 운동 및 방향 운동으로 분리하여 해석하기도 한다.

헬리콥터에서 세로 방향의 평형을 이루기 위해서는 조종사가 주기피치 조종 레버(cyclic pitch control lever)와 동시피치 조종 레버(collective pitch control lever)를 사용한다.

가로 및 방향 평형은 주기피치 조종 레버와 페달(pedal)을 사용하며, 이 장치로 가로 및 방향에 관한 성능 변수들을 조절한다.

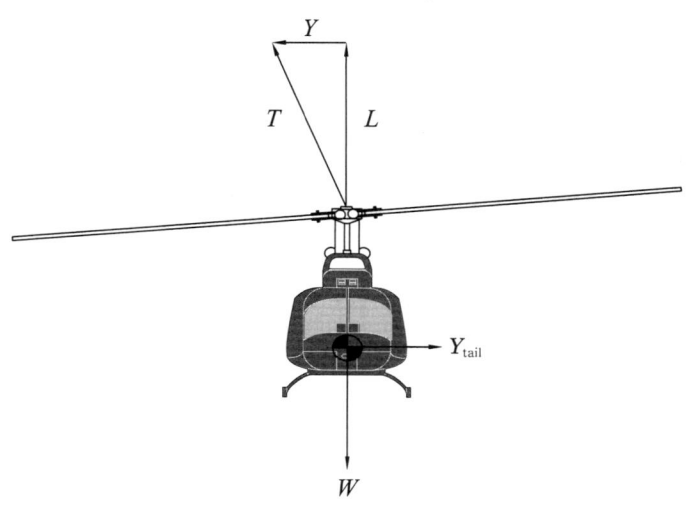

| 그림 9.34 헬리콥터 평형 |

그림 9.34는 정지비행 상태에서의 헬리콥터의 평형을 나타낸 것이다. 바람이 없는 경우에 평형 상태를 유지하려면, 첫째, 회전날개 추력의 수직 성분 L이 헬리콥터의 무게 W와 같아야 하고 둘째, 회전날개 추력의 수평 성분 Y가 꼬리 회전날개의 추력 Y_{tail}이 같아지기 위해

서는 회전날개의 회전면이 옆으로 기울어져야 하며, 무게 중심에 관한 모멘트의 합이 0이 되어야 한다.

전진비행을 하는 헬리콥터의 평형도 정지비행 때와 마찬가지로 힘과 모멘트의 합이 무게 중심에 대하여 0이 되어야 한다. 전진 속도가 빨라지려면 회전날개의 추력이 커져야 하고, 기체에 대한 반작용 토크도 커지므로 이를 상쇄하기 위하여 꼬리 회전날개의 추력도 커져야 한다.

수직꼬리날개를 장착한 헬리콥터의 경우는 빗놀이 모멘트(yawing moment)로 반작용 토크를 상쇄시키기도 한다.

전진비행 때에는 그림 9.35와 같이 회전날개 추력의 작용점이 무게 중심의 뒤쪽으로 이동하게 되며, 기수를 앞으로 숙이게 하는 모멘트를 발생시킨다. 이 모멘트는 수평 안정판의 날개 단면을 캠버가 아래쪽으로 주어지도록 함으로써 아래쪽으로의 양력을 발생시켜 상쇄될 수가 있다. 물론 수평 안정판은 조종 레버와 연동시킴으로써 헬리콥터의 속도와 자세에 따라 변경시킬 수도 있다.

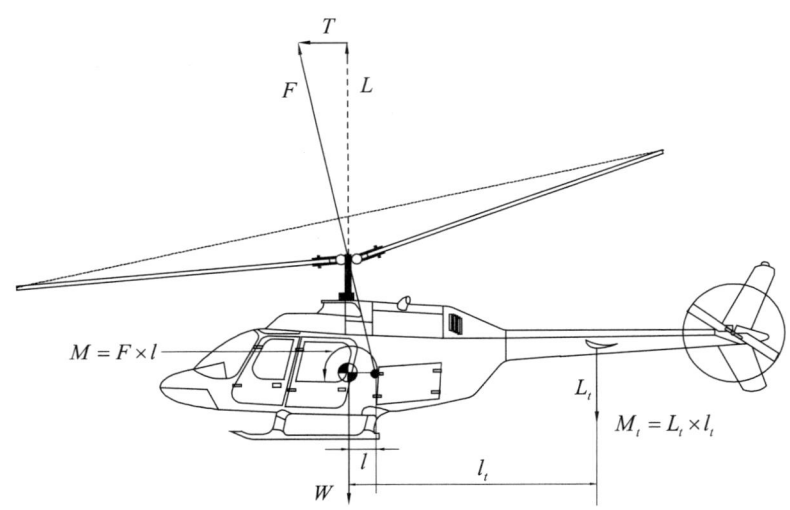

┃그림 9.35 전진비행 시 헬리콥터 평형┃

코리오리스 효과를 보다 정확히 동역학적으로 해석하기 위해서, 심화 그림 9.1과 같은 2차원 평면(좌표계)에서 회전하는 질량체에 대한 기본적인 속도와 가속도 벡터 개념을 도입하여 설명하고자 한다.

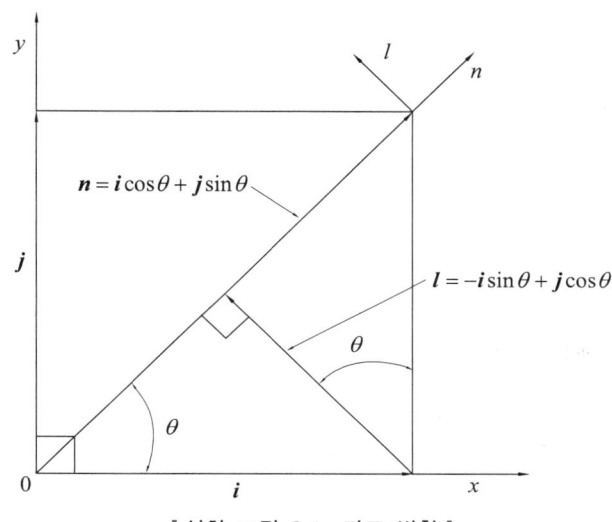

┃심화 그림 9.1 좌표 변환┃

심화 그림 9.1은 2차원의 직각 좌표계(rectangular coordinates)와 극 좌표계(polar coordinates)의 단위 벡터(unit vector)들 사이의 관계를 살펴 볼 수 있는 그림이다. 심화 그림 9.1에서 직각 좌표계의 x축과 y축의 단위 벡터를 각각 i, j라고 하면, 극 좌표에서 법선 방향(normal direction)인 n축과 접선 방향(tangential direction)인 l축의 단위 벡터인 n과 l과의 관계는 다음과 같다.

$$n = i\cos\theta + j\sin\theta$$
$$l = -i\sin\theta + j\cos\theta$$

따라서 이를 θ에 대해 미분하면 다음과 같다.

$$\frac{dn}{d\theta} = -i\sin\theta + j\cos\theta = l$$

$$\frac{dl}{d\theta} = -i\cos\theta - j\sin\theta = -n$$

직각 좌표계에서 위치 벡터(position vector) $r = xi + yj$ 에서의 속도는

$$V = \frac{dr}{dt} = \frac{dx}{dt}i + \frac{dy}{dt}j = V_x i + V_y j$$

여기서, V_x는 x방향의 속도이고, V_y는 y방향의 속도이다. 그러므로

$$V_x = \frac{dx}{dt}, \quad V_y = \frac{dy}{dt}$$

가 된다.

그리고 직각 좌표계에서의 가속도는 다음과 같다.

$$a = \frac{dV}{dt} = \frac{dV_x}{dt}i + \frac{dV_y}{dt}j$$
$$= \frac{dV}{dt} = \frac{d^2r}{dt^2} = \frac{d^2x}{dt^2}i + \frac{d^2y}{dt^2}j = a_x i + a_y j$$

그러므로 다음의 관계를 구할 수 있다.

$$a_x = \frac{dV_x}{dt} = \frac{d^2x}{dt^2}, \quad a_y = \frac{dV_y}{dt} = \frac{d^2y}{dt^2}$$

여기서, a_x는 x방향의 가속도이고, a_y는 y방향의 가속도이다.

극 좌표계에서 위치 벡터는 $r = rn$ 로 주어지며, 이때의 단위 벡터는 시간의 함수$[n = n(t)]$로 주어진다. 따라서 위치 벡터 r에서의 속도는 다음과 같다.

$$V = \frac{dr}{dt} = \frac{d(rn)}{dt} = \frac{dr}{dt}n + r\frac{dn}{dt} = \frac{dr}{dt}n + r\frac{dn}{d\theta}\frac{d\theta}{dt}$$

그리고 위 식을 다시 정리하면 다음과 같다.

$$V = \frac{dr}{dt}n + r\frac{d\theta}{dt}l = V_r n + rV_\theta l$$

여기서, V_r는 법선 방향의 속도이고, rV_θ는 접선 방향의 속도로서 일반적으로 원주 속도 또는 선속도(line velocity)를 의미한다. 그리고 V_θ는 각속도(angular velocity)를 나타내며, 주로 ω로 표시한다. 따라서

$$V_r = \frac{dr}{dt}, \quad V_\theta = \frac{d\theta}{dt} = \omega$$

가 된다.

그리고 극 좌표계에서의 가속도는 다음과 같다.

$$a = \frac{dV}{dt} = \frac{d}{dt}\left(\frac{dr}{dt}n + r\frac{d\theta}{dt}l\right)$$

$$= \left(\frac{d^2r}{dt^2}n + \frac{dr}{dt}\frac{dn}{dt}\right) + \left(\frac{dr}{dt}\frac{d\theta}{dt}l + r\frac{d^2\theta}{dt^2}l + r\frac{d\theta}{dt}\frac{dl}{dt}\right)$$

$$= \left(\frac{d^2r}{dt^2}n + \frac{dr}{dt}\frac{dn}{d\theta}\frac{d\theta}{dt}\right) + \left(\frac{dr}{dt}\frac{d\theta}{dt}l + r\frac{d^2\theta}{dt^2}l + r\frac{d\theta}{dt}\frac{dl}{d\theta}\frac{d\theta}{dt}\right)$$

따라서 다음 식과 같다.

$$a = \left(\frac{d^2r}{dt^2}n + \frac{dr}{dt}\frac{d\theta}{dt}l\right) + \left(\frac{dr}{dt}\frac{d\theta}{dt}l + r\frac{d^2\theta}{dt^2}l - r\frac{d\theta}{dt}\frac{d\theta}{dt}n\right)$$

위 식을 정리하면 다음과 같이 나타낼 수 있다.

$$a = \left\{\frac{d^2r}{dt^2} - r\left(\frac{d\theta}{dt}\right)^2\right\}n + \left\{r\frac{d^2\theta}{dt^2} + 2\frac{dr}{dt}\frac{d\theta}{dt}\right\}l$$

위 식은 다음과 같이 쓸 수 있다.

$$a = \left(\frac{dV_r}{dt} - r\omega^2\right)n + \left(r\frac{d\omega}{dt} + 2V_r\omega\right)l$$

위 식의 첫 번째 항은 법선 방향의 가속도를 나타내며, 두 번째 항은 접선 방향의 가속도를 나타낸다. 즉, 다음 식과 같다.

$$a_n = \frac{dV_r}{dt} - r\omega^2 \quad, \quad a_l = r\frac{d\omega}{dt} + 2V_r\omega$$

위 식의 물리적인 의미로서 다음과 같이 정리할 수 있다.

① $\dfrac{dV_r}{dt}$: 원심 가속도(centrifugal acceleration)

② $-r\omega^2$: 구심 가속도(centripetal acceleration)

③ $r\dfrac{d\omega}{dt}$: 회전 가속도(rotational acceleration)

④ $2V_r\omega$: 코리오리스 가속도(coriolis acceleration)

결론적으로 접선 방향의 가속도를 가지고 코리오리스 효과를 설명할 수가 있다. 즉, 접선 방향의 가속도가 0인 상태에서 일정한 속도로 회전하는 질량체가 있다고 보자(ω = 일정).

따라서 다음과 같다.

$$r\frac{d\omega}{dt} + 2V_r\omega = 0$$

$$r\frac{d\omega}{dt} = -2V_r\omega$$

즉, 위 식에서 볼 때, 일정한 각속도로 회전하는 질량체($\omega > 0$)의 질량 중심이 회전축 안쪽으로 움직이면, 법선 속도가 음(−)의 값을 가지므로($V_r < 0$), 이 질량체의 회전 가속도가 양(+)의 값을 갖게 되어 회전 속도가 빨라지게 된다$\left(r\frac{d\omega}{dt} > 0\right)$. 이와 반대로, 일정한 각속도로 회전하는 질량체의 질량 중심이 회전축 바깥쪽으로 움직이면, 법선 속도가 양(+)의 값을 가지므로($V_r > 0$), 이 질량체의 회전 가속도가 음(−)의 값을 갖게 되어 회전 속도가 느려지게 된다$\left(r\frac{d\omega}{dt} < 0\right)$. 이와 같은 현상을 코리오리스 효과(coriolis effect)라고 한다.

연습문제

9.1 공중 정지비행을 하는 헬리콥터의 주 회전날개 회전 속도 $\omega = 30\,\mathrm{rad/s}$ 이다, 주 회전날개 중심으로부터 $10\mathrm{m}$ 떨어진 지점의 원주 속도는 얼마인가?

풀이 $V_r = r\omega = 10\mathrm{m} \times 30\,\mathrm{rad/s} = 300\,\mathrm{m/s}$

답 $V_r = 300\,\mathrm{m/s}$

9.2 공중 정지비행을 하는 헬리콥터의 주 회전날개의 지름이 $20\mathrm{m}$ 이며, 회전면을 통과하는 수직 공기속도 $v = 10\mathrm{m/s}$ 이고, 공기밀도 $\rho = \dfrac{1}{8}\,\mathrm{kg_f} \cdot \mathrm{s}^2/\mathrm{m}^4$ 이다. 이 헬리콥터에 발생하는 추력은 얼마인가?

풀이 주 회전날개 회전 면적 : $A = \dfrac{\pi D^2}{4} = \dfrac{\pi \times 20^2}{4} = 314\mathrm{m}^2$

헬리콥터의 추력은 다음과 같이 계산한다.
$$T = 2\,\rho A v^2 = 2 \times \frac{1}{8} \times 314 \times 10^2 = 7{,}850\,\mathrm{kg_f}$$

답 $T = 7{,}850\,\mathrm{kg_f}$

9.3 총 중량이 $10{,}000\,\mathrm{kg_f}$ 인 헬리콥터의 주 회전날개 반지름이 $8\mathrm{m}$ 이다. 이 헬리콥터가 공중 정지비행을 하는 경우 원판 하중과 유도 속도를 구하라. $\left(\text{단, 공기 밀도 } \rho = \dfrac{1}{8}\,\mathrm{kg_f} \cdot \mathrm{s}^2/\mathrm{m}^4\right)$

풀이 원판 하중 : $DL = \dfrac{W}{\pi R^2} = \dfrac{10{,}000}{\pi \times 8^2} = 49.74\,\mathrm{kg_f/m}^2$

공중 정지비행 시의 유도 속도 : $v = \sqrt{\dfrac{DL}{2\rho}} = \sqrt{\dfrac{49.74}{2 \times \dfrac{1}{8}}} = 14.1\,\mathrm{m/s}$

답 $DL = 49.74\,\mathrm{kg_f/m}^2, \ v = 14.1\,\mathrm{m/s}$

9.4 $1{,}000\mathrm{HP}$ 의 기관을 탑재한 헬리콥터가 $100\mathrm{km/h}$ 로 순항비행을 하고 있다. 연료 소모율이 $50\mathrm{kg_f/HP} \cdot \mathrm{h}$ 인 경우에 비 항속거리는 얼마인가?

풀이 비 항속거리 : $R_S = \dfrac{V}{P_r C_f} = \dfrac{100\mathrm{km/h}}{1{,}000\,\mathrm{HP} \times 50\,\mathrm{kg_f/HP} \cdot \mathrm{h}} = 0.002\,\mathrm{km/kg_f}$

답 $R_S = 0.002\,\mathrm{km/kg_f}$

9.5 100 km/h로 전진비행을 하는 헬리콥터 주 회전날개의 회전수는 300 rpm 이다. 반지름이 5 m 인 주 회전날개 깃 끝의 최대 선속도는 얼마인가? (단, 주 회전날개 깃의 받음각과 코닝각은 0°이다.)

풀이 주 회전날개 깃의 회전속도는

$$\omega = \frac{2\pi n}{60} = \frac{2\pi \times 300}{60} = 31.4 \, \text{rad/s}$$

식 9.8로부터 $\cos \alpha = 1$, $\cos \beta_0 = 1$, 그리고 $\sin \phi$의 최대값은 1이므로

$$V_\phi = V + r\omega = 100 \times \frac{1}{3.6} + 5 \times 31.4 = 184.8 \, \text{m/s}$$

답 $V_\phi = 184.8 \, \text{m/s}$

9.6 30 m/s 로 전진비행하는 헬리콥터의 주 회전날개가 후방(방위각 0°)으로부터 위에서 보았을 때 반시계 방향으로 45°만큼 회전한 주 회전날개 깃 끝을 통과하는 공기의 속도는 얼마인가? (단, 주 회전날개의 반지름 10 m, 각속도 $\omega = 30 \, \text{rad/s}$, 받음각과 코닝 각은 0°이다.)

풀이 $V_\phi = V\cos \alpha \sin \phi + r\cos \beta_0 \omega$ 에서 $\alpha = 0°$, $\beta_0 = 0°$이므로 $\cos \alpha = 1$, $\cos \beta_0 = 1$ 이다. 따라서 위 식은 다음과 같다.

$$V_\phi = V\sin \phi + r\omega$$
$$= 30 \times \sin 45° + 10 \times 30 = 321 \, \text{m/s}$$

답 $V_\phi = 321 \, \text{m/s}$

○ 참고문헌 ○

1. 이봉준, "항공역학", 한국항공대학 출판부, 1988.
2. 이봉준, "날개 이론", 한국항공대학 출판부, 1986.
3. 한국항공대학 항공문제연구소, "비행원리", 문교부, 1991.
4. 윤선주 외 2인, "항공기 일반", 교육과학기술부, 2011.
5. B. W. McCormick, "Aerodynamics, Aeronautics, and Flight Mechanics", John Wiley & Sons, Inc., 1979.
6. E. L. Houghton, P. W. Carpenter, "Aerodynamics for Engineering Students", Edward Arnold Co, 1993.
7. J. D. Anderson, Jr., "Introduction to Flight", McGraw-Hill Book, Inc., 1989.
8. R. S. Shevell, "Fundamentals of Flight", Prentice Hall, Inc., 1989.
9. J. D. Anderson, "Fundamentals of Aerodynamics", McGraw-Hill Book, Inc., 1984.
10. C. D. Perkins, H. E. Robert, "Airplane Performance Stability and Control", John Wiley & Sons, Inc., 1949.
11. B. A. Steven, et al., "Introduction to Aeronautics : A Design Perspective", American Ins. of Aero. and Astro., Inc., 1997.

○ 사진출처 ○

1. http://en.wikipedia.org/wiki/File:Vortex.gif
2. http://www.aviationexplorer.com/aircraft_airliner_turbulence.htm
3. http://www.getfreehdwallpapers.com/wallpapers/18/background_8132.jpg
4. http://www.treklens.com/gallery/photo532709.htm
5. http://home.comcast.net/~rbelshe/vg1.jpg
6. http://www.richard-seaman.com/Wallpaper/Aircraft/Fighters/AmericanJets/F4Banking.jpg
7. http://www.flightglobal.com/blogs/aircraft-pictures/VC10.ZA148a2a-2.jpg
8. http://www.aerospaceweb.org/aircraft/potw/pics020.shtml
9. http://ss.textcube.com/blog/4/44053/attach/XJJP0mCnqE.jpg
10. http://www.f-106deltadart.com/eclipse/eclipsetow-07.jpg
11. http://www.defence.pk/forums/military-photos-multimedia/75408-combat-aircraft- designs-4.html
12. http://m.jalopnik.com/5552683/corcorde-may-return-to-the-skies
13. http://wallpapers-free.co.uk/backgrounds/transport/aircraft/British-Airways-Concord.jpg
14. http://www.airliners.net/photo/929292/L/
15. http://www.atpforum.eu/showthread.php?t=10214
16. http://oea.larc.nasa.gov/PAIS/Concept2Reality/graphics/fig029.jpg

항·공·역·학

찾아보기

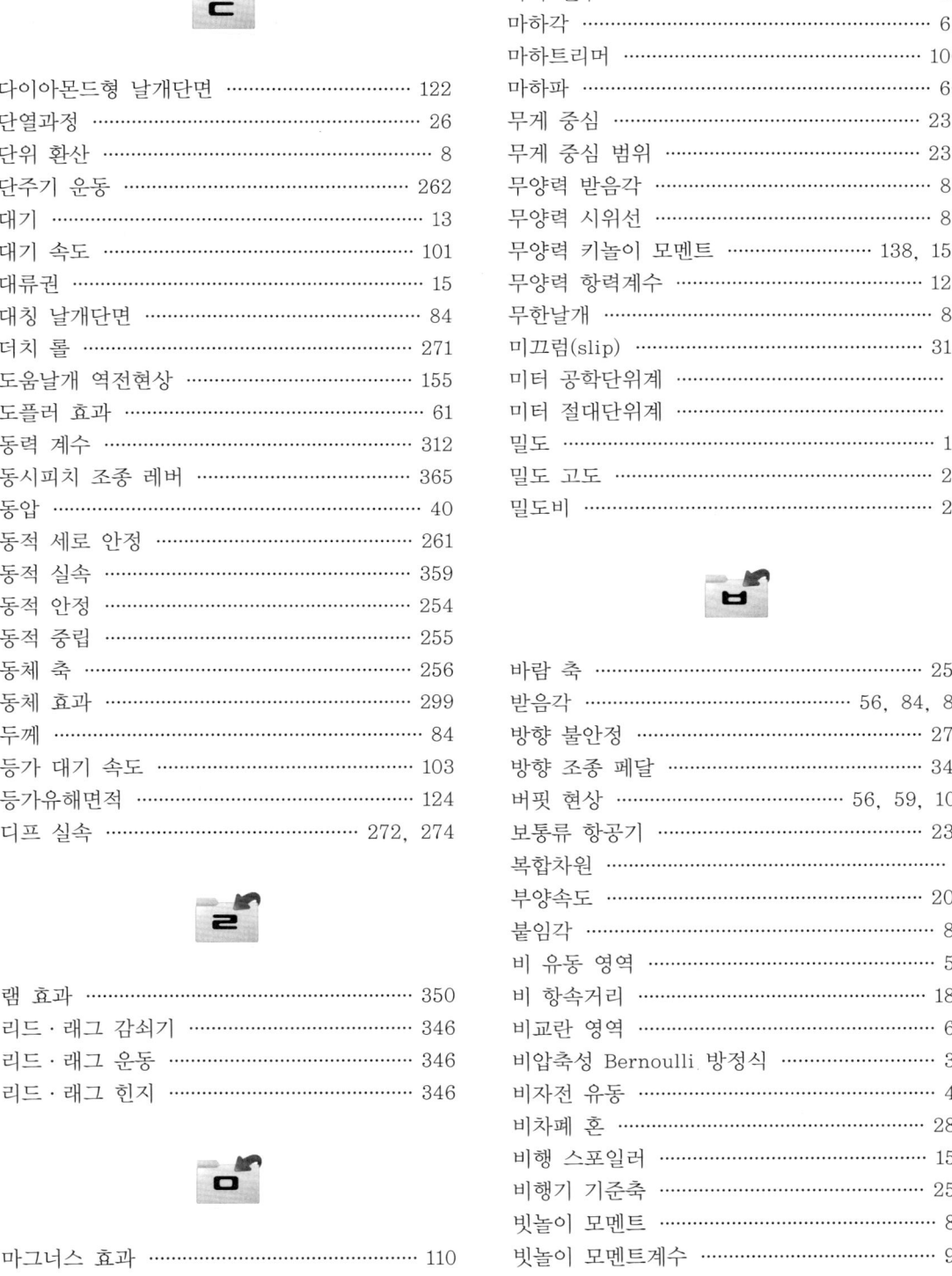

ㅈ

항공역학

2012. 4. 19. 초 판 1쇄 발행
2014. 2. 20. 개정증보 1판 3쇄 발행
2024. 9.   4. 개정증보 2판 12쇄(통산 16쇄) 발행

지은이 | 윤선주
펴낸이 | 이종춘
펴낸곳 | **BM** ㈜도서출판 **성안당**
주소 | 04032 서울시 마포구 양화로 127 첨단빌딩 3층(출판기획 R&D 센터)
      | 10881 경기도 파주시 문발로 112 파주 출판 문화도시(제작 및 물류)
전화 | 02) 3142-0036
      | 031) 950-6300
팩스 | 031) 955-0510
등록 | 1973. 2. 1. 제406-2005-000046호
출판사 홈페이지 | **www.cyber.co.kr**
ISBN | 978-89-315-0862-8 (93550)
정가 | **25,000원**

이 책을 만든 사람들
기획 | 최옥현
진행 | 이희영
교정 · 교열 | 문 황
전산편집 | 이지연
표지 디자인 | 박원석
홍보 | 김계향, 임진성, 김주승, 최정민
국제부 | 이선민, 조혜란
마케팅 | 구본철, 차정욱, 오영일, 나진호, 강호묵
마케팅 지원 | 장상범
제작 | 김유석